CHEMINS DE FER DE L'EST

ET

CHEMINS DE FER ALLEMANDS, BELGES & SUISSES

CONVENTIONS

PASSÉES AVEC LES CHEMINS DE FER ÉTRANGERS

du 25 Octobre 1852 au 1er Janvier 1869

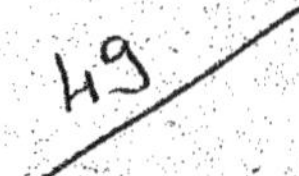

PARIS

IMPRIMERIE ADMINISTRATIVE ET DES CHEMINS DE FER DE PAUL DUPONT

41, RUE J.-J.-ROUSSEAU (HOTEL DES FERMES).

1869

CONVENTIONS

PASSÉES AVEC LES CHEMINS DE FER ÉTRANGERS

Du 25 Octobre 1852 au 1er Janvier 1869

Imprimerie de Paul Dupont, 41, rue J.-J. Rousseau (Hôtel des Fermes).

CHEMINS DE FER DE L'EST

ET

CHEMINS DE FER ALLEMANDS, BELGES & SUISSES

CONVENTIONS

PASSÉES AVEC LES CHEMINS DE FER ÉTRANGERS

du 25 Octobre 1852 au 1er Janvier 1869

PARIS

IMPRIMERIE ADMINISTRATIVE ET DES CHEMINS DE FER DE PAUL DUPONT

41, RUE JEAN-JACQUES-ROUSSEAU (HOTEL DES FERMES)

1869

TABLE DES MATIÈRES.

I

VIA KEHL

CONVENTIONS

avec la Direction des

VOIES DE COMMUNICATION DU GRAND-DUCHÉ DE BADE

CONVENTION DU 19 MARS 1853

RÉGLANT

LES CONDITIONS DU SERVICE DES VOYAGEURS ENTRE
L'ADMINISTRATION DES POSTES ET DES CHEMINS DE FER DU GRAND-DUCHÉ DE BADE
ET LA COMPAGNIE DES CHEMINS DE FER DE PARIS A STRASBOURG

ARTICLE PREMIER.

L'Administration des postes et des chemins de fer du grand-duché de Bade , d'une part ;

Et la Compagnie des chemins de fer de Paris à Strasbourg, d'autre part, s'engagent à distribuer des billets assurant le trajet direct entre les points suivants :

Pour la France : Paris, Châlons-sur-Marne, Nancy et Metz;

Pour le grand-duché de Bade : Baden-Baden, Carlsruhe, Heildeberg, Mannheim et Fribourg en Brisgau.

A cet effet, les parties intéressées prennent l'engagement de faire coïncider les départs et les arrivées des trains de chemins de fer, ainsi que les services des voitures postales et des bateaux à vapeur, et conviennent qu'il pourra être délivré des billets en nombre illimité.

ART. 2.

Le prix de transport pour les voyageurs et les bagages seront établis conformément aux tarifs en vigueur sur chaque parcours et comprendront le prix de l'omnibus entre Strasbourg et Kehl, et le tableau calculé en francs et centimes, en florins et kreutzer sera joint aux présentes conventions.

Dans le cas où il y aurait lieu d'apporter des modifications dans les prix combinés, les parties intéressées devraient préalablement s'en entendre entre elles, et chaque partie contractante n'en conserve, bien entendu, pas moins le droit de faire toutes modifications à ses tarifs particuliers.

ART. 3.

Les billets de voyageurs seront établis d'un commun accord et porteront toutes les indications utiles aux voyageurs ainsi qu'au service. Ils ne seront délivrés que pour les voitures de 1re et de 2e classe. Ils seront valables pour un mois, avec faculté de s'arrêter aux points désignés par l'article 1er et qui se trouveraient compris dans le parcours.

La Compagnie de Strasbourg déclare que dans ses trains express uniquement composés de voitures de 1re classe, elle n'admettra que des billets de cette catégorie.

Dans le cas où un voyageur, arrivant de l'Allemagne avec un billet de 2e classe, voudrait continuer sa route par le train express, il serait tenu de payer la différence pour le parcours sur le chemin de fer de Strasbourg entre la 2e et la 1re classe.

La Compagnie déclare en outre que les chaises de poste et les chevaux ne seront pas transportés par ces trains.

Chaque billet sera divisé en autant de coupons qu'il y aura de parcours partiels à effectuer, et le prix total sera payé au départ.

La formule du billet est jointe aux présentes conventions.

Pour les voyageurs qui ne profiteront pas de la faculté de séjourner aux points intermédiaires, il sera délivré des bulletins de bagage dans les mêmes conditions que les billets de voyageurs, assurant le transport direct des bagages jusqu'à destination.

Les voyageurs qui voudront séjourner en route devront faire inscrire successivement leurs bagages pour les points où ils voudront séjourner.

Le poids des bagages sera calculé en kilogrammes et en livres.

Les premières places disponibles dans les voitures postales seront affectées de droit aux voyageurs porteurs de billets directs.

Art. 4.

Les voyageurs seront transportés sur chaque territoire, conformément aux lois et règlements en vigueur.

Les parties contractantes prennent réciproquement l'engagement de faire toutes démarches utiles pour simplifier le plus possible les formalités de douane.

Art. 5.

Dans l'intérêt commun des parties contractantes, il sera établi, pour les parcours désignés à l'article 1er, des billets valables aller et retour, avec 20 pour cent de réduction sur les prix ordinaires et sur les tarifs des chemins de fer, seulement les prix de voitures de poste restant invariables.

Le délai accordé pour le voyage aller et retour sera le double de celui d'un voyage simple.

Les voyageurs munis de ces billets jouiront des conditions adoptées pour les voyageurs ordinaires.

Art. 6.

L'impression des billets et autres imprimés utiles au service international et à la publicité sera faite par les soins et aux frais de l'Administration badoise et de ses correspondants pour toute l'Allemagne, et par les soins et aux frais de la Compagnie des chemins de fer de Paris à Strasbourg pour toute la France. Les deux Administrations se communiqueront tous les documents à titre de renseignement.

Art. 7.

Chaque partie contractante conserve toute la responsabilité du transport sur son parcours.

La transmission des objets enregistrés s'opérera au moyen de feuilles de route sur lesquelles les agents de chaque partie se donneront réciproquement décharge.

Art. 8.

Le billet de trajet direct donnera droit aux voyageurs au départ de Kehl, ainsi qu'au départ de Strasbourg, au transport en omnibus soit de gare en gare, soit à domicile, dans l'une ou l'autre ville.

La Compagnie de Paris à Strasbourg se charge du transport des voyageurs et de leurs bagages partant de sa ligne, et l'Administration badoise se charge du transport des voyageurs et de leurs bagages partant de l'Allemagne.

Les deux Administrations s'entendront pour faire établir à cet effet un service d'omnibus dans les meilleures conditions possibles.

Art. 9.

Les états récapitulatifs des recettes effectuées seront échangés dans la première quinzaine du mois pour le mois précédent. Les règlements de compte devront être opérés dans la quinzaine suivante.

La Compagnie de Paris à Strasbourg tiendra compte à l'Administration badoise des recettes effectuées en France, sous déduction de la part revenant à son parcours et à l'omnibus.

L'Administration badoise tiendra compte à la Compagnie de Paris à Strasbourg de la part lui revenant pour le parcours français sur les recettes effectuées sur les différents points en Allemagne.

L'Administration badoise réglera avec la Compagnie de Paris à Strasbourg en monnaie allemande à défaut de monnaie française sur le pied de 28 kreutzer pour 1 franc, et la Compagnie de Paris de Strasbourg réglera avec l'Administration badoise en monnaie française.

Art. 10.

Les présentes conventions resteront en vigueur jusqu'à dénonciation de part ou d'autre au moins trois mois à l'avance.

Il est seulement entendu que les présentes conventions s'appliquent aux nouveaux parcours sur les chemins de fer, les postes et les bateaux à vapeur avec lesquels l'Administration badoise viendrait à assurer sa correspondance, et que la Compagnie de Paris à Strasbourg n'aura ses rapports directs qu'avec l'Administration badoise.

Art. 11.

Les présentes conventions seront soumises, en ce qui concerne MM. les délégués du grand-duché de Bade, à la ratification du gouvernement badois. Elles sont définitivement acceptées par la Compagnie de Paris à Strasbourg, en ce qui la concerne, mais sous la réserve de l'autorisation du gouvernement français qui a déjà approuvé le projet du présent traité.

Leur mise à exécution devra être assurée pour l'époque de la mise en activité du service d'été sur le chemin de fer badois.

Fait double à Strasbourg, le 17 mars 1853.

Approuvé par le Conseil d'administration de la Compagnie de Paris à Strasbourg, le 21 mars 1853.

Approuvé par S. Exc. le ministre de l'agriculture, du commerce et des travaux publics, le 25 mars 1853.

CONVENTION DU 10 DÉCEMBRE 1853

RÉGLANT

LES RELATIONS DE SERVICE ENTRE L'ADMINISTRATION DES POSTES ET DES CHEMINS DE FER DU GRAND-DUCHÉ DE BADE ET L'ADMINISTRATION DE LA COMPAGNIE DES CHEMINS DE FER DE PARIS A STRASBOURG POUR LE TRANSPORT DES MARCHANDISES ENTRE LA FRANCE ET L'ALLEMAGNE PAR LE GRAND-DUCHÉ DE BADE.

Dans le but de faciliter les relations internationales, les deux Administrations des postes et des chemins de fer du grand-duché de Bade et de la Compagnie des chemins de fer de Paris à Strasbourg sont convenues d'organiser des transports directs entre les principales localités de la France et de l'Allemagne, sans interruption dans le cours du transport et avec toutes les garanties désirables pour le commerce.

A cet effet, il a été dit et arrêté ce qui suit :

ARTICLE PREMIER.

Les deux Administrations établiront les tarifs communs déterminant les conditions de prix et de délai du point de départ au point de destination.

ART. 2.

Les transports internationaux sont divisés en deux parties :

1° *Transports à grande vitesse*, comprenant les marchandises désignées par les expéditeurs pour être transportées à grande vitesse, et l'argent, soit monnayé , soit en lingot.

Les expéditions d'argent, soit monnayé, soit en lingots, ne sont pas admises pour les destinations au delà de Francfort.

2° *Transports à petite vitesse*, comprenant les marchandises en général désignées par les expéditeurs pour être transportées à petite vitesse.

ART. 3.

Les deux Administrations s'efforceront chacune de leur côté, et cela d'un commun accord, à étendre le plus possible les transports directs ; elles supprimeront au besoin les points qui n'auraient aucun intérêt.

Elles prennent l'engagement de se remettre exclusivement tous les transports qui seront désignés par les expéditeurs pour les destinations comprises dans les tarifs, à n'établir aucune combinaison de transports directs pour les mêmes points par d'autres voies, et à favoriser autant qu'il pourra dépendre d'elles le trafic international qui fait l'objet de la présente convention.

ART. 4 (Voir pages 21 et 25).

Les deux Administrations s'engagent à effectuer les transports dans les conditions de prix et de délais qui seront toujours déterminées dans les tarifs arrêtés d'un commun accord entre les deux Administrations.

Ces tarifs comprendront:

1° La portion applicable au parcours français depuis et jusqu'à Strasbourg, selon les bases exceptionnelles et réduites, consenties par la Compagnie de Paris à Strasbourg pour les transports internationaux, et calculée pour les distances sur la ligne comme suit :

Grande Vitesse.

28 centimes par tonne et par kilomètre ;

Petite Vitesse.

10 centimes par tonne et par kilomètre.

2° La portion applicable au transport et aux formalités entre Strasbourg et Kehl, et réciproquement, fixée comme suit :

Un franc cinquante centimes (1 fr. 50) par cent kilogrammes (100 kil.) pour les transports à grande vitesse.

Et un franc quinze centimes (1 fr. 15) par cent kilogrammes (100 kil.) pour les transports à petite vitesse.

3° La portion applicable au parcours allemand, depuis et jusqu'à Kehl, d'après les tarifs communs en vigueur en Allemagne.

Les deux Administrations se réservent le droit d'introduire chacune de leur côté des modifications dans les prix de transport, applicables à leur parcours respectif; mais elles devront, dans ce cas, se prévenir mutuellement au moins un mois à l'avance et les tarifs internationaux subiront les rectifications résultant de ces changements.

Les transports seront, en outre, soumis aux conditions exprimées dans le règlement joint à la présente convention, et ce règlement ne pourra être modifié que du consentement des deux Administrations.

ART. 5.

Les lettres de voitures prescrites sur les chemins de fer allemands seront acceptées par le chemin de fer français, et les chemins de feront français fer suivre les expéditions d'une lettre de voiture dont le modèle est joint à la présente convention.

ART. 6 (Voir pages 14 et 21).

Les deux Administrations garantissent sous leur responsabilité, les délais qui sont portés au tarif pour le transport à grande vitesse et à petite vitesse.

Les retenues qui pourraient être exercées de ce chef seront supportées par l'Administration qui aura occasionné le retard, et cela dans les limites du préjudice résultant du retard occasionné, en se conformant aux usages et lois en vigueur dans les deux pays.

Ces retenues sont fixées dans les conditions suivantes :

En Allemagne.

Pour la Petite Vitesse.

1re CLASSE.

Le jour de départ et celui d'arrivée ne comptent pas dans le délai. Passé ces jours de tolérance, en sus du délai fixé, les chemins de fer sont passibles de la retenue de moitié du montant de la voiture, pour un retard n'excédant pas quatre jours, et de la totalité du montant de la voiture pour un retard de plus de quatre jours.

2e CLASSE.

Le retard au delà des jours de tolérance doit être double de celui prévu pour la première classe, pour donner droit aux mêmes retenues.

Grande Vitesse.

Le retard au delà des jours de tolérance donne droit aux mêmes retenues que celles déjà fixées pour des retards de moitié moindres que ceux prévus pour la 1re classe de la petite vitesse.

En France.

Le jour du départ et celui d'arrivée ne comptent également pas ; tout retard, passé ce délai, donne droit à la retenue du tiers du montant de la voiture. Pour un retard qui dépasserait les proportions ordinaires, l'indemnité due au commerce peut être équivalente au préjudice que le retard a fait éprouver.

Au moment de la transmission d'une administration à l'autre, il devra être constaté si le délai employé dans le transport déjà effectué n'excède pas la part du délai accordé pour ce parcours, et la livraison sera constatée par un timbre apposé sur les lettres de voiture.

Tout retard dans le délai qui n'aura pas été constaté entre les deux Administrations, au moment de la transmission, restera à la charge du dernier transporteur, à moins qu'il ne puisse apporter la preuve évidente que le retard n'est point de son fait, mais bien du premier transporteur.

Art. 7.

Tous les objets circulent sous la responsabilité de l'Administration dans le pays de laquelle le transport s'effectue.

Les deux Administrations reçoivent et se donnent mutuellement décharge lors de la transmission, et toute décharge donnée sans protestation, ni réserve, ôte au dernier transporteur tout moyen de recours contre le premier transporteur.

Les marchandises mouillées, avariées ou dans un emballage défectueux, ainsi que les marchandises en vrac ne seront reçues, au moment de la transmission entre les deux Administrations, qu'aux risques et périls de l'Administration qui aura amené le transport. Elle devra donner un bulletin de garantie déchargeant la responsabilité de l'Administration qui reprendra l'expédition pour en faire livraison à destination.

L'Administration qui sera chargée d'une livraison de cette nature s'efforcera de sauvegarder les intérêts de l'Administration responsable, avec la même sollicitude que si elle était elle-même responsable.

Art. 8.

La provision de 1 pour cent sur le montant des déboursés, perçus par les chemins allemands ne s'appliquera pas sur le montant du transport représentant la taxe du parcours français et du parcours entre Strasbourg et Kehl, ces taxes faisant partie du tarif international, et n'étant pas considérées comme déboursés.

Art. 9.

Les deux Administrations n'acceptent pas les expéditions suivies du remboursement de la valeur de la marchandise.

Art. 10.

Toutes les réclamations concernant les deux Administrations devront être adressées aux deux Administrations respectives qui en détermineront le règlement ; elles recevront la plus prompte solution.

Art. 11.

L'Administration des Chemins de fer de Paris à Strasbourg se charge, sous sa responsabilité, de faire effectuer le transport et les formalités de douane entre Strasbourg et Kehl et réciproquement, moyennant la rétribution fixée dans l'article 4 de la présente convention et comprise dans les tarifs.

A cet effet, elle nommera un agent international, qui devra être agréé par le gouvernement du grand-duché de Bade, et qui aura le droit de demander son changement, lorsqu'il le jugera convenable.

Cet agent, en recevant les marchandises à Strasbourg et à Kehl pour les livrer à la station correspondante, devra acquitter les frais de transport et déboursés, et donner décharge au chemin de fer qui lui fera les remises.

La station correspondante lui donnera, à son tour, une décharge et lui remboursera ses avances faites au chemin de fer, sa rétribution selon les conditions exprimées au tarif et le montant des droits de douane, quand il y aura eu acquittement.

Il ne pourra rien réclamer en sus de ces frais, la rétribution portée dans les tarifs comprenant les frais accessoires, tels que le plombage, acquits-à-caution, pesage, etc.

Pour les expéditions faites en port payé, la station qui livrera à l'agent international devra lui tenir compte de sa rétribution et du montant de la taxe revenant au chemin correspondant.

Le chargement et le déchargement des voitures employées pour le transport entre Strasbourg et Kehl, et réciproquement, se feront avec l'aide des ouvriers des chemins de fer.

L'agent international devra se soumettre aux conditions fixées pour le transport et pour les formalités entre Kehl et Strasbourg, et réciproquement, et il sera complétement responsable de sa gestion, vis-à-vis de l'Administration de la Compagnie des chemins de fer de Paris à Strasbourg seulement, et cette dernière Administration garantit la gestion de l'agent international vis-à-vis de l'Administration du grand-duché de Bade.

Il a été convenu, sur la demande de l'Administration du grand-duché de Bade, que l'agent international aura un représentant à Kehl, auprès de l'Administration du grand-duché de Bade, pour y accomplir les formalités auxquelles donneront lieu les transports internationaux.

Ce représentant devra être Badois, et autant que possible de Kehl. Il devra être agréé par l'Administration badoise, qui aura toujours le droit de demander son changement, et l'agent international sera tenu d'obtempérer à cette demande.

L'agent international sera, bien entendu, responsable de son représentant à Kehl.

Pour les transports à effectuer entre Kehl et Strasbourg, l'agent international sera tenu d'employer les moyens de transport de la localité de Kehl pour une portion équivalente au tonnage fourni par la station de Kehl.

L'agent international et son représentant à Kehl ne pourront exercer aucune industrie pouvant porter préjudice aux Administrations des chemins de fer. Il leur est interdit de s'occuper, entre Kehl et Strasbourg, d'affaires de transport autres que celles résultant du trafic international organisé par les deux Administrations.

Art. 12.

La mise à exécution de la présente convention sera fixée d'un commun accord après les ratifications réservées.

Art. 13.

Des délégués des deux Administrations se réuniront au moins deux fois l'an, afin de rechercher les moyens d'activer les relations internationales et de régler au mieux tous les points relatifs au service.

Art. 14.

La durée de la présente convention est fixée à une année. Elle restera en vigueur après cette époque aussi longtemps qu'il n'y aura pas eu de dénonciation de part ou d'autre, au moins trois mois à l'avance, et pour en faire cesser les effets à la fin d'un trimestre.

Art. 15.

Les contractants se réservent l'approbation : d'une part, du gouvernement du grand-duché de Bade ;

Et, d'autre part, l'approbation du Comité de direction de la Compagnie des chemins de fer de Paris à Strasbourg, et, en outre, l'homologation du gouvernement français.

Fait double à Carlsruhe, le dix décembre mil huit cent cinquante-trois.

Approuvé par le Conseil d'administration des chemins de fer de Paris à Strasbourg, le 11 août 1854.

Approuvé par S. Exc. le ministre des travaux publics, le 24 juillet 1854.

Approuvé par le ministère du commerce grand-ducal badois, le 16 novembre 1854.

ARTICLES ADDITIONNELS

à la Convention internationale précédente.

(Voir page 22.)

1° L'article 6 de la convention traite de la responsabilité des délais :

Il a été entendu à ce sujet que, si l'Administration du grand-duché de Bade n'obtenait pas la participation des chemins allemands, ses correspondants, dans cette question de responsabilité du délai pour tout le parcours dans les deux pays, le préjudice résultant des retenues exercées sur le montant total du transport, pour des retards occasionnés sur les chemins de fer allemands, qui n'auraient pas accepté la responsabilité pour le parcours entier, serait supporté par les deux Administrations du grand-duché de Bade et des chemins de fer de Paris à Strasbourg, proportionnellement à la distance parcourue *sur chaque ligne.*

2° *L'Administration du grand-duché de Bade fera tous ses efforts pour que les vins* de Champagne soient acceptés à raison de deux kilogrammes par bouteille,

Cette condition étant essentielle pour que ces transports soient obtenus.

3° Sur la demande des chemins de fer de Paris à Strasbourg, l'Administration du grand-duché de Bade a bien voulu promettre de s'efforcer de faire établir un tarif pour le transport de l'argent, soit monnayé, soit en lingots, pour tous les parcours où cette nature de transport n'est point interdite, avec des prix calculés à la valeur.

Cette demande se trouve justifiée par les usages qui règlent en France les prix de cette nature de transport.

4° Si, à l'époque de la mise en vigueur de la convention internationale, les frais de plombage, d'acquits-à-caution n'étaient point supprimés à l'entrée à Kehl, les prix portés pour le parcours et les formalités entre Strasbourg et Kehl seraient augmentés de dix centimes par cent kilogrammes.

L'Administration du grand-duché de Bade fera tous ses efforts auprès de son gouvernement pour obtenir la suppression de ces frais à Kehl, et les plus grandes facilités dans l'intérêt du développement du trafic international.

De son côté, l'Administration des chemins de fer de Paris à Strasbourg fera toutes démarches utiles pour obtenir du gouvernement impérial les mêmes résultats en France.

Fait double à Carlsruhe, le dix décembre mil huit cent cinquante-trois.

Pour le Comité de Direction des chemins de fer de Paris à Strasbourg,

Le Chef du Service commercial délégué,

RÈGLEMENT

FIXANT LES CONDITIONS APPLICABLES AUX TRANSPORTS DIRECTS INTERNATIONAUX FRANCO-ALLEMANDS.

ARTICLE PREMIER.

Les transports directs et internationaux seront effectués entre les localités françaises et allemandes ci-après désignées, savoir :

EN FRANCE :

Paris, La Ferté-sous-Jouarre, Reims, Épernay, Châlons-sur-Marne, Nancy, Rouen, Le Havre, Dieppe.

EN ALLEMAGNE :

Hambourg, Rostock, Wismar, Lübeck, Dresde, Riesa, Berlin, Jüterbogk, Wittenberg, Dessau, Magdebourg, Leipzig, Halle, Weimar, Erfurt, Gotha, Eisenach, Bebra, Warbourg, Carlshafen, Guntershausen, Cassel, Marbourg, Giessen, Francfort-sur-Mein, Darmstadt, Heilbronn, Stuttgart, Ulm, Mannheim, Heidelberg, Bruchsal, Carlsruhe, Baden, Offenbourg, Dinglingen, Lahr, Fribourg-en-Brisgau, Haltingen.

TITRE PREMIER.

Transports en grande vitesse.

ART. 2.

Les marchandises désignées par les expéditeurs pour être expédiées en grande vitesse, devront être amenées au moins deux heures avant le départ des trains.

ART. 3.

Le transport de l'argent monnayé ou en lingots n'est accepté qu'en grande vitesse et n'est admis que pour une valeur d'au moins 2,140 francs (1,000 florins).

ART. 4.

Les transports d'argent monnayé ne sont acceptés qu'à la condition d'être renfermés dans des caisses ou barils bien conditionnés et cachetés. Ils ne sont acceptés, jusqu'à nouvel ordre, ainsi que les lingots, que pour les destinations et les points de départ de l'Allemagne ci-après désignés :

Francfort, Darmstadt, Mannheim, Heidelberg, Bruchsal, Carlsruhe, Baden, Offenbourg, Dinglingen, Lahr, Fribourg, Haltingen.

TITRE II.

Transports à petite vitesse.

Art. 5.

Les marchandises sont divisées en deux classes pour les transports à petite vitesse, conformément à la classification jointe au présent règlement.

Art. 6.

Les marchandises désignées par les expéditeurs pour être transportées à petite vitesse sont taxées en raison de la classe à laquelle elles appartiennent.

Les marchandises qui ne sont pas désignées dans la classification payent le prix de la première classe du tarif.

TITRE III.

Conditions générales applicables aux transports à grande et à petite vitesse.

Art. 7.

Les marchandises comprises dans la classe exceptionnelle de la classification payent les taxes ordinaires du tarif de grande vitesse ou celles de la première classe de la petite vitesse d'après leur poids réel, calculé double, selon qu'elles sont transportées à grande ou à petite vitesse.

Art. 8.

Les expéditions d'un poids inférieur à douze kilogrammes ne sont point admises au transport direct international.

Art. 9.

Les taxes du tarif à grande et à petite vitesse sont calculées sur un poids minimum de 25 kilogrammes.

Art. 10.

Les prix du tarif sont perçus par fraction indivisible de 5 kilogrammes; ainsi 54 payent comme 55, et 56 comme 60 kilogrammes.

Les fractions résultant de la division des taxes pour chaque parcours, et de leur arrondissement et des différences des monnaies, sont à la charge de la marchandise.

Art. 11.

Les prix portés dans les tarifs comprennent tous les frais de transport et frais de douane, tels que ceux de plombage et d'acquits-à-caution.

Il ne pourra être réclamé en sus des prix portés au tarif, que les débours pour droits de douane et autres justifiés sur quittance.

Art. 12.

Au départ de la France, il est ajouté à la taxe du tarif un droit d'enregistrement de 10 centimes par expédition.

Art. 13.

La valeur des objets transportés n'est garantie aux expéditeurs sur les parcours allemands pour les risques de toutes espèces (*pertes, avaries, incendies, etc.*) que pour 1 fr. 50 au minimum par kilogramme.

Les expéditeurs peuvent se faire assurer complétement, sauf les exceptions déterminées à l'article 29, en déclarant la valeur des objets à transporter et en payant 2 pour cent en plus de la taxe du parcours allemand, pour la valeur excédant 1 fr. 50 par kilogramme et jusqu'à 7 fr. 50.

Pour une valeur excédant 7 fr. 50 par kilogramme de marchandise, on paye autant de fois 2 pour cent en sus qu'il y a de fois 7 fr. 50 indivisibles.

Art. 14.

Toute expédition doit être accompagnée d'une déclaration pour la douane, détaillée, datée et signée par l'expéditeur, et indiquant :

1° Les noms et l'adresse de l'expéditeur ;

2° Les noms et l'adresse du destinataire ;

3° Le nombre de colis à expédier, leur poids brut et net, la nature de leur contenu et leur valeur ;

4° Les documents de douane ou de régie qui accompagnent les expéditions, ainsi que leurs numéros pour toutes les marchandises soumise aux formalités de douane, contributions indirectes, octrois, etc.

Art. 15.

Tout colis doit être convenablement emballé et porter une adresse ou une marque visible et lisible.

Art. 16.

Les marchandises mouillées, avariées ou dans un emballage défectueux, ainsi que les marchandises en vrac (non emballées), ne sont reçues qu'aux risques et périls de l'expéditeur, et après que ce dernier a remis à la station un bulletin de garantie qui décharge les chemins de fer de toute responsabilité.

ART. 17.

Les transports peuvent s'effectuer en *port dû* ou en *port payé*.

Toutefois, les objets sujets à détérioration et ceux dont la valeur ne couvre pas le prix du transport ne seront admis qu'en port payé.

ART. 18.

Les matières qui exhalent une odeur pénétrante, celles corrosives et toutes celles qui peuvent porter un préjudice aux autres marchandises par leur contact ou par leur épanchement ne peuvent être transportées dans les délais ordinaires que par expédition de 2,500 kilogrammes au moins, ou en payant pour ce poids.

ART. 19.

L'ouverture des colis pourra toujours être exigée lorsque l'agent du chemin de fer soupçonnera des fraudes en ce qui touche la nature du contenu.

Les marchandises auront à supporter le montant des pénalités réglementaires sur les chemins de fer allemands, pour toutes fausses déclarations dans les lettres de voiture, tant en ce qui concerne la nature de la marchandise que le poids.

ART. 20.

En cas de refus de la part du destinataire, les objets sujets à détérioration ou à corruption peuvent être vendus au profit de qui de droit; la vente doit être constatée par un procès-verbal.

ART. 21.

En cas de refus de la part du destinataire, les marchandises pourront être mises à l'entrepôt, aux frais et risques de qui de droit et conformément aux usages en vigueur dans les deux pays.

Le transport en retour de tout objet refusé par le destinataire est assujetti à la taxe.

ART. 22.

Les objets chargés de déboursés ne sont reçus que facultativement et seulement des personnes connues, et à la condition que leur valeur dépasse évidemment celle du déboursé réclamé.

Toute avance pour déboursé est justifiée par l'expéditeur sur la lettre de voiture.

Les marchandises sujettes à détérioration ne peuvent être grevées d'aucun déboursé.

Il est perçu, sur les chemins de fer allemands, une provision de 1 °/₀ sur le montant des déboursés, et le minimum de la provision est fixé à 0 fr. 12 centimes.

Les expéditions suivies de remboursement de la valeur de la marchandise ne sont point acceptées.

Art. 23.

Les deux Administrations laissent aux expéditeurs toute la responsabilité quant à l'exactitude des déclarations pour la douane ou la régie, des acquits, lettres de voiture, et de tous documents qui accompagnent la marchandise.

Pour que les deux Administrations soient responsables des plombs apposés aux colis, il faut qu'il en soit fait mention dans la lettre de voiture.

Toute marchandise qui ne sera pas accompagnée des pièces nécessaires pour les opérations de douane, ne sera pas acceptée.

Art. 24.

La remise et la prise à domicile de tous les objets transportés à grande et à petite vitesse se font, partout où ces formalités peuvent s'accomplir, aux conditions ordinaires en vigueur sur les différents chemins de fer.

Art. 25.

Les droits de magasinage pour les objets qui ne seront pas enlevés dans les délais prescrits se perçoivent selon les conditions en vigueur dans les deux pays.

Art. 26.

Les expéditeurs devront se conformer aux lettres de voiture prescrites, qui stipulent que le transport a lieu d'après les règlements en vigueur sur les chemins de fer traversés, et les conditions qui seraient contraires à ces règlements n'engageraient nullement la responsabilité des chemins de fer. — Les lettres de voiture devront être signées par l'expéditeur.

Les lettres de voiture devront porter la mention du transport en grande vitesse, à l'encre rouge, et la mention de la livraison en gare ou à domicile pour les destinations de la France.

Pour constater le jour de la remise de la marchandise, il sera apposé un timbre sur les lettres de voiture, et l'expéditeur pourra exiger que le timbre soit appliqué en sa présence.

La date indiquée par le timbre de la station de départ fera seule foi.

Les lettres de voiture devront mentionner les formalités de douane ou autres qu'on veut faire remplir. Si les formalités désignées ne peuvent pas s'accomplir à cause des lois et règlements en vigueur, les deux Administrations feront au mieux des intérêts des expéditeurs et des destinataires, sans que leur responsabilité puisse être engagée pour cette modification.

Art. 27.

Les chemins de fer n'assument aucune responsabilité pour les retards inhérents au régime des douanes, quelle que soit la cause de ces retards.

Art. 28.

Les chemins de fer déclinent toute responsabilité pour les risques d'incendie à l'égard des marchandises inflammables d'elles-mêmes ; ils ne répondent point des acides, eaux-fortes et toutes autres matières corrosives ou dangereuses. Les chemins de fer se réservent, de plus, leur recours contre l'expéditeur ou le destinataire, en cas d'accident occasionné par ces transports.

Les chemins de fer déclinent, en outre, toute responsabilité :

1° Pour le coulage des liquides, la rouille, le bris des objets fragiles, la corruption des marchandises qui y sont sujettes ;

2° Pour toute avarie ou tout retard provenant du cas de force majeure ;

3° Pour toute espèce de préjudice provenant du fait des expéditeurs ou des destinataires ou des personnes dont ils sont responsables.

Ils n'admettent pas la responsabilité de la freinte et des déchets de toute sorte inhérents à la nature de la marchandise.

Et, de plus, il faut que les colis portent extérieurement des traces d'une avarie ou d'une soustraction intérieure, et qu'alors les avaries soient constatées à l'arrivée de la marchandise et avant son acceptation ou son enlèvement par le destinataire, et dans la forme exigée par les lois du pays.

Art. 29.

Les tableaux et les objets d'art sont exclus de l'assurance.

Pour ces marchandises, les chemins de fer ne sont tenus à rembourser, en cas de perte ou d'avarie, que la somme maxima de 1 fr. 50 par kilogramme.

Art. 30.

Les transports dangereux tels que, allumettes chimiques, acides, éther, alcali volatil, phosphore, capsules, etc., ne sont reçus que dans l'état de conditionnement déterminé par les règlements.

Art. 31.

Les chemins de fer n'acceptent dans aucun cas le transport des marchandises dont la désignation suit :

Pièces d'artifice, matières explosibles, papier-valeur, papier-monnaie, documents en général, pierres précieuses, perles fines, lettres et journaux, enfin tous les objets réservés à l'administration des postes.

Fait double à Carlsruhe, le dix décembre mil huit cent cinquante-trois.

CLASSIFICATION DES MARCHANDISES.

1re Classe.

Ether, dans les conditions du règ'e-ment.
Alun.
Drogues en général.
Arac.
Pâtisserie.
Rubans de soie, de coton et de laine.
Arbres emballés et en caisses.
Coton en balles rondes non pressées.
Tissus de coton.
Ambre brut et ouvré.
Lits en plumes de lit, ficelés.
Objets en cuir.
Bière.
Objets d'orfévrerie.
Or et argent en feuilles.
Fer-blanc ouvré en caisses.
Plomb de chasse.
Plomb ouvré.
Sulfate de plomb.
Fleurs vivantes en caisses.
Fleurs sèches.
Passementerie.
Borax.
Soies de porc.
Eau-de-vie.
Cartonnages et objets de reliure, non compris les étuis.
Livres.
Fusils et carabines, pistolets.
Brosserie.
Beurre.
Produits chimiques non dénommés.
Chlorure de chaux.
Racines de chicorée sèches.
Chicorée fabriquée.
Cidre.
Cognac.
Denrées coloniales non dénommées.
Bonbons solidement emballés.
Comestibles non dénommés.
Fils de métal emballés en caisses.
Orgues de Barbarie en caisses.
Encre d'imprimerie, encre lithographique.
Impressions.
Ouvrages de bois tourné.
Petits objets de fer et fonte ouvrés.
Dents d'éléphant.
Ivoire.
Ivoire ouvré.
Vinaigre et esprit de vinaigre.
Couleurs fabriquées.
Bois de teinture moulu.
Couleurs en général.
Peaux (les petites doivent être en paquets).
Graisses et marchandises grasses.
Feutre ouvré non dénommé.
Vernis.

Baleines.
Poissons fumés, séchés, marinés et emballés.
Lin.
Viandes de toutes sortes.
Pierres à fusil taillées.
Pianos en caisses.
Liquides de toutes sortes non dénommés, en cruches et bouteilles emballées.
Eau-de-vie de France.
Noix de galle.
Objets d'étrennes.
Fils de toutes sortes en coton, laine, lin, etc.
Fruits secs, frais ou confits.
Volailles mortes.
Légumes frais, secs ou cuits.
Ustensiles non dénommés.
Plantes, arbres, arbrisseaux vivants emballés en caisses.
Tissus de toutes sortes non dénommés.
Armes.
Epiceries.
Verre à vitres, à miroir, cylindres en verre.
Litharges d'or, d'argent et de plomb.
Baguettes et bois dorés.
Gruau.
Gomme et gomme ouvrée.
Petits objets en cuivre, laiton et bronze.
Fontes fines ouvrées emballées.
Cheveux et poi's.
Chiffons en vrac.
Chanvre.
Harmonica en caisses.
Ustensiles de ménage emballés.
Bois ouvré de toutes sortes.
Miel.
Houblon pressé ou non.
Indigo.
Chaux de Vienne.
Peignes.
Fécule de pommes de terre.
Colle de pommes de terre.
Fromages.
Caisses et boîtes vides.
Vêtements.
Liége.
Vases en pierre et en verre.
Gravures sans cadres.
Pelleterie.
Mercerie.
Cuirs bruts et ouvrés, non compris les étuis.
Linge de corps.
Colle.
Toile de lin.
Huile de lin.
Caractères d'imprimerie.

Chandelles et bougies.
Liqueurs.
Pierres lithographiques.
Cassonnade.
Marbre taillé et poli en blocs et tranches ou brut, mais emballé.
Huile.
Oléine.
Papiers.
Papier mâché ouvré.
Carton.
Parfumerie.
Phosphore.
Champignons.
Plaqué.
Quincaillerie.
Joncs d'Espagne.
Crayons rouges.
Sacs.
Sirops communs.
Semences pour jardins et graine de trèfle.
Salpêtre raffiné.
Sels chimiques.
Acides.
Pierres à aiguiser fines.
Smalt.
Creusets.
Emeri en poudre.
Articles de cordonnier.
Amadou.
Soufre raffiné.
Crin végétal.
Toile à voiles.
Soie grège.
Etoffes de soie de toutes sortes.
Savons.
Corderie.
Graine de moutarde.
Moutarde fabriquée.
Epiceries non dénommées.
Esprit.
Tain (feuille d'étain).
Colle.
Stéarine.
Allumettes chimiques, dans les conditions du règlement.
Paille ouvrée.
Bonneterie.
Fruits du Midi.
Tabac fabriqué.
Suif.
Papiers de tenture.
Thé.
Poterie.
Huile de baleine.
Musique d'horloger en caisses.
Horloges de la forêt Noire, en caisses.
Vitriol de fer, de cuivre et de zinc.
Huile de vitriol, dans les conditions du règlement.

Cire.
Objets en cire.
Blanc de baleine.
Gibier.
Laine emballée en sacs.
Etoffes de laine.
Sucre raffiné.
Oignons.

2e CLASSE.

Déchets en général.
Essieux en fer.
Terre et pierre d'alun.
Cendres de toutes sortes.
Asphalte.
Coton en balles pressées.
Noir d'os.
Fer battu.
Plomb en saumons.
Cendres de plomb.
Sang.
Résidus d'eau-de-vie.
Manganèse.
Sarrasin.
Ciment.
Acier fin trempé.
Racines de chicorée en cossettes.
Graine de navette.
Fils de métal non emballés et en rouleaux.
Engrais.
Fer brut, en barres, circulaires, etc.
Rails.
Roues et essieux de chemin de fer.
Fers et fontes ouvrés.
Minerais.
Terres de Sienne, d'Ombre, etc.
Bois de teinture en bûches, billes, etc.
Racines tinctoriales.
Matières animales.
Garance.
Cendres d'orfévre.
Céréales.
Plâtre.
Sel de Glauber.
Métal à cloches.
Graphite.
Crayons d'ardoises et chiques.
Guano.
Grosses fontes moulées.
Chiffons emballés.
Résine commune.
Millet.

Bois débité, à brûler, etc.
Cendres de bois.
Cornes.
Légumes farineux, tels que haricots, etc.
Chaux pulvérisée et chaux.
Kaolin.
Pommes de terre.
Châtaignes et marrons.
Os.
Craie.
Cobalt.
Argile.
Graines de lin.
Tourteaux de lin.
Farine de lin.
Maïs.
Blé germé.
Marbre brut, en bloc et en vrac.
Nattes.
Farine.
Marne.
Métaux bruts en saumons et en plaques, etc.
Eaux minérales.
Meules.
Clous en fer (grossiers).
Noix.
Ocre.
Mine de plomb.
Poix.
Terre à pipe.
Métal en plaques.
Potasse.
Plombagine.
Roues en fer.
Tuyaux en bois.
Craie et crayons rouges.
Graines oléagineuses.
Salpêtre brut.
Sel.
Ardoises.
Tables d'ardoises.
Pierres à aiguiser communes.
Emeri brut.
Soufre brut.
Spath pesant.
Soude.
Acier brut.
Mélasse.
Tabac en feuilles.
Goudron végétal et minéral.
Tripoli.
Sucre brut.

CLASSE EXCEPTIONNELLE.

Tableaux encadrés.
Moules en plâtre et soufre pour monnaies, statues, ornements, etc. non dénommés.
Antiquités.
Arbustes et arbres en bottes et non complétement emballés.
Lits non ficelés (encombrants).
Objets de sculpture.
Dentelles de soie.
Ferblanterie non emballée.
Fleurs vivantes en pots, en bottes, paniers.
Fleurs artificielles.
Sangsues.
Fûts vides.
Bustes en marbre, plâtre, etc.
Modes.
Poissons vivants.
Pierre gemme.
Objets en plâtre.
Lithophanies encadrées.
Ouvrages en cheveux.
Meubles et ustensiles de ménage, vides et non emballés.
Chapeaux de feutre, soie, paille, etc.
Instruments, excepté les pianos en caisses.
Chardons.
Caisses, coffres, boîtes et étuis vides
Vannerie.
Lustres.
Objets d'art non dénommés.
Gravures en cadres.
Machines montées.
Modèles.
Casquettes.
Objets d'histoire naturelle.
Objets d'anatomie.
Cadres pour miroirs, tableaux, etc.
Roseaux.
Prêle.
Eponges.
Tamis.
Argent monnayé et en lingots.
Miroirs avec ou sans cadres.
Objets en paille non emballés et non pressés.
Pendules et montres.
Caisses de voitures.
Ouate.
Gaudes.
Laines en balles non pressées.

CONVENTION DU 7 JUILLET 1854

MODIFIANT CERTAINS ARTICLES DE LA CONVENTION DU 10 DÉCEMBRE 1853

Afin de modifier sur quelques points le projet de convention internationale et ses annexes, faits à la date du dix décembre mil huit cent cinquante-trois, entre l'Administration des postes et des chemins de fer du grand-duché de Bade, et la Compagnie des chemins de fer de Paris à Strasbourg, les délégués des Administrations contractantes se sont réunis en conférence, et ont arrêtés d'un commun accord, et sous la réserve des ratifications énoncées à l'article 15 de la susdite convention, les modifications suivantes :

ARTICLE 4. — 1° La portion applicable au transport et aux formalités entre Strasbourg et Kehl, et réciproquement, a été réduite de 1 fr. 15 centimes, à 1 franc pour les transports en petite vitesse.

2° Après les conditions relatives aux tarifs, il a été ajouté ce qui suit :

« Il a été convenu que la bouteille de vin de Champagne sera admise à raison de « deux kilogrammes l'une. »

ARTICLE 6. — La rédaction suivante doit lui être substituée.

« Les deux Administrations garantissent, sous leur responsabilité, les délais qui sont « portés aux tarifs pour le transport à grande vitesse et à petite vitesse, et cela, dans « les conditions suivantes :

« 1° En cas de retard à la livraison, arrivé par le fait de la Compagnie de l'Est, « l'expéditeur ne pourra prétendre à d'autre indemnité que celles fixées par le règle- « ment de cette Compagnie, en raison du parcours qu'elle aura effectué, et propor- « tionnellement à la part qui lui est attribuée dans le prix total du transport.

« D'après ces règlements, le jour de départ et celui d'arrivée ne comptent pas dans « le délai ; tout retard au delà des délais de livraison donnera lieu à la retenue du tiers « du montant de la portion française dans le prix total du transport.

« 2° Si le retard, au delà des délais de livraison, provient du fait d'une Administra- « tion faisant partie de l'union des chemins de fer de l'Allemagne centrale, l'expéditeur « aura droit à l'indemnité fixée par les règlements de l'union seulement, et ce, pour le « transport qu'elle aura effectué, et proportionnellement à la part attribuée à l'union « dans le prix total du transport. Ces règlements fixent les retenues ainsi qu'il suit :

Pour la petite vitesse.

1re CLASSE.

« Le jour de départ et celui d'arrivée ne comptent pas dans le délai de livraison. « Passé ces jours, et ceux fixés pour la livraison, les Administrations de chemin de fer « seront passibles de la retenue de moitié du montant de la voiture, pour un retard « n'excédant pas quatre jours, et de la totalité du montant de la voiture pour un retard « de plus de quatre jours.

2ᵉ CLASSE.

« Le retard doit être double de celui prévu pour la première classe, pour donner
« lieu aux mêmes retenues.

POUR LA GRANDE VITESSE.

« Le retard donne droit aux mêmes retenues que celles fixées pour la 1ʳᵉ classe
« (petite vitesse), quand ce retard est de moitié moindre.
« 3° Pour les expéditions en destination au delà des lignes des Administrations con-
« tractantes, et qui seront transmises par leur intermédiaire à des lignes étrangères
« pour être réexpédiées, ou qui proviendraient de ces lignes, lesdites Administrations
« n'accordent pour les transports effectués dans l'enceinte de leurs lignes, d'autres
« garanties que celles stipulées par les § 1 et 2 ci-dessus.
« Si le retard provient du fait d'une ligne étrangère, l'expéditeur ne pourra préten-
« dre à d'autre indemnité que celle qu'il est en droit de réclamer à la ligne qui aura
« occasionné le retard, aux termes des règlements qui régissent cette ligne.
« Au moment de la transmission d'une Administration à l'autre, il devra être con-
« staté si le délai employé dans le transport déjà effectué n'excède pas la part du délai
« accordé pour ce parcours, et la livraison sera constatée par un timbre apposé sur
« les lettres de voiture.
« Tout retard dans le délai qui n'aura pas été constaté entre les deux Administra-
« tions, au moment de la transmission, restera à la charge du dernier transporteur, à
« moins qu'il ne puisse apporter la preuve évidente que le retard n'est point de son
« fait, mais bien du fait du premier transporteur.
« Les Administrations françaises et allemandes font, bien entendu, toutes réserves
« pour les cas de force majeure. »

ARTICLE 10. — La dernière phrase de cet article a été modifiée comme suit : « elles
« recevront la plus prompte solution possible. »

ARTICLE 11. — Après le huitième alinéa de cet article, qui traite de la responsabilité
de l'agent international, il a été ajouté ce qui suit :
« Dans le cas où il surviendrait un préjudice résultant des opérations en douane, pour
« un fait quelconque, et qui ne pourrait être recouvré auprès de qui de droit, il devrait
« être supporté par l'agent international. »

ARTICLES ADDITIONNELS.

Les paragraphes 1, 2 et 4 étant devenus sans objet, sont annulés.

RÈGLEMENT.

L'article 2 se trouve remplacé par le suivant :
« Les marchandises désignées par les expéditeurs pour être expédiées en grande vi-
« tesse, devront être amenées avant le départ des trains dans le temps fixé par les
« règlements. »

L'article 13 se trouve ainsi modifié :

« Les avaries et les pertes de colis, sont garanties par les Administrations qui parti-
« cipent au transport dans les termes de leurs règlements spéciaux, et dans les condi-
« tions suivantes :

« Sur les parcours allemands, la valeur des objets transportés n'est garantie aux expé-
« diteurs pour les risques de toute espèce (pertes, avaries, incendies, etc.,) que pour
« un franc cinquante centimes au maximum par kilogramme.

« Les expéditeurs peuvent se faire assurer complétement, sauf les exceptions déter-
« minées à l'article 29, en déclarant la valeur des objets à transporter, et en payant
« 2 % en plus de la taxe du parcours allemand pour la valeur excédant 1 fr. 50 par
« kilogramme et jusqu'à 7 fr. 50.

« Pour une valeur excédant 7 fr. 50 par kilogramme de marchandise, on paie autant
« de fois 2 % en sus qu'il y a de fois 7 fr. 50 indivisibles.

« Sur le parcours français, il n'est perçu aucun droit pour assurance. »

L'article 14 se trouve annulé et remplacé par le suivant :

« Toute expédition doit être accompagnée d'une déclaration en double pour la douane,
« suivant modèle, détaillée, datée et signée par l'expéditeur, et indiquant :

« 1° Les noms et l'adresse de l'expéditeur ;

« 2° Les noms et l'adresse du destinataire ;

« 3° Le nombre de colis à expédier, leur poids brut et net, la nature de leur contenu
« et leur valeur ;

« 4° Les documents de douane ou de régie qui accompagnent les expéditions, ainsi
« que leurs numéros, pour toutes les marchandises soumises aux formalités de douane,
« contributions indirectes, octrois, etc.

« L'expéditeur est tenu de mentionner sur les déclarations, qu'il est responsable de
« leur exactitude, et que toutes les conséquences résultant d'une déclaration incom-
« plète, erronée ou fausse incombent à lui seul.

« Les Administrations contractantes n'entendent nullement engager leur responsabi-
« lité pour ce chef.

« Pour que les deux Administrations soient responsables des plombs apposés aux
« colis, il faut qu'il en soit fait mention dans la lettre de voiture.

« Toute marchandise qui ne sera pas accompagnée des pièces nécessaires pour les
« opérations de douane, ne sera pas acceptée. »

Par addition à l'article 19, il se termine ainsi : « et l'Administration des chemins de fer
« français se réserve d'exercer toutes poursuites pour la même cause. »

A la fin de l'article 20, il est ajouté le mot suivant : « *régulier.* »

L'article 23 se trouve annulé par suite de la modification de l'article 14.

Enfin il a été introduit un nouvel article 32, dont la teneur suit :

« Les réclamations qui pourraient s'élever dans les conditions des règlements de transport, devront être adressées à la station expéditrice.

« Néanmoins, il est enjoint à la station destinataire de se charger du règlement des
« réclamations qui lui seront adressées, et toute réclamation liquidée avec le destina-
« taire sera considérée comme consentie par l'expéditeur. »

CLASSIFICATION DES MARCHANDISES.

1re CLASSE.

La dénomination *Crayons rouges* qui figurait par erreur à la première classe a été annulée.

OBSERVATIONS GÉNÉRALES.

Il a été entendu que, pour le moment de la mise à exécution de la convention, le règlement sera rédigé de façon à contenir tout ce qui peut intéresser le public; il sera fait, à cet effet, toutes additions utiles et tous extraits nécessaires de la convention.

La classification sera également revue et complétée pour le jour de son application.

Les délégués des deux Administrations expriment le vœu que la convention en question soit bientôt appliquée, et ils se promettent de ne rien négliger pour assurer ce but, si conforme aux intérêts qu'ils représentent et si favorables pour le commerce international.

Fait double à Carlsruhe, le sept juillet mil huit cent cinquante-quatre.

Mêmes approbations que pour la convention du 10 décembre 1853.

CONVENTIONS DU 26 OCTOBRE 1855

MODIFIANT CERTAINS ARTICLES DES CONVENTIONS INTERNATIONALES DES 10 DÉCEMBRE 1853 ET 7 JUILLET 1854.

I

En exécution de l'article 4 de la convention qui réserve aux deux parties le droit de modifier sur leurs parcours respectifs les prix applicables aux transports internationaux, la Compagnie des Chemins de fer de l'Est déclare qu'elle entend appliquer à l'avenir, sur son parcours, pour les transports internationaux, les bases suivantes :

Pour les marchandises transportées en grande vitesse et pour celles de la 1re classe de la petite vitesse les mêmes bases que celles du tarif des Chemins de fer de l'Union de l'Allemagne, soit :

Pour la Grande Vitesse.

0 fr. 28,124 par tonne et par kilomètre, plus 1 fr. 25 par tonne de frais fixes accessoires.

Pour la 1re Classe de la Petite Vitesse.

0 fr. 14,062 par tonne et par kilomètre, plus 1 fr. 25 par tonne de frais fixes accessoires.

Pour la 2e Classe de la Petite Vitesse.

Les bases des tarifs ordinaires français, soit :
0 fr. 10 par tonne et par kilomètre, plus 1 fr. 50 par tonne de frais fixes accessoires.

Il reste, en outre, entendu qu'on continuera à adopter pour les transports internationaux la classification des marchandises de l'Union des Chemins de fer de l'Allemagne, tout en exprimant le vœu de certains déclassements.

II

Afin de favoriser le plus possible le trafic international et d'atténuer les inconvénients de la solution de continuité si regrettable qui existe entre Strasbourg et Kehl, et en attendant la réalisation de plus grands avantages par le raccordement des deux lignes, les deux parties contractantes sont convenues de régler dorénavant les frais entre

4

Strasbourg et Kehl, qui sont déterminés dans l'article 4 de la convention, et déjà
difiés par l'annexe en date du 7 juillet 1854, comme suit :

Pour les transports en grande vitesse : *un franc quarante centimes par cent k*
grammes.

Pour les marchandises de la 1ʳᵉ classe de la petite vitesse : *quatre-vingt-dix centi*
par cent kilogrammes.

Pour les marchandises de la 2ᵉ classe de la petite vitesse : *quatre-vingts centi*
par cent kilogrammes.

Pour les transports internationaux en général, on n'aura pas égard à la solution de c
tinuité et on n'ajoutera dans les tarifs pour le parcours entre Strasbourg et Kehl,
dix centimes par cent kilogrammes.

L'insuffisance pour couvrir la totalité des frais fixés ci-dessus sera supportée par m
tié entre les deux parties, soit :

Pour la grande vitesse { 0 fr. 65 les 100 kil. pour le grand-duché de Bade.
1 fr. 30. { 0 fr. 65 — pour les chemins de fer de l'

Pour la petite vitesse { 0 fr. 40 — pour le grand-duché de Bade.
(1ʳᵉ classe), 0 fr. 80. { 0 fr. 40 — pour les chemins de fer de l'

Pour la petite vitesse { 0 fr. 35 — pour le grand-duché de Bade.
(2ᵉ classe), 0 fr. 70. { 0 fr. 35 — pour les chemins de fer de l'

Le prix réduit de 0 fr. 10 ajouté aux tarifs pour le transport et les frais entre St
bourg et Kehl sera augmenté pour les transports internationaux au départ ou à l'arri
des points ci-après :

EN FRANCE :

Sarrebourg, Schlestadt, Colmar, Bollwiller, Dornach, Mulhouse, Cernay, Thann, Bis
willer, Haguenau.

EN ALLEMAGNE :

Heidelberg, Bruchsal, Durlach, Carlsruhe, Ettlingen, Rastatt, Baden, Bühl, Ache
Offenburg, Lahr, Freiburg, Müllheim et Haltingen.

Pour cette catégorie de transports, la somme revenant à l'agent international sera p
tée en totalité dans les tarifs, sous déduction du montant d'une remise de 18 0/0 su
portion française et allemande des tarifs internationaux qui seront établis en con
quence.

Il résulte de ce qui précède que l'agent international trouvera le montant de l'allo
tion qui lui est faite pour le transport et les frais entre Strasbourg et Kehl, tant dans l'
plication des tarifs que par les subventions qui lui seront payées par la Compagnie
chemins de fer de l'Est et par l'Administration du grand-duché de Bade.

III

Les réductions dans les frais entre Strasbourg et Kehl ont été faites moyennant q
par modifications aux conditions de l'article 11 de la convention, les deux parties c
tractantes se chargeront de faire opérer par leurs ouvriers, aux stations de Strasbour

de Kehl, et sans frais pour l'agent international, le chargement, le déchargement et toute
autre manutention des marchandises du transport direct.

IV

Les tarifs résultant des présentes modifications seront échangés entre les parties avant
leur mise à exécution.

Ils comprendront, en outre des stations désignées à l'article 1er du règlement, toutes
celles qui auront pu être ajoutées dans l'intérêt du développement du trafic international.

V

La mise en vigueur des présentes modifications sera aussi prochaine que possible, et
déterminée ultérieurement d'un commun accord.

Les contractants se réservent l'approbation, d'une part, du gouvernement du grand-
duché de Bade, et, d'autre part, l'approbation du Comité de direction des chemins de
fer de l'Est et en outre l'homologation du gouvernement impérial de France.

Fait double à Carlsruhe, le 26 octobre mil huit cent cinquante-cinq.

Approuvé par le conseil d'administration des chemins de fer de l'Est, le

Approuvé par le gouvernement grand-ducal de Bade, le

Approuvé par S. Exc. le ministre des travaux publics, le

CONVENTION DITE TRAITÉ DE NANCY

du 26 avril 1861

RÉGLANT LES CONDITIONS DU SERVICE INTERNATIONAL ET DE L'ÉCHANGE DU MATÉRIEL

A.　TRAITÉ

RÉGLANT LES CONDITIONS ENTRE LA DIRECTION DES VOIES DE COMMUNICATION DU GRAND-DUCHÉ DE BADE ET LA COMPAGNIE FRANÇAISE DES CHEMINS DE FER DE L'EST POUR L'EXPLOITATION DU CHEMIN DE FER ENTRE STRASBOURG ET KEHL

ENTRE la Direction générale des voies de communication du grand-duché de Bade, représentée par M. ZIMMER, Directeur général, agissant, sous réserve de l'approbation du Ministère du Commerce, D'UNE PART,

Et la Compagnie française des chemins de fer de l'Est, dont le siége est à Paris, rue et place de Strasbourg, représentée par M. F. JACQMIN, Directeur de l'Exploitation, agissant, sous réserve de l'approbation du Conseil d'Administration de ladite Compagnie, D'AUTRE PART,

Il a été dit et convenu ce qui suit :

Les travaux du grand viaduc construit sur le Rhin, à Kehl, par les deux Administrations contractantes, devant être achevés dans un court délai, et la partie du chemin de fer comprise entre Strasbourg et Kehl pouvant être livrée à l'Exploitation aussitôt après l'achèvement du viaduc, les soussignés se sont réunis pour régler les conditions de l'Exploitation de cette section, conformément aux prescriptions de l'article VIII de la convention d'Etat, conclue le 16 novembre 1857, pour l'établissement d'un pont fixe sur le Rhin et d'un chemin de fer entre Kehl et Strasbourg, le dit article ainsi conçu :

« Les hautes parties contractantes conviennent que les convois des deux chemins de
« fer seront admis à circuler les uns comme les autres entre les gares de Strasbourg
« et de Kehl, et à stationner dans ces gares. Un accord ultérieur entre les autorités
« administratives des deux pays réglera d'ailleurs le service d'exploitation d'une gare
« à l'autre. »

Après avoir reconnu que cet article pose le principe d'une Exploitation mixte, les soussignés ont arrêté d'un commun accord les dispositions suivantes :

ARTICLE PREMIER.

Les gares de Strasbourg et de Kehl seront considérées comme formant le point terminus de chaque Exploitation spéciale française et badoise, et toutes les opérations de

douane relatives au trafic des voyageurs ou à celui des marchandises seront faites, pour la France, dans la gare de Strasbourg ou dans ses dépendances, pour le grand-duché de Bade, dans la gare de Kehl.

Art. 2.

Au cas où l'Administration des douanes françaises exigerait que les trains de voyageurs ou de marchandises circulant entre Strasbourg et Kehl soient escortés, la Compagnie des chemins de fer de l'Est ferait construire à ses frais sur la rive gauche du Rhin un bureau pour recevoir les hommes destinés à fournir ces escortes, et tous les trains s'arrêteraient à ce point.

Art. 3.

Matériel des trains. Service des Machines.

En principe, les voitures et wagons servant à la composition des trains de voyageurs et de marchandises, et les machines remorquant les trains sur la section de Strasbourg à Kehl seront fournis par les deux Administrations ; le parcours des machines sera calculé de façon à ce que l'Administration française aura à fournir les machines pour deux tiers, et l'Administration badoise pour un tiers des trains entre Strasbourg et Kehl. Toutefois, l'Administration française consent à la fourniture exclusive des machines nécessaires au service entre Strasbourg et Kehl, aux conditions de l'article 41, dans le cas où l'Administration badoise le désirerait, et pendant la période pour laquelle elle formulerait ce désir.

Art. 4.

Les longueurs suivant lesquelles seront payées les redevances pour les parcours faits par les machines seront définies de la manière suivante :

SUR LE TERRITOIRE BADOIS :

Depuis l'axe du bâtiment des voyageurs de la gare de Kehl jusqu'à l'axe du pont du Rhin ;

SUR LE TERRITOIRE FRANÇAIS :

Depuis l'axe du pont du Rhin jusqu'à l'axe du bâtiment des voyageurs de la gare de Strasbourg.

Art. 5.

Marche et nombre des trains. (Voir la convention de Baden-Baden, page 70.)

Les Administrations contractantes régleront chaque année pour le service d'hiver et pour le service d'été la marche et le nombre des trains de voyageurs, de marchandises ou mixtes, en tout ce qui n'est pas prévu par les dispositions spéciales qui suivent.

Art. 6.

Trains des Voyageurs de la France vers l'Allemagne.

Dans le sens de la circulation de la France vers l'Allemagne, les trains de voyageurs seront de deux natures et formeront deux catégories distinctes:

La première comprendra les trains de grand parcours desservant des relations inter nationales éloignées, notamment celles de Paris avec le grand-duché de Bade et les autres contrées de l'Allemagne.

La deuxième comprendra les trains destinés à desservir les relations internationales locales, c'est-à-dire celles de Strasbourg et de ses environs avec le grand-duché de Bade.

Toutefois, les trains pourront appartenir aux deux catégories et desservir à la fois des relations internationales éloignées et des relations internationales rapprochées.

Art. 7.

Tous les trains de grands parcours de Paris sur l'Allemagne s'arrêteront avant la gare actuelle de Strasbourg, aux aiguilles de raccordement donnant accès sur les voies de la ligne de Kehl; les voitures contenant des voyageurs en destination de l'Allemagne, ainsi que les wagons à bagages, seront détachés des trains et conduits par une machine spéciale à Kehl; le train ainsi formé ne s'arrêtera pas à la station de la porte d'Austerlitz.

Les trains destinés à desservir les relations internationales locales de Strasbourg et de ses environs avec le grand-duché de Bade partiront de la gare de Strasbourg et s'arrêteront tous à la station intermédiaire de la porte d'Austerlitz.

(Voir la convention de Baden-Baden, page 72).

Art. 8.

Dans le sens de l'Allemagne vers la France, la visite des voyageurs et des bagages par la douane ne pouvant s'opérer que dans la gare de Strasbourg, les trains destinés à assurer les relations internationales éloignées, aussi bien que ceux destinés à assurer les relations internationales locales, suivront tous le même parcours, et ils seront tous conduits jusque dans la gare de Strasbourg.

Trains de l'Allemagne vers la France.

Art. 9.

Les trains de grande distance sur le parcours de la Compagnie de l'Est sont au minimum de trois par jour dans chaque direction, savoir :

1° Un train express;
2° Un train poste;
3° Un train omnibus.

Nombre de trains destinés à assurer les relations internationales éloignées.

Art. 10.

En principe, les deux Administrations s'engagent à faire leur possible pour que le temps employé à Strasbourg ou à Kehl pour le transbordement des voyageurs de ces trains de grand parcours, les opérations de douane, le séjour dans les buffets ou restauration, ne dépasse pas quarante-cinq minutes pour les trains express et poste, une heure trente minutes pour les trains omnibus.

Ces intervalles de temps ne comprennent point la différence afférente au méridien sur lequel sont calculées les marches de trains des chemins de fer badois ou français.

Art. 11.

L'Administration badoise s'engage à prolonger :
1° Jusqu'à Baden et à Carlsruhe le train express partant de Paris le matin, à la condi-

(Voir la convention de Baden-Baden, page 72.)

tion que ce train n'arrivera pas à Kehl plus tard que sept heures soir (heure de Paris); son départ, dans ce cas, s'effectuera de Kehl à huit heures soir (heure allemande), au plus tard.

2° Jusqu'à Bruchsal et Heidelberg les trains poste et omnibus partant le soir de Paris.

Le train poste arrivera à Kehl à sept heures cinquante-cinq minutes du matin (heure de Paris); son départ s'effectuera à neuf heures du matin (heure allemande).

L'arrivée à Kehl du train omnibus aura lieu entre midi et une heure (heure de Paris).

Pour ces deux trains, l'Administration badoise s'engage à faire tous ses efforts auprès des Directions allemandes intéressées pour qu'à leur arrivée à Bruchsal et Heidelberg, les trains faisant suite au train poste et au train omnibus soient prolongés sans interruption : le premier au moins jusqu'à Francfort et Vienne, le second au moins jusqu'à Francfort et Stuttgart.

Art. 12.

(Voir la convention de Baden-Baden, page 72.)

Dans la direction de Strasbourg sur Paris, le train express du matin ne partira pas avant l'arrivée d'un train venant au moins de Carlsruhe, sans que toutefois la Compagnie de l'Est s'engage à le retarder au delà de dix heures quinze minutes matin (heure de Paris).

Le train poste et le train omnibus du soir feront suite à des trains venant, le premier de Francfort et de Vienne, et le second au moins de Francfort et de Stuttgart, dans le cas où l'accord prévu avec les autres Administrations allemandes aura pu être réalisé.

Pour ce dernier train, il est de plus entendu que, si une correspondance directe par train omnibus pouvait être obtenue de Francfort ou du Wurtemberg, la Compagnie de l'Est consentirait à retarder son départ de Strasbourg, de manière à ce qu'il ait lieu à neuf heures du soir, au plus tard (heure de Paris).

Art. 13.

Les trains express et poste de la Compagnie française ne contiennent que des voitures de 1re classe, tandis que les trains de même nature de l'Administration badoise contiennent des voitures de 1re et de 2e classe. Toutefois, cette Administration se réserve de supprimer dans ses trains express et poste les voitures de 2e classe.

Il est entendu, dès à présent, qu'en cas de retards, les trains en correspondance s'attendront réciproquement quinze minutes après l'heure réglementaire fixée pour le départ. Tous les retards dépassant dix minutes au départ de Strasbourg (gare et bifurcation) ou de Kehl seront annoncés à la station correspondante.

Art. 14.

Trains destinés à assurer les relations internationales locales.

Il est entendu que, pour la première période suivant l'ouverture du pont du Rhin, le nombre de ces derniers trains sera fixé, au minimum, à huit dans chaque sens.

Dans le sens de Strasbourg sur Kehl, le départ de plusieurs trains sera fixé après l'arrivée des grands trains venant de Paris, de façon à ce que les voyageurs de Strasbourg puissent rejoindre à Kehl les trains faisant suite aux trains de grands parcours, sans être astreints à un séjour à Kehl aussi long que celui nécessaire aux voyageurs venus par ces derniers.

Art. 15.

En outre des trains réguliers prévus entre Strasbourg et Kehl, il pourra être établi d'un commun accord, et notamment les dimanches et fêtes, des trains supplémentaires entre Kehl et la gare de la porte d'Austerlitz.

Art. 16.

Les voitures et fourgons à bagages seront fournis par les deux Administrations dans la proportion du nombre de kilomètres à parcourir sur chaque territoire, de façon à ce que chaque Administration n'ait, autant que possible, aucune redevance à payer à l'autre pour le parcours sur ses voies du matériel qui ne lui appartient pas. Les machines entreront également dans ce compte de compensation en matériel.

Toutefois, un état régulier de ces parcours sera dressé chaque mois, et l'Administration qui se trouvera débitrice payera les prix fixés par l'article 41 de la présente convention.

Composition des trains de Voyageurs.

Art. 17.

Les Administrations contractantes feront leurs efforts pour diminuer, autant que possible, le nombre des transbordements que les voyageurs pourraient avoir à subir dans le cours d'une même excursion.

(Voir la convention de Baden-Baden, page 72.)

Il est entendu immédiatement, à cet égard, qu'il n'y aura point de transbordement pour les trains allant de Strasbourg à Bade, et réciproquement, s'il en est établi pour ce parcours spécial.

L'Administration badoise prend en outre l'engagement de conduire habituellement pendant toute la durée de la saison des bains, sans transbordement, les voyageurs en destination de Bade amenés de Paris par les trains express et poste, à condition que la réserve de la réciprocité stipulée à l'article 19 pour les voitures de Vienne et de Francfort sera admise par le Gouvernement français.

Art. 18.

Pour satisfaire aux prescriptions contenues dans les deux paragraphes qui précèdent, la composition normale des trains entre Strasbourg et Kehl sera faite habituellement avec du matériel appartenant au grand-duché de Bade.

La compensation prévue pour les parcours s'effectuera : 1° avec du matériel français circulant en complément, et exceptionnellement entre Strasbourg et Kehl, ou employé pour les trains de Strasbourg à Bade ; 2° avec les voitures détachées des trains de grand parcours aux aiguilles de raccordement de Strasbourg et conduites directement à Kehl : ces voitures entreront au retour dans la composition des trains sur Strasbourg ; 3° avec les machines à fournir par la Compagnie de l'Est.

Art. 19.

Une voiture de 1re classe, appartenant à chaque nation, circulera alternativement entre Paris et Vienne, et entre Paris et Francfort-sur-le-Mein, dans les trains express et poste affectés à cette correspondance, l'Administration badoise réservant toutefois l'assentiment à cette combinaison des Administrations allemandes intéressées, et la Compagnie française l'approbation du Gouvernement pour l'admission des voitures étrangères dans ses trains.

Art. 20.

Les trains seront composés, dans la gare de Strasbourg ou dans celle de la porte d'Austerlitz, par les soins de la Compagnie française; mais uniquement en vue des besoins de la circulation entre Strasbourg et Kehl.

Elle se conformera toutefois, pour l'ordre à suivre dans la composition de ces trains, aux indications qui lui seront données par l'Administration badoise. Cette dernière fera exécuter à Kehl les modifications que les nécessités de son service entraîneront dans la composition des trains pour leur continuation au delà.

Art. 21.

Personnel des trains.

Le personnel des trains spéciaux faisant suite aux trains de grand parcours appartiendra à l'Administration française. Les agents formant ce personnel feront à Kehl la remise des bagages appartenant aux voyageurs amenés par ces trains. Le déchargement des bagages sera fait par les soins de l'Administration badoise, et la reconnaissance en sera faite contradictoirement, conformément aux règles à déterminer à cet égard.

Art. 22.

Le personnel des trains entre Strasbourg et Kehl sera fourni par l'Administration badoise. Les agents composant ce personnel feront aux deux gares de la porte d'Austerlitz et de Strasbourg la remise des bagages en destination de France, et prendront en charge, dans ces mêmes gares, les bagages en destination de l'Allemagne, de manière à éviter pour chacune de ces opérations une double transmission.

Toutefois, les deux Administrations pourront s'entendre pour utiliser, au retour, le personnel français arrivé à Kehl avec les trains de grand parcours, en lui faisant accompagner des trains de Kehl à Strasbourg.

Art. 23.

(Voir la convention de Baden-Baden. page 72.)

L'Administration badoise, payant aux agents chargés de la conduite des trains un salaire fixe et un salaire proportionné au parcours effectué chaque jour par chacun de ces agents, la Compagnie française remboursera à l'Administration badoise la part de salaire afférente au parcours fait sur le territoire français. Il sera toutefois déduit de ce remboursement une somme calculée d'après les mêmes bases et représentant le parcours fait sur le territoire badois par les agents français, accompagnant les trains spéciaux faisant suite aux trains de grands parcours ou employés accidentellement, ou en complément dans les trains ordinaires supplémentaires ou spéciaux.

Art. 24.

Dans le cas où le roulement des trains arrêté chaque saison entre Strasbourg et Kehl forcerait des agents de l'Administration badoise à coucher à Strasbourg, pour faire le lendemain le premier train du matin, la Compagnie française mettra dans la gare de Strasbourg, à la disposition de l'Administration badoise, une pièce qui pourra être affectée au logement de ces agents ; la même faculté pourra être réclamée réciproquement dans la gare de Kehl, pour les agents des trains de la Compagnie française.

Art. 25.

En ce qui concerne les trains de grand parcours, accompagnés par les agents français jusqu'à Kehl, les billets pour cette destination y seront contrôlés et recueillis par les soins de l'Administration badoise.

Contrôle des billets.

Art. 26.

Les billets des voyageurs partis de Strasbourg en destination de Kehl seront contrôlés et recueillis dans les trains, et en marche, par les soins des agents accompagnant ces trains, conformément aux règles suivies à cet égard en Allemagne.

Art. 27.

Au retour vers Strasbourg, les agents des trains n'auront à recueillir aucun billet au delà de Kehl, le contrôle à la station de la porte d'Austerlitz et à la gare de Strasbourg devant se faire comme dans les autres gares françaises.

Art. 28.

Les billets recueillis, soit par les agents français, soit par les agents badois pour le compte de l'Administration qui leur est étrangère, seront conservés pour être mis, en cas de besoin, à la disposition de cette dernière.

Art. 29.

En principe, les tarifs à payer par les voyageurs seront formés par l'addition des tarifs de chaque Administration ; ces tarifs ne pourront en tous cas être supérieurs aux taxes perçues sur chaque territoire ; chaque Administration se réserve le droit de modifier à toute époque, en prévenant l'Administration correspondante au moins un mois à l'avance, sa portion dans le tarif direct, soit en général, soit pour une certaine nature de transports et pour le parcours total, ou certaines localités seulement.

Tarifs pour le transport des voyageurs et de leurs bagages.

Les Administrations correspondantes se communiqueront réciproquement toutes les modifications de tarif de Strasbourg vers la France et de Kehl vers l'Allemagne et *vice versa*.

L'Administration badoise consent toutefois à accepter pour son parcours de l'axe du pont, à Kehl, les taxes kilométriques françaises arrondies pour la distance totale de Strasbourg à Kehl ; les taxes ainsi formées seront ajoutées à celles de Kehl aux stations badoises.

Art. 30.

A l'égard des taxes entre Strasbourg et Kehl, les règles suivantes seront immédiatement établies.

La distance de Strasbourg à Kehl est calculée sur le pied de vingt-trois (23) kilomètres dont treize de distance réelle et dix de plus-value pour la traversée du pont.

Sur ces 23 kilomètres, la portion badoise sera, dans le calcul des taxes, de six kilomètres et la portion de la Compagnie de l'Est de dix-sept kilomètres.

Pour l'établissement des prix de France en Allemagne et réciproquement, cette distance calculée sur les bases kilométriques françaises viendra s'ajouter aux distances de Strasbourg aux stations françaises, et la taxe résultant de cette distance totale sera ajoutée à celle de Kehl aux stations allemandes.

La distance de Strasbourg (porte d'Austerlitz) à Kehl est de 15 kilomètres dont 5 de distance réelle et 10 de plus value ; sur ces 15 kilomètres, 6 seront, dans le calcul des taxes, comptés à l'Administration badoise, et 9 à la Compagnie de l'Est.

Art. 31.

Voir la convention de Baden-Baden, page 72.)

Pour favoriser la circulation locale entre les stations françaises et les stations du grand-duché de Bade, il est convenu dès à présent que les prix de Strasbourg (ville et porte d'Austerlitz) à Kehl seront fixés comme suit :

		1re classe.	2e classe.	3e classe.
Strasbourg ville	Billets simples	1f »c	»f 70c	»f 50c
—	Billets aller et retour	1 60	1 10	» 80
Porte d'Austerlitz	Billets simples	» 70	» 50	» 35
—	Billets aller et retour	1 10	» 80	» 50

Pour la formation des taxes entre Strasbourg et les stations badoises à distance de 100 kilomètres de Kehl et les taxes entre Kehl et les stations françaises à distance de 100 kilomètres de Strasbourg, les prix réduits entre Strasbourg et Kehl ci-dessus indiqués seront calculés de manière à ce qu'ils arrivent, par une progression successive, à atteindre au-dessus de 100 kilomètres les prix légaux à percevoir de Strasbourg à Kehl et qui sont établis comme suit :

		1re classe.	2e classe.	3e classe.
Strasbourg ville	Billets simples	2f 60c	1f 95c	1f 40c
—	Billets aller et retour	4 15	3 10	2 25
Porte d'Austerlitz	Billets simples	1 70	1 25	» 90
—	Billets aller et retour	2 70	2 »	1 45

Les voyageurs auront droit sur le parcours de Strasbourg à Kehl à 30 kilogrammes de bagages franco.

Le Chemin badois n'accorde pas de franchise de bagages ; toutefois, il consent à n'ajouter à la taxe des voyageurs, à partir de Kehl, que la taxe pour 25 kilogrammes de bagages au lieu de 30 kilogrammes.

Pour les parcours ci-dessus déterminés de 0 à 100 kilomètres, la taxe des bagages à ajouter à la taxe des voyageurs subira, en se rapprochant de Kehl et en proportion des distances parcourues, des réductions également progressives.

Des tarifs pour Kehl au départ des stations françaises les plus importantes en deçà de Strasbourg à déterminer d'autre part seront établis pour les voyageurs, bagages, chiens, voitures, chevaux et bestiaux.

Des billets Edmonson, valables pour la durée du trajet seulement, seront délivrés de ces stations françaises pour Kehl et réciproquement, et la proportion des produits pour chaque Administration sera réglée d'après les bases déjà indiquées.

En ce qui concerne les relations de Strasbourg avec le grand-duché de Bade, il sera délivré également des billets Edmonson dans les conditions de forme et de durée en vigueur sur le chemin de fer badois : la délivrance des billets de et pour Strasbourg pourra être étendue, d'après l'entente à intervenir, à d'autres localités allemandes au delà du grand-duché de Bade.

Les deux Administrations étudieront la question d'une réduction de prix pour les billets aller et retour de Strasbourg à Carlsruhe, Fribourg et stations intermédiaires d'une part, et de Kehl à Wissembourg, Sarrebourg, Mulhouse et points intermédiaires d'autre part.

Art. 32.

Les deux Administrations contractantes s'entendront, le cas échéant, sur l'opportunité de réduction de prix en vue d'un ou de plusieurs trains de plaisir entre Paris et Baden-Baden.

Art. 33.

Une convention spéciale fixera les points de chaque territoire entre lesquels il sera délivré des billets directs, et qui seront admis au tarif direct pour les chiens, voitures, chevaux et bestiaux.

Elle réglera toutes les conditions de détail relatives au service direct international, à l'établissement des comptes et au payement des sommes dues.

Art. 34.

Au départ de France, les wagons après avoir rempli, s'il y a lieu, les formalités de douanes prévues pour la sortie de certaines marchandises, seront conduits à Kehl, pour y être déchargés et remplir les formalités de douanes allemandes. Dans le sens inverse, les wagons chargés après avoir franchi le pont du Rhin, et pris une escorte sur la rive gauche, seront conduits dans la gare de Strasbourg ou dans ses dépendances, pour y être déchargés et remplir les formalités de douanes françaises.

Art. 35.

Le personnel des trains de marchandises venant de France accompagnera ces trains jusqu'à Kehl pour faire la remise des pièces de comptabilité qui accompagnent la marchandise. En sens inverse, le personnel badois des trains de marchandises accompagnera ces trains de marchandises jusqu'à Strasbourg pour faire également la remise des pièces comptables.

Les règles stipulées pour le salaire des agents des trains de voyageurs seront également appliquées aux agents des trains de marchandises.

Art. 36.

A l'arrivée dans chacune des gares d'échange (Strasbourg ou Kehl), le transbordement des marchandises est la règle générale adoptée par les Administrations contractantes, chacune d'elles devant garder son matériel roulant pour son exploitation exclusive, sauf entente ultérieure.

Des exceptions pourront être apportées à cette règle, et certaines marchandises pour-

ront être admises à transiter d'un réseau sur l'autre sans transbordement. Une conventi
particulière réglera les conditions suivant lesquelles cet échange de matériel pour
avoir lieu entre les deux Administrations.

Art. 37.

Les opérations de chargement, de déchargement ou de transbordement dans ch
cune des gares de Kehl ou de Strasbourg, seront faites par les soins et aux frais
l'Administration propriétaire de la gare.

Les dépenses relatives à ces opérations seront comprises dans les tarifs.

Art. 38.

Tarifs et règlements pour le transport des marchandises.
(Voir la convention de Baden-Baden, page 73.)

Un tarif direct sera établi entre les stations du réseau de l'Est et celles du grand-duch
de Bade.

Les Administrations contractantes chercheront à amener une entente avec les autre
Administrations intéressées, tant en France qu'en Allemagne, pour étendre ce tarif au
principales localités des deux pays.

Les tarifs seront augmentés de l'importance des sommes nécessaires pour couvrir le
frais de formalités en douane.

Une convention spéciale réglera toutes les conditions de détail relatives au servic
direct international, aux tarifs, à l'établissement des comptes et au payement des somme
dues.

Art. 39.

Transport des articles de Messagerie, Marchandises à grande vitesse, finances et valeurs, par l'Administration des postes badoises.

Le tarif postal pour le transport de ces articles dans toute l'Allemagne étant réglé a
départ de Strasbourg par des conventions internationales, et ces expéditions jouissant, a
point de vue de l'accomplissement des formalités en douane, de facilités exceptionnelles
les parties contractantes conviennent de considérer la gare de Strasbourg comme lie
d'échange pour tous ces transports en provenance ou en destination des stations d
réseau de l'Est, Strasbourg exclus, et d'adopter à cet effet les règles suivantes :

La remise et la vérification à ce point auront lieu, dans les deux sens, article par article

Les articles au-dessous de 10 kilogrammes, et les finances et valeurs au-dessous d
1,000 florins (2,140 fr.) seront réservés exclusivement à l'Administration des postes ba
doises, à moins que pour les articles au-dessus de 5 jusqu'à 10 kilogrammes l'expéditeu
ne spécifie le transport par le chemin de fer.

Par contre, les articles de 10 à 50 kilogrammes seront transportés par le chemin
de fer à moins que l'expéditeur ne spécifie le transport par la poste.

L'Administration badoise payera à la Compagnie de l'Est, pour l'usage du chemin d
fer entre Strasbourg et l'axe du pont du Rhin, une taxe d'abonnement calculée à raiso
de quatre-vingts centimes (0 fr. 80) par tonne et par kilomètre de distance réelle. Cett
taxe sera réglée mensuellement sur le poids total transporté.

Les articles de et pour Strasbourg même, reçus et livrés directement à ce point pa
l'Administration des postes badoises, seront également comptés par elle dans l'abonne
ment à payer à la Compagnie de l'Est, pour le parcours entre Strasbourg et l'axe du po
sur le Rhin.

Le transport pourra s'effectuer ou dans des fourgons spéciaux ou dans un compartimen
du fourgon à bagages, suivant les exigences du service postal ; un agent des poste

pourra monter dans le fourgon et accompagner gratuitement la messagerie entre Strasbourg et Kehl. Un local spécial sera mis, dans la gare de Strasbourg et à proximité du
bureau de messagerie, à la disposition de l'Administration badoise pour la transmission
et la réexpédition des articles. L'agent qu'installera le grand-duché de Bade devra s'y
occuper exclusivement du service postal badois et n'y accepter en aucune façon des transports pour son compte, ou pour celui d'autres entreprises de transport.

Art. 40.

Il sera établi, entre les stations principales de la Compagnie de l'Est et de l'Allemagne,
un tarif direct combiné pour les transports postaux, au moyen duquel des affranchissements pourront avoir lieu pour les destinations de l'Allemagne désignées dans ce tarif, et
réciproquement. Une convention spéciale règlera les détails de ce service.

Art. 41.

Au cas où l'égalité ne pourrait s'établir pour les parcours réciproques faits sur le territoire de chaque Administration, les comptes de ces parcours seront tenus mensuellement
et l'Administration débitrice payera, dans le mois qui suivra l'arrêté de compte, le compte
des parcours d'après les bases ci-après :

Machine locomotive remorquant un train de voyageurs ou de marchandises, ou mar-
chant à vide, par kilomètre, un franc.

Voiture à voyageurs à deux essieux vide ou chargée, par kilomètre, quatre centimes.

Wagon à bagages ou marchandises, quelle qu'en soit la forme, à deux essieux, vide ou
chargé, deux centimes cinq.

Les longueurs sur lesquelles seront calculées les redevances pour les voitures et wagons seront les mêmes que celles stipulées à l'article 4 pour les parcours de machines.

Redevances pour parcours réciproques.

Art. 42.

Chaque Administration fera nettoyer et balayer à Strasbourg et à Kehl, ainsi que
dans les gares où elles se trouveront, toutes les voitures à voyageurs appartenant à
l'autre Administration, à leur arrivée dans ses gares. Elles se tiendront réciproquement
compte de cette opération à raison de 0 fr. 10 par voiture.

Le lavage aura lieu sur la demande de chaque Administration et sera réglé à raison de
0 fr. 40 par voiture.

Entretien du Matériel.

Art. 43.

Les mécaniciens et agents des deux Administrations circulant entre Strasbourg et
Kehl obéiront aux signaux établis sur chaque territoire. Les instructions et règlements
relatifs à ces signaux seront échangés entre les deux Administrations.

Signaux.

Art. 44.

La marche des trains entre Strasbourg et Kehl sera réglée à l'heure du méridien de
Paris. Dans toutes les affiches et publications relatives à ces trains, chacune des Administrations indiquera d'une manière très-apparente la différence entre l'heure comptée

Heures et Horloges.

au méridien choisi par elle et le méridien adopté par l'Administration correspondante.

Dans le débarcadère de chacune des gares de Strasbourg et de Kehl, il sera placé une horloge réglée aux méridiens adoptés par les deux Administrations.

Art. 45.

Locaux mis à la disposition de chaque Administration.

La Compagnie française mettra à la disposition de l'Administration badoise dans la gare de Strasbourg ou dans ses dépendances, et réciproquement l'Administration badoise mettra à la disposition de la Compagnie française dans la gare de Kehl ou dans ses dépendances:

1° Un local suffisant pour abriter les machines nécessaires au service entre Strasbourg et Kehl ;

2° Un corps de garde, avec lit de camp pour les agents des trains ;

3° Un bureau pour le représentant que chaque Administration entretiendra dans la gare de l'autre Administration conformément à l'article 47.

Art. 46.

Objets de consommation.

L'huile nécessaire à l'éclairage des trains circulant entre Strasbourg et Kehl sera fournie par l'Administration badoise, et les voitures seront garnies de leurs appareils d'éclairage pendant leur séjour à Kehl. La Compagnie française remboursera à l'Administration badoise la dépense relative à l'éclairage, faite sur son territoire, d'après un abonnement qui sera calculé après un an d'expérience.

Si, accidentellement, l'huile nécessaire à un train ou tout autre objet de consommation ou d'équipement venait à manquer à un train à son départ de Kehl ou de Strasbourg, la gare en ferait la fourniture immédiate, et la dépense serait réglée aux prix payés par l'Administration qui aurait eu de ces objets en approvisionnement.

Art. 47.

Représentant de chaque Administration.

Chaque Administration entretiendra à ses frais, dans la gare de l'autre Administration, un représentant ayant les pouvoirs nécessaires pour prendre et donner les réserves nécessaires à la transmission des bagages, messageries et marchandises de toute nature, tenir les écritures déterminées par les conventions de détails, etc., etc. Aucun de ces représentants ne pourra donner d'ordres aux agents de l'Administration auprès de laquelle il sera accrédité ; les observations qu'ils auront à faire seront toujours adressées au chef de gare.

Chaque Administration fera exécuter sur son territoire les opérations relatives au trafic de l'autre Administration avec le même soin et la même surveillance que les opérations spéciales à son propre service.

Art 48.

Obéissance aux lois et règlements.

Les agents de chaque nation se conformeront sur le territoire étranger aux lois et règlements en vigueur sur ce territoire, que ces lois et règlements concernent des matières d'ordre public, ou spéciales à l'exploitation des chemins de fer.

Si les agents employés sur le territoire étranger donnaient des sujets de plainte soit aux autorités locales, soit à l'Administration du chemin de fer, celle-ci pourra réclamer de l'Administration à laquelle appartiennent ces agents leur exclusion du service commun.

Art. 49.

Chacune des parties contractantes prend à sa charge la surveillance, en matière de sûreté et de police, et l'entretien des abords et de la moitié du pont lui appartenant.

La ligne de démarcation entre les deux moitiés du pont sera établie et indiquée d'un commun accord.

Chaque Administration postera à l'extrémité du pont un agent spécial pour la surveillance.

Dans les cas où il sera nécessaire d'exécuter sur le pont des travaux qui, pour les deux moitiés, devraient être connexes et uniformes, les deux Administrations devront s'entendre pour leur exécution conforme.

Surveillance et entretien du Pont sur le Rhin. (Voir la convention de Baden-Baden, page 73.)

Art. 50.

Les deux Administrations se mettront d'accord pour assurer l'exécution du service postal entre Strasbourg et Kehl, dans les conditions jugées convenables pour ce service par les Administrations des postes des deux pays.

Service postal des lettres entre Strasbourg et Kehl.

Art. 51.

En ce qui concerne les communications télégraphiques de service sur le parcours de Strasbourg à Kehl, les deux Administrations contractantes s'entendront également dans le plus bref délai pour l'établissement de la ligne et des appareils du télégraphe et les détails d'exécution du service.

Communications télégraphiques de service.

Art. 52.

Chaque Administration est responsable de tous les dommages qui proviendraient du fait de son personnel des stations et de la voie, ou auraient pour cause l'état défectueux de la voie, des constructions en général, celui des ponts et aménagements de l'exploitation ; il en serait de même si ces dommages étaient occasionnés par son matériel roulant ou provenaient du fait de son personnel des trains.

Les suites des accidents et dommages seront supportés par l'Administration sur le territoire de laquelle ils se seront produits, autant qu'elle ne pourra pas fournir la preuve que l'accident doit être imputé au matériel ou au personnel de l'autre Administration.

En ce qui concerne spécialement la responsabilité des objets transportés, chacune des Administrations contractantes sera responsable jusqu'au point d'échange où la transmission des articles aura été effectuée sans réserve à l'Administration correspondante. La responsabilité de chacune des deux Administrations est déterminée par les lois et règlements en vigueur sur son territoire.

Responsabilité et garantie.

Art. 53.

Les contestations que pourrait faire naître l'exécution des clauses du présent traité

Contestations.

seront jugées en dernier ressort, souverainement et sans appel, par trois arbitres nommés, les deux premiers par chacune des parties et le troisième par des arbitres désignés.

ART. 54.

Approbation du Gouvernement français.

La Compagnie française déclare réserver l'approbation de **M.** le ministre de l'agriculture, du commerce et des travaux publics, pour toutes les clauses du présent traité pour lesquelles cette approbation est nécessaire.

ART. 55.

Durée du traité.

La durée du présent traité est fixée à deux années qui prendront cours le jour de l'ouverture du pont de Kehl à l'exploitation.

Ce terme passé, il pourra être résilié à toute époque en prévenant six mois à l'avance.

Fait double à Nancy, le vingt-six avril mil huit cent soixante et un.

Signé : ZIMMER,
Directeur.

Signé : F. JACQMIN,
Directeur de l'exploitation.

Approuvé par le Conseil d'Administration de la Compagnie de l'Est, 2 mai 1861.

Approuvé par S. Exc. M. le ministre de l'agriculture, du commerce et des travaux publics, le 4 mai 1861.

Approuvé par le ministère du commerce grand-ducal, le 6 mai 1861.

B.

RÈGLEMENT

ÉTABLISSANT

LES RELATIONS DU SERVICE DIRECT INTERNATIONAL, EN CE QUI CONCERNE LES VOYAGEURS, ENFANTS, BAGAGES, CHIENS, VOITURES, CHEVAUX ET BESTIAUX, L'ÉTABLISSEMENT DES COMPTES ET LE PAYEMENT DES SOMMES DUES, ENTRE LA DIRECTION GÉNÉRALE DES VOIES DE COMMUNICATION DU GRAND-DUCHÉ DE BADE ET LA COMPAGNIE FRANÇAISE DES CHEMINS DE FER DE L'EST

Conformément à l'article 33 de la Convention générale, les deux Administrations contractantes conviennent d'adopter, pour le service direct international auquel il a rapport, les règles ci-après :

ARTICLE PREMIER.

Le prix des billets directs et ceux des excédants de bagages seront établis conformément aux termes des articles 30 et 31 de la Convention générale ; les prix seront indiqués et perçus en monnaie française ou allemande, selon que la gare de départ sera située en France ou en Allemagne.

ART. 2.

Les billets de 1re classe seront seuls admis dans les trains-poste et express de la Compagnie de l'Est qui ne comportent que des voitures de cette classe, et les voyageurs porteurs de billets de 2e classe qui voudront prendre ces trains sur le parcours français devront payer la différence entre le prix de la 2e classe et celui de la 1re classe. Sur la demande de l'Administration badoise, la Compagnie de l'Est ne délivrera point de billets supplémentaires dans le sens de la France sur l'Allemagne.

ART. 3.

Le transport direct des voyageurs et des bagages de France en Allemagne, et réciproquement, s'effectuera entre les points et aux conditions ci-après :

(Voir la convention de Baden-Baden, page 73.)

La délivrance des billets de 1re et de 2e classe à coupons dans la forme actuelle est maintenue entre Paris, d'une part,

Fribourg-en-Brisgau, Baden-Baden, Carlsruhe, Wildbad (service de saison), Pforzheim (ouverture ultérieure), Heidelberg, Mannheim, Darmstadt, Francfort, Cassel, Magdebourg, Berlin (par Magdebourg), Halle, Berlin (par Halle), Leipzig, Dresde, Prague ;

Stuttgart, Cannstatt, Ulm, Augsbourg, Munich, Salzbourg, Linz, Vienne, d'autre part, et *vice versâ*.

Les gares françaises de Châlons-sur-Marne et Nancy ne délivreront et ne recevront de billets directs que pour et de :

Baden-Baden, Carlsruhe, Mannheim, Darmstadt, Francfort.

La gare de Metz ne délivrera et ne recevra des billets directs que pour et de Baden-Baden.

Les billets directs sont valables pour un mois avec faculté de s'arrêter dans les principales villes du parcours.

Les porteurs ont le droit de se servir, sur les parcours allemands, tant des trains express que des trains omnibus.

En outre, des billets directs seront délivrés au départ de Londres pour les principales localités de l'Allemagne et *vice versâ*, aux conditions intervenues entre les Compagnies françaises de l'Est et du Nord et les Administrations anglaises.

Art. 4.

(Voir la convention de Baden-Baden, page 74.)

Les stations françaises mises en rapport direct avec Kehl sont les suivantes : Paris, Meaux, la Ferté-sous-Jouarre, Château-Thierry, Épernay, Reims, Châlons-sur-Marne, Vitry-le-Français, Saint-Dizier, Chaumont, Bar-le-Duc, Commercy, Toul, Metz, Thionville, Nancy, Épinal, Lunéville, Sarrebourg, Saverne, Hochfelden, Brumath, Bischwiller, Haguenau, Soultz-sous-Forêts, Wissembourg, Strasbourg, Erstein, Benfeld, Schlestadt, Ribeauvillé, Colmar, Rouffach, Bollwiller, Cernay, Thann, Mulhouse, Altkirch, Belfort.

Des billets Edmonson, valables pour la durée du trajet, seront délivrés de toutes ces stations pour Kehl et réciproquement ; cette mesure pourra, d'un commun accord, être étendue à d'autres stations françaises.

Les billets ci-dessus spécifiés seront, pour la 1re classe, roses ; pour la 2e classe, jaunes avec un carré vert ; pour la 3e classe, verts avec un carré jaune.

Art. 5.

(Voir la convention de Baden-Baden, page 71.)

Des billets Edmonson, valables pour la journée (et dont les modèles ci-joints), seront délivrés des gares de Strasbourg (ville et porte d'Austerlitz) pour les stations badoises ci-après et *vice versâ* :

Kork, Legelshurst, Appenweier, Renchen, Achern, Otterweier, Bühl, Oos, Baden, Rastatt, Muggensturm, Ettlingen, Carlsruhe, Durlach, Pforzheim, Wildbad (service de saison), Bruchsal, Langenbrücken, Wiesloch, Heidelberg, Mannheim, Windschlæg, Offenbourg, Dinglingen, Orschweier, Kenzingen, Riegel, Emendingen, Fribourg, Müllheim, Haltingen, Rheinfelden, Sæckingen, Laufenburg, Waldshut.

Les gares de Strasbourg délivreront de même des billets Edmonson valables pour un jour, pour les stations de Heilbronn, Ludwisbourg, Stuttgart, Cannstatt, Reutlingen, Ulm, Darmstadt et Francfort ; et la gare de Strasbourg (ville), des billets à coupons valables pendant cinq jours, pour Cassel, Halle, Berlin (par Kreiensen et Halle), Leipzig, Dresde, Magdebourg, Postdam, Brunswick, Hanovre, Harbourg, Brême.

Des billets Edmonson ou à coupons seront délivrés, dans les mêmes conditions, pour Strasbourg, par chacune des localités ci-dessus désignées.

Les Administrations contractantes se réservent d'étendre la délivrance des billets directs à coupons entre Strasbourg (ville), et les stations bavaroises et autrichiennes, Augsbourg, Munich, Salzbourg, Linz et Vienne.

Les billets à délivrer des deux gares de Strasbourg pour les stations du grand-duché de Bade, du Wurtemberg et du Main-Neckar, seront de 1re, 2e et 3e classe, pour les trains ordinaires; des billets de 1re et 2e classe seulement, avec augmentation des prix, seront délivrés pour les trains express.

Pour les autres stations allemandes, il ne sera délivré de et pour Strasbourg (ville), que des billets de cette dernière catégorie.

Les billets Edmonson, pour les trains express, seront, pour la 1re classe, bleus avec un carré rose ; pour la 2e classe, blancs avec un carré vert.

Les billets Edmonson, pour les trains ordinaires, seront, pour la 1re classe, roses; pour la 2e classe, jaunes avec un carré vert; pour la 3e classe, verts avec un carré jaune.

Les billets à coupons seront conformes aux modèles actuellement en vigueur.

Art. 6.

Dans le service direct entre les stations Paris, Châlons, Nancy, Metz, et les stations allemandes entre lesquelles s'échangent des billets directs à coupons valables pour un mois, les enfants de 2 à 7 ans seront transportés à moitié prix, avec 20 kilogrammes de bagages franco.

(Voir la convention de Baden-Baden, page 74).

Il sera fait usage, pour les transports d'enfants à moitié prix, des billets ordinaires à coupons en les coupant diagonalement au moment de leur délivrance.

Pour le parcours entre les stations françaises et Kehl, il sera appliqué le règlement français; et pour le parcours entre Strasbourg et les stations allemandes, le règlement allemand.

D'après le règlement français, les enfants au-dessous de 3 ans seront transportés gratis, à la condition de rester assis sur les genoux des personnes qui les accompagnent; ceux de 3 à 7 ans auront droit à des billets à moitié prix avec 20 kilogrammes de bagages franco.

D'après le règlement allemand, les enfants qui sont portés sur les genoux seront transportés gratis. Deux enfants au-dessous de 10 ans peuvent voyager avec un seul billet de la même classe; un enfant qui voyage seul est admis avec un billet de 3e classe dans la 2e, et avec un billet de 2e classe dans la 1re.

La personne qui accompagne l'enfant est admise avec un billet 2e classe dans la 3e classe et avec un billet 1re classe dans la 2e classe.

L'Administration badoise réserve l'assentiment des autres Administrations allemandes aux dispositions ci-dessus.

Art. 7.

Les billets directs donnent droit à 30 kilogrammes de bagages franco sur tout le parcours, étant entendu que, sur les lignes allemandes où la gratuité des bagages n'existe pas ou n'est que partielle, les portions afférentes au poids transporté en franchise seront ajoutées au prix des billets. Il est stipulé, dès à présent, que sur les parcours du grand-duché de Bade, du Wurtemberg, du Main-Neckar et de la Bavière, il ne sera ajouté au prix des billets que la taxe de 25 kilogrammes au lieu de 30 kilogrammes.

Les excédants de bagages seront payés au point de départ, conformément au tarif à établir, par portions indivisibles de 0 à 5 kilogrammes, de 5 à 10 kilogrammes; au dessus de 10 kilogrammes, par fraction indivisible de 10 kilogrammes.

La transmission des bagages aura lieu à Strasbourg et Kehl, conformément aux dispositions des articles **21** et **22** de la Convention générale et sur les imprimés adoptés pour constater à la gare d'échange l'état de conservation ou d'avarie des bagages.

Art. 8.

L'enregistrement direct des chiens pourra avoir lieu sur des bulletins spéciaux au départ des stations françaises admises au trafic direct avec Kehl pour cette gare; de même, de Strasbourg pour Kehl et les stations badoises de : Appenweier, Achern, Baden, Carlsruhe, Bruchsal, Heidelberg, Mannheim, Offenbourg, Dinglingen, Kenzingen, Fribourg, et *vice versâ*, un tarif direct sera établi à cet effet.

Art. 9.

(Voir la convention de Baden-Baden, page 74.)

L'enregistrement direct des voitures pourra avoir lieu, dès à présent, entre les stations françaises de Paris, Châlons-sur-Marne, Nancy, Metz, Strasbourg, Colmar, Mulhouse et Kehl ; et entre les stations badoises de Kehl, Baden, Carlsruhe, Bruchsal, Heidelberg, Mannheim, Offenbourg, Fribourg-en-Brisgau et Strasbourg.

Un tarif direct à grande vitesse, c'est-à-dire pour le transport par trains omnibus, sera établi entre ces localités ; les voitures y seront rangées dans deux catégories.

Voitures à 2 ou à 4 roues, à un fond et à une seule banquette dans l'intérieur.

Voitures à 4 roues, à 2 fonds et à 2 banquettes dans l'intérieur, omnibus, diligences.

Sur les parcours français, deux personnes peuvent, sans supplément de prix, voyager dans les voitures à 1 banquette, et trois dans les voitures à 2 banquettes ; les voyageurs excédant ce nombre payeront le prix des places de la 2e classe.

Sur les parcours allemands, les voyageurs, quel que soit leur nombre, devront payer, pour rester dans les voitures, le prix des places de la 3e classe.

Art. 10.

Seront établis des tarifs directs entre Paris, Châlons, Nancy, Metz, Strasbourg, Colmar, Mulhouse et Kehl ; et entre Baden, Carlsruhe, Bruchsal, Heidelberg, Mannheim, Offenbourg, Fribourg et Strasbourg :

I. Pour les transports à grande vitesse, c'est-à-dire par trains omnibus :

1° pour chevaux,

a par tête,

b par wagons à écurie à 3 chevaux.

Il sera également établi un tarif direct pour les transports par grande vitesse par wagons complets entre les points badois ci-dessus et Strasbourg.

2° pour bestiaux,

par wagons complets.

II. Pour les transports par petite vitesse, c'est-à-dire par trains de marchandises :

1° pour chevaux,

a par tête,

b par wagons complets.

2° pour bestiaux,

a par tête,

b par wagons complets.

Art. 11.

Pour le transport des voitures, chevaux et bestiaux entre les stations françaises et Kehl, le règlement français sera en vigueur sur tout le parcours; pour les mêmes transports entre les stations badoises et Strasbourg, le règlement badois sera en vigueur sur tout le parcours.

Art. 12.

La réduction des taxes dans les tarifs aura lieu sur le prix de 28 kreutzer pour un franc étant entendu que les taxes françaises à percevoir seront, au-dessous de 0 fr. 02 c. 5, arrondies aux 0 fr. 05 inférieurs, et à 0 fr. 02 c. 5, forcées aux 0 fr. 05 supérieurs; les taxes badoises et allemandes seront arrondies au kreutzer et silbergroschen.

Art. 13.

Les deux Administrations échangeront, du 1er au 15 de chaque mois, l'Administration badoise pour les recettes effectuées en Allemagne, la Compagnie de l'Est pour les recettes effectuées en France, un état récapitulatif des voyageurs, bagages, chiens, voitures, chevaux et bestiaux partis pendant le mois précédent des lignes respectives.

Cet état indiquera :

1° Pour les voyageurs et enfants, le nombre et les numéros de contrôle des billets délivrés entre chaque point de départ et chaque point de destination, et la part revenant à la Compagnie correspondante sur le produit de ces billets.

2° Pour les bagages, chiens, voitures, chevaux et bestiaux, le détail de chaque nature de transport et la part de l'Administration correspondante.

Le règlement aura lieu immédiatement après la communication réciproque des états récapitulatifs mentionnés ci-dessus, et le chemin débiteur versera au chemin correspondant le montant du solde de ce règlement en monnaie d'or ou d'argent française ou allemande, le franc étant admis sur le prix de 28 kreutzer ou 8 silbergroschen.

Chaque Administration a droit de demander le payement de ce solde dans la monnaie du pays, et les pertes qui pourraient, dans le cas contraire, résulter du change seraient supportées par les deux Administrations, au prorata des produits afférents à leurs parcours.

Art. 14.

Les transports qui font l'objet de la présente convention se feront aux conditions des règlements en vigueur sur les parcours français et allemands, en tant qu'il n'y est pas dérogé par les stipulations spéciales qui précèdent.

Art. 15.

Les Administrations badoise et française chercheront, d'accord avec les directions correspondantes, à étendre au delà de leurs lignes, le trafic qui fait l'objet des présentes stipulations.

Art. 16.

Les imprimés nécessaires au service international seront établis d'un commun accord, en français et en allemand.

Art. 17.

L'Administration badoise se réserve l'approbation de la présente Convention par le Ministère grand-ducal du commerce.

Art. 18.

La durée de la présente convention est fixée à une année qui prendra cours le jour de l'ouverture du pont de Kehl à l'exploitation, avec résiliation facultative et réciproque à toute époque au delà de ce terme, en prévenant trois mois à l'avance.

Fait double à Nancy, le vingt-six avril mil huit cent soixante et un.

<table>
<tr><td>Pour la Direction des voies de communication
du grand-duché de Bade.</td><td>Pour la Compagnie des chemins de fer de l'Est :</td></tr>
<tr><td>Signe : Zimmer,
Directeur.</td><td>Signé : F. Jacqmin,
Directeur de l'exploitation :</td></tr>
</table>

Approuvé par le Conseil d'administration de la Compagnie de l'Est, le 2 mai 1861.

Approuvé par S. Exc. M. le ministre de l'agriculture, du commerce et des travaux publics, le 4 mai 1861.

Approuvé par le ministère du commerce grand-ducal, le 6 mai 1861.

RÈGLEMENT

LES RELATIONS DU SERVICE DIRECT INTERNATIONAL DES MARCHANDISES ENTRE LA DIRECTION GÉNÉRALE DES VOIES DE COMMUNICATION DU GRAND-DUCHÉ DE BADE ET LA COMPAGNIE FRANÇAISE DES CHEMINS DE FER DE L'EST

Conformément à l'article 38 de la Convention générale, les deux Administrations contractantes se sont entendues à l'effet d'adopter pour le service direct international les règles ci-après :

ARTICLE PREMIER.

Les Administrations contractantes conviennent en principe que les tarifs qui seront établis pour le transport des marchandises par Strasbourg et Kehl résulteront de l'addition des tarifs ordinaires et spéciaux de chaque Administration cousus les uns aux autres.

(Voir la convention de Baden-Baden, pages 75 à 79 pour les articles de 1 à 26.)

Art. 2.

La soudure des prix se fera au point de Kehl, l'Administration badoise consentant, afin de faciliter la combinaison des tarifs, à ce que les tarifs de la Compagnie de l'Est soient appliqués pour le parcours badois entre l'axe du pont du Rhin et Kehl.

Art. 3.

En sus des distances réelles entre les stations du réseau de l'Est et Kehl, il sera ajouté, pour la perception des tarifs, une plus value de 10 kilomètres pour le passage du pont du Rhin. Cette plus-value se répartira par moitié entre les deux Administrations.

Art. 4.

Pour les relations locales entre Kehl et Strasbourg, les tarifs seront calculés sur la distance réelle de treize kilomètres et cette réduction sera supportée par les Administrations dans la proportion de 17 kilomètres pour la Compagnie de l'Est et 6 kilomètres pour le chemin de fer badois.

Art. 5.

Un tarif international sera établi en langues française et allemande. Il indiquera la classification, les prix, les délais et les conditions réglementaires pour l'expédition directe des marchandises.

Art. 6.

Chaque Administration conservera sa classification ; l'Administration du grand-duché de Bade déclare qu'elle adopte à cet égard la classification de l'Union de l'Allemagne centrale, plus deux classes pour le transport de certaines marchandises par wagon complet; sur ses parcours, la Compagnie de l'Est adopte la classification de ses tarifs généraux et spéciaux homologués par M. le ministre de l'agriculture, du commerce et des travaux publics de France.

Art. 7.

Hormis les exceptions dont il sera parlé plus loin, le tarif direct international sera divisé en huit sections de la manière suivante :

La 1re section sera formée de la 1re série du tarif général de la Compagnie de l'Est et de la 1re classe des tarifs allemands.

La 2e section sera formée de la 2e série du tarif général de la Compagnie de l'Est et de la 1re classe des tarifs allemands.

La 3e section sera formée de la 3e série du tarif général de la Compagnie de l'Est et de la 1re classe des tarifs allemands.

La 4e section sera formée de la 3e série du tarif général de la Compagnie de l'Est et de la 2e classe des tarifs allemands.

La 5e section sera formée de la 4e série du tarif général de la Compagnie de l'Est et de la 2e classe des tarifs allemands.

La 6e section sera formée de la 4e série du tarif général de la Compagnie de l'Est et de la classe par wagon complet A du grand-duché de Bade.

La 7e section sera formée du tarif spécial à 0 fr. 05 de la Compagnie de l'Est et de la classe par wagon complet A du grand-duché de Bade.

Enfin la 8e section sera formée du tarif spécial à 0 fr. 05 de la Compagnie de l'Est et de la classe par wagon complet B du grand-duché de Bade.

Art. 8.

Les Administrations indiqueront dans le tarif international quelles sont celles des stations ci-après désignées qui seront mises en rapport direct les unes avec les autres.

En France : Paris, La Ferté-sous-Jouarre, Épernay, Reims, Oiry-Avize, Châlons-sur-Marne, Vitry-le-Français, Bar-le-Duc, Metz, Nancy, Épinal, Lunéville, Sarrebourg, Saverne, Hochfelden, Bischwiller, Haguenau, Wissembourg, Strasbourg, Schlestadt, Bennwihr, Colmar, Bollwiller, Cernay, Thann, Mulhouse, Belfort, Lure, Vesoul, Gray, Langres, Chaumont, Troyes et Montereau.

En Allemagne, dans le grand-duché de Bade, Mannheim, Heidelberg, Bruchsal, Durlach, Wilferdingen (Pforzheim), Carlsruhe, Ettlingen, Rastadt, Baden, Bühl, Achern, Offenbourg, Dinglingen, Lahr, Fribourg-en-Brisgau, Müllheim, Haltingen, Rheinfelden, Sæckingen et Waldshut.

Art. 9.

Le grand-duché de Bade fera les démarches nécessaires pour que l'expédition directe puisse avoir lieu entre les stations des chemins de fer de l'Est dénommées dans l'article 8, et les stations allemandes ci-après désignées :

A Sur le chemin de fer du Mein-Neckar, Francfort-sur-Mein, Darmstadt et Offenbach.

B Sur le chemin de fer du Wurtemberg, Heilbronn, Bretten, Mühlacker, Ludwigsbourg, Stuttgart, Cannstatt, Esslingen, Plockingen, Gœppingen, Süssen, Ulm, Biberach, Ravensbourg et Friederichshafen.

C Dans l'union de l'Allemagne centrale (Mitteldeutsch), Hambourg, Rostock, Wismar, Riesa, Dresde, Lübeck, Berlin, Juterbogk, Dessau, Wittemberg, Magdebourg, Leipzig, Halle, Apolda, Weimar, Erfurt, Gotha, Bebra, Eisenach, Warbourg, Carlshafen, Cassel, Guntershausen, Marbourg, Giessen, Schwerin, Brunswick, Oschersleben et Wolfenbüttel.

D Dans l'union de l'Allemagne de l'Ouest (Westdeutsch) Brême, Harbourg, Lunebourg, Hanovre, Gœttingen et Minden en Hanovre.

Art. 10.

L'Administration du grand-duché de Bade et la Compagnie de l'Est feront tous leurs efforts auprès des Administrations allemandes et françaises avec lesquelles elles seront en correspondance pour l'extension du transport direct des marchandises à d'autres localités que celles ci-dessus désignées. '

Art. 11.

Le trafic entre Paris, Epernay, Châlons-sur-Marne, Reims, Francfort et Darmstadt étant en ce moment concurrencé par la voie de Belgique et de Cologne, la Compagnie de l'Est a établi des prix réduits entre ces différents points et Forbach.

Elle a aussi établi un tarif international entre les stations ci-dessus désignées et Ludwigshafen.

L'Administration du grand-duché de Bade désirant également fixer des prix de concurrence pour les mêmes marchandises, *viâ* Kehl et Strasbourg, la Compagnie de l'Est consent à concourir à l'établissement d'un tarif international spécial au départ de Paris, Epernay, Châlons-sur-Marne et Reims pour toutes les marchandises destinées et transportées directement à Francfort, Darmstadt, Heidelberg et Mannheim *viâ* Strasbourg et Kehl et *vice versâ*, et à prendre les mêmes bases kilométriques que celles adoptées par elle dans son tarif actuel *viâ* Forbach.

Ce tarif comprendra autant de sections qu'il est dit à l'art. 7; seulement les parts de la 1re section pour la Compagnie de l'Est seront celles de la 2e section.

Les parts du grand-duché sont indiquées dans le tarif ci-joint (Voir annexe n° 1).

L'engagement pris par la Compagnie de l'Est dans le présent article de concourir à l'établissement d'un tarif direct réduit de Paris à Francfort, Darmstadt, Heidelberg et Mannheim, *viâ* Strasbourg et Kehl, est limité comme durée à celle de son tarif spécial *viâ* Forbach.

Art. 12.

Pour conserver à la voie de Strasbourg et de Kehl le trafic qui s'échange entre Paris, Epernay, Reims et Châlons-sur-Marne, et Bruchsal et les localités au delà situées dans le Wurtemberg, la Bavière et l'Autriche, les parties contractantes conviennent de modifier le tarif général international prescrit par l'article 7 des présentes, de la manière suivante pour les transports échangés entre Paris, Epernay, Reims et Châlons, et Bruchsal.

La Compagnie de l'Est en prenant les prix de la 2e section pour la 1re et en faisant disparaître les anomalies qui pourraient résulter de cette application ;

L'Administration badoise en prenant les prix indiqués au tableau n° 2 ci-annexé.

Art. 13.

Pour la fixation des prix pour le trafic direct des marchandises entre les localités situées au delà de Bruchsal, Darmstadt et Francfort, et Paris, Epernay, Châlons et Reims, le grand-duché de Bade se réserve de faire jouir ce trafic des prix réduits fixés dans chaque direction, soit par le tarif spécial prévu article 11, soit par le tarif général modifié comme il est dit article 12, la Compagnie de l'Est donnant son adhésion pour ce qui la concerne.

Art. 14.

Si des prix de concurrence étaient établis entre Paris et les localités de l'Allemagne pouvant être desservies par Strasbourg et Kehl, les deux Administrations s'engagent à faire sur les prix du tarif international, pour les points en question, les réductions nécessaires proportionnelles à leurs parts dans ce tarif, afin de permettre au trafic d'emprunter la voie de Strasbourg et Kehl, la Compagnie de l'Est déclarant ne pas concéder de bases plus réduites par la voie de Forbach.

Art. 15.

Les expéditeurs pouvant faire transporter plus avantageusement certaines marchandises entre la France et l'Allemagne, *vià* Kehl et Strasbourg par la réunion au point de Kehl, soit d'un tarif spécial d'une Administration avec le tarif ordinaire d'une autre Administration, soit du tarif spécial de chacune des Administrations, qu'en revendiquant l'application du tarif direct ordinaire, les parties contractantes conviennent d'établir des tarifs spéciaux internationaux pour celles de ces marchandises dont le transport direct international sera reconnu nécessaire.

Art. 16.

Chacune des deux Administrations se réserve le droit d'apporter des modifications dans les prix de ses tarifs intérieurs et dans les conditions particulières à ses parcours.

Chaque Administration devra toutefois donner connaissance de ces modifications un mois à l'avance à l'autre Administration en tant qu'elles concernent les stations de Kehl et de Strasbourg, afin que les changements nécessaires dans le tarif international puissent être introduits s'il y a lieu.

Pour se conformer aux prescriptions du cahier des charges de la Compagnie de l'Est, les parties contractantes s'engagent à ne pas relever les prix réduits indiqués dans les articles 11 et 12, avant une année d'application.

Art. 17.

En outre du prix de transport, la Compagnie de l'Est percevra, au départ, pour l'enregistrement des marchandises, dix centimes par chaque expédition.

Art. 18.

Indépendamment des déboursés résultant de la fourniture de nouveaux emballages ou du payement des droits de douane et qui seront à la charge de la marchandise, la

Compagnie de l'Est percevra, à l'entrée en France, tant pour les opérations et formalités de douane, que pour l'acquit-à-caution, le plombage, le déballage, la pesée et le réemballage des marchandises en provenance de l'Allemagne, le tarif suivant qui sera ajouté aux frais de transport :

	fr. c.
Par colis de 100 kilogrammes et au-dessous	0 25
Au-dessus de 100 kilogrammes, par fraction indivisible de 100 kilogrammes, sans que cette taxe puisse dépasser 3 francs par colis	0 25
Par chargement de wagon complet de 4,000 kilogrammes de marchandises de même nature non sujettes à la vérification détaillée..	2 »
Par fraction indivisible de 1,000 kilogrammes excédant.	0 50
Pour la houille, le coke, les bois bruts, les céréales, la fonte brute, les pierres brutes, les rails, le sable, la terre et le sel expédiés par wagon de 4,000 à 10,000 kilogrammes, la taxe sera réduite par wagon à	0 50
Pour le minerai expédié par wagon de 4,000 à 10,000 kilogrammes, la taxe sera réduite, par wagon, à	0 25

Il ne sera rien perçu pour les marchandises dont les formalités en douane seront remplies par les expéditeurs ou les destinataires dans les locaux du chemin de fer.

La Compagnie de l'Est ne percevra pas de frais pour formalités en douane pour la sortie des marchandises.

Art. 19.

L'Administration badoise réserve pour elle et les Administrations allemandes le droit de percevoir dans les mêmes conditions que la Compagnie de l'Est les frais accessoires indiqués dans les deux articles qui précèdent.

Art. 20.

Les taxes pour le parcours entre Kehl et les stations françaises seront encaissées au profit de la Compagnie de l'Est, et pour indemniser le grand-duché de Bade de cette perception, la Compagnie de l'Est lui tiendra compte des sommes indiquées au tableau ci-joint (voir annexe n° 3).

Art. 21.

Dans le règlement qui sera établi pour les transports internationaux, les Administrations chercheront autant que possible à en faire concorder les conditions, en tant que les lois et les règlements qui régissent les deux pays ne s'y opposent pas.

Dans le cas où l'uniformité ne pourrait être obtenue, les conditions réglementaires de chaque pays seront reproduites.

Comme il n'existe pas de gare frontière commune, les parties contractantes conviennent que les conditions particulières françaises seront en vigueur jusqu'à Kehl pour le transport des marchandises circulant de France en Allemagne, Strasbourg excepté, et que les conditions particulières allemandes seront en vigueur pour les transports de l'Allemagne, Kehl excepté, sur la France, jusqu'à Strasbourg.

Le règlement en fera mention.

Le trafic local entre Kehl et les stations françaises, à l'exception de Strasbourg, sera régi par le règlement français, et le trafic local entre Strasbourg et les stations allemandes y compris Kehl, sera régi par le règlement allemand.

Art. 22.

Chaque expédition faite en trafic international entre les stations du grand-duché de Bade et les stations du réseau de l'Est sera suivie d'une lettre de voiture établie d'un commun accord, qui accompagnera la marchandise du point de départ au point de destination.

Le grand-duché de Bade fera tous ses efforts pour faire accepter cette lettre de voiture par les chemins de fer allemands.

Conformément à l'article 21, les marchandises en provenance de Kehl pour les stations françaises et *vice versâ*, Strasbourg excepté, seront accompagnés de lettres de voiture françaises, et les marchandises en provenance de Strasbourg pour les stations allemandes et *vice versâ*, y compris Kehl, seront accompagnées de lettres de voiture allemandes.

Art. 23.

Les stations françaises, Strasbourg excepté, expédieront à Kehl, à l'agent de la Compagnie de l'Est, les marchandises circulant de France en Allemagne ; cet agent en fera la remise aux employés badois.

Les stations allemandes expédieront à Strasbourg, à l'agent badois, les marchandises circulant d'Allemagne en France ; cet agent en fera la remise aux employés français.

L'agent badois fera, à Strasbourg, l'enregistrement des marchandises expédiées de cette gare en destination de l'Allemagne, et l'agent français fera, à Kehl, l'enregistrement des marchandises expédiées de cette gare en destination de la France, Strasbourg excepté.

Art. 24.

Le règlement français étant adopté pour le parcours entre Strasbourg et Kehl pour toutes les marchandises en provenance ou en destination de la station de Kehl, Strasbourg excepté, et afin d'éviter une nouvelle reconnaissance de ces marchandises à la gare de Strasbourg, les parties contractantes conviennent que, par exception à la règle stipulée dans l'article 35 du traité général, lesdites marchandises en provenance de Kehl seront reçues dans cette gare par le personnel français.

Par contre, le règlement allemand étant adopté pour le parcours entre Kehl et Strasbourg pour toutes les marchandises en provenance ou en destination de la gare de Strasbourg, et afin d'éviter une nouvelle reconnaissance de ces marchandises à la gare de Kehl, les parties contractantes conviennent que par exception à la règle stipulée dans l'article 35 dudit traité, les marchandises en provenance de Strasbourg seront reçues dans cette gare par le personnel badois.

Art. 25.

La réduction des taxes dans les tarifs aura lieu sur le pied de 28 kreutzer pour un franc, étant entendu que les taxes françaises à percevoir seront, au-dessous de 0 fr. 02 c. 5

arrondis aux 0 fr. 05 inférieurs, et à 0 fr. 02 c. 5 aux 0 fr. 05 supérieurs ; les taxes allemandes seront arrondies en kreutzer ou en quart de groschen.

Art. 26.

Le grand-duché de Bade tiendra compte à la Compagnie de l'Est, à Kehl, du montant des déboursés et des ports dus jusqu'à cette gare, pour le transport des marchandises circulant de France en Allemagne, sous la déduction de la part afférente aux parcours allemands que la Compagnie de l'Est aura encaissée au départ si l'expédition a été affranchie.

Par contre, la Compagnie de l'Est tiendra compte au grand-duché, à Strasbourg, du montant des déboursés et des ports dus jusqu'à Kehl pour le transport des marchandises circulant d'Allemagne en France, sous déduction de la part afférente aux parcours français que le grand-duché de Bade aura encaissé au départ si l'expédition a été affranchie.

Le règlement entre les gares aura lieu au plus tard dans les trois jours qui suivront la remise des marchandises.

Les bureaux de contrôle des deux Administrations feront chaque mois le décompte de la part qui revient à chacune des deux Administrations, non-seulement pour les transports effectués entre Kehl et les stations françaises, mais aussi pour les transports entre Strasbourg et les stations allemandes.

L'Administration française fera également le décompte mensuel des sommes dues au grand-duché de Bade, ainsi qu'il est dit à l'article 20.

Le chemin débiteur versera au chemin correspondant le montant du solde de ce règlement en monnaie d'or ou d'argent française ou allemande, le franc étant admis sur le pied de 28 kreutzer ou 8 silbergroschen.

Chaque Administration a droit de demander le payement de ce solde, tant de la part des gares que de la part de l'autre Administration dans la monnaie du pays, et les pertes qui pourraient dans le cas contraire résulter du change seraient supportées par les deux Administrations au prorata des produits afférents à leurs parcours.

Art. 27.

Le transport des papiers de service sous bande renfermant la correspondance des deux Administrations, de même que le transport des affiches, des tarifs nécessaires, etc., etc, au trafic international, sera effectué gratuitement sur les parcours de chaque Administration.

Art. 28.

Les deux Administrations s'entendront sur les détails nécessaires à l'exécution de la présente convention.

Art. 29.

Les contestations qui pourraient surgir entre les parties, pour la remise des marchandises de toute nature échangées dans les gares de Strasbourg et de Kehl et sur lesquelles les deux Administrations ne s'entendraient pas, seront déférées au jugement de trois

arbitres dont un nommé par chaque Administration et le troisième par les deux pr
miers, ou, s'ils ne peuvent s'entendre à cet égard, par le Président du tribunal
commerce de Strasbourg, si l'arbitrage est réclamé par le grand-duché de Bade, et p
le juge compétent du district dont Kehl fait partie, si l'arbitrage est réclamé par
Compagnie de l'Est.

Art. 30.

La durée de la présente convention est fixée à deux années à partir du jour de l'o
verture du pont de Kehl à l'exploitation, avec faculté de résiliation réciproque à tou
époque au delà de ce terme, en prévenant six mois à l'avance.

Art. 31.

L'Administration badoise se réserve l'approbation du ministre grand-ducal du cor
merce, et la Compagnie de l'Est se réserve l'approbation de M. le ministre de l'agricu
ture, du commerce et des travaux publics de France.

Fait double à Nancy, le 26 avril 1861.

<table>
<tr><td>Pour la Direction des voies de communication
du grand-duché de Bade,</td><td>Pour la Compagnie des chemins de fer
de l'Est,</td></tr>
<tr><td>Signé : ZIMMER,
Directeur.</td><td>Signé : F. JACQMIN,
Directeur de l'Exploitation.</td></tr>
</table>

Approuvé par le Conseil d'Administration de la Compagnie de l'Est, le 2 mai 186

Approuvé par M. le ministre de l'agriculture, du commerce et des travaux public
le 4 mai 1861.

Approuvé par le ministère du commerce grand-ducal, le 6 mai 1861.

Annexe n° 4 à l'art. 11 de la Convention réglant le trafic des marchandises.

TABLEAU N° I.

Tarif international spécial viâ Strasbourg et Kehl.

PRIX PAR 1,000 KILOGRAMMES.

DES STATIONS CI-APRÈS ET RÉCIPROQUEMENT.		DISTANCES.	GRANDE VITESSE par 10 kilogr.	SECTIONS. 1 — 1re S. Est 1re cl. Allemand	2 — 2e S. Est 1re cl. Allemand	3 — 3e S. Est 1re cl. Allemand	4 — 3e S. Est 2e cl. Allemand	5 — 4e S. Est 2e cl. Allemand	6 — 4e S. Est W. C. A. Bade.	7 — T. S. Est W. C. A. Bade.	8 — T. S. Est W. C. B. Bade.
Paris à Mannheim	Parts françaises	522	1 74	64 85	64 85	48 95	48 95	32 80	32 »	26 80	26 80
	Parts allemandes	151	» 20	10 75	10 75	8 35	8 35	7 70	7 70	9 10	7 20
	Totaux	673	1 94	75 60	75 60	57 30	57 30	40 50	39 70	35 90	34 »
Paris à Heidelberg	Parts françaises	522	1 74	64 85	64 85	48 95	48 95	32 80	32 »	26 80	26 80
	Parts allemandes	133	» 25	15 50	15 50	13 15	12 45	11 80	12 10	12 20	8 60
	Totaux	655	1 99	80 35	80 35	62 10	61 40	44 60	44 10	39 »	35 40
Paris à Darmstadt	Parts françaises	522	1 70	60 05	60 05	45 35	45 35	32 80	32 »	26 80	26 80
	Parts allemandes	193	» 40	21 70	21 70	17 15	16 65	16 40	16 30	15 80	15 80
	Totaux	715	2 10	81 75	81 75	62 50	62 »	49 20	48 30	42 60	42 60
Paris à Francfort-s/M	Parts françaises	522	1 70	60 05	60 05	45 35	45 35	32 80	32 »	26 80	26 80
	Parts allemandes	219	» 43	22 75	22 75	17 85	17 85	16 40	16 70	17 80	17 80
	Totaux	741	2 13	82 80	82 80	63 20	63 20	49 20	48 70	44 60	44 60
Épernay à Mannheim	Parts françaises	381	1 27	54 85	54 85	39 60	39 60	24 35	23 55	19 75	19 75
	Parts allemandes	151	» 22	11 35	11 35	8 20	8 20	9 65	9 30	9 30	7 20
	Totaux	532	1 49	66 20	66 20	47 80	47 80	34 »	32 85	29 05	26 95
Épernay à Heidelberg	Parts françaises	381	1 27	54 85	54 85	39 60	39 60	24 35	23 55	19 75	19 75
	Parts allemandes	133	» 25	16 10	16 10	12 95	12 25	13 70	12 20	12 20	8 60
	Totaux	514	1 52	70 95	70 95	52 55	51 85	38 05	35 75	31 95	28 35
Épernay à Darmstadt	Parts françaises	381	1 27	53 10	53 10	39 60	39 60	24 35	23 55	19 75	19 75
	Parts allemandes	193	» 41	23 95	23 95	17 70	17 25	17 65	17 15	15 85	15 85
	Totaux	574	1 68	77 05	77 05	57 30	53 85	42 »	40 70	35 60	35 60
Épernay à Francfort-s/M	Parts françaises	381	1 27	53 10	53 10	39 60	39 60	24 35	23 55	19 75	19 75
	Parts allemandes	219	» 45	25 »	25 »	18 40	18 40	18 35	19 15	17 85	17 85
	Totaux	600	1 72	78 10	78 10	58 »	58 »	42 70	42 70	37 60	37 60
Reims à Mannheim	Parts françaises	410	1 37	58 90	58 90	42 50	42 50	26 10	25 30	21 20	21 20
	Parts allemandes	151	» 22	11 40	11 40	8 20	8 20	7 90	7 90	9 30	7 20
	Totaux	561	1 59	70 30	70 30	50 70	50 70	34 »	33 20	30 50	28 40
Reims à Heidelberg	Parts françaises	410	1 37	58 90	58 90	42 50	42 50	26 10	25 30	21 20	21 20
	Parts allemandes	133	» 25	16 15	16 15	12 95	12 25	11 95	12 20	12 20	8 60
	Totaux	543	1 62	75 05	75 05	55 45	54 75	38 05	37 50	33 40	29 80
Reims à Darmstadt	Parts françaises	410	1 37	53 90	53 90	42 50	42 50	26 10	25 30	21 20	21 20
	Parts allemandes	193	» 41	23 15	23 15	17 20	16 75	15 90	15 40	15 80	15 80
	Totaux	603	1 78	77 05	77 05	59 70	59 25	42 »	40 70	37 »	37 »
Reims à Francfort-s/M	Parts françaises	410	1 37	53 90	53 90	42 50	42 50	26 10	25 30	21 20	21 20
	Parts allemandes	219	» 45	24 20	24 20	17 90	17 90	16 60	17 40	17 80	17 80
	Totaux	629	1 82	78 10	78 10	60 40	60 40	42 70	42 70	39 »	39 »
Châlons à Mannheim	Parts françaises	350	1 17	50 50	50 50	36 50	36 50	22 50	21 70	18 20	18 20
	Parts allemandes	151	» 22	11 40	11 40	8 20	8 20	10 50	9 30	9 30	7 20
	Totaux	501	1 39	61 90	61 90	44 70	44 70	33 »	31 »	27 50	25 40
Châlons à Heidelberg	Parts françaises	350	1 17	50 50	50 50	36 50	36 50	22 50	21 70	18 20	18 20
	Parts allemandes	133	» 25	16 15	16 15	12 95	12 25	14 30	12 20	12 20	8 60
	Totaux	483	1 42	66 65	66 65	49 45	48 75	36 80	33 90	30 40	26 80
Châlons à Darmstadt	Parts françaises	350	1 17	50 50	50 50	36 50	36 50	22 50	21 70	18 20	18 20
	Parts allemandes	193	» 41	23 35	23 35	17 70	17 25	18 50	18 »	15 80	15 80
	Totaux	543	1 58	73 85	73 85	54 20	53 75	41 »	39 70	34 »	34 »
Châlons à Francfort-s/M	Parts françaises	350	1 17	50 50	50 50	36 50	36 50	22 50	21 70	18 20	18 20
	Parts allemandes	219	» 45	24 40	24 40	18 40	18 40	19 20	20 »	17 80	17 80
	Totaux	569	1 62	74 90	74 90	54 90	54 90	41 70	41 70	36 »	36 »

Annexe n° 2 à l'art. 12 de la Convention réglant le trafic des marchandises.

TABLEAU N° 2.

Tarif international général viâ Strasbourg et Kehl.

PRIX PAR 1,000 KILOGRAMMES.

DES STATIONS CI-APRÈS ET RÉCIPROQUEMENT.		DISTANCES.	GRANDE VITESSE par 10 kilogr.	SECTIONS.							
				1 — 1re S. Est 1re cl. Allemand	2 — 2e S. Est 1re cl. Allemand	3 — 3e S. Est 1re cl. Allemand	4 — 3e S. Est 2e cl. Allemand	5 — 4e S. Est 2e cl. Allemand	6 — 4e S. Est W. C. A. Bade	7 — T. S. Est W. C. A. Bade	8 — T. S. Est W. C. B. Bade
Paris-Bade	Est	522	2 10	74 60	74 60	53 70	53 70	32 80	32 »	26 80	26
	Bade	49	» 15	10 80	9 30	9 30	6 50	6 50	5 80	5 80	4
	Totaux	571	2 25	85 40	83 90	63 »	60 20	39 30	37 80	32 60	31
Paris-Carlsruhe	Est	522	2 10	74 60	74 60	53 70	53 70	32 80	32 »	26 80	26
	Bade	78	» 25	10 80	10 80	12 90	9 30	9 30	8 60	8 60	5
	Totaux	600	2 35	85 40	85 40	66 60	63 »	42 10	40 60	35 40	32
Paris-Bruchsal	Est	522	2 10	74 60	71 60	53 70	53 70	32 80	32 »	26 80	26
	Bade	99	» 25	10 80	10 80	14 50	11 50	11 50	10 »	10 »	7
	Totaux	621	2 35	85 40	85 40	68 »	65 20	44 30	42 »	36 80	34
Épernay-Bade	Est	381	1 54	54 85	54 85	39 60	39 60	24 35	23 55	19 75	19
	Bade	49	» 15	10 80	9 30	9 30	6 50	6 50	5 80	5 80	4
	Totaux	430	1 69	65 65	64 15	48 90	46 10	30 85	29 35	25 55	24
Épernay-Carlsruhe	Est	381	1 54	54 85	54 85	39 60	39 60	24 35	23 55	19 75	19
	Bade	78	» 23	12 90	12 90	12 90	9 30	9 30	8 60	8 60	5
	Totaux	459	1 77	67 75	67 75	52 50	48 90	33 65	32 15	28 35	25
Épernay-Bruchsal	Est	381	1 54	54 85	54 85	39 60	39 60	24 35	23 55	19 75	19
	Bade	99	» 25	15 »	15 »	15 »	11 50	11 50	10 »	10 »	7
	Totaux	480	1 79	69 85	69 85	54 60	51 10	35 85	33 55	29 75	26
Reims-Bade	Est	410	1 65	58 90	58 90	42 50	42 50	26 10	25 30	21 20	21
	Bade	49	» 15	10 80	9 30	9 30	6 50	6 50	5 80	5 80	4
	Totaux	459	1 80	69 70	68 20	51 80	49 »	32 60	31 10	27 »	25
Reims-Carlsruhe	Est	410	1 65	58 90	58 90	42 50	42 50	26 10	25 30	21 20	21
	Bade	78	» 23	12 90	12 90	12 90	9 30	9 30	8 60	8 60	5
	Totaux	488	1 88	71 80	71 80	55 40	51 80	35 40	33 90	29 80	27
Reims-Bruchsal	Est	410	1 65	58 90	58 90	42 50	42 50	26 10	25 30	21 20	21
	Bade	99	» 25	15 »	15 »	15 »	11 50	11 50	10 »	10 »	7
	Totaux	509	1 90	73 90	73 90	57 50	54 »	37 60	35 30	31 20	28
Châlons-Bade	Est	350	1 41	50 50	50 50	36 50	36 50	22 50	21 70	18 20	18
	Bade	49	» 15	10 80	9 30	9 30	6 50	6 50	5 80	5 80	4
	Totaux	399	1 56	61 30	59 80	45 80	43 »	29 »	27 50	24 »	22
Châlons-Carlsruhe	Est	350	1 41	50 50	50 50	36 50	36 50	22 50	21 70	18 20	18
	Bade	78	» 23	12 90	12 90	12 90	9 30	9 30	8 60	8 60	5
	Totaux	428	1 64	63 40	63 40	49 40	45 80	31 80	30 30	26 80	24
Châlons-Bruchsal	Est	350	1 41	50 50	50 50	36 50	36 50	22 50	21 70	18 20	18
	Bade	99	» 25	15 »	15 »	15 »	11 50	11 50	10 »	10 »	7
	Totaux	449	1 66	65 50	65 50	51 50	48 »	34 »	31 70	28 20	25

nexe n° 3 à l'art. 20
de la convention ré-
glant le trafic des mar-
chandises.

TABLEAU N° 3.

Part du grand-duché de Bade pour le parcours entre la gare de Kehl et l'axe du pont du Rhin.

	GRANDE VITESSE.	PETITE VITESSE.
	fr. c.	fr. c.
Bagages. — Excédant au-dessus de 30 kilogrammes. . . Par 10 kilogrammes. . .	0 03	»
Articles de Messagerie et Marchandises . . . . Par 1,000 kilogrammes. .	3 20	»
Denrées . . . . d° . .	2 48	»
Lait par expédition de 50 litres au minimum . . . . . . d° . .	2 48	»
(Les expéditions au-dessous de 50 litres sont taxées comme les articles de messagerie).		
Finances. — Valeurs. — Objets d'art . . . . Par 1,000 fr. indivisibles.	0 01¹/₂	»
Chiens . . . . Par tête.	0 10	»
Voitures à deux ou à quatre roues, à un fond et à une banquette dans l'intérieur. . . . . Par pièce	4 35	2 50
Voitures à quatre roues, à deux fonds et à deux banquettes dans l'intérieur. Omnibus, Diligences, etc. . . . . . . d°	5 30	2 92
Voitures de déménagement, Charrettes, Chariots, Camions, à vide . . . . d°	»	2 20
Pompes funèbres. . . . . d°	5 30	»
Bœufs, Vaches, Taureaux, Chevaux, Mulets, Anes, Poulains, Bêtes de trait. . . . . Par tête.	1 85	1 10
Deux chevaux au même propriétaire	3 40	»
Trois chevaux au même propriétaire	4 55	»
Veaux et Porcs . . . . Par tête	0 75	0 44
Moutons, Brebis, Agneaux et Chèvres . . . . d°	0 35	0 22
Bestiaux par wagon complet (chevaux exceptés) . . . . . Par wagon.	6 72	»
Bestiaux par wagon complet (moutons exceptés) . . . . d°	»	3 »
Moutons par wagon complet à deux étages . . . . d°	»	2 70
Moutons par wagon complet à un étage . . . . d°	»	1 70
Chevaux par wagon complet entre Strasbourg et l'Allemagne . . . . d°	»	3 »
Marchandises en général, en provenance ou en destination de Kehl même . . . . Par 1,000 kilogrammes. .	»	1 55
Marchandises en général, transit par Kehl. . . . . d°	»	1 40
Marchandises en général, entre Strasbourg et Kehl. . . . d°	»	1 35

D

RÈGLEMENT

LES CONDITIONS D'ÉCHANGE DU MATÉRIEL ENTRE LA DIRECTION GÉNÉRALE DES VOIES DE COMMUNICATION DU GRAND-DUCHÉ DE BADE ET LA COMPAGNIE DES CHEMINS DE FER FRANÇAIS DE L'EST.

Il a été exposé ce qui suit :

Dans la Convention générale pour l'Exploitation de la section de Strasbourg à Kehl, il est stipulé que les machines, voitures à voyageurs et wagons à bagages, marchandises, équipages, chevaux et bestiaux des deux Administrations, circuleraient sur cette section dans des conditions déterminées.

Il est dit de plus, à l'article 36, que les wagons pourraient passer d'une ligne sur l'autre, et qu'une convention spéciale fixerait les conditions d'échange du matériel.

A cet effet, les deux Administrations se sont mises d'accord pour compléter, comme suit, les règles adoptées par les articles 3, 6, 16, 17, 18, 19, 34, 36 et 41 de la Convention générale, en vue de la traction et de la composition des trains de voyageurs et de marchandises, de la proportion des voitures à fournir par chaque Administration, de la compensation à établir, autant que possible, en matériel, et des comptes à établir pour les parcours réciproques.

ARTICLE PREMIER.

A moins d'arrangements particuliers, les deux Administrations contractantes s'engagent à ne point faire usage, pour leurs transports intérieurs, du matériel emprunté, à l'exception des voitures à voyageurs. Toutefois, ces dernières devront toujours, ainsi que les fourgons à bagages, être retournées au point d'origine par le premier train en correspondance, à moins qu'elles ne puissent être utilisées à charge pour le train suivant en retour, au lieu de revenir à vide.

ART. 2.

Il sera tenu compte, à chaque Administration, de l'emploi de son matériel sur les lignes en circulation, d'après les bases suivantes, la circulation à vide étant comptée comme la circulation à charge.

Par kilomètre de parcours :

Pour une locomotive allumée. . . . . 1 »
Pour une voiture à voyageurs à 4 roues. 0 04
Pour toute autre voiture de transports à 4 roues, quelle
que soit sa nature. 0 02 5

Pour les voitures de plus de quatre roues, ces prix seront majorés de moitié par paire de roues.

Les délais accordés de part et d'autre pour le service du matériel de transport, à l'exception des voitures à voyageurs et fourgons à bagages, sur les lignes en relation, sont fixés comme suit :

Pour un trajet de 1 à 50 kilom. . . . . 2 jours.
   —   51 à 100   — . . . . 3 —
   —   101 à 200   — . . . . 4 —
   —   201 à 300   — . . . . 5 —

et ainsi de suite, un jour étant accordé pour chaque distance de 100 kilomètres en plus.

Ces délais seront calculés d'après les distances réelles prises une fois seulement , et toute fraction de kilomètre comptant pour un kilomètre.

Les jours compteront de minuit à minuit. Le premier jour commencera à minuit, après la remise du wagon au retour ; toute fraction au delà de minuit comptera pour un jour.

Les délais ci-dessus seront majorés d'un jour pour tout wagon qui, parti chargé de la ligne à laquelle il appartient, y sera renvoyé avec un chargement d'au moins 2,000 kilogrammes (40 quintaux).

Les emballages, en général, ne seront pas considérés comme un chargement, quel que soit, du reste, le poids contenu dans le wagon.

Les dimanches et jours de fête légale ne compteront pas pour former ces délais ; le temps nécessaire aux opérations de formalités en douane, et dûment justifié, en sera également déduit, à l'exception du temps consacré à ces opérations dans les stations badoises ou celles du chemin de fer de l'Est.

Une indemnité de 3 francs par jour de retard sera payée à la ligne propriétaire pour tout wagon retenu par la ligne correspondante au delà des délais stipulés ci-dessus.

Art. 3.

Tout wagon qui serait rendu démuni de tout ou partie des agrès qui lui appartiennent, et dont une inscription peinte sur le côté du wagon, pour le matériel français, et d'une mention sur la feuille de route, pour le matériel allemand, constate la nature et la quantité, donnera lieu aux pénalités suivantes :

De 50 centimes par jour pour chaque bâche, après les délais admis pour la restitution des wagons, et

10 centimes par jour pour chaque prolonge, jusqu'à concurrence de la valeur de ces prolonges.

Art. 4.

La gare de Kehl est adoptée par les deux Administrations comme gare d'échange, et c'est à ce point que, dans les comptes de parcours réciproques, seront établis les indemnités dues pour le matériel échangé, d'après les délais accordés et employés , et les distances parcourues. L'entrée et la sortie des wagons des deux Administrations pourront également être soumis à un contrôle à la gare de Strasbourg.

Les wagons de marchandises qui, aux termes de l'article 36 de la Convention générale, seront amenés à Kehl et Strasbourg comme point terminus, devront être retournés dans le délai de trente-six heures, par la gare de Kehl, à celle de Strasbourg et réciproquement, et feront l'objet d'un compte à part.

Art. 5.

L'Administration badoise déclare accepter les présentes stipulations pour les lignes correspondantes au delà de son réseau comme pour elle-même, et la Compagnie française stipule pour le matériel des autres Compagnies françaises comme pour le sien, étant entendu, toutefois, que les deux Administrations contractantes réservent l'assentiment à cette intervention des autres Administrations intéressées.

Art. 6.

Les indemnités stipulées pour le parcours du matériel, devant être considérées comme des prix de réciprocité, les Administrations s'efforceront de prendre les mesures nécessaires pour que les décomptes se balancent autant que possible.

Art. 7.

Le petit matériel, tel que cordes d'arrimage ou de plombage, chaînes-prolonges et autres agrès, qui accompagnera la marchandise jusqu'à destination, devra toujours être renvoyé à la station d'expédition par feuille de service.

Toutefois, si la gare destinataire avait un chargement pour la ligne propriétaire, et expédié sur un wagon de cette ligne, elle pourrait utiliser ce petit matériel.

Art. 8.

L'état du matériel ou des agrès devra être constaté avec soin, lors de chaque transmission. Communication réciproque et immédiate des avaries sera faite au moyen de l'imprimé adopté. Le règlement des avaries éprouvées par le matériel ou les agrès aura également lieu chaque mois.

Art. 9.

Les grandes réparations du matériel s'effectueront par les soins de l'Administration à laquelle il appartient.

Les petites réparations urgentes, faute desquelles le wagon ne pourrait continuer sa route, auront lieu par les soins de l'Administration sur le territoire de laquelle le matériel se trouvera.

Les petites réparations dont l'importance ne dépassera pas 2 fr. 50 c. (1 fl. 10 k.) ne seront pas portées en compte, mais supportées par l'Administration qui les aura faites ; les autres dépenses faites de ce chef par l'une des Administrations, soit pour réparations, soit pour fournitures quelconques, devront être établies aux prix de facture, justifiées par pièces comptables, certifiées par les Chefs de service compétents, et soldées réciproquement par trimestre.

Art. 10.

Il sera tenu à la station d'échange, des registres conformes au modèle adopté, et indiquant, à l'entrée et à la sortie, le mouvement du matériel employé au service commun.

Chaque opération d'échange sera constatée au moyen de l'imprimé en usage signé contradictoirement par les agents des deux Administrations.

Le résumé de ces différentes opérations sera transmis par la station d'échange à l'Administration dont elle relève, au moyen d'un imprimé envoyé chaque jour.

L'état de parcours et de séjour des wagons établi d'après cet imprimé par l'Administration centrale sera arrêté à la fin de chaque mois, et on reportera à nouveau, sur le mois suivant, les voitures qui n'auront pas effectué leur rentrée et dont le compte n'aura, par conséquent, pu être établi.

Art. 11.

Les états de parcours et de séjour des wagons établis par l'Administration centrale, comme il est dit ci-dessus, devront être présentés le 15 de chaque mois, au plus tard, à l'Administration correspondante.

Après vérification, cette dernière fera connaître ses observations, afin que les états puissent être rectifiés et arrêtés avant la fin du mois.

Les états ainsi vérifiés et arrêtés, l'Administration créancière établira en double expédition, et conformément au modèle adopté, le décompte des sommes dues à chaque Administration.

L'une de ces deux expéditions, approuvée par l'Administration correspondante, sera renvoyée à l'Administration créancière pour qu'il lui reste trace du règlement.

Art. 12.

Les deux Administrations contractantes se communiqueront réciproquement la nomenclature de leurs voitures de transport, leur nombre et leur nature.

Art. 13.

La durée de la présente Convention, pour laquelle l'Administration badoise se réserve l'approbation du Ministère grand-ducal du Commerce est fixée à une année, avec faculté de résiliation réciproque à toute époque au delà de ce terme, en prévenant trois mois à l'avance.

Fait double à Nancy, le 26 avril 1861.

Pour la Direction des Voies de communication du grand-duché de Bade,	Pour la Compagnie des chemins de fer de l'Est,
Signé : Zimmer, Directeur.	*Signé* : F. Jacqmin, Directeur de l'exploitation.

Approuvé par le Conseil d'Administration de la Compagnie de l'Est, le 2 mai 1861.

Approuvé par S. Exc. M. le ministre de l'agriculture, du commerce et des travaux publics, le 4 mai 1861.

Approuvé par le ministère du commerce grand-ducal, le 6 mai 1861.

CONVENTION

ENTRE

LA DIRECTION GÉNÉRALE DES VOIES DE COMMUNICATION DU GRAND-DUCHÉ DE BADE ET LA COMPAGNIE FRANÇAISE DES CHEMINS DE FER DE L'EST, ÉTABLISSANT LES RELATIONS DU SERVICE DIRECT INTERNATIONAL, PAR RAPPORT AUX ARTICLES DE MESSAGERIE, AUX MARCHANDISES ET AUX FINANCES.

Conformément aux articles 39 et 40 de la Convention générale, les deux Administrations contractantes conviennent d'adopter, pour le service direct international, auquel ils ont rapport, les règles ci-après.

ARTICLE PREMIER.

L'Administration badoise pourra se servir, pour le transport de la messagerie, des marchandises et des finances, et des valeurs confiées aux Administrations des postes allemandes, entre Strasbourg et Kehl, de tous les trains locaux circulant régulièrement entre ces deux points, et choisir parmi eux ceux qu'elle voudra affecter d'une manière régulière à ces transports.

(Voir la Convention de Baden-Baden, pages 79-80, pour les articles 1 à 7.)

ART. 2.

Le transport des articles qui font l'objet de la présente convention s'effectuera au moyen d'un fourgon appartenant à l'Administration badoise.

ART. 3.

Dans la gare de Strasbourg, les wagons destinés aux transports postaux seront mis, par les soins de la Compagnie de l'Est, aussi près que possible du bureau réservé à l'Administration badoise, de façon à ce que les agents de cette Administration puissent effectuer facilement le chargement et le déchargement.

ART. 4.

Conformément à l'article 39 de la Convention générale, le décompte de la taxe d'abonnement à payer par l'Administration badoise à la Compagnie de l'Est, pour le trajet entre l'axe du pont du Rhin et Strasbourg, sera réglé entre les deux Administrations. Ce décompte sera établi d'après un relevé fourni au chef de gare de la Compagnie de l'Est par l'agent badois à Strasbourg, qui y indiquera le poids des articles transportés.

Dans le cas où la Compagnie de l'Est jugerait nécessaire de contrôler l'exactitude dudit relevé, le poids des articles arrivant et partant serait reconnu par la gare de Strasbourg, d'après les feuilles de route et par une révision spéciale.

ART. 5.

L'agent badois remettra à la Compagnie de l'Est les colis postaux venant d'Allemagne.

Par contre, la Compagnie de l'Est remettra à l'agent badois les colis venant de France destinés à être transportés par l'Administration des postes en Allemagne.

Art. 6.

L'agent badois accomplira les formalités de douane des colis postaux, sans que la Compagnie de l'Est ait à y intervenir.

Art. 7.

Immédiatement après que la reconnaissance contradictoire des colis aura été faite, que la Compagnie de l'Est aura remis à l'agent badois les articles de messagerie, marchandises, finances et valeurs pour l'Allemagne, cet agent en assumera la responsabilité. Par contre, pour les envois en provenance de l'Allemagne, la responsabilité incombera à la Compagnie de l'Est dès qu'elle aura pris livraison des colis, après reconnaissance contradictoire.

Les agents des deux Administrations auront à s'entendre sur les règles à observer pour la remise et la réception des colis dans les deux sens.

Art. 8.

Les articles que se transmettront les deux Administrations doivent être accompagnés d'une déclaration de leur contenu, nécessaire pour les formalités en douane. Les colis doivent être soigneusement et fortement emballés. Les articles valeurs doivent, de plus, être cachetés de manière à ce qu'on ne puisse toucher à leur contenu.

L'Administration badoise, ayant à observer des règles déterminées pour le transport des articles postaux sur le territoire allemand, fera faire le nécessaire, aux frais du destinataire, par son agent à Strasbourg dans le cas où les articles acceptés pour l'Allemagne par la Compagnie de l'Est auraient un conditionnement extérieur défectueux.

Par contre, si les articles remis en Allemagne pour la France arrivaient à Strasbourg avec un emballage assez défectueux pour que la Compagnie de l'Est ne puisse pas les accepter dans ce conditionnement, et que, pour la réexpédition, l'agent badois dût faire procéder à un réemballage, cet agent sera autorisé à faire suivre ces frais de réparation en débours sur les articles.

Art. 9.

En France, les chemins de fer sont responsables des objets transportés en grande vitesse.

En Allemagne, les Administrations des postes sont responsables de la valeur des marchandises dans les conditions suivantes :

1° Pour les articles dont la valeur est déclarée : payement intégral de cette valeur déclarée, en cas de perte totale de l'envoi, à moins toutefois que l'Administration ne puisse prouver que la valeur déclarée surpasse la valeur réelle ;

Dans le cas d'un manquant ou d'une avarie qui serait en rapport avec l'état extérieur du colis, l'indemnité pour ce manquant ou cette avarie sera proportionnelle à la valeur déclarée pour l'envoi entier ;

2° Pour les articles sans déclaration de valeur : payement de 1 fr. 10 par demi-kilogramme, soit sur le poids total, si l'envoi est entièrement perdu, soit sur le manquant ou l'avarie partiels.

Les réclamations aux Administrations allemandes ne seront admises que dans les six mois, à partir du jour de la remise régulière de l'article.

Art. 10.

En cas de retard dans la livraison, provenant du fait des Administrations, l'expéditeur ou le destinataire ne pourra prétendre à d'autre indemnité que celle fixée par les règlements de l'Administration qui aura occasionné le retard.

Art. 11.

Dans le cas où des articles expédiés de France pour une localité en dehors de la zone de l'Union des postes allemandes, de même que dans le cas où des articles expédiés de l'Allemagne pour une destination en dehors de la France seraient perdus, avariés ou retardés, et que ces pertes, avaries ou retards se seraient produits sur le parcours étranger pendant le transport, les Administrations n'alloueront une indemnité à l'expéditeur ou au destinataire qu'autant que leurs conventions avec les Administrations étrangères le leur permettront.

Les deux Administrations contractantes s'engagent, toutefois, à soutenir et à faire valoir par tous les moyens à leur disposition auprès de ces Administrations étrangères les prétentions des expéditeurs à une indemnité.

Art. 12.

Dans le cas où, pour un envoi en provenance de l'Allemagne, l'expéditeur désirerait avoir un avis au sujet de la régularité du transport et de la livraison entre les mains du destinataire, la Compagnie de l'Est s'engage à faire parvenir cet avis jusqu'à sa destination : à cet effet, la Compagnie de l'Est recevra du bureau badois de Strasbourg la réclamation écrite, qui devra servir aux recherches, et elle devra la retourner à ce bureau en même temps qu'elle lui fera parvenir l'avis demandé.

L'Administration des postes badoise prend le même engagement pour les recherches relatives aux articles messagerie qui seront remis par la Compagnie de l'Est.

Art. 13.

Les Administrations contractantes accepteront les déboursés et les remboursements d'après les règlements en vigueur en leurs pays respectifs.

Comme les Administrations allemandes n'acceptent pas de remboursement au-dessus de 50 thalers (87 1/2 florins = 187 fr. 50 c.) par article, les remboursements sont limités à cette somme. Ils ne seront payés qu'après encaissement.

En France, le retour du remboursement est assujetti à la taxe ordinaire des finances. La Compagnie de l'Est se réserve d'accepter les articles suivis de déboursés ; il sera constaté que leur valeur dépasse le montant de ces déboursés, et de la taxe à percevoir pour le transport.

En Allemagne, il est perçu pour les remboursements une provision de 1 kreutzer par florin, avec un minimum de 3 kreutzer.

En France et en Allemagne, les frais de transports des chemins de fer, de factage, de réemballage, et les déboursés pour droits de douane, ne seront assujettis à aucune taxe ni provision.

Dans le cas où l'Administration badoise serait mise en demeure par l'Union postale allemande de percevoir la provision sur les déboursés dont il vient d'être fait mention, elle effectuera cette perception, et le règlement qui sera établi sera modifié dans ce sens.

Art. 14.

Les expéditeurs peuvent adresser leur colis bureau restant. Les envois de cette nature sont conservés pendant trois mois dans les bureaux, et passé ce délai, s'ils ne sont pas réclamés par le destinataire, ils seront retournés au lieu de provenance.

Art. 15.

Les articles de messagerie, marchandises et finances, qui ne peuvent être livrés au destinataire, par un motif quelconque, devront être immédiatement retournés à Strasbourg, au bureau qui a fait la transmission, par le bureau destinataire, avec les motifs du retour.

Les envois de cette nature ne doivent pas être ouverts; ils doivent être revêtus du cachet d'origine ou du cachet de l'Administration ou, enfin, du cachet ou du plomb de la douane.

Les taxes afférentes au transport, les déboursés, les remboursements, ainsi que tous les autres frais seront restitués par chacune des Administrations à l'autre, aussitôt après la réception de l'article en retour.

Art. 16.

Les articles susceptibles de se détériorer facilement seront vendus pour le compte de l'expéditeur.

Art. 17.

Les expéditions peuvent être effectuées à la volonté de l'expéditeur en port dû ou en port payé; néanmoins, les articles sujets à détérioration ne seront reçus qu'en port payé à l'avance.

Art. 18.

L'Administration du grand-duché de Bade et la Compagnie de l'Est feront tous leurs efforts auprès des Administrations avec lesquelles elles sont en correspondance, pour l'extension de leur tarif à d'autres localités que celles désignées.

Art. 19.

Le règlement des taxes et déboursés revenant à chacune des deux Administrations s'effectuera tous les jours entre la gare de Strasbourg et l'agent badois.

Les agents français et badois auront à s'entendre sur le mode de comptabilité à suivre.

Art. 20.

La durée de la présente Convention est fixée à deux années, à partir du jour de l'ouverture du pont de Kehl à l'exploitation, avec faculté de résiliation réciproque à toute époque au delà de ce terme, en prévenant six mois d'avance.

Toutefois, dans le cas où les tarifs et les règlements postaux en Allemagne subiraient des modifications, il est entendu que le tarif actuel et le présent règlement pourraient être modifiés, après avis préalable d'un mois à l'avance.

Art. 21.

L'Administration badoise se réserve l'approbation du Ministère grand-ducal du commerce, et la Compagnie de l'Est se réserve l'approbation de M. le ministre de l'agriculture, du commerce et des travaux publics de France.

Fait double et signé à Carlsruhe, le 25 juin, et à Paris, le 29 juin 1861.

Pour la Direction des Voies de communication du grand-duché de Bade,	Pour la Compagnie des chemins de fer de l'Est, *Le Directeur de l'exploitation.*
Signé : ZIMMER.	*Signé :* JACQMIN.

Approuvé par le Conseil d'administration des chemins de fer de l'Est, dans sa séance du 13 juin 1861.

CONVENTION DU 9 JUIN 1865

A LA RÉVISION DU TRAITÉ CONCLU A NANCY, LE 26 AVRIL 1861, ENTRE LA DIRECTION GÉNÉRALE DES VOIES DE COMMUNICATION DU GRAND-DUCHÉ DE BADE ET LA COMPAGNIE DES CHEMINS DE FER DE L'EST, ET DES CONVENTIONS QUI EN ONT ÉTÉ LA CONSÉQUENCE

Entre la Direction générale des voies de communication du grand-duché de Bade, représentée par M. Zimmer, Directeur général, et MM. Grosch et Helminger, Conseillers des postes, d'une part ; et la Compagnie française des chemins de fer de l'Est, dont le siége est à Paris, rue et place de Strasbourg, représentée par M. Durbach, Sous-Directeur de l'Exploitation, et M. Filippi, Inspecteur principal, chargé des services internationaux, agissant sous réserve de l'approbation du Conseil d'administration de ladite Compagnie, d'autre part; il a été exposé que le traité pour l'Exploitation du chemin de fer entre Strasbourg et Kehl et les Conventions spéciales conclues à Nancy, le 26 avril 1861, entre la Direction générale des voies de communication du grand-duché de Bade et la Compagnie française des chemins de fer de l'Est, ont, par la force des choses, subi des altérations importantes qui rendent nécessaire de les réviser et de les modifier dans leur forme et teneur.

Les soussignés ont, en conséquence, d'un commun accord, arrêté les dispositions suivantes :

CHAPITRE Ier.

Traité en date du 26 avril 1861, entre la Direction générale des voies de communication du grand-duché de Bade et la Compagnie française des chemins de fer de l'Est, pour l'exploitation du chemin de fer entre Strasbourg et Kehl.

Ce traité est maintenu, sauf en ce qui concerne les modifications ci-après :

1° L'article 5 est remplacé par l'article ci-après :

Les Administrations contractantes règleront chaque année, d'un commun accord, pour le service d'hiver et pour le service d'été, le nombre et la marche des trains de voyageurs, de marchandises ou mixtes. Elles s'efforceront d'assurer à leurs trains respectifs, aux points de Kehl et de Strasbourg, la correspondance la plus rapide et la plus étendue qu'il sera possible.

La Compagnie française de l'Est n'étant pas libre de modifier à son gré les heures de départ et d'arrivée des trains-poste de Paris à Strasbourg, et réciproquement, la Direction générale des voies de communication promet de tenir compte de cette circonstance et de relier ses trains aux trains-poste de la Compagnie de l'Est, tels qu'ils seront fixés par l'Administration des postes françaises, dans les conditions les meilleures possible pour assurer la rapidité des relations internationales.

De son côté, la Compagnie de l'Est fera ses efforts pour assurer une correspondance directe entre le train omnibus, qui part le matin de Paris pour Strasbourg, et le train badois partant le soir de Strasbourg pour Francfort et au delà.

2° L'article 7 est remplacé par l'article qui suit :

Pendant toute l'année, les trains-poste, et, pendant le service d'été, les trains express français s'arrêteront avant la gare actuelle de Strasbourg, aux aiguilles de raccordement donnant accès sur les voies de la ligne de Kehl ; les voitures contenant des voyageurs en destination de l'Allemagne, ainsi que les fourgons à bagages, seront détachés des trains et conduites par une machine spéciale à Kehl ; le train, ainsi formé, ne s'arrêtera pas à la station de la porte d'Austerlitz.

Les trains destinés à desservir les relations internationales locales de Strasbourg et de ses environs, avec le grand-duché de Bade, partiront de la gare de Strasbourg et s'arrêteront tous à la station intermédiaire de la porte d'Austerlitz.

3° Les articles 11 et 12 sont supprimés.

4° L'article 17 est modifié, en supprimant la réserve formulée relativement à l'autorisation du Gouvernement français pour la circulation des voitures étrangères dans les trains de la Compagnie de l'Est.

5° L'article 23 est remplacé par l'article ci-après :

La Direction générale des voies de communication du grand-duché de Bade et la Compagnie française des chemins de fer de l'Est se tiendront réciproquement compte des sommes représentant le salaire des agents des trains de l'une des deux Administrations circulant entre Kehl et Strasbourg sur le territoire de l'autre.

Ce décompte sera calculé sur le nombre des kilomètres parcourus sur chacun des territoires, à raison de 0 fr. 045 pour les chefs de train et 0 fr. 03 pour les autres agents, dont le nombre ne devra généralement pas excéder trois par chaque train.

6° L'article 31 est remplacé par l'article ci-après :

Pour favoriser la circulation locale entre les stations françaises et les stations du grand-duché de Bade, il est convenu que les prix de Strasbourg (ville et porte d'Austerlitz) à Kehl ont été fixés comme suit :

		I.	II.	III.
Strasbourg-ville	Billets simples	1 fr. » c.	» 70 c.	» 50 c.
	Billets aller et retour	1 60	1 10	» 80
Porte d'Austerlitz	Billets simples	» 70	» 50	» 35
	Billets aller et retour	1 10	» 80	» 50

Pour la formation des taxes entre Strasbourg et les stations badoises à distance de 150 kilomètres de Kehl, et des taxes entre Kehl et les stations françaises à distance de 150 kilomètres de Strasbourg, les prix réduits entre Strasbourg et Kehl, ci-dessus indiqués, seront calculés de manière à ce qu'ils arrivent par une progression successive à atteindre au-dessus de 150 kilomètres les prix légaux à percevoir de Strasbourg à Kehl, et qui sont établis comme suit :

		I.	II.	III.
Strasbourg-ville	Billets simples	2 fr. 60 c.	1 fr. 95 c.	1 fr. 40 c.
	Billets aller et retour	4 15	3 10	2 25
Porte d'Austerlitz	Billets simples	1 70	1 25	» 90
	Billets aller et retour	2 70	2 »	1 45

Il sera établi entre Strasbourg et les stations badoises les plus importantes des billets Edmonson aller et retour, pour lesquels les prix réduits ci-dessus indiqués pour le trajet aller et retour entre Strasbourg et Kehl seront cousus aux prix des billets aller et retour existant au départ de Kehl vers le grand-duché de Bade.

Les voyageurs auront droit, sur le parcours de Strasbourg à Kehl, à 30 kilogrammes de bagage *franco*.

Les billets simples et ceux aller et retour, prévus ci-dessus, ne donnent droit sur les parcours badois à aucune gratuité de bagages.

En ce qui concerne les autres billets délivrés entre le grand-duché de Bade, les lignes au delà et la France, la gratuité des bagages sera de 30 kilogrammes pour tout le parcours, et le chemin badois consent à n'ajouter aux prix des billets qu'une taxe pour 25 kilogrammes, au lieu de 30 kilogrammes.

7° L'article 38 est remplacé par l'article ci-après :

Des tarifs directs ont été établis depuis l'ouverture du pont du Rhin entre les principales stations du réseau de l'Est et des chemins français en correspondance et les localités les plus importantes de l'Allemagne et des pays au delà.

Les deux Administrations étudieront d'un commun accord et prendront auprès des autres Administrations intéressées l'initiative de toutes les mesures de nature à développer le tarif international.

La Convention spéciale règle toutes les conditions de détail relatives au service direct international, aux tarifs, à l'établissement des comptes et au payement des sommes dues.

8° A l'article 49 est ajouté l'alinéa suivant :

Les Administrations contractantes se réservent de s'entendre ultérieurement sur les mesures à prendre pour permettre la circulation sur les passerelles établies pour les piétons.

CHAPITRE II.

Convention, en date du 26 avril 1861, établissant les relations du service direct international en ce qui concerne les voyageurs, enfants, bagages, chiens, voitures, chevaux et bestiaux, l'établissement des comptes et le payement des sommes dues, entre la Direction des voies de communication du grand-duché de Bade et la Compagnie française des Chemins de fer de l'Est.

La Convention établissant les relations ci-dessus est maintenue, sauf en ce qui concerne les modifications ci-après :

1° L'article 3 est supprimé et remplacé par l'article ci-après :

Le transport direct des voyageurs et des bagages, de France en Allemagne, et réciproquement, s'effectuera entre les points et aux conditions ci-après :

La délivrance des billets de 1re et 2e classe à coupons, dans la forme actuelle, est maintenue entre Paris, d'une part ;

Fribourg-en-Brisgau, Baden-Baden, Carlsruhe, Wildbad, Pforzheim, Heidelberg, Mannheim, Darmstadt, Francfort-sur-Mein, Nauheim, Stuttgart, Cannstatt, Nördlingen, Nuremberg, Prague, Ulm, Augsbourg, Munich, Salzbourg, Linz, Vienne, Kustendje, Constantinople, Cracovie, Lemberg, Giurgewo, Odessa, d'autre part, et *vice versâ*.

Les gares françaises de Châlons-sur-Marne et Nancy ne délivreront et ne recevront

de billets directs que pour et de Baden-Baden, Carlsruhe, Mannheim, Darmstadt e
Francfort-sur-Mein.

La gare de Metz ne délivrera et ne recevra de billets directs que pour et de
Baden-Baden et Carlsruhe.

Les billets directs sont valables pour un mois, avec faculté de s'arrêter dans les prin
cipales villes du parcours.

Les porteurs ont le droit de se servir, sur les parcours allemands, tant des train
express que des trains omnibus.

En outre, des billets directs sont délivrés au départ de Londres pour Baden-Baden
Munich, Vienne et Constantinople, et *vice versâ*, aux conditions intervenues entre le
Compagnies françaises de l'Est et du Nord, et les Administrations anglaises.

2° A l'article 4, il est ajouté aux stations françaises mises en rapport avec Kehl
celles de Lure, Vesoul, Gray, Langres, Troyes, Montereau.

Il est également ajouté l'alinéa suivant :

En outre, des billets directs Edmonson seront délivrés entre Mulhouse, Belfort e
Colmar, d'une part ; Dinglingen, Offenbourg, Baden-Baden, Carlsruhe, Heidelberg e
Mannheim, d'autre part.

3° A l'article 5, il est ajouté, de Strasbourg-ville :

Neuhausen, Schaffhouse, Constance ; les mots : « service de saison, » placés aprè
« Wildbad, » sont supprimés.

Le cinquième alinéa est modifié comme suit :

Il sera délivré des billets directs à coupons entre Strasbourg-ville et les localité
ci-après :

Augsbourg, Donauwœrth, Nœrdlingen, Nuremberg, Munich, Salzbourg, Linz
Vienne.

Pour Nœrdlingen, il sera délivré des billets directs à Strasbourg-ville et à Strasbourg
Austerlitz.

L'alinéa suivant est ajouté :

Il sera, en outre, délivré des billets aller et retour entre Strasbourg-ville et Austerlit.
et les stations badoises suivantes :

Kork, Legelshurst, Appenweier, Renchen, Achern, Ottersweier, Bühl, Steinbach
Oos, Baden, Rastatt, Muggensturm, Ettlingen, Carlsruhe, Heidelberg, Mannheim
Windschlæg, Offenbourg, Dinglingen, Orschweier, Kenzingen, Riegel, Emmendinge
et Fribourg-en-Brisgau.

En ce qui concerne Mannheim, l'Administration badoise se réserve le droit de
mettre le prix pour les billets simples, comme pour ceux aller et retour, en rappor
avec ceux qui existent entre Ludwigshafen et Strasbourg.

Il est encore ajouté ce dernier aliéna :

Il est entendu qu'à partir de l'ouverture du chemin de fer de Dinglingen à Lahr, l
premier de ces points disparaîtra du service direct des voyageurs, et sera partou
remplacé par le point de Lahr.

4° A l'article 6, il est ajouté ce dernier alinéa :

Il est entendu que les billets Edmonson ordinaires seront employés pour les enfants
dans le grand-duché de Bade, comme en France, en les coupant diagonalement par l
moitié.

5° A l'article 9, le dernier aliéna est modifié comme suit :

Sur les parcours allemands, les voyageurs, quel que soit leur nombre, devront paye
le prix de la 2° classe, s'ils restent dans les voitures, et ceux de la 3° classe, s'ils pren
nent place sur les siéges extérieurs.

CHAPITRE III.

Convention, en date du 26 avril 1861, établissant les relations du service direct international des marchandises entre la Direction générale des voies de communication du grand-duché de Bade et la Compagnie française des chemins de fer de l'Est.

Cette Convention est maintenue, sauf en ce qui concerne les articles 1 à 26, qui sont remplacés par les 14 articles suivants :

ARTICLE PREMIER.

Les Administrations contractantes conviennent, en principe, que les tarifs qui seront établis pour le transport des marchandises par Strasbourg et Kehl résulteront de l'addition des Tarifs ordinaires et spéciaux de chaque Administration cousus les uns aux autres.

ART. 2.

Afin de faciliter la combinaison des Tarifs directs internationaux et la soudure éventuelle des Tarifs généraux, spéciaux ou communs en vigueur sur les parcours français et allemands, l'Administration badoise consent à accepter pour son parcours de l'axe du pont du Rhin à la gare de Kehl les taxes kilométriques françaises arrondies pour la distance totale. *Voir l'annexe (A) pour la rédaction définitive de cet article.*

Pour toutes les relations, autres que celles entre Strasbourg et Kehl (local), la distance réelle de Strasbourg à Kehl (13 kilom.) sera augmentée d'une plus-value de 10 kilomètres pour le passage du pont du Rhin.

Cette plus-value sera partagée également entre les deux Administrations, de sorte que les taxes afférentes au parcours badois seront calculées sur 6 kilomètres, et celles afférentes au parcours français sur 17 kilomètres.

Pour le Tarif entre toutes les stations françaises, Strasbourg excepté, et Kehl (local), ces taxes seront celles des Tarifs généraux, spéciaux ou communs de la Compagnie de l'Est. (Voir les *Annexes.*)

Pour les relations entre la France et Kehl (transit), les parts badoises sont calculées d'après les bases kilométriques allouées à la Compagnie de l'Est par le protocole de Munich des 23—29 mars 1863. (Voir les *Annexes.*)

Les taxes, ainsi obtenues, s'ajouteront aux portions allemandes de Kehl aux diverses localités de l'Allemagne figurant aux tarifs internationaux.

Pour le trafic entre Strasbourg et Kehl (local), les prix réduits indiqués au Livret international du 1er août 1864 seront maintenus ; ils seront partagés entre les deux Administrations dans la proportion de 17 kilomètres pour la Compagnie de l'Est, et de 6 kilomètres pour le chemin de fer badois. (Voir les *Annexes.*)

Dans les divers cas ci-dessus spécifiés, et en général pour tous les Tarifs, quelle que soit leur nature, dans lesquels la gare de Kehl se trouve ou se trouvera dénommée, la Compagnie de l'Est calculera ses parts dans les décomptes jusqu'à l'axe du pont du Rhin, et la taxe complémentaire, calculée de ce point à la gare de Kehl, figurera immédiatement au compte du parcours badois, ainsi que cela a lieu déjà pour le trafic direct des voyageurs.

ART. 3.

Voir l'annexe (D) pour la rédaction définitive des articles 3 et 4.

Conformément aux termes de l'article 38 de la Convention générale, les Administrations badoise et française n'ont pas discontinué leurs efforts pour arriver à l'établissement d'un Tarif international entre les principales stations, d'une part, et les stations les plus importantes des chemins français et allemands correspondants, d'autre part.

Les démarches communes ont abouti à des résultats satisfaisants; il est donc entendu que, dès à présent, l'expédition directe est en vigueur entre les stations principales du réseau de l'Est français et des chemins du grand-duché de Bade, du Main-Neckar, du Wurtemberg, de la Bavière (État et Est), et de l'Autriche, aux prix et conditions du Tarif international du 1er août 1864 et de ses annexes.

Des prix directs se trouvent, en outre, établis entre les stations les plus importantes des chemins français de l'Ouest, d'Orléans, du Nord et de Paris-Lyon-Méditerranée, et les stations allemandes dénommées audit Tarif international.

Les Administrations badoise et française s'attacheront à améliorer et à développer, par tous les moyens en leur pouvoir, les relations directes internationales *viâ* Strasbourg-Kehl, entre la France, l'Allemagne et les pays au delà ; elles prendront, d'un commun accord, l'initiative de toutes les mesures dans ce sens auprès des Administrations correspondantes ; elles s'occuperont notamment de rétablir les relations directes entre la France et les chemins de l'Union du Centre de l'Allemagne (Mitteldeutscher-Verband), et d'en créer de nouvelles avec l'Union de l'Ouest de l'Allemagne (Westdeutscher-Verband).

ART. 4.

Le trafic entre Paris, Épernay, Châlons-sur-Marne, Reims, d'une part, et Francfort et Darmstadt, d'autre part, étant concurrencé par la voie de Belgique et de Cologne, la Compagnie de l'Est a dû établir des prix réduits entre ces divers points par Forbach.

Elle a aussi établi un Tarif international réduit entre les stations ci-dessus désignées et Ludwigshafen.

En vue de faciliter à l'Administration du grand-duché de Bade l'établissement de Tarifs identiques *viâ* Kehl et Strasbourg, et de traiter en ce qui la concerne sur le pied de l'égalité la plus parfaite les voies concurrentes de Kehl, Forbach et Wissembourg pour les points de Francfort, Darmstadt, Heidelberg, Mannheim et Mühlacker, susceptibles d'être desservis simultanément par les trois itinéraires, la Compagnie de l'Est déclare qu'elle concourt et concourra à tous les Tarifs directs, généraux et spéciaux par la voie de Strasbourg-Kehl, en prenant pour son parcours les mêmes bases kilométriques que celles concédées par elle, *viâ* Forbach et Wissembourg.

L'engagement pris par la Compagnie de l'Est, dans le présent article, de concourir à l'établissement des Tarifs directs réduits de Paris, Épernay, Châlons-sur-Marne, Reims à Francfort, Darmstadt, Heidelberg, Mannheim et Mühlacker, *viâ* Strasbourg-Kehl, est limité, comme durée, à celle des Tarifs analogues, *viâ* Forbach et Wissembourg.

ART. 5.

Afin de combattre d'une manière efficace les Tarifs des voies concurrentes entre la

France et les localités étrangères pouvant être desservies par Strasbourg-Kehl, les deux Administrations admettent, comme principe général, et feront admettre autant qu'il dépend d'elles, comme tel, par les autres Administrations intéressées, que toutes les réductions nécessaires pour obtenir un transport seront acceptées par toutes les Administrations ayant intérêt à se l'assurer, et qu'elles seront partagées au prorata des parts afférentes à chaque Administration dans les Tarifs directs pour lesquels une réduction aura été reconnue nécessaire.

Art. 6.

Les expéditeurs pouvant faire transporter plus avantageusement certaines marchandises entre la France et l'Allemagne, *viâ* Kehl et Strasbourg, par la réunion au point de Kehl, soit d'un Tarif spécial d'une Administration avec le Tarif ordinaire d'une autre Administration, soit des Tarifs spéciaux de chacune des Administrations, qu'en revendiquant l'application du Tarif direct ordinaire, les parties contractantes conviennent d'établir des Tarifs spéciaux internationaux pour celles de ces marchandises dont le transport direct international sera reconnu nécessaire.

Art. 7.

Chacune des deux Administrations se réserve le droit d'introduire dans le Tarif international les modifications que pourraient subir les prix et conditions réglementaires de ses Tarifs intérieurs.

Toutefois, chacune des Administrations devra donner connaissance, au moins un mois à l'avance, à l'Administration correspondante des modifications qu'elle se proposerait d'introduire.

Art. 8.

En outre des prix de transport, la Compagnie de l'Est percevra au départ, pour l'enregistrement des marchandises, 10 centimes par chaque expédition.

Indépendamment des déboursés résultant de la fourniture de nouveaux emballages ou du payement des droits de douane, et qui seront à la charge de la marchandise, la Compagnie de l'Est percevra, à l'entrée en France, tant pour les opérations et formalités en douane que pour l'acquit-à-caution, le plombage, le déballage, la pesée et le réemballage des marchandises en provenance de l'Allemagne, les taxes figurant au Tarif international du 1er août 1864, et qui seront ajoutées aux frais de transport.

Tant que cette perception aura lieu, la Direction générale des voies de communication du grand-duché de Bade se réserve le droit de percevoir des frais analogues à ceuv qui seront perçus par la Compagnie française, et dont le montant, variable à son gré, pourra s'élever jusqu'au chiffre de ceux-ci.

La Compagnie de l'Est étudiera la question de la suppression des frais pour formalités en douane.

Art. 9.

Le règlement établi pour les transports internationaux, *viâ* Strasbourg-Kehl, reproduit les conditions en vigueur sur le territoire de chacune des deux Administrations et

les fait concorder autant que le permet la différence des lois et des règlements qui régis
sent les deux pays.

Si de nouveaux cas se présentaient ultérieurement où l'uniformité ne pourrait être
obtenue, les conditions réglementaires de chaque pays seront reproduites.

Comme il n'existe pas de gare frontière commune, les parties contractantes conviennent que les conditions particulières françaises seront en vigueur jusqu'à Kehl pour le
transport de marchandises circulant de France en Allemagne, et que les conditions particulières allemandes seront en vigueur pour les transports de l'Allemagne, Kehl excepté
sur la France jusqu'à Strasbourg.

Le règlement en fera mention.

Le trafic local entre Kehl et les stations françaises, à l'exception de Strasbourg, sera
régi par le règlement français, et le trafic local entre Strasbourg et les stations allemandes, y compris Kehl, sera régi par le règlement allemand.

<h3 align="center">Art. 10.</h3>

Chaque expédition faite en trafic direct international entre les stations du grand
duché de Bade et des autres chemins allemands, et celles des chemins de l'Est et autres
chemins français, sera suivie d'une lettre de voiture revêtue du timbre national français
et rédigée dans les deux langues, conformément au modèle convenu ; cette lettre de voiture
accompagnera la marchandise, du point de départ au point de destination.

Conformément à l'article 9, les marchandises en provenance de Kehl pour les stations
françaises, et *vice versâ*, Strasbourg excepté, seront accompagnées de lettres de voiture
françaises, et les marchandises en provenance de Strasbourg pour les stations allemandes
et *vice versâ*, y compris Kehl, seront accompagnées de lettres de voiture allemandes.

<h3 align="center">Art. 11.</h3>

Les stations françaises, Strasbourg excepté, expédieront à Kehl, à l'agent de la Compagnie de l'Est, les marchandises circulant de France en Allemagne. Cet agent en fera
remise aux employés badois.

Les stations allemandes expédieront à Strasbourg, à l'agent badois, les marchandises
circulant de l'Allemagne en France. Cet agent en fera la remise aux employés français.

L'agent badois fera, à Strasbourg, l'enregistrement des marchandises expédiées de
cette gare à destination de l'Allemagne, et l'agent français fera, à Kehl, l'enregistrement
des marchandises expédiées de cette gare en destination de la France, Strasbourg
excepté.

<h3 align="center">Art. 12.</h3>

Le règlement français étant adopté pour le parcours entre Strasbourg et Kehl pour
toutes les marchandises en provenance ou en destination de la station de Kehl, Strasbourg excepté, et afin d'éviter une nouvelle reconnaissance de ces marchandises à la
gare de Strasbourg, les parties contractantes conviennent que, par exception à la règle
stipulée dans l'article 35 du traité général, lesdites marchandises en provenance de
Kehl seront reçues dans cette gare par le personnel français.

Par contre, le règlement allemand étant adopté pour le parcours entre Kehl et Strasbourg pour toutes les marchandises en provenance ou à destination de la gare de Strasbourg, et afin d'éviter une nouvelle reconnaissance de ces marchandises à la gare

Kehl, les parties contractantes conviennent que, par exception à la règle stipulée dans l'article 35 dudit traité, les marchandises en provenance de Strasbourg seront reçues dans cette gare par le personnel badois.

Art. 13.

La réduction des taxes dans les tarifs aura lieu sur le pied de 28 kreutzer pour 1 franc, étant entendu que les taxes françaises à percevoir seront, au dessous de 0 fr. 025, arrondies aux 0 fr. 05 inférieurs, et à 0 fr. 025, aux 0 fr. 05 supérieurs; les taxes allemandes seront arrondies en kreutzer ou en quart de groschen.

Art. 14.

Le règlement de toutes les expéditions entre le grand-duché de Bade et la France, et *vice versâ*, y compris le trafic local entre Kehl et Strasbourg, aura lieu par les soins du contrôle central de l'Union allemande du Sud à Munich, chargé des décomptes du service international entre l'Allemagne et la France.

Tout règlement en espèce entre les agents des deux Administrations à Kehl et à Strasbourg se trouve donc supprimé.

Le chemin débiteur versera au chemin correspondant le montant du solde des règlements en monnaie d'or ou d'argent française ou allemande, le franc étant compté pour 28 kreutzer ou 8 silbergroschen.

Chaque Administration a droit de demander le payement de ce solde de la part de l'autre Administration dans la monnaie du pays, et les pertes qui pourraient, dans le cas contraire, résulter du change seraient supportées par les deux Administrations au prorata des produits afférents à leurs parcours.

CHAPITRE IV.

Convention en date du 26 avril 1861, établissant les conditions d'échange du matériel entre la direction générale des voies de communication du grand-duché de Bade et la Compagnie des chemins de fer de l'Est.

Cette convention est maintenue dans tout son entier..

CHAPITRE V.

Convention en date des 25-28 juin 1861 entre la Direction générale des voies de communication du grand-duché de Bade et la Compagnie française des chemins de fer de l'Est, établissant les relations du service direct international, par rapport aux articles de messageries, de marchandises et aux finances.

1° Cette convention est maintenue à l'exception des articles 1 à 7 qui sont remplacés par les articles ci-après :

Article premier.

La gare de Strasbourg indiquée comme gare d'échange à l'article 39 du traité principal forme, pour les taxes, la gare extrême des deux Administrations, même pour les arti-

Voir l'annexe C pour la rédaction définitive de cet article.

cles qui ne sont pas livrés par la Compagnie française des chemins de fer de l'Es
Strasbourg, mais à Kehl, à l'Administration badoise, et pour ceux qui, à ce dernier poi
sont remis par celle-ci à la dite Compagnie.

Art. 2.

Les colis de messagerie transitant par Strasbourg, de l'Allemagne sur la France et
la France sur l'Allemagne, seront reçus, à Kehl, du bureau de poste badois ou remis à
bureau par les agents du chemin de l'Est.

Art. 3.

Au contraire, en ce qui concerne les articles de messagerie de l'Allemagne pour Str
bourg et de Strasbourg pour l'Allemagne, l'Administration badoise les fera accompagn
entre Strasbourg et Kehl, par ses propres agents.

Art. 4.

La reconnaissance contradictoire des articles aura lieu à Kehl entre les agents des de
Administrations, par articles; et dès que la transmission se sera effectuée sans réserv
la responsabilité incombera à l'Administration qui aura pris livraison.

Les agents des deux Administrations auront à s'entendre sur les règles à observer po
la remise et la réception des colis dans les deux sens.

Art. 5.

La Compagnie des chemins de fer de l'Est prend l'engagement de transporter direc
ment par son train poste n° 39 jusqu'à Kehl les articles de messagerie de Paris pour l'A
lemagne, autant que cela sera possible, et de prendre des mesures pour que les articles
messagerie ne subissent à Strasbourg, dans le sens de l'Allemagne sur Paris, aucun
tard, par le fait des opérations de douane ; elle emploiera dans ce but le système de co
partiments plombés ou toute autre combinaison.

En dehors du train ci-dessus indiqué, les autres trains à utiliser entre Strasbourg
Kehl pour le transport des articles de messagerie seront déterminés à chaque chang
ment de service par les agents respectifs des deux Administrations à Strasbourg et à Ke
de manière à obtenir la plus grande rapidité possible dans le transport.

Art. 6.

Chacune des Administrations contractantes fera suivre à l'Administration correspo
dante les articles à lui livrer selon le mode qu'elle emploie habituellement dans son se
vice intérieur, et satisfera sur son parcours aux prescriptions réglementaires de
douane.

Les articles qui exigent de la célérité dans le transport seront inscrits, si cela est n
cessaire, sur une feuille de route spéciale et établie en double expédition.

La Compagnie des chemins de l'Est mettra gratuitement à la disposition de l'Admin
tration badoise, dans sa gare de Strasbourg, un bureau qui puisse se prêter au serv

postal et donner facile accès au public, et veillera à ce que les wagons affectés au transport des articles de messagerie entre Kehl et Strasbourg soient, pour permettre le chargement et le déchargement, toujours dans le voisinage de ce bureau.

Art. 7.

Le décompte de la taxe d'abonnement à bonifier par l'Administration badoise à la Compagnie des chemins de fer de l'Est, aux termes de l'article 39 du traité principal pour le transport entre l'axe du pont sur le Rhin et Strasbourg s'effectuera mensuellement entre les deux Administrations.

Le règlement aura lieu au moyen de bordereaux qui seront remis par le bureau badois de Kehl à l'agent de la Compagnie de l'Est à ce point, et qui donneront le poids, tant des articles livrés à Kehl que de ceux transportés entre Strasbourg et Kehl par les agents de l'Administration badoise.

Au cas où la Compagnie des chemins de l'Est jugerait nécessaire de vérifier l'exactitude de ces bordereaux, la station de Strasbourg pourrait vérifier et constater en détail sur les feuilles de route le poids des articles arrivés ou partis.

2° Le dernier alinéa de l'article 8 est supprimé et remplacé par le suivant :

Si, au contraire, les articles remis en Allemagne pour la France parvenaient à Kehl dans un emballage si défectueux que la Compagnie de l'Est ne pût les recevoir dans ce conditionnement et que l'Administration badoise dût procéder à un réemballage, le bureau badois aurait le droit de faire suivre le montant de ces frais d'emballage sur les articles.

CHAPITRE VI.

Dispositions générales.

Article premier.

La présente convention sera mise à exécution dès le 1er août prochain, si faire se peut.

Les modifications indiquées aux chapitres I, II, III et V, faisant désormais partie intégrante des conventions auxquelles ces chapitres se rapportent, seront, en ce qui concerne les conditions de leur durée, régies respectivement par les articles 55 du traité général, 18 de la convention pour le service des voyageurs, 30 de la convention pour le service des marchandises et 20 de la convention pour le service des articles de messagerie, marchandises et finances confiés à l'Administration des postes badoises.

Art. 2.

La Direction générale des voies de communication du grand-duché de Bade réserve l'approbation de la présente convention par le ministère grand-ducal du commerce.

Les représentants de la Compagnie de l'Est réservent les approbations de la présente convention par le Conseil d'administration de la Compagnie et par **M**. le ministre de l'agriculture, du commerce et des travaux publics de France.

Fait double à Baden-Baden, le 9 juin 1865.

« La présente convention a été ratifiée par le Conseil d'administration de la « Compagnie de l'Est dans sa séance du 29 janvier 1865.

« Elle a été ratifiée par S. Exc. M. le ministre du commerce du grand-duché de « Bade, suivant lettre de la Direction badoise du 22 août 1865, n° 27,642 %, 3 »

Annexe (A) à la Convention conclue à Baden-Baden, le 9 juin 1865.

La Direction des voies de communication du grand-duché de Bade et la Direction des chemins de fer de l'Est sont convenues de supprimer l'article 2 du chapitre III de la convention révisée à Baden-Baden, 9 juin 1865, et de lui substituer l'article suivant :

ART. 2.

Afin de faciliter la soudure éventuelle des Tarifs généraux, spéciaux ou communs en vigueur sur les parcours français et allemands, l'Administration badoise consent, en ce qui concerne les relations entre Kehl et les stations françaises, à accepter, pour son parcours de l'axe du pont du Rhin à la gare de Kehl, les taxes kilométriques françaises.

Pour toutes les relations de Kehl avec les stations françaises autres que Strasbourg, la distance réelle de Strasbourg à Kehl (13 kilomètres) sera augmentée d'une plus-value de 10 kilomètres, pour le passage du pont du Rhin ; cette plus-value sera partagée également entre les deux Administrations, de sorte que les taxes afférentes au parcours badois seront calculées sur 6 kilomètres, et celles afférentes au parcours français sur 17 kilomètres.

Pour le trafic entre Strasbourg et Kehl, les prix réduits indiqués au Livret international du 1er août 1864 seront maintenus; ils seront partagés entre les deux Administrations dans la proportion de 17 kilomètres pour la Compagnie de l'Est, et de 6 kilomètres pour le chemin de fer badois.

Il est entendu que la gare de Kehl aura droit à la moitié des frais accessoires actuels. (Voir l'*Annexe*.)

Dans les deux cas ci-dessus spécifiés et en général pour tous les Tarifs, quelle que soit leur nature, dans lesquels la gare de Kehl se trouve ou se trouvera dénommée, la Compagnie de l'Est calculera sa part dans les décomptes jusqu'à l'axe du pont du Rhin, et la taxe complémentaire calculée de ce point à la gare de Kehl figurera immédiatement au compte du parcours badois, ainsi que cela a lieu déjà pour le trafic direct des voyageurs.

En ce qui concerne l'établissement de Tarifs internationaux pour les relations entre la France et l'Allemagne (Kehl-transit), les bases respectives des Tarifs à combiner seront appliquées jusqu'à l'axe du pont du Rhin; on comptera pour la Compagnie de l'Est 17 kilomètres de ce point à Strasbourg, et pour le grand-duché de Bade un mille allemand (7,400 mètres) de ce même point à Kehl.

Paris, le 16 avril 1866.

La nouvelle rédaction ci-dessus de l'article 2 a été ratifiée par le Conseil d'administration de la Compagnie de l'Est dans sa séance du 19 avril 1866, et par la Direction du chemin de fer badois, le 29 juin 1866.

Annexe (B) à la Convention conclue à Baden-Baden, le 9 juin 1865.

RÈGLEMENT d'exécution pour le chapitre V établissant les relations du service direct international par rapport aux articles de messagerie, aux marchandises et aux finances.

Entre la Direction générale des voies de communication du grand-duché de Bade, représentée par M. ZIMMER, Directeur général ;

Et la Compagnie française des chemins de fer de l'Est, dont le siége est à Paris, rue et place de Strasbourg, représentée par M. JACQMIN, Directeur de l'exploitation,

Il a été dit et convenu ce qui suit :

ARTICLE PREMIER.

Local dans la gare de Strasbourg.

Le local mis à la disposition de l'Administration badoise dans la gare de Strasbourg étant reconnu insuffisant, la Compagnie de l'Est s'engage à y faire faire une annexe.

Le bureau désigné dans le plan ci-annexé sous la lettre A sera composé à l'avenir des parties A et B.

ART. 2.

Local dans la gare de Kehl.

L'Administration grand-ducale des postes et chemins de fer mettra, de son côté, à la disposition de la Compagnie des chemins de fer de l'Est, dans sa gare de Kehl, le local représenté par la lettre B, dans le plan nº 2, pour les employés chargés du service des colis postaux.

ART. 3.

Expéditions de France en Allemagne.

Les gares et stations des chemins de fer de l'Est établiront pour les colis postaux à destination de l'Allemagne, *via* Kehl, des feuilles de route spéciales, en double expédition, au moyen desquelles se fera la remise, à l'Administration badoise, desdits colis postaux.

L'une de ces feuilles de route restera entre les mains de l'Administration badoise, et l'accusé de réception sera porté par les agents badois sur l'autre feuille, qui sera rendue au chemin de fer français.

Par exception, la gare de Paris, indépendamment de ces deux feuilles de route, établira sur le modèle postal allemand B4 deux autres feuilles directes, destinées à remplacer celles que doit établir le bureau badois de Kehl.

L'une de ces deux feuilles, après la reconnaissance des colis et le collationnement des feuilles de route, à Kehl, continuera immédiatement jusqu'à destination, et l'autre sera conservée à Kehl pour les transcriptions réglementaires du bureau postal.

Tous les articles portés aux dites feuilles postales allemandes seront placés à Paris dans des paniers ou dans des sacs qui leur seront spéciaux, en tant que leur nature et leur dimension le permettront.

Cette double opération aura pour résultat de faciliter, à Kehl, la prompte réexpédition par le premier train partant, en supprimant le travail d'écriture et de manutention, et en ne laissant à la charge des agents badois que la reconnaissance du nombre et du conditionnement des colis.

Toutefois, ces mesures exceptionnelles ne seront mises en vigueur que pour les points ci-après :

Baden-Baden, Carlsruhe, Bruchsal, Pforzheim, Stuttgart, Augsbourg, Munich, Salsbourg, Vienne, et, au delà, Heidelberg, Mannheim et Francfort-sur-Mein.

Les colis postaux, au départ de Paris, seront expédiés par le train poste.

Dans le but d'assurer une bonne et entière exécution, l'expédition des feuilles de routes directes (modèle postal allemand B4), ainsi que le triage des colis, seront confiés à un ou plusieurs employés postaux badois détachés à la gare de Paris.

Si l'expérience venait à démontrer qu'il n'y a pas utilité à maintenir cette organisation, les Administrations badoise et française aviseraient d'un commun accord à prendre d'autres mesures pour assurer au service postal une célérité suffisante.

Art. 4.

Expéditions d'Allemagne en France.

L'office badois des postes, à Kehl, établira une feuille de route générale pour tous les colis postaux allant de l'Allemagne en France (à l'exception des colis locaux pour Strasbourg).

Cette feuille, ainsi que les colis postaux désignés, sera remise à Kehl aux agents de l'Est français qui auront à en signer la réception sur un livre de remise, lequel devra porter absolument les mêmes renseignements que ladite feuille générale.

Art. 5.

Calcul des Taxes.

Les feuilles de route des articles postaux établies par la Compagnie de l'Est français, pour être remises au bureau badois des postes à Kehl, le seront pour les ports et autres sommes en valeur de francs, tandis qu'au contraire le bordereau général établi par le service badois, pour être remis à l'Administration de l'Est, renseignera les ports et autres sommes en valeur florins sud.

La conversion des diverses sommes ci-dessus se fera sur le pied de 28 kreutzer rhénans par franc.

Art. 6.

Remise à Kehl des colis postaux d'Allemagne.

Les articles postaux d'Allemagne pour la France seront remis à Kehl à l'Administration des chemins de fer de l'Est français, dans le local désigné *ad hoc* à Kehl, et cela le matin d'assez bonne heure, pour qu'ils puissent partir de Kehl pour Strasbourg par le train 36 (dont le départ a lieu à 9 h. 44' du matin, heure allemande (pour que la réexpédition puisse en être faite de Strasbourg par le train 38 (midi 35', heure française).

Art. 7.

Décompte.

Le décompte entre les agents de l'Administration de l'Est français à Kehl et le bureau de poste badois se fera tous les jours sur le vu des feuilles de route, et résumera le solde entre les deux bureaux badois et français ; le versement de part ou d'autre se fera dans les dix jours ; les stations françaises auront à établir un état de ce qui leur revient, ainsi que le bureau des postes badoises, qui dressera également un état de ce qu'il aura à réclamer. C'est sur ces deux états reconnus exacts, que sera arrêté le décompte définitif.

L'Administration débitrice versera à l'Administration créancière le montant du solde de ce décompte en valeur, or ou argent, français ou allemand, et pour lequel le franc sera accepté pour 28 kreutzer rhénans.

Chaque Administration est autorisée à exiger le payement de ce solde en valeur de son pays et, dans le cas contraire, la perte du change qui pourrait en résulter sera supportée au prorata des produits de chaque Administration (chap. III, art. 14 de la Convention de Baden-Baden de juin 1865).

ART. 8.

Cette Convention devra recevoir son exécution le 10 juin prochain.

Le représentant de la Compagnie française des chemins de l'Est se réserve l'approbation de son Administration.

En foi de quoi les représentants ont signé la présente Convention.

Paris, le 1er mai 1867.
Carlsruhe, le 5 mai 1867.

Signé : JACQMIN,
ZIMMER.

Annexe (C) à la Convention conclue à Baden-Baden, le 9 juin 1865.

La Direction des voies de communication du grand-duché de Bade et la Direction des chemins de fer de l'Est sont convenues de supprimer l'article 1er du chapitre V de la Convention révisée de Baden-Baden du 9 juin 1865, et de lui substituer l'article suivant :

ARTICLE PREMIER.

La gare de Kehl sera considérée comme gare extrême pour les taxes perçues par les deux Administrations pour les articles qui seront livrés réciproquement à Kehl, et la gare de Strasbourg est maintenue comme gare extrême pour les taxes perçues par l'Administration badoise pour les articles de l'Allemagne pour Strasbourg et de Strasbourg pour l'Allemagne.

La part de taxe revenant à l'Administration badoise pour les articles livrés à Kehl sera la même que celle pour les autres articles de grande vitesse de et pour Kehl (local).

Fait double.

Carlsruhe, le 12 août 1867.
Paris, le 7 août 1867.

Annexe (D) à la Convention conclue à Baden-Baden, le 9 juin 1865.

La Direction des voies de communication du grand-duché de Bade et la Direction des chemins de fer de l'Est sont convenues de supprimer les articles 3 et 4 du chapitre III de la Convention révisée de Baden-Baden du 9 juin 1865 et de leur substituer les articles suivants :

ART. 3.

Conformément aux termes de l'article 38 de la Convention générale, les Administrations badoise et française n'ont pas discontinué leurs efforts pour arriver à l'établissement d'un tarif international entre leurs principales stations, d'une part, et les stations les plus importantes des chemins de fer allemands correspondants, d'autre part.

Les démarches communes ont abouti à des résultats satisfaisants, car on est parvenu à s'entendre en ce qui concerne les expéditions directes entre les stations principales des chemins de l'Est français et les stations du chemin badois, les stations principales des chemins Main-Neckar, du Wurtemberg, de l'État et de l'Est de Bavière et des chemins autrichiens.

Actuellement, ces enregistrements directs ont lieu encore aux prix et conditions du Tarif international du 1er août 1864 et de ses annexes.

Mais on a décidé que le Tarif international en question serait remanié et qu'à cet égard on se conformerait aux dispositions suivantes :

Le calcul des taxes directes se fera de part et d'autre en raison des bases kilométriques ratifiées par le protocole de la conférence de Munich des 23-29 mars 1863, et établies conformément au protocole de la conférence de Vienne des 22-23 août 1867.

Toutes les autres dispositions qui ont été sanctionnées à la suite de résolutions prises dans l'Union franco-allemande et consignées, notamment dans le protocole de Carlsruhe des 27-30 avril 1867 dans le protocole de Vienne des 22-23 août 1867, sont applicables au Tarif international.

De même qu'aux termes de ces conventions tous les transports à échanger entre les stations françaises et les stations allemandes du Main-Neckar et au delà, et de la Bavière et au delà, devront être enregistrés par la route de Kehl-Strasbourg, si l'itinéraire le plus court n'existe pas par la route Forbach ; de même, aux termes des conventions consignées également dans les protocoles en question le trafic direct entre la France et le pays de Bade sera dirigé exclusivement par Strasbourg-Kehl par Bâle, en ce qui concerne les stations badoises situées au sud de Bâle et au delà.

La Compagnie de l'Est se réserve toutefois d'établir des prix directs pour Schaffhouse et au delà de Constance par Bâle et les chemins de fer suisses, mais sans concéder sur ses lignes des bases plus réduites que celles qui figureraient dans le tarif franco-badois.

En ce qui concerne les prix de transport entre Mannheim et les stations françaises, il est convenu qu'ils seront constamment réglés sur ceux de Ludwigshafen et qu'ils seront toujours égaux à ceux-ci.

L'Administration française ne compromettra en aucune manière cette égalité de prix par aucune combinaison quelconque propre à détourner les marchandises de ou pour la station badoise de Mannheim de la route de Kehl-Strasbourg.

Indépendamment des trafics directs entre les stations des chemins de fer de l'Est et les Administrations allemandes, la Compagnie de l'Est fera des démarches auprès des Administrations françaises des chemins de fer de l'Ouest, d'Orléans, du Nord et de Paris à Lyon et à la Méditerranée, pour que les principales stations de ces chemins soient comprises dans le tarif direct franco-allemand.

Les Administrations des chemins de fer badois et de l'Est français chercheront par tous les moyens en leur pouvoir à améliorer et à étendre les rapports directs et internationaux entre la France et l'Allemagne et les pays au delà par Strasbourg-Kehl et respectivement par Forbach-Mannheim-Würzbourg ; elles proposeront d'un commun accord toutes mesures dans ce sens aux autres lignes intéressées ; elles s'efforceront tout particulièrement de rétablir les rapports de service direct entre la France et l'Union de l'Allemagne centrale, et d'en créer avec l'Union de l'Ouest, ainsi qu'avec les chemins royaux de Saxe et les lignes correspondantes.

Art. 4.

Le trafic direct entre la France et Francfort-sur-Mein et au delà, en tant que, d'après le principe de la plus courte distance, ce trafic est dévolu au point de sortie de France par Forbach, sera dorénavant attribué à cette route.

La renonciation à ce trafic exprimée par le chemin badois conservera son effet aussi longtemps que les arrangements pris avec la route de Forbach-Bingen-Mayence et Aschaffenbourg, aux termes du protocole de la conférence de l'Union franco-allemande du sud de Carlsruhe, en date des 27-30 avril 1867, seront maintenus en vigueur.

Fait double à Paris, le 21 septembre 1867.

Signé : Grosch,
Durbach.

Annexe (E) à la Convention relative à la révision du traité conclu à Nancy, le 26 avril 1861 entre la Direction générale des voies de communication du grand-duché de Bade et la Compagnie des chemins de fer de l'Est, et des conventions qui en ont été la conséquence.

DÉCOMPTE des parts afférentes au chemin de fer badois pour le parcours de Kehl à l'axe du pont du Rhin et *vice versâ*.

I. Relations de la France avec Kehl (transit), et *vice versâ*.

Une nouvelle édition des tarifs internationaux actuellement en préparation donnera la répartition nouvelle. — Le décompte sera fait directement chaque mois.

II. Relations de Strasbourg avec Kehl (local), et *vice versâ*.

Une nouvelle édition des Tarifs internationaux actuellement en préparation donnera la répartition nouvelle. — Le décompte sera fait directement chaque mois.

III. Relations de la France (Strasbourg) excepté avec Kehl (local) et *vice versâ*.

Les tableaux suivants serviront à établir les sommes afférentes au parcours de l'axe du pont du Rhin à Kehl.

GRANDE VITESSE.

N°s des TARIFS.	NATURE DE LA MARCHANDISE faisant l'objet du Tarif.	CONDITIONS DU TARIF.	PART AFFÉRENTE au CHEMIN BABOIS.	UNITÉ.	OBSERVATIONS
		1° TARIFS GÉNÉRAUX.	fr. c.		
1	Messagerie	De 0 à 3 kilogr.	0 01	par 10 kil.	Au-dessous de 40 kilogramm pas de manutentio
		— 3 à 5 —	0 01 $_5$		
		— 5 à 10 —	0 03		
		— 10 à 20 —	0 06		
		— 20 à 30 —	0 09		
		— 30 à 40 —	0 12		
		Au-dessus de 40 kilogr.	0 03 $_2$	»	Manutention comp
	Denrées	De 0 à 50 kilogr.	Comme la messagerie.	»	Manutention comp
		Au-dessus de 50 kilogr.	2 48	1,000 kil.	
	Lait	De 0 à 50 litres	Comme la messagerie.	»	Manutention comp
		Au-dessus de 50 litres.	2 48	1,000 kil.	
	Finances et valeurs .	Prix par 1000 francs indivisibles. . . .	0 05 $_{12}$	»	Manutention comp
	Chiens (1)	Prix par tête	0 10	»	Manutention comp
	Voitures (1)	Voitures à 2 ou 4 roues à un fond et une seule banquette	4 36	»	Frais de manuten compris.
		Voitures à 4 roues à 2 fonds et 2 banquettes (omnibus, diligences, etc.) . . .	5 30	»	
	Pompes funèbres (1).	Cercueils	3 02	»	Manutention comp
	Animaux (1)	Bœufs, vaches, taureaux, mulets, ânes, poulains, bêtes de trait	1 84		
		Veaux et porcs	0 74	»	Manutention comp
		Moutons, brebis, agneaux, chèvres. . . .	0 37		
		2° TARIFS SPÉCIAUX.			
2	Coupé-lit	. . . .	0 85	»	Pour un billet sim
4	Trains spéciaux. . .	Minimum de perception	33 60	»	
6	Wagons appartenant à des particuliers.	De 0 à 200 kilom	12 00	»	
		Au dessus.	9 00	»	
7	Denrées au départ de Paris	Toutes marchandises.	0 92	1,000 kil.	Manutention com
		Marée.	1 15		
12	Chevaux de course .	Par tête.	0 672	»	Manutention non comprise
13	Chevaux, mulets, bestiaux. . . .	**1° Chevaux et mulets.**			
		Par wagon-écurie de 3 chevaux ou mulets.	4 80	»	
		Par expédition de 6 chevaux ou mulets. .	8 28	»	
		Par expédition de 9 chevaux ou mulets. .	10 62	»	Manutention com
		2° Bestiaux.			
		Par wagon	8 10	»	

(1) Également applicable aux relations avec Strasbourg.

PETITE VITESSE.

Nos des TARIFS.	NATURE DE LA MARCHANDISE faisant l'objet du Tarif.	CONDITIONS DU TARIF.	PART AFFÉRENTE au CHEMIN BADOIS.	UNITÉ.	OBSERVATIONS.
		1° TARIFS GÉNÉRAUX.	fr. c.		
»	1re série		1 71		Manutention comprise.
	2e série		1 59	1,000 kil.	
	3e série		1 35		
	4e série				Voir tableau A.
	5e série				
		2° TARIFS SPÉCIAUX.			
1	Chevaux et mulets (1)	Par wagon	3 00	»	Manutention comprise.
3	Moutons (1)	Par wagon	1 68	»	Manutention non-comprise.
		Par tête excédant	0 12	»	
4	Céréales				Voir tableau A.
4 bis	Pain				Voir tableau A.
5	Amidon, fécules, mélasse, etc.	Au-dessus de 300 kilomètres	1 11	1,000 kil.	Manutention comprise.
7	Sels gemme et marin	de Varangeville	0 729	1,000 kil.	Manutention comprise. (0 fr. 50 c.)
		Rosières-aux-Salines	0 737		
		Lunéville	0 74		
		Emberménil	0 74		
		Dieuze	0 74		
		Sarrebourg	0 764		
		Saverne	0 80		
		Montereau	0 664		
		Gray	0 80		
		Lure	0 787		
		Belfort	0 793		
10	Arsenic, Brai, etc.	Paris à Kehl	0 984	1,000 kil.	Manutention comprise. (0 fr. 75 c.)
		Dieuze à Kehl	0 976		
		Pour tous les autres parcours supérieurs à 300 kilom.	1 11		
		Acides minéraux par W. C.			
		Paris à Kehl	0 74	1,000 kil.	Manutention comprise (0 fr. 50 c.)
		Dieuze à Kehl	0 74		
		Autres parcours	0 86		
11	Vins, vinaigres, etc.	De Gray à Kehl	1 29	1,000 kil.	Manutention comprise.
12	Charbons de bois				Voir tableau A.
13	Poussier de charbons de bois	Au-dessus de 200 kilom.	0 74	1,000 kil.	Manutention comprise.
14	Houille et coke				Voir tableau A
15	Bois à brûler				Voir tableau A.

(1) Applicable aux relations avec Strasbourg. — Voir à la fin le décompte des voitures, etc.

N^{os} des TARIFS.	NATURE DE LA MARCHANDISE faisant l'objet du Tarif.	CONDITIONS DU TARIF.	PART AFFÉRENTE au CHEMIN BADOIS.	UNITÉ.	OBSERVATIONS.
			fr. c.		
15 *ter*	Écorces en boîtes . .	. . . .	. . . .	. . . .	Voir tableau A.
16	Frises en chêne, etc.	. . . .	. . . .	. . . .	Voir tableau A.
17	Pierres de taille . . .	. . . .	. . . .	. . . .	Voir tableau A.
19	Chaux en sacs . . .	. . . .	. . . .	. . . .	Voir tableau A.
20	Guano	De la Villette	0 35	1,000 kil.	Frais de gare compris.
21	Briques, cendres, etc.	. . . .	. . . .	. . . .	Voir rableau A.
23	Alun, bois de teinture, etc..	. . . .	. . . .	. . . .	Voir tableau A.
25	Terre réfractaire. . .	de la Villette. . . . . de Longueville. . . . . de Montereau.. . . . . de Gray.	0 38 0 447	1,000 kil.	Y compris seulement les frais de gare.
25	Fers et fontes. . . .	. . . .	. . . .	. . . .	Voir tableau A.
27 *bis*	Rails, coussinets, etc.	En général . . . . *Exceptions.* Provenance des gares ci-après : Longwy. . . . . Carignan . . . . Mézières-Charleville. . . . . Saint-Dizier . . . . Eurville. . . . . Chevillon . . . . Donjeux.. . . . . Vignory. . . . . Bologne. . . . . Pont-à-Mousson . . . . Ars-sur-Moselle . . . . Hagondange. . . . . Styring-Wendel . . . . Metzwiller. . . . . Niederbronn.	1 05 0 98 0 981 0 982 0 981 0 981 0 981 0 981 0 982 0 982 0 974 0 975 0 977 0 98 0 971 0 95	1,000 kil. 1,000 kil.	Manutention comprise.
27 *ter*	Ferraille, etc. . . .	Au-dessus de 200 kilomètres	0 35	1,000 kil.	Y compris seulement les frais de gare.
28	Fers en barres . .	de Saint-Dizier . . . . — Eurville . . . . — Donjeux . . . . — Ars-sur-Moselle. . . . . — Hagondange. . . . . — Ebange. . . . . — Hayange . . . . — Styring-Wendel. . . . . — Carignan. . . . . — Mézières-Charleville. . . . . . . — Vireux. . . . . — Givet. . . . . — Clairvaux.	0 80	1,000 kil.	Manutention comprise.

Nos des TARIFS.	NATURE DE LA MARCHANDISE faisant l'objet du Tarif.	CONDITIONS DU TARIF.	PART AFFÉRENTE au CHEMIN BADOIS.		UNITÉ.	OBSERVATIONS.
			Par expédition partielle.	Par wagon complet.		
30	Manganèse, etc . . .	. . . .	. . . .		. . . . .	Voir tableau A.
32	Verres à vitres . . .	de Paris (La Villette) à Kehl.	1 23		1,000 kil.	Y compris les frais de manutention. Pour les expéditions partielles: 0 fr. 75 c. Pour les expéditions par wagon complet : 0 fr. 50 c.
		— Reims —		0 86		
		— Soissons —				
		— Laon —				
		— Vireux-Molhain —				
		— Givet —				
		— Faulquemont —				
		— Forbach —				
		— Nancy —				
		— Lunéville —				
		— Avricourt —				
		— Sarrebourg —		0 98		
		— Saverne —				
		— Hochfelden —				
		— Strasbourg —				
		— Thann —				
		— Montereau —				
		— Gray —		0 86		
		— Jussey —				
		— Vesoul —		0 88 5		
		— Lure —		0 94 1		
		— Ronchamp —		0 98		
		— Belfort —		0 98		
33	Bouteilles.	de Paris à Kehl.	0 56		1,000 kil.	Frais de gare compris.
		— Reims —	0 56			
		— Soissons —	0 56			
		— Laon —	0 56			
		— Givet —	0 56			
		— Vireux-Molhain —	0 56			
		— Hagondange —	0 68			
		— Uckange —	0 68			
		— Forbach —	0 68			
		— Thann —	0 68			
		— Montereau —	0 56			
		— Jessains —	0 56			
		— Gray —	0 68			
		— Belfort —	0 68			
34	Bonbonnes vides . .	de Gray à Kehl.	0 56		1,000 kil.	Y compris les frais de gare.
		— La Villette —				
		— Belfort —				
35	Meules à aiguiser. .	De certaines stations.	0 50		1,000 kil.	Y compris les frais de gare.
36	Ardoises, etc	. . . .	. . . .		. . . . .	Voir tableau A.
36 bis	Ardoises, etc	de Mézières-Charleville à Kehl.	0 38		1,000 kil.	Y compris les frais de gare.
		— Deville —				
		— Fumay —				
		— Vireux —				
		— Sedan —				

Nos des TARIFS.	NATURE DE LA MARCHANDISE faisant l'objet du Tarif.	CONDITIONS DU TARIF.	PART AFFÉRENTE au CHEMIN BADOIS.	UNITÉ.	OBSERVATIONS.
36 *ter*	Pulpes de betterave..	. . . . .	fr. c.	. . . .	Voir tableau A.
37 *bis*	Ecorces en bottes.	. . . . .	. . . .	. . . .	Voir tableau A.
44	Bois de chaises . . .	Strasbourg . . . . . 0 68 Soultz-sous-Forêts . . . . 0 68 Saint-Loup-Luxeuil . . . . 0 62 Bologne. 0 56		1,000 kil.	Y compris les frais de gare.
48	Foudres vides, etc.	. . . . .	. . . .	. . . .	Voir tableau A.
51	Pommes et poires.	. . . . .	. . . .	. . . .	Voir tableau A.
52	Animaux pour concours agricoles. . .	Bœufs, vaches, etc. . . . . 0 80 Veaux et porcs . . . . 0 32 Moutons, etc. . . . . 0 13 Par wagon complet 1 50		Tête. Wagon.	(0 fr. 50 c.) (0 fr. 20 c.) (0 fr. 10 c.) Non compris la manutention.
53	Locomotives . . . . Wagons vides. . . .	Au-dessus de 200 kilom. . . . . 0 36 . . . . . 0 60		1,000 kil. Pièce.	

3. TARIFS COMMUNS.

NORD.

	SÉRIES.	DUNKERQUE.	CALAIS.	BOULOGNE.	SAINT-VALÉRY.	
		fr. c.	fr. c.	fr. c.	fr. c.	
	1	1 395	1 365	1 34	1 389	
	2	1 269	1 185	1 235	1 275	
1 Tarif de transit. . . .	3	1 139	1 128	1 113	1 143	Manutention comprise.
	4	1 098	1 089	1 074	1 101	
	5	0 80	0 804	0 793	0 816	
	6	0 797	0 79	0 777	0 80	
	7	0 764	0 756	0 747	0 767	

ORLÉANS.

GRANDE VITESSE.

1	Emigrants.	0 222	Tête.
	Bagages.	2 25	1,000 kil.

PETITE VITESSE — Marchandises diverses

DE KEHL ET VICE VERSA.	1re SÉRIE.	2e SÉRIE.	3e SÉRIE.	DE KEUL ET VICE-VERSA.	1re SÉRIE.	2e SÉRIE.	3e SÉRIE.	
	fr. c.	fr. c.	fr. c.		fr. c.	fr. c.	fr. c.	
Orléans.	1 59	1 34	1 21	Lorient.	1 38	1 32	1 16	
Blois.	1 59	1 34	1 22	Quimper	1 40	1 32	1 18	
Tours.	1 58	1 34	1 21	Vierzon (forges) . . .	1 58	1 34	1 22	
Poitiers.	1 58	1 34	1 21	Bourges.	1 58	1 34	1 22	
Angoulème	1 52	1 34	1 16	Montluçon (ville). . .	1 61	1 38	1 23	
Bordeaux (Bastide).	1 42	1 30	1 10	Chateauroux. . . .	1 57	1 34	1 22	Manutention comprise.
Niort.	1 54	1 34	1 16	Argentan	1 56	1 34	1 22	
La Rochelle. . . .	1 49	1 34	1 14	Limoges	1 59	1 34	1 22	
Rochefort-Charente. .	1 49	1 34	1 14	Périgueux. . . .	1 56	1 36	1 16	
Saumur.	1 52	1 34	1 22	Agen	1 46	1 33	1 11	
Angers	1 48	1 34	1 21	Figeac	1 48	1 34	1 13	
Nantes	1 41	1 33	1 19	Montauban	1 40	1 28	1 09	
Saint-Nazaire . . .	1 40	1 33	1 18	Rodez	1 48	1 35	1 14	
Redon	1 40	1 33	1 18					

Nos des TARIFS.	NATURE DE LA MARCHANDISE faisant l'objet du Tarif.	CONDITIONS DU TARIF.	PART AFFÉRENTE au CHEMIN DADOIS.		UNITÉ.	OBSERVATIONS.
		En caisses ou en fûts.	En caisses	En fûts.		
3	Vins, vinaigres, etc.	Bordeaux	1 16	1 09	1,000 kil.	Manutention comprise,
		Rochefort	1 20	1 12		
		La Rochelle				
		Agen	1 17	1 09		
			Vins.	Eau-de-vie		
4	Vins, etc.	Bordeaux	0 75	0 81	1,000 kil.	Manutention comprise
		Rochefort	0 78	0 84		
		La Rochelle				
		Agen	0 76	0 82		
5	Sucres	Pour tous les points	1 03		1,000 kil.	Manutention comprise.
6	Produits métallurgiques	1re série	0 98		1,000 kil.	Manutention comprise.
		2e —	0 86			
		3e —	0 86			
		4e —	0 74			
		5e —	0 74			
		6e —	0 68			
9	Ardoises		0 38		1,000 kil.	Frais de gare seulement compris.
10	Kaolin	Pour tous les points	0 94		1,000 kil.	Manutention comprise.
11	Brai, etc	Pour tous les points	0 99		1,000 kil.	Manutention comprise.

GRANDE VITESSE. OUEST.

Nos des TARIFS.	NATURE DE LA MARCHANDISE faisant l'objet du Tarif.	CONDITIONS DU TARIF.	PART AFFÉRENTE au CHEMIN DADOIS.		UNITÉ.	OBSERVATIONS.
			fr.	c.		
1	Emigrants.	Adultes	0	213	Tête.	
		Enfants	0	107		
		Excédants de bagages	3	05	1,000 il.	

PETITE VITESSE.

Nos des TARIFS.	NATURE DE LA MARCHANDISE faisant l'objet du Tarif.	CONDITIONS DU TARIF.	PART AFFÉRENTE au CHEMIN DADOIS.		UNITÉ.	OBSERVATIONS.
4	Cotons	Pour toute destination.	1 319		1,000 kil.	Manutention comprise.
6	Produits métallurgiques	Pour toute destination :			1,000 kil.	Manutention comprise.
		1re série.	0 98			
		2e —	0 86			
		3e —	0 74			
		4e —	0 71			
			Rouen.	Autres points.		
			fr. c.	fr. c.		
1	Tarif de transit. . .	1re série	1 422	1 341	1,000 kil.	Manutention comprise.
		2e —	1 299	1 233		
		3e —	1 152	1 11		
		4e —	1 11	1 088		
		5e —	0 829	0 79		
		6e —	0 812	0 774		
		7e —	0 776	0 743		

N°s des TARIFS.	NATURE DE LA MARCHANDISE faisant l'objet du Tarif.	CONDITIONS DU TARIF.					UNITÉ.	PART AFFÉRENTE au CHEMIN BADOIS.	OBSERVATIONS.

PETITE VITESSE. — LYON.

N°s des TARIFS.	NATURE DE LA MARCHANDISE	CONDITIONS DU TARIF.	1re SÉRIE.	2e SÉRIE.	3e SÉRIE.	4e SÉRIE.	5e SÉRIE.	UNITÉ.	PART AFFÉRENTE	OBSERVATIONS.
1	Avoines, etc.	Pour toute destination.						1 05	1,000 kil.	Manutention comprise.
8	Marchandises diverses	Pour Cette et Marseille.						1 23	1,000 kil.	Manutention comprise.
			fr. c.	fr. c.	fr. c.	fr. c.	fr. c.			
9	Marchandises diverses	Dijon — via Gray	1 35	1 19	1 09	0 99	0 96			Manutention comprise.
		Beaune —	1 33	1 18	1 07	0 98	0 95			
		Chagny —	1 31	1 17	1 06	0 97	0 95			
		Châlon-sur-Saône —	1 29	1 15	1 05	0 96	0 95			
		Senozan —	1 25	1 15	1 03	0 95	0 94			
		Mâcon — via Belfort	1 24	1 12	1 03	0 95	0 94			

Les décomptes ci-dessus comprennent tous les tarifs généraux et spéciaux applicables au point de Kehl à la date du 1er octobre 1865.

	fr. c.
(1) Voitures à 2 ou à 4 roues à un fond et une seule banquette.	2 50
(1) Voitures à 4 roues, à 2 fonds et 2 banquettes.	2 92
(1) Voitures de déménagements à vide.	2 20
(1) Bœufs, vaches, taureaux, chevaux, mulets, ânes, poulains, bêtes de trait.	1 10
(1) Veaux et porcs.	0 44
(1) Moutons, brebis, agneaux, chèvres.	0 22

(1) Également applicable à Strasbourg.

TABLEAU A

Devant être joint à l'Annexe (E) à la Convention relative à la révision du Traité conclu à Nancy le 25 avril 1861

Explication des signes placés à la suite de certaines stations.

(1) La gare de Paris n'a de petite vitesse que pour la douane.

(2) Les stations ou haltes suivies du signe (2) ne sont pas ouvertes au service de la petite vitesse.

(3) La station de ROSNY n'est ouverte au service de la petite vitesse que pour le transport, par wagons complets, des marchandises qui ne craignent pas la mouille, telles que bourrées, plâtre, moellons, etc. — Le Port-Sec de Mont-Saint-Martin n'est ouvert qu'aux transports de houille, coke, pierres et minerais.

(4) Les points de frontière Luxembourg-Belge, frontière luxembourgeoise et frontière du Rhin ne sont point des stations et les trains n'y arrêtent pas; ils ne sont indiqués que pour le calcul des taxes.

* L'astérisque seul désigne les stations qui sont ouvertes au transport des chevaux et bestiaux seulement, tant au départ qu'à l'arrivée.

** Les deux astérisques désignent les stations qui sont ouvertes au transport des voitures, chevaux et bestiaux, tant au départ qu'à l'arrivée.

(+) Les stations ou haltes suivies du signe (+) ne sont pas livrées à l'exploitation.

N°	STATIONS DE DESTINATION et vice versâ	DISTANCES PAR RAIL	D'APPLICATION	TARIF GÉNÉRAL 4e SÉRIE calculée sur les distances d'application. 0.75	TARIF GÉNÉRAL 5e SÉRIE calculée sur les distances réelles. 0.75	N° 4. Céréales. 0.50	N° 4 bis. Pain. 0.75	N° 12. Charbons de bois. 0.50	N° 14. Houilles et Cokes. 0.20	N° 15. Bois, etc. 0.20	N° 15. Bois de 6m 50 à 22m. 0.20	N° 15 ter. Écorces en bottes 0.20	N° 16. Frises en chêne, etc. 0.20
1	Paris** (1)	522	»										
2	Paris (La Villette ou Pantin)**	521	»										
3	Paris (Id.) transit**	»	»										
4	Noisy-le-Sec	514	»										
5	Bondy (2)	512	»	—	—	0.24							
6	Raincy-Villemonble (2)	510	»										
7	Gagny	508	»										
8	Chelles	504	»										
9	Lagny-Thorigny**	495	»	—	—	0.24_2							
10	Esbly*	486	»	—	—	0.24_7							
11	Meaux**	478	»	—	—	0.25_1							
12	Trilport	472	»	—	—	0.25_4							
13	Changis (2)	465	»	—	—	0.25_6							
14	La Ferté-sous-Jouarre**	457	»	—	—	0.25_8							
15	Nanteuil-Saâcy	449	»	—	—	0.26_3							
16	Nogent-l'Artaud*	439	»	—	—	0.27_1							
17	Château-Thierry**	428	»	—	—	0.27_3							
18	Mézy (2)	419	»	—	—	0.28							
19	Varennes*	416	»	—	—	0.28_5							
20	Dormans**	406	»	—	—	0.28_8							
21	Châtilion-Port-à-Binson*	396	»	—	—	0.29_5							
22	Damery-Boursault	388	»	—	—	0.30_3							
23	Epernay**	381	»	—	—	0.31_5							
{				0.36	0.24	0.36	0.33	0.24	0.24	0.24	0.24	0.24	0.30
24	Aÿ**	385	»	—	—	0.31_3							
25	Avenay**	386	»	—	—	0.31_4							
26	Germaine (halte)	394	»	—	—	0.30_5							
27	Rilly-la-Montagne**	399	»	—	—	0.30_4							
28	Reims**	406	»	—	—	0.29_9							
29	Muizon*	415	»	—	—	0.28_9							
30	Jonchery*	422	»	—	—	0.28_1							
31	Fismes**	433	»	—	—	0.27_7							
32	Braisne**	444	»	—	—	0.27_6							
33	Sermoise-Ciry*	451	»	—	—	0.26_5							
34	Soissons**	461	»	—	—	0.26							
35	Soissons (transit)**	»	»	—	—	—							
36	Loivre*	415	»	—	—	0.28_5							
37	Guignicourt*	425	»	—	—	0.28_2							
38	Amifontaine (halte) (2)	»	»	—	—	»							
39	Saint-Erme*	438	»	—	—	0.27_4							
40	Coucy-lès-Eppes*	445	»	—	—	0.27							
41	Laon**	456	»	—	—	0.26_8							
42	Laon (transit)**	»	»	—	—								
43	Witry-lès-Reims*	411	»	—	—	0.29_2							
44	Bazancourt*	420	»	—	—	0.28_6							
45	Le Châtelet*	430	»	—	—	0.27_9							
46	Tagnon (halte) (2)	»	»	—	—								
47	Rethel**	435	»	—	—	0.27_6							
48	Amagne-Attigny-Vouziers*	427	»	—	—	0.28_1							
49	Sauce-Monclin*	418	»	—	—	0.28_7							
50	Launois*	410	»	—	—	0.29_3							
51	Poix-Terron*	402	»	—	—	0.29_9							
52	Boulzicourt*	395	»	—	—	0.30_4							
53	Mohon**	389	»	—	—	0.30_8							
54	Mézières-Charleville**	391	»	—	—	0.30_7							
55	Nouzon*	398	»	—	—	0.30_2							
56	Braux*	407	»	—	—	0.29_5							
57	Monthermé*	408	»	0.36	—	0.29_4	0.36						
58	Deville*	412	»	—	—	0.29_1							
59	Revin**	421	»	—	—	0.28_3							
60	Fumay**	431	»	—	—	0.27_8							
61	Haybes (halte) (2)	»	»	—	—								
62	Vireux**	444	»	—	—	0.27							
63	Givet**	455	»	—	0.24	0.26_4	0.33	0.24					
{										0.24	0.24	0.24	0.30
64	Nouvion-sur-Meuse*	380	»	—	—	0.31_6							
65	Donchéry*	375	»	—	—	0.32							
66	Sedan**	371	»	—	—	0.32_3							
67	Bazeilles*	364	»	—	—	0.33							
68	Douzy*	361	»	—	—	0.33_2							
69	Pourru-Brévilly*	357	»	—	—	0.33_6							
70	Sachy (halte) (2)	»	»	—	—								
71	Carignan**	348	»	0.36_2	—	0.34_5	0.36_2						
72	Margut*	340	»	0.37	—	0.35_3	0.57						
73	Lamouilly*	334	»	0.37_7	—	0.37_7							
74	Chauvency*	327	»	0.38_5	—	0.37_7							
75	Montmédy**	321	»	0.39_3	—	0.39_3							
76	Velosnes-Torgny (halte) (2)	»	»										
77	Vezin*	309	»	0.40_8	—	0.40_8							
78	Longuyon**	301	»	0.41_9	0.36	0.41_9							
79	Cons-la-Granville*	311	»	0.40_5	—	0.40_5							
80	Longwy*	317	»	0.39_7	—	0.39_7							
81	Mont-St-Martin (port sec de) (3)	»	»										
82	Frontière Luxemb.-Belge (4)	322	»	0.39_1	—	0.39_1							
83	Pierrepont**	292	»	0.42	0.24_7	0.37	0.42	0.34	0.24_7				

TARIFS SPÉCIAUX CALCULÉS SUR LES DISTANCES RÉELLES.

N° 17. Pierres. 0.20	N° 19. Chaux. 0.20	N° 21. Briques. 0.20	N° 21. Cendres pour engrais. 0.20	N° 21. Tuyaux de drainage. 0.20	N° 23. Alun, etc. 0.50	N° 26. — Fers et Fontes. 1re SÉRIE 0.50	2e SÉRIE 0.50	3e SÉRIE 0.50	N° 30. Manganèse. 0.20	N° 36. Ardoises, Argiles, etc. 0.20	N° 36 ter. Pulpes de betteraves. 0.20	N° 37 bis. Écorces. 0.20	N° 48. Foudres vides, etc. 0.75	N° 51. Pommes et Poires à la pelle. 0.75	NUMÉROS.
0.18	0.24	0.21	0.24	0.24	0.24	0.48	0.36	0.24	0.18	0.24	0.18	0.30	0.60	0.42	1–63
		0.21													54–63
					0.24				0.18	0.24					63
0.18	0.24	—	0.24	0.24	—	0.48	0.36	0.24	—	—	0.18	0.30	0.60	0.42	64–70
		0.21_2													72
		0.21_5													73
		0.22													74
		0.22_4													75
		0.23_3													76
		0.23_9													77
		0.23_4													79
		0.22_7													80
		0.22_4													82
0.18_5	—	0.21	—	0.24_7	—	—	—	—	0.18_5	—					83

13

TARIF GÉNÉRAL (4e et 5e Série) — **TARIFS SPÉCIAUX CALCULÉS SUR LES DISTANCES RÉELLES** (Nos 4 à 16)

NUMÉROS	STATIONS DE DESTINATION et vice versâ	DISTANCES PAR RAIL	D'APPLICATION	4e SÉRIE calculée sur les distances d'application 0.75	5e SÉRIE calculée sur les distances réelles 0.75	No 4 Céréales 0.50	No 4 bis Pain 0.75	No 12 Charbons de bois 0.50	No 14 Houilles et Cokes 0.20	No 15 Bois, etc. 0.20	No 15 Bois de 6m 50 à 22m. 0.20	No 15 ter Écorces en bottes 0.20	No 16 Frises en chêne etc. 0.20
1	Joppécourt*	283	»	—	0.23_4	0.38_2	—	0.35	0.25_1	—	—	—	—
2	Audun-le-Roman*	276	»	—	0.26_1	0.39_4	—	0.35_9	0.26_1	—	—	—	—
3	Fontoy*	268	»	0.42	0.26_0	0.40_3	0.42	0.36	0.26_0	—	—	—	—
4	Hayange*	260	»	—	0.27_7	0.41_5	—	0.36	0.27_7	—	—	—	—
5	Thionville**	254	»	—	0.28_3	0.42	—	0.36	0.28_3	—	—	—	—
6	Oiry-Avize	375	»	—	—	0.32	—	—	—	—	—	—	—
7	Jâlons-les-Vignes**	364	»	—	—	0.35	—	—	—	—	—	—	—
8	Châlons-sur-Marne**	350	»	—	—	0.34_3	—	—	—	—	—	—	—
9	Sillery (2)	393	»	0.36	—	0.30_5	0.36	—	—	—	—	—	—
10	Thuisy (halte) (2)	»	»	—	—	—	—	—	—	—	—	—	—
11	Mourmelon-le-Petit**	377	»	—	—	0.31_8	—	—	—	—	—	—	—
12	La Veuve (2)	360	»	—	—	0.33_3	—	—	—	—	—	—	—
13	Vitry-la-Ville	335	»	0.37_5	—	0.35_8	0.37_8	—	—	—	—	—	—
14	Loisy**	324	»	0.38_9	—	—	0.38_9	—	—	—	—	—	—
15	Vitry-le-François**	317	»	0.39_7	0.24	—	0.39_7	0.35	0.24	—	—	—	—
16	Blesme-Haussignémont**	305	»	0.41_3	—	—	0.41_3	—	—	—	—	0.24	—
17	Saint-Eulien (halte) (2)	»	»	—	—	0.36	—	—	—	—	—	—	—
18	Saint-Dizier**	322	»	0.39_4	—	—	0.39_4	—	—	0.24	0.24	—	0.30
19	Eurville**	332	»	0.38	—	—	0.38	—	—	—	—	—	—
20	Chevillon**	341	»	0.37	—	0.35_2	0.37	—	—	—	—	—	—
21	Curel (halte) (2)	»	»	—	—	—	—	—	—	—	—	—	—
22	Joinville**	331	»	—	—	0.34_2	—	—	—	—	—	—	—
23	Donjeux	360	»	—	—	0.35_3	—	—	—	—	—	—	—
24	Froncles (halte) (2)	»	»	0.36	—	—	0.36	—	—	—	—	—	—
25	Vignory**	372	»	—	—	0.32_3	—	—	—	—	—	—	—
26	Bologne**	367	»	—	—	0.32_7	—	—	—	—	—	—	—
27	Chaumont**	355	»	—	—	0.34	—	—	—	—	—	—	—
28	Pargny**	297	»	—	0.24_2	0.36_1	—	0.33_3	0.24_2	—	—	—	—
29	Sermaize**	291	»	—	0.24_7	0.37_1	—	0.34	0.24_7	—	—	—	—
30	Revigny**	284	»	—	0.25_4	0.38	—	0.34_9	0.25_4	—	—	—	—
31	Mussey**	277	»	—	0.26	0.39	—	0.35_7	0.26	—	—	—	—
32	Bar-le-Duc**	269	»	—	0.26_8	0.40_1	—	—	0.26_8	—	—	—	—
33	Longeville**	264	»	0.42	0.27_3	0.40_9	0.42	—	0.27_3	—	—	—	—
34	Nançois-le-Petit**	257	»	—	0.28	—	»	—	0.28	—	—	—	—
35	Loxéville**	247	»	—	0.29_1	—	»	—	0.29_1	—	—	0.24_3	—
36	Lérouville**	234	»	—	—	—	»	0.36	—	—	—	0.25_6	—
37	Commercy**	228	»	0.42	0.30	—	—	—	—	—	—	0.26_3	—
38	Sorcy**	220	»	0.43_6	—	—	0.43_6	—	0.30	—	—	0.27_3	—
39	Vaucouleurs-Pagny**	215	»	0.44_7	—	—	0.44_7	—	—	—	—	0.27_9	—
40	Foug**	210	»	0.45_7	—	—	0.45_7	—	—	—	—	0.28_6	—
41	Toul**	205	»	0.47_3	—	0.42	0.47_3	—	—	0.24	0.24	0.29_6	0.30
42	Fontenoy-sur-Moselle**	194	»	—	—	0.43_3	—	—	—	0.24_7	0.24_7	—	0.30
43	Liverdun*	183	»	—	—	0.45_1	—	—	—	0.25_9	0.25_9	—	0.32_1
44	Frouard**	178	»	—	—	0.47_2	—	—	—	0.27	0.27	0.30	0.33_1
				0.48	0.50	0.48	0.48	0.36	0.30	—	—	—	—
45	Marbache**	184	»	—	0.50	0.45_7	—	—	—	0.26_1	0.26_1	—	0.32_3
46	Dieulouard**	191	»	—	—	0.44	—	—	0.30	0.25_1	0.25_1	—	0.31_4
47	Pont-à-Mousson**	198	»	—	—	0.42_4	—	—	—	0.24_2	0.24_2	—	0.30_3
48	Pagny-sur-Moselle**	207	»	0.46_1	—	—	—	—	—	—	—	0.29	—
49	Novéant**	213	»	0.45_1	—	—	—	—	—	—	—	0.28_2	—
50	Ars-sur-Moselle*	218	»	0.44	—	—	—	—	—	—	—	0.27_5	—
51	Metz**	227	»	0.42_3	—	—	—	—	—	—	—	0.26_1	—
52	Devant-les-Ponts (2)	229	»	—	—	0.42	—	0.36	—	—	—	0.26_2	—
53	Maizières*	238	»	—	—	—	—	—	—	—	—	0.25_2	—
54	Hagondange*	243	»	—	0.29_6	—	—	—	0.29_6	—	—	0.24_7	—
55	Uckange*	248	»	0.42	0.29	—	0.42	—	0.29	—	—	0.24_2	—
56	Ebange	252	»	—	0.28_6	—	—	—	0.28_6	—	—	—	—
57	Thionville**	254	»	—	0.28_3	—	—	—	0.28_3	—	—	0.24	—
58	Hettange	261	»	—	0.27_6	0.41_1	—	—	0.27_6	—	0.24	—	0.30
59	Frontière Luxembourg (4)	270	»	—	0.26_7	0.40	—	—	0.26_7	0.24	—	—	—
60	Peltre	231	227	—	0.50	—	0.42_3	—	0.30	—	—	0.26	—
61	Courcelles	237	227	—	0.50	0.42	—	—	0.30	—	—	0.25_8	—
62	Remilly*	246	227	—	0.29_3	—	—	—	0.29_3	—	—	0.24_4	—
63	Herny*	253	227	—	0.28_5	—	—	—	0.28_5	—	—	—	—
64	Faulquemont**	263	227	0.42_3	0.27_4	0.41_1	—	—	0.27_4	—	—	—	—
65	Saint-Avold**	274	227	—	0.26_3	0.39_4	0.42	—	0.26_3	—	—	—	—
66	Hombourg*	281	227	—	0.25_6	0.38_4	—	0.35_2	0.25_6	—	—	0.24	—
67	Cochéren	288	227	—	0.25	0.37_5	—	0.34_4	0.25	—	—	—	—
68	Forbach**	295	227	—	0.24_6	0.36_9	—	0.35_8	0.24_6	—	—	—	0.30
69	Styring-Wendel	296	227	—	0.24_3	0.36_5	—	0.35_4	0.24_3	—	—	—	—
70	Champigneulles (halte) (2)	»	»	—	—	—	—	—	—	—	—	—	—
71	Nancy**	170	»	—	—	—	—	—	—	0.28_5	0.28_5	—	0.33_5
72	Varangéville-Saint-Nicolas**	157	»	—	—	—	—	—	—	—	—	—	0.34_1
73	Rosières-aux-Salines**	152	»	—	—	—	—	—	—	—	—	—	0.34_6
74	Blainville-la-Grande**	147	»	—	—	—	—	—	—	0.30	0.30	—	0.40_4
				0.48	0.50	0.48	0.48	0.36	0.30	—	—	0.30	—
75	Einvaux*	164	»	—	—	—	—	—	—	—	—	—	0.30
76	Bayon**	161	»	—	—	—	—	—	—	0.29_8	0.29_8	—	0.37_5
77	Charmes**	172	»	—	—	—	—	—	—	0.27_9	0.27_9	—	0.34_6
78	Châtel-Nomexy**	182	»	—	—	0.46_2	—	—	—	0.26_4	0.26_4	—	0.33
79	Thaon (halte) (2)	»	»	—	—	—	—	—	—	—	—	—	—

TARIFS SPÉCIAUX CALCULÉS SUR LES DISTANCES RÉELLES.

N° 17 — Pierres. 0.20	N° 19 — Chaux. 0.20	N° 21 — Briques. 0.20	N° 21 — Cendres pour engrais. 0.20	N° 21 — Tuyaux de drainage. 0.20	N° 23 — Alun, etc. 0.50	N° 26 Fers et Fontes — 1re SÉRIE 0.50	N° 26 — 2e SÉRIE 0.50	N° 26 — 3e SÉRIE 0.50	N° 30 — Manganèse. 0.20	N° 36 — Ardoises, Argiles, etc. 0.20	N° 36 ter — Pulpes de betteraves. 0.20	N° 37 bis — Écorces. 0.20	N° 48 — Foudres vides, etc. 0.75	N° 51 — Pommes et Poires à la pelle. 0.75	NUMÉROS.
0.19_1					0.25_4				0.19_1	0.25_4				0.42_1	1
0.19_6					0.26_1				0.19_6	0.26_1				0.43_5	2
0.20_1		0.24			0.26_9				0.20_1	0.26_9				0.44_8	3
0.20_8					0.27_7				0.20_8	0.27_7				0.46_2	4
0.21					0.28_3				0.24	0.28_3				0.47_2	5
															6
	0.24														7
															8
		0.21													9
															10
															11
															12
		0.21_5													13
		0.22_3													14
0.18		0.22_7			0.24				0.18	0.24					15
		0.23_6												0.42	16
															17
		0.22_1				0.48	0.36	0.24			0.18	0.30	0.60		18
		0.21_7	0.24	0.24											19
		0.21_1													20
															21
															22
															23
															24
	0.24	0.21													25
															26
															27
0.18_2					0.24_2				0.18_2	0.24_2					28
0.18_6					0.24_7				0.18_6	0.24_7					29
0.19					0.25_4				0.19	0.25_4				0.42_3	30
0.19_5					0.26				0.19_5	0.26				0.43_3	31
0.20_4					0.26_8				0.20_1	0.26_8				0.44_6	32
0.20_5					0.27_3				0.20_5	0.27_3				0.45_5	33
		0.24			0.28					0.28				0.46_7	34
					0.29_1					0.29_1				0.48_6	35
														0.51_3	36
0.21									0.21					0.52_6	37
	0.24_5													0.54_5	38
	0.25_1													0.55_6	39
	0.25_7													0.57_1	40
	0.26_6								0.21			0.30	0.60	0.59_1	41
	0.27_8								0.21_6			0.30_9	0.61_8		42
	0.29_2								0.22_7			0.32_4	0.64_9		43
	0.30								0.23_6			0.33_7	0.67_4	0.60	44
	0.29_3				0.30				0.22_8	0.30		0.32_5	0.65_2		45
	0.28_3								0.22			0.31_4	0.62_8		46
	0.27_3								0.21_2			0.30_3	0.60_6		47
0.21	0.26													0.58	48
	0.25_4													0.56_3	49
	0.24_8													0.55	50
	0.24													0.52_9	51
									0.21					0.52	52
														0.50_4	53
					0.29_5					0.29_5				0.49_4	54
					0.29					0.29				0.48_4	55
					0.28_8	0.40	0.36	0.24		0.28_8	0.18			0.47_6	56
0.20_7					0.28_3				0.20_7	0.28_3	»			0.47_2	57
0.20					0.27_5				0.20	0.27_6	»			0.46	58
		0.24	0.24	0.24	0.26_7					0.26_7	»	0.30	0.60	0.44_1	59
0.21	0.24				0.50					0.30				0.52	60
					»				0.21	0.29_3				0.50_6	61
					0.29_3					0.28_5				0.48_3	62
					0.28_3					0.27_4				0.47_4	63
0.20_5					0.27_4				0.20_5	0.26_3				0.45_6	64
0.19_7					0.26_3				0.19_7	0.25_6				0.45_3	65
0.19_2					0.25_6				0.19_2	0.25				0.42_7	66
0.18_8					0.25				0.18_8	0.24_6					67
0.18_4					0.24_5				0.18_4	0.24_3				0.42	68
0.18_2					0.24_3				0.18_2						69
															70
												0.35_3	0.70_5		71
												0.36	0.76_1		72
												0.36	0.78_9		73
0.21	0.30					0.49	0.36_7	0.24_5	0.24	0.30	0.18_4	0.36	0.81_6		74
					0.30							0.36	0.77_9	0.60	75
					0.48	0.48	0.36	0.24			0.18	0.36	0.74_5		76
												0.34_9	0.69_8		77
	0.29_7								0.23_1			0.33	0.65_9		78
															79

TARIFS SPÉCIAUX CALCULÉS SUR LES DISTANCES RÉELLES (colonnes N° 4 à N° 18).

NUMÉROS	STATIONS DE DESTINATION et vice versâ	DISTANCES PAR RAIL	D'APPLICATION	TARIF GÉNÉRAL 4e SÉRIE calculée sur les distances d'application 0.75	TARIF GÉNÉRAL 5e SÉRIE calculée sur les distances réelles 0.75	N° 4 Céréoles 0.50	N° 4 bis Pain 0.75	N° 12 Charbons de bois 0.50	N° 14 Houilles et Cokes 0.20	N° 15 Bois, etc. 0.20	N° 15 Bois de 6m50 à 22m 0.20	N° 15 ter Écorces en bottes 0.20	N° 18 Frises en chêne etc. 0.20
1	Epinal**	197	189	—	—	0.42_6	0.48	—	—	0.24_1	0.24_4	0.30	0.30_5
2	Dinozé (halte) (2)	»	»	—	—	—	—	—	—	—	—	—	—
3	Arches*	209	189	—	—	—	0.45_9	—	—	—	—	0.28_7	—
4	Pouxeux*	213	189	—	—	—	0.45_1	—	—	—	—	0.28_2	—
5	Eloyes (halte) (2)	»	»	0.48	—	—	—	—	—	—	—	—	—
6	Saint-Nabord (halte) (2)	»	»	—	—	—	—	—	—	—	—	—	—
7	Remiremont**	224	189	—	0.30	0.42	0.42_8	—	0.30	—	—	0.26_8	—
8	Douxnoux*	208	200	—	—	0.42	0.46_2	—	—	—	—	0.28_8	0.30
9	Xertigny**	216	208	0.46_2	—	—	0.46_2	—	—	0.24	0.24	0.27_6	—
10	La Chapelle-aux-Bois (halte) (+)	»	»	—	—	—	—	—	—	—	—	—	—
11	Bains*	226	219	0.43_8	—	—	0.43_8	—	—	—	—	0.26_5	—
12	Ailleviliers-Plombières**	240	233	—	—	—	—	—	—	—	—	0.25	—
13	Saint-Loup-Luxeuil**	246	238	—	0.29_3	—	—	—	0.29_3	—	—	0.24_4	—
14	Conflans**	251	249	0.42	0.28_3	0.42	—	—	0.28_3	—	—	0.24	—
15	Faverney**	258	255	—	0.27_9	0.41_9	—	—	0.27_9	—	—	—	—
16	Lunéville**	137	»	—	—	—	—	0.36	—	—	—	—	0.45_8
17	Saint-Clément	146	137	—	—	—	—	—	—	—	—	—	0.41_4
18	Menil-Flin (halte) (2)	»	»	—	—	—	—	—	0.30	0.30	0.30	—	0.59
19	Azerailles	154	137	—	—	—	—	—	—	—	—	—	0.57_5
20	Baccarat**	160	137	—	—	0.48	—	—	—	—	—	—	0.55_5
21	Bertrichamps (halte) (2)	»	»	—	—	—	—	—	—	0.28_4	0.28_4	—	0.54_5
22	Raon-l'Etape-la-Neuveville**	169	137	—	—	—	—	—	—	0.27_6	0.27_6	—	0.54_5
23	Etival-Clairfontaine*	174	137	—	—	—	0.46_9	—	—	0.26_8	0.26_8	—	0.53_5
24	Saint-Michel	179	137	—	—	—	0.45_2	—	—	0.25_8	0.25_8	—	0.53_5
25	Saint-Dié**	186	137	—	0.30	—	—	—	0.30	—	—	—	0.52_5
26	Maraimvillers*	129	»	—	—	—	—	—	—	—	—	—	0.46_5
27	Embermènil*	121	»	0.48	—	0.48	0.48	—	—	—	—	0.30	0.49_5
28	Avricourt**	113	»	—	—	—	—	—	—	—	—	—	0.53_5
29	Moussey (halte) (2)	116	»	—	—	—	—	—	—	—	—	—	0.51_5
30	Azoudange-Maizières	122	»	—	—	—	—	—	—	—	0.30	—	0.49_5
31	Gelucourt (halte) (2)	128	»	—	—	—	—	—	—	—	—	—	0.46_5
32	Dieuze**	135	»	—	—	0.48	0.48	—	—	—	—	—	0.43
33	Réchicourt-le-Château*	109	»	—	—	—	—	—	—	0.30	—	—	0.55
34	Héming*	99	»	—	0.30_3	—	—	—	0.30_3	—	0.30_3	—	0.60
35	Sarrebourg**	91	»	—	0.53	—	—	0.39	0.33	—	0.33	—	—
36	Lutzelbourg-Phalsbourg*	74	»	—	0.47_5	—	—	—	0.40_5	—	—	—	—
37	Saverne*	64	»	—	0.46_9	—	—	—	0.46_9	—	—	—	—
38	Steinbourg*	60	»	—	0.48	—	—	—	0.48	—	0.36	—	—
39	Dettwiller*	56	»	—	—	—	—	0.42_9	—	—	—	—	—
40	Hochfelden**	48	»	—	—	—	—	—	—	—	—	—	—
41	Mommenheim (2)	45	»	—	—	—	—	—	—	—	—	—	—
42	Brumath**	38	»	—	—	—	—	—	—	0.51_6	0.37_9	—	—
43	Vendenheim (2)	30	»	—	0.48	—	—	0.48	0.48	0.40	0.38_9	—	—
44	Hoerdt*	37	»	—	—	—	—	—	—	0.52_1	0.38_9	—	—
45	Bischwiller**	47	»	—	—	—	—	—	—	—	—	—	—
46	Marienthal (2)	50	»	—	—	—	—	—	—	—	—	—	—
47	Haguenau**	54	»	—	—	—	—	0.44_1	—	—	—	—	—
48	Schweighausen (halte) (2)	»	»	—	—	—	—	—	—	—	—	—	—
49	Mertzwiller*	65	»	—	0.46_2	—	—	—	0.46_2	—	—	—	—
50	Mietesheim (halte) (2)	»	»	—	—	—	—	—	—	—	—	—	—
51	Gundershoffen	69	»	—	0.45_5	—	—	—	0.45_5	0.30	0.36	—	—
52	Reichshoffen-Usine (halte)	»	»	—	—	—	—	—	—	—	—	—	—
53	Reichshoffen**	73	»	—	0.41_1	—	—	—	0.41_1	—	—	—	—
54	Niederbronn**	75	»	—	0.40	—	—	0.39	0.40	—	—	—	0.60
55	Walbourg**	63	»	—	0.47_6	—	—	—	0.47_6	—	—	—	—
56	Soultz-sous-Forêts**	71	»	—	0.42_3	—	—	—	0.42_3	—	—	—	—
57	Hoffen (2)	75	»	0.48	0.40	0.48	0.48	—	0.40	—	—	0.30	—
58	Hunspach (2)	79	»	—	0 38	—	—	—	0.38	—	—	—	—
59	Wissembourg**	88	»	—	0.34_1	—	—	—	0.34_1	—	0.34_1	—	—
60	Strasbourg **	23	»	—	—	—	—	—	—	0.52_2	0.62_3	—	—
61	Lingolsheim (2)	25	»	—	—	—	—	—	—	0.52_2	0.62_6	—	—
62	Holtzheim (2)	24	»	—	—	—	—	—	—	0.50	0.60	—	—
63	Entzheim-Hangenbieten (2)	27	»	—	—	—	—	—	—	0.44_1	0.55_3	—	—
64	Düppigheim-Kolbsheim (2)	30	»	—	—	—	—	—	—	0.40	0.48	—	—
65	Düttlenheim-Ernolsheim (2)	52	»	—	—	—	—	—	—	0.37_5	0.45	—	—
66	Dachstein-Altorff (2)	31	»	—	—	—	—	—	—	0.35_3	0.42_4	—	—
67	Molsheim**	37	»	—	—	—	—	—	—	0.32_4	0.38_2	—	—
68	Dorlisheim* (2)	38	37	—	0.48	—	—	0.48	0.48	0.31_6	0.37_9	0.50	—
69	Rosheim (2)	42	37	—	—	—	—	—	—	—	—	—	—
70	Bischoffsheim (2)	44	37	—	—	—	—	—	—	—	—	—	—
71	Obernai*	47	37	—	—	—	—	—	—	—	—	—	—
72	Goxwiller (2)	50	37	—	—	—	—	—	—	0.30	0.36	—	—
73	Gertwiller (2)	52	37	—	—	—	—	—	—	—	—	—	—
74	Barr**	53	37	—	—	—	—	—	—	—	—	—	—
75	Mutzig*	40	37	—	—	—	—	—	—	—	—	—	—
76	Avolsheim	39	37	—	—	—	—	—	—	0.30_8	0.36_9	—	—

TARIFS SPÉCIAUX CALCULÉS SUR LES DISTANCES RÉELLES.

N° 17. Pierres. 0.20	N° 19. Chaux. 0.20	N° 21. Briques. 0.20	N° 21. Cendres pour engrais. 0.20	N° 21. Tuyaux de drainage. 0.20	N° 23. Alun, etc. 0.50	N° 26. Fers et Fontes. 1re SÉRIE 0.50	N° 26. 2e SÉRIE 0.50	N° 26. 3e SÉRIE 0.50	N° 30. Manganèse. 0.20	N° 36. Ardoises, Argiles, etc. 0.20	N° 36 ter. Pulpes de betteraves. 0.20	N° 37 bis. Écorces. 0.20	N° 48. Foudres vides, etc. 0.75	N° 51. Pommes et Poires à la pelle. 0.75	NUMÉROS.
—	0.27_4	—	—	—	—	—	—	—	0.21_3	—	—	0.50_8	0.60_9	0.60	1
—	—	—	—	—	—	—	—	—	—	—	—	—	—	—	2
—	0.25_8	—	—	—	—	—	—	—	—	—	—	—	—	0.57_4	3
—	0.25_4	—	—	—	—	—	—	—	—	—	—	—	—	0.56_3	4
—	—	—	—	—	—	—	—	—	—	—	—	—	—	—	5
.21	—	—	—	—	—	—	—	—	—	—	—	—	—	—	6
—	0.24_1	—	—	—	0.30	0.48	0.36	0.24	—	—	0.18	—	—	0.53_3	7
—	0.26	—	—	—	—	—	—	—	0.21	—	0.18	—	—	0.57_7	8
—	0.25	—	—	—	—	—	—	—	—	—	—	0.30	0.60	0.55_5	9
—	—	—	—	—	—	—	—	—	—	—	—	—	—	—	10
—	—	—	—	—	—	—	—	—	—	—	—	—	—	0.53_4	11
—	—	—	—	—	—	—	—	—	—	—	—	—	—	0.50	12
—	0.24	—	—	—	0.29_3	—	—	—	—	0.29_3	—	—	—	0.48_8	13
—	—	—	—	—	0.28_3	—	—	—	—	0.28_3	—	—	—	0.47_2	14
0.20_9	—	—	—	—	0.27_9	—	—	—	0.20_9	0.27_9	—	—	—	0.46_5	15
—	—	—	—	—	—	0.52_6	0.39_4	0.26_3	—	—	0.19_7	—	0.87_6	—	16
—	—	0.24	0.24	0.24	—	0.49_3	0.37	0.24_7	—	—	0.18_5	0.36	0.82_2	—	17
—	—	—	—	—	—	—	—	—	—	—	—	—	—	—	18
—	0.30	—	—	—	—	—	—	—	0.24	—	—	—	0.77_9	—	19
—	—	—	—	—	—	—	—	—	—	—	—	—	0.75	—	20
—	—	—	—	—	—	—	—	—	—	—	—	—	—	—	21
—	—	—	—	—	—	0.48	0.36	0.24	—	—	0.18	0.35_5	0.71	—	22
—	—	—	—	—	—	—	—	—	—	—	—	0.34_5	0.68_9	—	23
—	—	—	—	—	—	—	—	—	—	0.25_3	—	0.33_5	0.67	—	24
0.21	0.29	—	—	—	—	—	—	—	—	0.22_6	—	0.32_3	0.64_5	—	25
—	—	—	—	—	0.30	0.55_8	0.41_9	0.27_9	—	—	0.20_9	—	—	—	26
—	—	—	—	—	—	0.59_5	0.44_6	0.29_7	—	—	0.22_3	—	—	0.60	27
—	—	—	—	—	—	0.60	0.47_8	0.30	—	—	0.23_9	—	—	—	28
—	—	—	—	—	—	—	0.46_6	0.29_5	0.21	—	0.23_3	0.36	—	—	29
—	—	—	—	—	—	0.59	0.44_3	0.28_1	—	—	0.22_1	—	—	—	30
—	—	—	—	—	—	0.56_3	0.42_2	0.27_4	—	—	0.21_4	—	—	—	31
—	—	—	—	—	—	0.54_1	0.40_6	—	—	—	0.20_3	—	0.90	—	32
0.21_2	0.30	—	—	—	0.30	—	0.49_6	0.50	—	—	—	—	—	—	33
0.23_1	—	0.24_2	0.24_2	0.24_2	0.30_6	—	—	0.50_3	0.24_2	—	—	0.36_4	—	—	34
—	—	0.20_4	0.26_4	0.26_1	0.35_3	—	—	0.53	0.26_4	—	—	0.39_6	—	—	35
0.24	—	—	—	0.32_1	0.40_9	—	—	—	—	—	—	—	—	—	36
—	—	—	—	0.37_5	0.47_3	—	—	0.36	—	—	—	0.42	—	—	37
—	—	—	—	0.40	0.50_5	—	—	—	—	—	—	—	—	—	38
0.24	—	0.30	0.30	0.42_9	0.54_4	—	—	0.36	—	—	0.24	0.42	—	—	39
0.23	—	—	—	—	0.63_4	—	—	0.37_5	—	—	0.25	0.43_8	—	—	40
0.27_9	—	—	—	—	0.70_5	—	—	0.41_9	—	—	0.27_9	—	—	—	41
—	0.31_6	0.31_6	0.31_6	—	0.79_7	—	—	0.47_4	—	0.31_6	0.30	—	—	—	42
0.30	0.40	0.40	0.40	0.48	1.01	—	—	0.48	—	0.40	0.30	0.48	—	—	43
0.25_5	0.32_4	0.32_4	0.32_4	—	0.81_9	—	—	—	—	0.32_4	—	0.30	—	—	44
—	—	—	—	—	0.64_4	—	—	0.38_3	—	—	—	0.25_5	0.44_7	—	45
—	—	—	—	—	0.60_6	—	—	—	—	—	—	—	—	—	46
—	—	—	—	0.44_4	0.56_1	—	—	—	0.30	—	—	—	—	—	47
—	—	—	—	—	—	—	—	—	—	—	—	—	—	—	48
—	—	—	—	0.36_9	—	—	—	—	—	—	—	—	—	—	49
—	—	—	—	—	0.46_8	—	—	—	—	—	—	—	—	—	50
0.24	0.30	0.30	0.30	0.34_3	—	—	—	—	—	—	—	—	—	—	51
—	—	—	—	—	0.43_9	—	—	0.36	—	—	0.24	0.42	—	—	52
—	—	—	—	0.32_9	0.41_5	—	—	—	—	—	—	—	—	—	53
—	—	—	—	0.32	0.40_4	—	—	—	—	—	—	—	—	—	54
—	—	—	—	0.38_1	0.48_1	0.60	0.54	—	—	—	—	—	—	—	55
—	—	—	—	0.35_3	0.42_7	—	—	—	—	—	—	—	—	—	56
—	—	—	—	0.32	0.40_4	—	—	—	—	—	—	—	—	—	57
—	—	—	—	0.30_4	0.38_4	—	—	—	—	—	—	—	0.90	0.60	58
0.23_9	—	0.27_3	0.27_3	0.27_3	0.34_4	—	—	0.54_1	—	—	—	—	—	—	59
—	0.52_2	0.52_2	0.52_2	—	1.32	—	—	—	—	0.52_2	—	—	—	—	60
—	0.52_2	0.52_2	0.52_2	—	1.32	—	—	—	—	0.52_2	—	—	—	—	61
0.30	0.50	0.50	0.50	—	1.26	—	—	—	—	0.50	—	—	—	—	62
—	0.44_4	0.44_4	0.44_4	—	1.12	—	—	0.48	—	0.44_4	0.30	—	—	—	63
—	0.40	0.40	0.40	—	1.01	—	—	—	—	0.40	0.30	—	0.48	—	64
—	0.37_5	0.37_5	0.37_5	—	0.94_7	—	—	—	—	0.37_5	—	—	—	—	65
—	0.35_3	0.35_3	0.35_3	—	0.89_4	—	—	—	—	0.35_3	—	—	—	—	66
—	0.32_4	0.32_4	0.32_4	—	0.81_9	—	—	—	—	0.32_4	—	—	—	—	67
0.28_6	0.31_6	0.31_6	0.31_6	—	0.79_7	—	—	0.47_4	—	0.31_6	—	—	—	—	68
0.27_3	—	»	»	—	0.72_4	—	—	0.42_9	0.50	0.28_6	—	—	—	—	69
0.25_5	—	»	»	—	0.68_9	—	—	0.40_9	—	0.27_3	—	0.47_7	—	—	70
—	—	»	»	—	0.64_4	—	—	0.38_3	—	0.25_5	—	0.44_7	—	—	71
0.24	—	»	»	—	0.60_6	—	—	—	0.30	0.24	—	0.42	—	—	72
—	0.30	»	»	0.46_1	0.58_3	—	—	0.36	—	0.24	—	0.42	—	—	73
—	—	»	0.30	0.45_3	0.57_2	—	—	—	—	0.24	0.30	0.42	—	—	74
0.30	—	—	—	0.48	0.73_8	—	—	0.45	—	0.30	—	0.48	—	—	75
—	0.30_8	0.30_8	0.30_8	—	0.77_7	—	—	0.46_2	—	0.30_8	—	—	—	—	76

N°ˢ	STATIONS DE DESTINATION et vice versâ	DISTANCES PAR RAIL	DISTANCES D'APPLICATION	TARIF GÉNÉRAL 4ᵉ SÉRIE calculée sur les distances d'application. 0.75	TARIF GÉNÉRAL 5ᵉ SÉRIE calculée sur les distances réelles. 0.75	N° 4. Céréales. 0.50	N° 4 bis. Pain. 0.75	N° 12. Charbons de bois. 0.50	N° 14. Houilles et Cokes. 0.20	N° 15. Bois, etc. 0.20	N° 15. Bois de 6ᵐ 50 à 22ᵐ. 0.20	N° 15 ter. Écorces en bottes. 0.20	N° 16. Frise en chêne, etc. 0.20
1	Soultz-les-Bains (2)	40	37	—	—	—	—	—	—			—	—
2	Scharrachbergheim (2)	43	37	—	—	—	—	—	—			—	—
3	Kirchheim (2)	45	37	—	—	—	—	—	—			—	—
4	Marlenheim (2)	46	37	—	—	—	—	—	—	0.50	0.36	—	—
5	Wangen (2)	47	37	—	—	—	—	—	—			—	—
6	Wasselonne**	49	37	—	—	—	—	—	—			—	—
7	Strasbourg (Austerlitz) (2)	»	»										
8	Pont du Rhin (halte) (+)	»	»										
9	Frontière du Rhin (4)	»	»					0.48					
10	Kehl (station badoise)**	»	»		0.48				0.48				
11	Geispolsheim (2)	26	»	—	—	—	—	—	—	0.46_2	0.55_4	—	
12	Fegersheim (2)	30	»	—	—	—	—	—	—	0.40	0.48	—	
13	Limersheim (2)	33	»	—	—	—	—	—	—	0.36_4	0.43_6	—	
14	Erstein*	38	»	—	—	—	—	—	—	0.31_6	0.37_9	—	
15	Matzenheim (2)	41	»	—	—	—	—	—	—	—	—	—	0.60
16	Benfeld**	44	»	—	—	—	—	—	—	—	—	—	
17	Kogenheim (2)	50	»	—	—	—	—	—	—	—	—	—	
18	Ebersheim	54	»	—	—	—	—	0.44_4	—	—	—	—	
19	Schlestadt**	61	»	—	—	—	—	0.39_3	—	—	—	—	
20	Châtenois (2)	65	»	0.48	0.46_2	0.48	0.48	—	0.46_2	—	—	—	
21	Val-de-Villé (+)	66	»	—	0.45_5	—	—	—	0.45_5	—	—	0.30	
22	Liepvre	74	»	—	0.40_5	—	—	—	0.40_5	—	0.36	—	
23	Sainte-Croix-aux-Mines	78	»	—	0.38_5	—	—	—	0.38_5	—	—	—	
24	Sainte-Marie-aux-Mines**	81	»	—	0.37	—	—	—	0.37	—	—	—	
25	Saint-Hippolyte	66	»	—	0.45_5	—	—	0.59	0.45_5	—	—	—	
26	Ribeauvillé**	71	»	—	0.42_3	—	—	—	0.42_3	—	—	—	
27	Ostheim (2)	74	»	—	0.40_5	—	—	—	0.40_5	—	—	—	
28	Bennwihr-Mittelwihr**	77	»	—	0.39	—	—	—	0.39	—	—	—	
29	Colmar**	83	»	—	0.36_4	—	—	—	0.36_4	—	—	—	
30	Eguisheim (2)	88	»	—	0.34_4	—	—	—	0.34_4	—	0.34_1	—	
31	Herrlisheim	90	»	—	0.33_3	—	—	—	0.33_3	—	0.33_3	—	
32	Rouffach**	97	»	—	0.30_9	—	—	—	0.30_9	—	0.30_9	—	
33	Merxheim (2)	102	»	—	—	—	—	0.38_2	—	—	—	—	0.58_8
34	Bollwiller**	109	»	—	—	—	—	—	—	0.30	—	—	0.55
35	Wittelsheim (2)	113	»	—	—	—	—	—	—	—	—	—	0.53_4
36	Lutterbach	120	»	—	—	—	—	—	—	—	—	—	0.50
37	Cernay**	128	»	—	—	—	—	—	—	—	—	—	0.46_6
38	Thann**	133	»	—	—	—	—	—	—	—	—	—	0.43_5
39	Bitschwiller-Thann**	137	»	—	—	—	—	—	—	—	—	—	0.43_8
40	Willer**	139	»	—	0.30	—	—	—	—	—	—	—	0.45_2
41	Saint-Amarin**	145	»	—	—	—	—	0.36	0.30	—	0.30	—	0.43
42	Wesserling**	146	»	—	—	—	—	—	—	—	—	—	0.41_9
43	Dornach**	125	»	—	—	—	—	—	—	—	—	—	0.48_8
44	Mulhouse**	126	»	0.48	—	0.48	0.48	—	—	—	—	—	0.47_6
45	Rixheim (2)	131	»	—	—	—	—	—	—	—	—	0.30	0.45_8
46	Habsheim (2)	135	»	—	—	—	—	—	—	—	—	—	0.45_4
47	Sierentz**	143	»	—	—	—	—	—	—	—	—	—	0.42
48	Bartenheim	146	»	—	—	—	—	—	—	—	—	—	0.41_4
49	Saint-Louis**	154	»	—	—	—	—	—	—	—	—	—	0.59
50	Bâle**	159	»	—	—	—	—	—	—	—	—	—	0.57_2
51	Rosny-sous-Bois* (3)	517	»										
52	Nogent-sur-Marne**	521	»										
53	Villiers (2)	523	»										
54	Émerainville-Pontault**	532	»										
55	Ozouer-la-Ferrière**	537	»										
56	Gretz-Armainvilliers**	543	»										
57	Tournan**	543	»										
58	Marles-la-Houssaye**	553	»										
59	Mortcerf**	560	»										
60	Guérard**	565	»										
61	Faremoutiers-Pommeuse**	569	»										
62	Mouroux**	573	»										
63	Coulommiers**	576	»										
64	Villepatour-Coubert*	548	»										
65	Ozouer-le-Voulgis**	553	»										
66	Verneuil-Chaumes**	557	»										
67	Normant**	557	»	0.36	0.24	0.24	0.36	0.33	0.24	0.24	0.21	0.24	0.50
68	Grandpuits (2)	550	»										
69	Nangis**	546	»										
70	Maison-Rouge**	556	»										
71	Longueville**	527	»										
72	Provins**	531	531										
73	Chalmaison (2)	523	»										
74	Flamboin (2)	520	»										
75	Les Ormes*	525	»										
76	Vimpelles*	529	»										

TARIFS SPÉCIAUX CALCULÉS SUR LES DISTANCES RÉELLES

N° 17. — Pierres. 0.20	N° 19. — Chaux. 0.20	N° 21. Briques. 0.20	N° 21. Cendres pour engrais. 0.20	N° 21. Tuyaux de drainage. 0.20	N° 23. — Alun, etc. 0.50	N° 26. — Fers et Fontes. 1re SÉRIE 0.50	2e SÉRIE 0.50	3e SÉRIE 0.50	N° 30. — Manganèse. 0.20	N° 36. — Ardoises, Argiles, etc. 0.20	N° 36 ter. — Pulpes de betteraves. 0.20	N° 37 bis. — Écorces. 0.20	N° 48. — Foudres vides, etc. 0.75	N° 51. — Pommes et Poires à la pelle. 0.75	NUMÉROS.
0.30	—	—	—	—	0.75_8	—	—	0.45	—	—	0.30	0.48			1
0.28	—	—	—	—	0.70_5	—	—	0.41_9	—	—	0.27_9	0.48			2
0.26_7	0.30	0.30	0.30	—	0.67_3	—	—	0.40	—	0.30	0.26_7	0.46_7			3
0.26_1	—	—	—	—	0.65_9	—	—	0.39_1	—	—	0.26_1	0.45_6			4
0.25_5	—	—	—	—	0.64_4	—	—	0.38_3	—	—	0.25_5	0.44_7			5
0.24_5	—	—	—	—	0.61_8	—	—	0.36_7	—	—	0.24_5	0.42_9			6
															7
															8
				0.48											9
															10
0.30	0.46_2	0.46_2	0.46_1	—	1.17	—	—	0.48	0.30	0.46_2	—	0.48			11
—	0.40	0.40	0.40	—	1.01	—	—	—	—	0.40	0.30	—			12
0.29_3	0.36_4	0.36_4	0.36_4	—	0.91_8	—	—	—	—	0.36	—	—			13
0.27_3	0.31_6	0.31_6	0.31_6	—	0.79_7	—	—	0.47_1	—	0.31_6	0.29_3	—			14
—	—	—	—	—	0.73	—	—	0.43_9	—	—	0.27_3	0.47_7			15
—	—	—	—	—	0.68_9	—	0.54	0.40_0	—	—	0.24	—			16
—	—	—	—	—	0.60_5	—	—	—	—	—	—	—			17
—	—	0.30	0.30	0.41_4	0.56_1	0.60	—	—	—	—	—	—			18
—	—	—	—	0.39_3	0.49_7	—	—	—	—	—	—	—	0.90	0.60	19
—	—	—	—	0.36_9	0.46_6	—	—	—	—	—	—	—			20
—	—	—	—	0.36_1	0.45_9	—	—	—	—	—	—	—			21
0.24	—	—	—	0.32_4	0.40_9	—	—	—	—	—	—	—			22
—	—	—	—	0.30_8	0.38_8	—	—	0.36	—	—	0.24	0.42			23
—	—	0.29_6	0.29_6	0.29_0	0.37_4	—	—	—	0.29_6	—	—	—			24
—	—	—	—	0.36_1	0.45_9	—	—	—	—	—	—	—			25
—	—	0.30	0.30	0.33_8	0.42_7	—	—	—	0.30	—	—	—			26
—	—	—	—	0.32_4	0.40_9	—	—	—	—	—	—	—			27
—	—	—	—	0.31_2	0.39_4	—	—	—	—	—	—	—			28
—	—	0.28_9	0.28_9	0.28_9	0.39_5	—	—	0.34_1	0.28_9	—	—	—			29
0.23_9	—	0.27_3	0.27_3	0.27_3	0.34_4	—	—	0.33_3	0.27_3	—	—	0.40_9			30
0.22_3	—	0.26_7	0.26_7	0.26_7	0.33_7	—	—	0.30_9	0.26_7	—	—	0.40			31
0.21_6	—	0.24_7	0.24_7	0.24_7	0.31_4	—	—	—	0.24_7	—	—	0.37_1			32
—	0.30	—	—	—	—	—	0.52_9	—	—	0.30	—	—			33
—	—	—	—	—	—	—	0.49_6	0.30	—	—	—	—			34
—	—	—	—	—	—	—	0.47_8	—	—	—	—	—			35
—	—	—	0.24	0.24	—	—	0.45	—	—	—	—	—			36
—	—	—	—	—	—	0.56_3	0.42_1	0.28_1	—	—	0.21_1	—			37
—	—	—	—	—	—	0.54_1	0.40_6	0.27_1	—	—	0.20_3	—			38
—	—	—	—	—	—	0.52_6	0.39_4	0.26_3	—	—	0.19_7	—	0.87_6		39
—	—	—	—	—	—	0.51_9	0.38_8	0.25_9	—	—	0.19_4	—	0.86_3		40
0.21	—	0.24	—	—	0.30	0.50_3	0.37_8	0.25_2	0.24	—	0.18_9	0.36	0.83_9		41
—	—	—	—	—	—	0.49_3	0.37	0.24_7	—	—	0.18_5	—	0.82_2		42
—	—	—	—	—	—	0.58_5	0.43_9	0.29_3	—	—	0.21_9	—			43
—	—	—	—	—	—	0.57_1	0.42_8	0.28_6	—	—	0.21_4	—			44
—	—	—	—	—	—	0.55	0.41_4	0.27_5	—	—	0.20_5	—	0.90	0.60	45
—	—	—	—	—	—	0.54_1	0.40_6	0.27_1	—	—	0.20_3	—			46
—	—	—	—	—	—	0.50_3	0.37_8	0.25_2	—	—	0.18_9	—	0.83_9		47
—	—	—	—	—	—	0.49_3	0.37	0.24_7	—	—	0.18_5	—	0.82_2		48
—	—	—	—	—	—	—	—	—	—	—	0.18	—	0.77_9		49
—	—	—	—	—	—	—	—	—	—	—	0.18	—	0.75_4		50
															51
															52
															53
															54
															55
															56
															57
			0.24	0.24											58
															59
															60
															61
															62
															63
0.18	0.21	0.21	—	—	0.24	0.48	0.36	0.24	0.18	0.24	0.18	0.30	0.60	0.42	64
															65
															66
															67
															68
															69
															70
															71
															72
															73
															74
															75
															76

NUMÉROS.	STATIONS DE DESTINATION et vice versâ.	DISTANCES PAR KIL.	D'APPLICATION.	TARIF GÉNÉRAL 4ᵉ SÉRIE calculée sur les distances d'application. 0.75	5ᵉ SÉRIE calculée sur les distances réelles. 0.75	TARIFS SPÉCIAUX CALCULÉS SUR LES DISTANCES RÉELLES. Nº 4. Céréales. 0.60	Nº 4 bis. Pulv. 0.75	Nº 12. Charbons de bois. 0.90	Nº 14. Houilles et cokes. 0.20	Nº 15. Bois, etc. 0.20	Bois de 4ᵉ à 3ᵉ m. 0.70	Nº 15 ter. Écorces en bottes. 0.22	Nº 16. Pierres en chaux, etc. 0.29
1	Châtenay**	538	»										
2	Montereau**	549	»										
3	Montereau (transit)**	»	»			0.24							
4	Bernd**	516	»										
5	Nela	511	»										
6	Nogent-sur-Seine**	505	»										
7	Pont-sur-Seine**	496	»	—	—	0.24₉							
8	Romilly**	487	»	—	—	0.24₅							
9	Massebron-la-Côte-Pardesso (halte)(2)	»	»	—	—								
10	Maegrigny**	475	»	—	—	0.25₅							
11	Saint-Martin	456	»	—	—	0.25₅							
12	Savières (halte)(2)	»	»	—	—								
13	Payns**	461	»	—	—	0.26							
14	Saint-Lyé (halte)(2)	»	»	—	—								
15	Barberey	451	»	—	—	0.26₅							
16	Troyes**	443	»	—	—	0.26₇							
17	Maisons-Blanches-Verrières**	454	»	} 0.76	—	0.26₅	0.36						
18	Chéroy**	476	»	—	—	0.26₃							
19	Saint-Parres-lès-Vaudes**	460	»	—	—	0.26₅							
20	Fouchères-Vaux**	464	»	—	—	0.26₅							
21	Courtenot-Lunelot**	467	»	—	—	0.26₇							
22	Bar-sur-Seine**	474	»	—	0.84	0.26₅	0.55	0.21	0.24	0.24	0.24	0.24	0.30
23	Bonilly-Saint-Loup**	430	»	—	—	0.27₉							
24	Lusegny**	435	»	—	—	0.27₁							
25	Montiéramey**	427	»	—	—	0.26₅							
26	Vendeuvre**	416	»	—	—	0.28₅							
27	Jessains**	405	»	—	—	0.28₅							
28	Arsonval-Aucourt (halte)(2)	»	»	—	—	0.30₄							
29	Bar-sur-Aube**	393	»	—	—	0.51₄							
30	Clairvaux**	386	»	—	—	0.51₅							
31	Maranville**	378	»	—	—	0.38₅							
32	Bricon**	370	»	—	—								
33	Villiers-le-Sec (halte)(2)	»	»	—	—	0.34							
34	Chaumont**	355	»	—	—								
35	Foulain**	342	0.36₅	—	—	0.36₅	0.36₉	—	—	—			
36	Bologne**	339	0.38₅	—	—	0.38₅	—	—	—	—			
37	Luzy**	318	0.39₅	—	—	0.39₅	—	—	—	—			
38	Chalindrey**	309	—	—	0.36	0.40₅	—	—	—	—			
39	Malte**	320	0.40₄	308	—	0.53₅	—	—	—				
40	Champlitte**	311	—	308	—	0.43₅	—	—	—				
41	Oyrières**	301	—	—	0.94	0.36	0.44₅	0.33	0.24	—			
42	Gray**	291	—	—	0.84₇	0.37₅	0.34	0.24₇	—				0.48
43	Gray (transit)**	»	—	—	—	—	—	—	—				
44	Vereux**	301	—	0.25₅	0.59₄	—	0.55₉	0.25₅	—				0.19₅
45	Auvet**	275	—	0.26₄	0.59₅	—	0.56₉	—	—				0.44₅
46	Noroux**	269	—	0.36₅	0.60	—	0.56₅	—	—				0.45₅
47	Valleroy**	264	—	0.27₅	0.61₅	—	0.57₅	0.56	—				0.46
48	Fresnes-Saint-Mamet**	361	—	0.28₅	0.61	—	0.57₅	—	—	0.21			0.51
49	Soissons-le-Ferreux**	261	—	0.28₅	0.62	—	0.58₄	—	—	0.24₅			0.45
50	Mont-le-Vernois**	311	0.48	—	0.69₅	0.48	0.59₅	—	—	—			
51	Breies**	356	—	—	0.94	0.59₄	—	0.35₄	0.24	0.24	0.24	0.30	0.42
52	Charmoy-Faja-billot**	348	—	—	0.79	0.57	—	0.53₄	0.57₇				
53	La Ferté-Bourbonne**	309	—	—	0.79₅	0.56₅	—	0.54₄	0.62				0.45
54	Vitrey**	299	—	—	0.93₅	0.56₄	—	0.55₉	0.63	0.94			0.14₅
55	Jussey**	298	—	—	0.80₅	0.60₅	—	—	0.56₅				0.51₅
56	Montigueus**	308	—	—	0.94₅	0.44₅	—	—	0.57₅				0.47₅
57	Port-d'Atelier**	305	—	—	0.89₅	—	—	—	0.56₅	0.24₅			0.51₅
58	Port-sur-Saône**	360	—	—	0.89₅	—	—	—	0.57₇	0.25₅			0.57₅
59	Vaivre**	356	—	—	—	—	—	—	—	0.24₅			0.54₅
60	Vesoul**	337	0.48₅	—	0.48	—	0.48₉	—	—	0.24			0.51₇
61	Colombier**	321	0.44₅	—	—	0.45₅	—	—	0.27₅				0.54₅
62	Croveliey**	315	0.41₅	—	—	0.45₅	—	—	—	0.69₅			0.56₅
63	Luxeu-fouille**	304	0.47₅	—	0.47	0.36	—	—	0.91	0.91₅			0.56₅
64	Lure**	314	—	0.30	0.15₅	—	0.30	0.18₅	0.85₅	0.50₅			0.61₅
65	Ronchamp**	148	—	—	0.44₅	—	—	0.10₅	0.82₅	0.51₅			0.65₄
66	Champagney**	170	—	—	0.40₅	—	—	0.92₅	0.27₅	0.51₅			0.66₅
67	Bas-Évette**	155	0.48	—	—	0.48	—	—	0.58₅	0.58₅			0.50
68	Belfort**	167	—	—	0.48	—	—	0.30	0.85₅	0.74₅			0.60
69	Isolnot (transit)**	154	—	—	—	—	—	—	—	0.76₅			
70	Chèvremont**	154	—	—	0.48	—	0.30	0.30	0.80				
71	Montreux-Vieux**	144	—	—	—	—	—	—	0.30	0.93			
72	Dannemarie**	141	—	—	—	—	—	—	0.10₅	0.95₅			
73	Altkirch**	133	—	0.05₄	0.35	—	0.34₇	0.24	0.48	0.45₅	0.24	0.30	0.42₅
74	Bensup-Hericourt**	385	—	0.34₅	0.50	—	0.55₅	—	—	—			
75	Pursdinville-Pontelange**	391	0.21	—	0.44	—	0.45₅	—	—	0.05₅			
76	Muelling**	501	317	0.36	0.38	—	0.35	0.24	0.54	0.48	0.19	0.30	0.60
77	Saarguemines**	309	317	0.24	0.76	0.40₅	0.55	0.24	0.51₅	0.24	0.24		0.48

TARIFS SPÉCIAUX CALCULÉS SUR LES DISTANCES RÉELLES.

NUMÉROS.	Nº 17. Pierres. 0.30	Nº 19. Chaux. 0.20	Nº 21. Orge, etc. 0.30	Cadres pour cerises. 0.19	Tonnes de drainage 0.20	Nº 32. Mine, etc. 0.40	Nº 36. 1ᵉʳ SÉRIE 0.50	3ᵉ SÉRIE 0.59	3ᵉ SÉRIE 0.40	Nº 36. Margn-leau. 0.30	Nº 36. Ardoises, Argiles, etc. 0.39	Nº 36 ter. Pulpes de betteraves. 0.92	Nº 37 bis. Écorces. 0.19	Nº 48. Poudres vidst. etc. 0.73	Nº 51. Pierres et Poires à la poix. 0.75
17			0.41												
22	0.18	0.24	—	0.24	0.24	0.24	0.48	0.50	0.24	0.18	0.24	0.48	0.30	0.60	0.42
41	0.18	—	0.93₅	—	—	0.24	—	—	0.18	0.24	—	—	—	
42	0.18₅	—	—	—	—	0.24₇	—	—	0.10₅	0.93₅	—	—	—	0.48
44	0.10₅	—	—	—	—	0.65₇	—	—	0.19	0.35₅	—	—	—	0.19₅
45	0.10₅	—	—	—	—	0.90₅	—	—	0.19	0.90₅	—	—	—	0.44₅
46	0.09₅	—	—	—	—	0.96₅	—	—	0.90₅	0.96₅	—	—	—	0.45₅
47	0.10₅	—	—	—	—	0.25₅	—	—	0.90₅	0.37₅	—	—	—	0.46
48	0.21	—	—	—	—	0.25₅	—	—	0.90₇	0.95₅	—	—	—	0.51
49	—	0.84	—	—	—	0.25₅	—	—	0.21	0.10₅	—	—	—	0.45
51	0.18₅	—	—	0.24	—	—	—	—	0.18₅	0.91	—	0.70	0.00	0.42
52	0.18₅	—	—	0.54	—	—	—	—	0.18₅	0.91	—	—	—	0.45
53	0.35	—	—	0.62	—	—	—	—	0.18₅	0.92	0.18	—	—	0.15
54	0.18₅	—	—	0.93	0.48	0.36	0.21	—	0.20₅	0.14₅	—	—	—	0.14₅
55	0.18₅	—	—	0.89	—	—	—	—	0.93	0.97₅	—	—	—	0.51₅
56	—	—	—	0.89₅	—	—	—	—	0.20	0.47₅	—	—	—	0.47₅
57	—	0.94	0.54	0.24	—	—	—	—	0.20₅	0.57₅	—	—	—	0.51₅
58	—	—	—	0.89₅	—	—	—	—	—	0.97₅	—	—	—	0.57₅
60	0.03₅	—	—	—	—	—	—	—	0.21	—	—	—	—	0.51₇
61	0.05₅	—	—	—	—	—	—	—	—	—	—	—	—	0.54₅
62	0.06₅	—	—	—	—	—	—	—	—	—	—	—	—	0.56₅
63	0.04	—	—	—	—	—	—	—	0.24	—	—	—	—	0.56₅
64	0.04	—	0.21₅	—	—	—	—	—	0.24	—	—	—	—	0.48
65	0.03	—	—	—	—	0.30	—	—	0.84	0.51₅	0.65₅	—	—	
66	0.04	—	—	—	—	—	—	—	0.54₅	0.07	—	—	—	
67	0.03₅	—	0.30	—	—	—	—	—	0.33₅	0.74₅	—	—	—	
68	—	—	—	—	—	—	—	—	0.85₅	0.74₅	0.71₅	0.00	—	
70	—	0.30	—	—	—	—	—	—	0.70₅	—	—	—	—	
71	—	—	—	—	0.30	0.30	—	—	0.76₅	—	—	—	—	
72	—	—	—	—	—	—	—	—	—	—	—	—	—	
73	0.18₅	—	0.24₅	0.53₇	0.50₅	0.40₅	0.30₅	0.48	0.18₅	0.24	0.10₅	0.30	0.93	0.42₅
76	0.18₅	0.24	0.21₅	0.54	0.48	0.30	0.24	0.48	0.10₅	0.24	0.19	0.30	0.00	0.48
77	0.20₅	—	0.35₅	0.54	—	—	0.18	0.34						

Annexe (F) à la Convention conclue à Baden-Baden le 9 juin 1865.

CHEMINS DE FER DE L'EST.

DÉCOMPTE AVEC LE CHEMIN DE FER BADOIS

POUR LA PÉRIODE TRANSITOIRE

A partir du 1er octobre 1865 jusqu'à la mise en vigueur du nouveau Tarif.

A. — TARIFS GÉNÉRAUX.

DE KEHL jusqu'a l'axe du PONT DU RHIN et vice versâ. — Prix en fr. c.

Manuheim. (colonnes de gauche) — **Heidelberg.** (colonnes de droite)

DE KEHL jusqu'à l'axe du PONT DU RHIN *et vice versâ.*	GRANDE VITESSE — PRIX par 10 kilog.	PETITE VITESSE 1re SÉRIE	2e SÉRIE	3e SÉRIE	A	B	GRANDE VITESSE — PRIX par 10 kilog.	PETITE VITESSE 1re SÉRIE	2e SÉRIE	3e SÉRIE	A	B
Le Hâvre et Dieppe, Rouen, jusqu'à Redon inclus	0.013	0 60	0 52	0 50	0 40	0 30	0.015 0.019	0 90 0 93	0 72	0 72	0 58	0 36
Paris	0.0095	0 54	0 49	»	»	»	0.015	0 90	»	»	»	»
La Ferté-sous-Jouarre	0.0088	0 50	0 47	»	»	0 29	»	0 85	»	»	»	»
Château-Thierry	»	0 48	0 44	»	»	0 30	»	0 82	0 71	»	»	»
Epernay	0.0093	0 46	0 42	0 59	0 58	»	»	0 81	0 68	»	»	»
Reims	»	»	»	»	»	»	0.0089	0 66	0 56	»	»	»
Soissons	»	»	»	»	»	»	0.0078	0 68	0 55	0 70	»	»
Laon	»	»	»	»	»	»	0.0072	0 69	»	»	»	»
Oiry-Avize	0.0088	0 47	0 42	0 61	0 58	0 30	0.015	0 82	0 68	0 72	»	»
Châlons-sur-Marne	0.0093	0 43	0 41	0 64	»	»	»	0 77	0 67	»	»	»
Vitry-le-Français	0.0088	0 42	»	0 53	0 42	»	»	0 76	»	»	»	»
Bar-le-Duc	0.0083	»	»	0 55	0 44	»	0.014	»	»	»	»	»
Nancy	0.012	0 55	0 51	0 51	0 40	0 35	0.018	0 90	0 72	»	»	»
Charmes	0.019	0 77	0 63	0 60	0 58	0 36	»	»	»	»	»	»
Epinal	»	0 83	0 72	0 55	»	»	»	»	»	»	»	»
Remiremont	»	0 93	»	0 62	»	»	»	»	»	»	»	»
Lunéville	0.013	0 77	»	0 63	»	»	»	»	»	»	»	»
Baccarat et Saint-Dié	»	»	»	0 59	0 41	»	»	»	»	»	»	»
Dieuze	»	0 78	0 60	0 58	0 58	»	»	»	»	»	»	»
Sarrebourg, Saverne et Hochfelden	0.017	»	»	»	»	»	0.019	0 93	0 72	0 72	0 58	0 36
Bischwiller, Haguenau, Niederbronn et Wissembourg	0.019	0 93	0 72	0 72	»	»	»	»	»	»	»	»
Barr	»	»	»	0 65	»	»	»	»	»	»	»	»
Obernai, Molsheim, Mutzig et Wasselonne	»	»	»	0 64	»	»	»	»	»	»	»	»
Schlestadt, jusqu'à Montereau inclus	»	»	»	0 72	»	»	»	»	»	»	»	»
Chaumont	»	»	»	»	»	»	0.0084	0 90	0 72	0 72	0 58	0 36
Langres	0.011	0 65	0 72	0 72	0 58	0 36	0.017	0 93	»	»	»	»
Gray	0.017	0 93	»	»	»	»	»	»	»	»	»	»
Vesoul, Lure, Belfort et Strasbourg	0.019	»	»	»	»	»	0.019	»	»	»	»	»

Francfort. (colonnes de gauche) — **Darmstadt.** (colonnes de droite)

DE KEHL jusqu'à l'axe du PONT DU RHIN *et vice versâ.*	GRANDE VITESSE — PRIX par 10 kilog.	PETITE VITESSE 1re SÉRIE	2e SÉRIE	3e SÉRIE	A	B	GRANDE VITESSE — PRIX par 10 kilog.	PETITE VITESSE 1re SÉRIE	2e SÉRIE	3e SÉRIE	A	B
Le Hâvre, jusqu'à Redon inclus	0.018	0 76	0 56	0 57	0 47	0 34	0.019	0 85	0 64	0 64	0 58	0 36
Paris	0.014	0 68	0 54	»	»	»	0.016	0 76	0 61	»	»	»
La Ferté-sous-Jouarre	0.015	0 65	0 53	»	»	»	0.015	0 73	0 59	»	»	»
Château-Thierry	»	0 64	0 51	»	»	»	»	0 71	0 58	»	»	»
Epernay	0.014	0 63	0 50	0 64	0 58	0 34	0.016	0 70	0 56	0 71	»	»
Reims	0.01	0 53	0 42	0 59	0 49	0 31	0.011	0 60	0 47	0 66	»	0 34
Oiry-Avize	0.015	0 63	0 49	0 65	0 58	0 34	0.015	0 70	0 56	0 72	»	0 36
Châlons-sur-Marne	0.014	0 60	»	0 67	»	»	0.016	0 68	0 55	»	»	»
Vitry-le-Français	0.013	»	»	0 59	0 49	»	0.015	0 67	»	0 66	»	»
Bar-le-Duc	»	»	»	0 61	0 51	»	»	»	»	0 68	»	»
Nancy	0.015	0 68	0 55	0 58	0 48	0 36	0.017	0 77	0 62	0 65	»	»

DE KEHL jusqu'à l'axe du PONT DU RHIN et vice versâ.	GRANDE VITESSE. PRIX par 10 kilog.	PETITE VITESSE. PRIX PAR 1,000 KILOGRAMMES. 1re SÉRIE.	2e SÉRIE.	3e SÉRIE.	A	B	GRANDE VITESSE. PRIX par 10 kilog.	PETITE VITESSE. PRIX PAR 1,000 KILOGRAMMES. 1re SÉRIE.	2e SÉRIE.	3e SÉRIE.	A	B
	fr. c.	fr. c.	fr. c.	fr. c.	fr. c.	fr. c.	fr. c.	fr. c.	fr. c.	fr. c.	fr. c.	fr. c.
Francfort (*Suite*).							**Darmstadt** (*Suite*).					
Charmes	0.016	0 90	0 70	0 70	0 58	»						
Epinal	»	0 93	0 71	0 69	»	»	0.018	0 93	0 72	0 72	»	»
Remiremont	»	»	»	0 70	»	»						
Lunéville et Baccarat	0.18	»	0 72	0 72	»	»						
Saint-Dié	0.017	»	»	0 70	»	»	0.019	»	»	»	»	»
Dieuze, jusqu'à Montereau inclus	0.019	»	»	0 72	»	»						
Langres	0.015	0 75	0 72	0 70	»	»	0.017	0 85	»	»	»	»
Gray	0.019	0 91	»	0 66	0 51	»						
Vesoul	»	0 93	»	0 72	0 58	»						
Lure	»	»	»	0 69	»	»	0.019	0 93	»	»	»	»
Belfort	»	»	»	0 71	»	»						
Strasbourg	»	»	»	0 72	»	»						
Lœrrach.							**Schopfheim.**					
Nancy	0.019	0 93	0 72	0 62	0 53	0 35	0.019	0 93	0 72	0 60	0 51	0 34
Lunéville, Baccarat, Saint-Dié et Dieuze	»	»	»	0 63	0 54	0 36	»	»	»	0 61	0 53	0 36
Sarrebourg	»	»	»	»	»	»	»	»	»	0 68	0 58	»
Saverne, jusqu'à Niederbronn inclus	»	»	»	0 72	0 58	»	»	»	»	0 72	»	»
Wissembourg							»	»	»	0 69	»	»
Strasbourg	»	»	»	»	»	»	»	»	»	0 72	»	»
Sæckingen.							**Waldshut.**					
Nancy	0.019	0 93	0 72	0 53	0 48	0 31	0.019	0 93	0 72	0 52	0 42	0 29
Lunéville, Baccarat, Saint-Dié et Dieuze	»	»	»	0 55	0 49	0 36	»	»	»	0 55	0 43	0 34
Sarrebourg	»	»	»	0 64	0 56	»	»	»	»	0 60	0 49	0 36
Saverne, Hochfelden et Bischwiller	»	»	»	0 68	0 58	»	»	»	»	0 63	0 52	»
Haguenau et Niederbronn	»	»	»	»	»	»	»	»	»	»	0 53	»
Wissembourg	»	»	»	0 65	0 57	»	»	»	»	0 60	0 50	»
Strasbourg	»	»	»	0 72	0 58	0 36	»	»	0 69	0 61	0 51	0 35
Schaffhouse.							**Singen.**					
Nancy	0.019	0 83	0 61	0 45	0 35	0 24	0.019	0 93	0 66	0 50	0 41	0 29
Lunéville, Baccarat, Saint-Dié et Dieuze	»	»	»	0 46	0 36	0 29	»	»	»	0 55	0 42	0 33
Sarrebourg	»	»	»	0 51	0 41	0 32	»	»	»	0 58	0 47	0 36
Saverne, Hochfelden et Bischwiller	»	»	»	0 54	0 44	»	»	»	»	0 60	0 49	»
Haguenau et Niederbronn	»	»	»	»	0 45	»	»	»	»	»	0 50	»
Wissembourg	»	»	»	0 52	0 42	»	»	»	»	0 58	0 47	»
Strasbourg	»	0 82	0 58	»	0 43	0 30	»	»	0 64	»	0 48	0 54
Constance.												
Nancy	0.019	0 93	0 72	0 51	0 44	0 29						
Lunéville, Baccarat, Saint-Dié et Dieuze	»	»	»	0 55	0 45	0 36						
Sarrebourg	»	»	»	0 59	0 49	»						
Saverne, Hochfelden et Bischwiller	»	»	»	0 61	0 51	»						
Haguenau et Niederbronn	»	»	»	0 62	»	»						
Wissembourg	»	»	»	0 59	0 49	»						
Strasbourg	»	»	0 65	»	0 50	»						
Dans le trafic entre toutes les autres stations badoises et les stations françaises	0.019	0 93	0 72	0 72	0 58	0 36						
Dans le trafic entre toutes les stations de l'Allemagne du Sud au delà d'Heilbronn, et les stations françaises	0.018	0 89	0 72	0 72	0 57	0 36						

B. — TARIFS SPÉCIAUX.

<table>
<tr><td>

DE KEHL

A L'AXE DU PONT DU RHIN

et vice versâ.

</td><td>

INDICATION DES TARIFS

et des

SOMMES AFFÉRENTES AU PARCOURS BADOIS.

</td></tr>
</table>

TARIF SPÉCIAL G. V. Nº 1.

Pour le transport des Comestibles.

Dans le trafic entre Paris
et

Pforzheim, Carlsruhe, Baden, Offenbourg, Lahr, Fribourg et Schallstadt.	1f 90c	
Mannheim.	0 93	
Heidelberg.	1 50	par 1,000 kilogrammes.
Francfort	1 38	
Darmstadt.	1 55	
Heilbronn jusqu'à Vienne inclus.	1 80	

TARIF SPÉCIAL G. V. Nº 2.

Pour le transport des Huîtres et Poissons de mer.

Dans le trafic entre Paris
et

Pforzheim, Carlsruhe, Baden, Offenbourg, Lahr et Fribourg	1f 90c	
Mannheim.	0 49	
Heidelberg.	1 67	par 1,000 kilogrammes.
Francfort	1 52	
Darmstadt.	1 71	
Stuttgart jusqu'à Vienne inclus.	1 80	

TARIF SPÉCIAL Nº 3.

Pour le transport des Marchandises de Grande Vitesse avec délais allongés.

Dans le trafic entre Paris
et

Pforzheim, Carlsruhe, Baden, Offenbourg, Lahr et Fribourg	1f 90c	
Mannheim.	0 90	
Heidelberg.	1 47	par 1,000 kilogrammes.
Francfort	1 33	
Darmstadt.	1 50	

TARIF SPÉCIAL P. V. Nº 1.

Pour le transport de Marchandises diverses par wagons complets.

Dans le trafic entre Paris
et

	1	2	3	
	SÉRIE.			
	fr. c.	fr. c.	fr. c.	
Pforzheim, Carlsruhe, Ettlingen, Baden, Offenbourg, Dinglingen, Lahr, Fribourg, Mannheim et Heidelberg	0 58	0 58	0 36	
Francfort	0 50	0 36	0 36	par 1,000 kilogr.
Darmstadt.	0 56	0 41	0 36	
Heilbronn jusqu'à Vienne inclus.	0 57	0 57	0 36	

TARIF SPÉCIAL P. V. Nº 3.

Pour le transport de la Bière et des Fûts vides.

Dans le trafic entre Paris
et

	BIÈRE EN FUTS	FUTS VIDES	
	fr. c.	fr. c.	
Pforzheim, Carlsruhe, Offenbourg, Dinglingen, Riegel, Emmendingen et Fribourg. .	0 58	0 47	
Mannheim.	0 39	0 47	
Heidelberg.	0 58	0 47	par 1,000 kilogrammes.
Francfort	0 47	0 35	
Darmstadt.	0 53	0 39	
Erlangen, Culmbach et Vienne	0 57	0 57	

DE KEHL A L'AXE DU PONT DU RHIN *et vice versâ.*	INDICATION DES TARIFS et des SOMMES AFFÉRENTES AU PARCOURS BADOIS.

Dans le trafic entre Paris, Marseille, Cette
et

TARIF SPÉCIAL P. V. No 4.

Pour le transport des Spiritueux.

Mannheim	0ᶠ 37ᶜ
Heidelberg.	0 55
Francfort	0 41
Darmstadt.	0 46

} par 1,000 kilogrammes.

Dans le trafic entre
Elbeuf, Pont-de-l'Arche, Rouen
et

TARIF SPÉCIAL P. V. No 5.

Pour le transport de Laines brutes.

Vienne . . . . 0ᶠ 57ᶜ par 1,000 kilogrammes.

TARIF SPÉCIAL P. V. No 6.

Pour le transport des Cotons bruts.

Dans le trafic entre Paris
et

Kolbermoor . . . .

EXPÉDITIONS PARTIELLES.	WAGON COMPLET.
Par 1,000 kilogrammes.	
fr. c.	fr. c.
0 72	0 58

Dans le trafic entre Vireux, Fumay, De-
ville, Mézières-Charleville, Sedan, An-
gers, de Trélazé, de la Paperie
et

Stuttgart jusqu'à Vienne inclus . . . .

TARIFS SPÉCIAUX P. V. Nᵒˢ 7 et 8.

Pour le transport des Ardoises.

0ᶠ 36ᶜ par 1,000 kilogrammes.

TARIFS SPÉCIAUX P. V. Nᵒˢ 9, 10 et 11.

Pour le transport de Marchandises diverses.

Dans le trafic entre
Dunkerque, Calais, Boulogne, Saint-Valéry,
Le Hâvre, Dieppe, Rouen, Fécamp, Hon-
fleur, Trouville, Caen, Bordeaux, La
Rochelle, Rochefort-Charente, Nantes,
Saint-Nazaire, Redon, Vannes
et

CLASSES			
		3	
1	2	1	2
		CATÉGORIE	
Par 1,000 kilogrammes.			
fr. c.	fr. c.	fr. c.	fr. c.
0 43	0 30	0 30	0 30
0 81	0 81	0 72	0 57

Mannheim. . . . .
Francfort . . . .
Darmstadt. . . . .
Vienne . . . .

TARIFS SPÉCIAUX P. V. Nᵒˢ 12 et 13.

Pour le transport de Marchandises diverses.

Dans le trafic entre Cette, Arles, Mar-
seille (Joliette), La Ciotat, Toulon
et

	CLASSES			
	1	2	3	4
	Par 1,000 kilogrammes.			
	fr. c.	fr. c.	fr. c.	fr. c
Mannheim.	0 41	0 41	0 41	0 41
Ettlingen	0 86	0 72	0 72	0 72
Offenbourg	0 93	0 72	0 72	0 72
Francfort	0 67	0 64	0 64	0 64
Darmstadt.	0 74	0 72	0 72	0 72

DE KEHL A L'AXE DU PONT DU RHIN *et vice versâ.*	INDICATION DES TARIFS et des SOMMES AFFÉRENTES AU PARCOURS BADOIS.

TARIF SPÉCIAL P. V. N° 15.

Pour le transport des Peaux brutes et apprêtées.

Dans le tarif entre Hambourg, Lübeck, Magdebourg, Stettin, Berlin, Dresde, Leipzig, Halle, Erfurt, Cassel et	1re Classe PEAUX APPRÊTÉES.	2e Classe PEAUX BRUTES.
	Par 1,000 kilogrammes.	
	fr. c.	fr. c.
Epernay	0 63	0 50
Reims	0 53	0 42
Oiry-Avize	0 63	0 49
Châlons-sur-Marne	0 60	0 49
Bar-le-Duc		
Nancy	0 68	0 55
Colmar		
Mulhouse		
Belfort	0 93	0 72
Strasbourg		

TARIF SPÉCIAL P. V. N° 16.

Pour le transport des Cuivres bruts.

Dans le trafic entre Le Hâvre et

Vienne . . . . 0f 50c par 1,000 kilogrammes.

BARÊME P. V. N° 1.

Pour le transport des Céréales.

1° *Dans le trafic entre toutes les Stations françaises et*

	Par 1,000 kilog. fr. c.		Par 1,000 kilog. fr. c.		Par 1,000 kilog. fr. c.
Heidelberg		Rastatt		Müllheim	0 58
Mosbach		Baden		Lörrach	0 53
Bruchsal		Bühl		Schopfheim	0 51
Durlach		Achern		Säckingen	0 46
Pforzheim	0 58	Offenbourg	0 58	Waldshut	0 42
Mühlacker		Dinglingen		Schaffhouse	0 35
Carlsruhe		Lahr		Singen	0 41
Ettlingen		Fribourg		Constance	0 44

2o Dans le trafic entre Mannheim, Francfort et Darmstadt et les Stations françaises suivantes :

DE KEHL à l'axe DU PONT DU RHIN *et vice versâ.*	MANNHEIM.	FRANCFORT.	DARMSTADT.	DE KEHL à l'axe DU PONT DU RHIN *et vice versâ.*	MANNHEIM.	FRANCFORT.	DARMSTADT.	DE KEHL à l'axe DU PONT DU RHIN *et vice versâ.*	MANNHEIM.	FRANCFORT.	DARMSTADT.
	Par 1,000 kilogr.				Par 1,000 kilogr.				Par 1,000 kilogr.		
	fr. c.	fr. c.	fr. c.		fr. c.	fr. c.	fr. c.		fr. c.	fr. c.	fr. c.
Paris	0 39	0 45	0 51	Nancy	0 32	0 49	0 58	Benfeld	0 45	0 50	0 58
Meaux	0 42	0 48	0 58	Charmes, Épinal et Remiremont	0 42	0 49	0 58	Colmar	0 58	0 51	0 58
La Ferté-sous-Jouarre jusqu'à Reims inclus.	0 42	0 49	0 58	Lunéville	0 32	0 48	0 58	Bollwiller	0 41	0 58	0 58
Soissons	0 41	0 49	0 58	Baccarat et St-Dié	0 42	0 48	0 58	Cernay jusqu'à Mulhouse inclus.	0 58	0 58	0 58
Laon	0 42	0 49	0 58	Dieuze	0 37	0 48	0 58	Montereau	0 36	0 45	0 51
Oiry-Avize	0 37	0 46	0 58	Sarrebourg	0 35	0 46	0 58	Troyes	0 28	0 40	0 45
Châlons-sur-Marne	0 38	0 49	0 58	Saverne	0 34	0 46	0 48	Chaumont	0 37	0 46	0 58
Vitry-le-Français et St-Dizier	0 42	0 49	0 58	Barr	0 58	0 58	0 58	Langres	0 37	0 44	0 49
Bar-le-Duc et Commercy	0 34	0 49	0 58	Obernai et Molsheim	0 58	0 51	0 58	Gray	0 58	0 44	0 50
				Rosheim	0 58	0 50	0 58	Vesoul, Lure et Belfort	0 42	0 47	0 58
Sorcy, Frouard et Metz.	0 40	0 49	0 58	Mutzig et Wasselonne	0 58	0 51	0 58	Strasbourg	0 39	0 46	0 58

DE KEHL A L'AXE DU PONT DU RHIN *et vice versâ.*	INDICATION DES TARIFS et des SOMMES AFFÉRENTES AU PARCOURS BADOIS.
Dans le trafic entre Strasbourg et	**BARÊME P. V. No 2.** **Pour le transport des Eaux minérales.**
Mannheim	0f 29c
Francfort	0 50 par 1,000 kilogrammes.
Darmstadt	0 57
Dans le trafic entre Bordeaux et	**BARÊME P. V. No 3.** **Pour le transport des Colophanes.**
Mannheim	0f 27c
Francfort	0 42 par 1,000 kilogrammes.
Darmstadt	0 48

BARÊME P. V. No 4.

Pour le transport des Garances, etc.

	AVIGNON.	STRASBOURG.
	Par 1,000 kilogrammes.	
	fr. c.	fr. c.
Mannheim	0 34	0 28
Francfort	0 45	0 43
Darmstadt	0 48	0 49

Dans le trafic entre Avignon, Strasbourg et

BARÊME P. V.

Pour le transport des Vins et Eaux-de-Vie.

Dans le trafic entre Agen, Bordeaux (*La Bastide*), La Rochelle, Rochefort (*Charente*) *et*	EN CAISSES OU EN PANIERS	EN FUTS.	EN FUTS PAR W. C.
	fr. c.	fr. c.	fr. c.
Mannheim	0 54	0 49	0 39
Heidelberg	0 90	0 72	0 58
Pforzheim, Carlsruhe, Ettlingen, Baden, Offenbourg, Dinglingen, Lahr et Fribourg	0 93	0 72	0 58
Francfort	0 68	0 54	0 47
Darmstadt	0 76	0 61	0 58
Heilbronn jusqu'à Vienne inclus	0 89	0 72	0 57

II

VIA WISSEMBOURG

CONVENTIONS

avec la Direction

DES CHEMINS DE FER DU PALATINAT

CONVENTION DES 22 DÉCEMBRE 1855 & 8 MAI 1856

RÉGLANT

LES CONDITIONS DU SERVICE INTERNATIONAL VIA WISSEMBOURG.

Entre :

La Compagnie française des chemins de fer de l'Est, dont le siége est à Paris, rue et place de Strasbourg, représentée par MM. Roux, d'Hervey, Dubochet et Baignères, agissant en leur qualité d'Administrateurs, membres du Comité de direction de ladite Compagnie,

D'une part ;

Et l'Administration du chemin de fer Royal du Palatinat, dont le siége est à Ludwigshafen, représentée par M. Paul Denis, conseiller de régence, Directeur dudit chemin de fer,

D'autre part ;

Il a été exposé ce qui suit :

Une convention internationale est intervenue à la date du 4 février 1848 (mil huit cent quarante-huit), entre la France et la Bavière, pour l'établissement et l'exploitation d'un chemin de fer de Strasbourg à Spire.

Cette convention, ratifiée à la date du huit mars mil huit cent cinquante-deux et modifiée par le procès-verbal d'échange des ratifications, a stipulé, entre autres choses :

1° Qu'il serait mis à la disposition du chemin de fer Bavarois, dans la gare de Wissembourg, les localités nécessaires à ce chemin de fer pour établir un service régulier et pour abriter ses locomotives, ses wagons et le personnel de son service d'exploitation ;

2° Que tous les trains circulant entre les deux pays s'arrêteraient à la gare de Wissembourg, à moins d'arrangements ultérieurs entre les deux chemins de fer.

En conséquence, et pour satisfaire à la fois aux stipulations de ladite convention et aux besoins du commerce de France et de Bavière, en offrant la plus grande facilité au transport international des voyageurs et des marchandises, les deux parties contractantes ont, d'un commun accord, arrêtées entre elles les conventions suivantes :

ARTICLE PREMIER.

La Compagnie française des chemins de fer de l'Est s'engage à mettre à la disposition de l'Administration du chemin de fer Royal du Palatinat, les emplacements et constructions nécessaires à l'établissement régulier du service de l'exploitation de cette Administration dans la gare de Wissembourg.

Ces emplacements et constructions consistent en voies de service et d'évitement, quais d'embarquement et de débarquement, bureaux de distribution des billets, de réception et de distribution des bagages, salles d'attente, halles à marchandises, bureaux de douane, logement et remises de locomotives et wagons.

Parmi les constructions et emplacements désignés ci-dessus, il en est plusieurs dont l'usage doit être commun au service des deux chemins de fer Français et Bavarois, tandis que les autres au contraire, seront spécialement affectés au service du seul chemin de fer Bavarois.

Les stipulations contenues dans les articles qui vont suivre ont pour objet de réglementer l'usage commun de ces emplacements et constructions.

Art. 2.

Le service commun aux deux chemins de fer Français et Bavarois, comprend toutes les manœuvres sur rails, la composition et la décomposition des trains, l'embarquement et le débarquement des voyageurs et des bagages, la police des voies, des quais, des cours intérieures, des cours extérieures et des abords de la gare.

Toutes les autres opérations du service, telles que la distribution des billets, la réception, l'enregistrement, le chargement et le déchargement et la distribution des marchandises, etc., appartiendront au service spécial de chaque chemin de fer.

Art. 3.

Pour faciliter l'application de la distinction de services qui vient d'être établi, le personnel à employer par les deux chemins de fer dans la gare de Wissembourg se divisera en :

Personnel spécial au service du chemin de fer Français nommé et rétribué par ledit chemin de fer ;

Personnel spécial au service du chemin de fer Bavarois, nommé et rétribué par ledit chemin de fer;

Personnel du service commun, nommé par le chemin de fer Français sous l'agrément du chemin de fer Bavarois. Ce personnel sera rétribué par les deux chemins de fer dans les proportions qui seront ci-après indiquées ;

Le chef et le sous-chef de gare du chemin de fer Français, seront de droit chargés directement de la direction et de la surveillance du service commun.

Les agents du service spécial de chaque chemin de fer seront soumis, pendant leur séjour et leurs opérations, dans les constructions et emplacements affectés au service commun, à l'autorité des agents de ce service.

Art. 4.

La distribution des billets de voyageurs sera faite par les agents du service spécial de chaque chemin de fer et dans un local spécialement affecté au service de chaque chemin.

Il en sera de même de toutes les opérations concernant la réception et l'expédition des marchandises ainsi que leur livraison.

Tous les mouvements de wagons, tant dans l'intérieur des halles que sur les voies d'évitement spécialement affectées au service de chaque chemin de fer, seront également effectués par les agents spéciaux de chaque chemin. Toutes les manœuvres à faire sur les voies affectées au service commun et pour passer de ces voies sur les voies affectées au service spécial de chaque chemin de fer et *vice versâ* seront faites, sinon par les soins, au moins sous la surveillance et l'autorité des agents du service commun.

Un plan *ad hoc* de la gare de Wissembourg et de ses dépendances a été dressé en double original et annexé aux présentes conventions pour délimiter d'une manière certaine et invariable les emplacements et constructions appartenant au service commun ainsi que les emplacements et constructions appartenant au service spécial ou particulier de chaque chemin.

Art. 5.

Le matériel et le mobilier d'exploitation nécessaires au service commun seront fournis par le chemin de fer Français qui se charge également du soin de les entretenir en bon état de service, réparer et renouveler au besoin. Le chemin de fer Bavarois s'engage à contribuer aux frais d'acquisition, d'entretien, de réparation et de renouvellement dans la proportion qui sera indiquée à l'article 8 ci-après.

Art. 6.

La construction, l'entretien, la réparation et le renouvellement du matériel et du mobilier d'exploitation nécessaires au service spécial de chaque chemin de fer seront à la charge de chaque chemin ; seulement, le matériel roulant devra être de modèle tel, qu'il puisse, sans inconvénient pour l'autre chemin, en parcourir au besoin les voies et entrer dans la composition de ses trains.

Chaque chemin de fer devra, dans le cas où son matériel roulant aurait à parcourir une portion quelconque des voies de l'autre chemin, opérer ses changements de telle sorte qu'ils soient exactement conformes aux règlements et usages de ce dernier chemin.

En conséquence, et avant la mise à exécution des présentes conventions, les deux chemins de fer, Français et Bavarois, se feront communication réciproque de tous les règlements et ordres de service concernant cette matière. Ils devront également se communiquer dans la suite, avant mise à exécution, toutes les modifications qui pourraient être apportées auxdits ordres de service et règlements.

Art. 7.

Toutes les fois que le matériel roulant d'un des deux chemins de fer, Français ou Bavarois, aura à parcourir une portion quelconque des voies de l'autre chemin, le graissage et le petit entretien seront faits par les soins et aux frais du chemin de fer dont le matériel roulant suivra la ligne. Le chemin de fer parcouru devra en outre payer à l'autre chemin de fer, pour détérioration et usage du matériel, une indemnité de deux centimes par kilomètre parcouru et par chaque wagon chargé ou vide. Voir l'article additionnel, page 117.

Chaque chemin de fer tiendra, jour par jour, le compte de kilomètres parcourus sur ses voies par les wagons de l'autre chemin. Le règlement de ce compte aura lieu tous les mois après un contrôle réciproque.

Les wagons de l'une des deux lignes ne devront séjourner sur l'autre ligne qu'un jour par soixante kilomètres parcourus.

Pour tout wagon retenu au delà de ce délai, il sera payé au chemin de fer propriétaire, une indemnité de cinq francs par jour et par wagon.

Le règlement de cette indemnité sera joint au règlement de l'indemnité pour usage et détérioration du matériel, et le solde de ces deux règlements devra être payé par le chemin de fer débiteur dans les mêmes formes et délais.

Art. 8.

Indépendamment de l'indemnité à payer par le chemin de fer Bavarois pour l'occupation et l'usage des emplacements et constructions affectés à son service spécial dans la gare de Wissembourg, ainsi que pour l'usage des constructions et emplacements affectés au service commun, la part contributive dudit chemin de fer dans le traitement des agents du service commun est fixé à moitié de la dépense totale.

La part contributive du chemin de fer Bavarois, dans les frais d'acquisitions, entretien et renouvellement du matériel et du mobilier du service commun, est fixée au tiers de la dépense totale.

Art. 9.

Le chemin de fer Bavarois s'oblige en outre :

1° A faire assurer à ses risques et périls, toutes les constructions mises à sa disposition par le chemin de fer Français et affectées à son service spécial ;

2° A contribuer pour un tiers aux frais d'assurance des bâtiments du matériel et du mobilier servant au service commun.

Le chemin de fer Bavarois s'oblige également :

1° A payer intégralement les contributions de toute nature établies ou à établir sur les constructions et emplacements de son service spécial ;

2° A acquitter, jusqu'à concurrence d'un tiers, toutes les contributions établies et à établir sur les constructions et emplacements du service commun.

Art. 10.

Les redevances et parts contributives mises à la charge du chemin de fer Bavarois par les articles 8 et 9 ci-dessus, seront payées par lui au chemin de fer Français, en deux termes égaux, échéant, l'un le 1er janvier, l'autre le 1er juillet de chaque année.

Art. 11.

Indépendamment des stipulations qui précèdent, et pour faciliter les relations internationales, la Compagnie française des chemins de fer de l'Est et l'Administration du chemin de fer Royal du Palatinat, sont convenues d'organiser leurs trains, tant pour le transport des voyageurs que pour celui des marchandises, de façon à assurer la meilleure correspondance possible à Wissembourg.

La Compagnie française des chemins de fer de l'Est et l'Administration du chemin de fer Royal du Palatinat, prennent l'engagement de se remettre exclusivement tous les transports de marchandises en destination et en provenance des localités admises au transport direct international et de ne pas établir d'autres combinaisons de transports directs pour les marchandises sur les mêmes points par d'autres voies sans s'en être entendu, et, enfin, de favoriser autant qu'il pourra dépendre d'elles, le développement du trafic international qui fait l'objet de la présente convention.

Les efforts communs des deux chemins de fer Français et Bavarois, devront principalement se porter sur l'extension des transports directs.

Art. 12.

Les transports directs internationaux se composent du service à grande vitesse et du service à petite vitesse.

Le service à grande vitesse comprend le transport des voyageurs et de leurs bagages et le transport des marchandises désignées par les expéditeurs pour être transportées à grande vitesse.

Le service à petite vitesse comprend le transport des marchandises désignées par les expéditeurs pour être transportées à petite vitesse.

Le transport des voyageurs et des marchandises sera effectué sur le parcours de chaque chemin de fer, conformément aux lois et arrêtés de l'autorité supérieure, ainsi qu'aux règlements et ordres de service dudit chemin de fer.

Voyageurs et Bagages.

Art. 13.

Les transports directs internationaux pour les voyageurs et leurs bagages, seront effectués entre les localités françaises et allemandes ci-après désignées, savoir :

En France,

Paris, Châlons, Nancy, Strasbourg, Mulhouse, Bâle ;

En Allemagne,

Ludwigshafen, Mayence, Darmstadt, Francfort par Mayence et par Darmstadt.

Art. 14.

Le transport international des voyageurs sera fait, par les deux chemins de fer, au moyen de billets directs délivrés au point de départ et assurant le transport régulier jusqu'au point d'arrivée.

Chacun des deux chemins de fer Français et Bavarois pourra distribuer des billets en nombre illimité.

Art. 15.

Les tarifs pour le transport des voyageurs et de leurs bagages sont joints à la présente convention.

Chaque chemin de fer conserve le droit de les modifier en ce qui concerne son parcours ; mais il devra, dans ce cas, prévenir le chemin de fer correspondant un mois à l'avance, et s'entendre sur les modifications qu'il pourrait, à ce propos, être utile d'introduire au tarif international.

Art. 16.

Les billets délivrés aux voyageurs seront divisés en autant de coupons qu'il y aura de lignes correspondantes à parcourir.

Ces billets, dont le prix intégral sera payé au départ, seront valables pour un mois pour les seuls voyageurs de Paris, Châlons, Nancy, en destination de l'Allemagne et réciproquement.

Quant aux billets délivrés aux voyageurs de Strasbourg, Mulhouse et Bâle, en destination de l'Allemagne et réciproquement, ils ne seront valables que pour le temps du trajet.

Les billets valables pour un mois donneront au porteur le droit de s'arrêter à tous les points qui seront inscrits sur ces billets.

Les billets contiendront, en outre, toutes les indications utiles aux voyageurs, tant dans leur propre intérêt, que dans l'intérêt du service.

Les billets directs sont de première et de seconde classe,

Le chemin de fer Français déclare, dès à présent, qu'il peut exister dans son service des trains, dits *express*, composés seulement de voitures de première classe, ne transportant ni chevaux, ni voitures, ni article de messagerie, ni marchandises et qu'il n'admettra dans ces trains que des voyageurs porteurs de billets de première classe.

Dans le cas où un voyageur porteur d'un billet de seconde classe désirerait se faire transporter par un train *express* il devra payer sur le parcours du chemin de fer Français la différence de prix existant entre le tarif de la première classe et le tarif de la classe de son billet.

Art. 17.

Sur le parcours du chemin de fer Français chaque voyageur a droit au transport gratuit de trente kilogrammes de bagages; les bagages en excédant seront taxés au prix ordinaire des tarifs du transport à grande vitesse, conformément au tarif annexé.

Afin d'accorder cette même facilité sur les parcours allemands où la gratuité de trente kilogrammes de bagages n'existe pas, il a été ajouté au prix de la place pour frais de transport de ces trente kilogrammes une taxe supplémentaire représentative du prix de transport d'une expédition du poids de vingt-cinq kilogrammes, d'après les bases et conditions du tarif ordinaire.

Les excédants seront également taxés au prix ordinaire, conformément au tarif annexé.

La taxe des excédants s'opérera sur tous les parcours par fraction indivisible de dix kilogrammes.

En outre, lorsque le voyageur suivra directement sa route du point de départ jusqu'au point d'arrivée, et sans s'arrêter aux points où son billet lui donnera droit d'arrêt facultatif, il devra un seul droit d'enregistrement de 10 centimes payable au départ.

Dans le cas, au contraire, où le voyageur s'arrêterait à un ou à plusieurs points où l'arrêt est facultatif, il devra payer un nouveau droit d'enregistrement au départ de chacun de ces points.

Dans les endroits où le parcours de terre sera nécessaire, le voyageur aura droit au transport gratuit de sa personne et de trente kilogrammes de bagages, soit à la gare du chemin de fer correspondant, soit, en cas d'arrêt, à domicile ou à l'hôtel. L'excédant des bagages devra toujours être payé à l'entrepreneur du parcours par terre.

En cas d'arrêt, le voyageur aura à effectuer, à ses frais, le transport de sa personne et de ses bagages jusqu'à la gare du chemin de fer correspondant.

Art. 18.

Chaque chemin de fer prend à sa charge et sous sa responsabilité jusqu'au point d'arrivée, le transport des bagages remis par lui au chemin de fer correspondant.

En conséquence, il devra faire constater, au moment même de la délivrance au chemin de fer correspondant, l'état de conservation ou d'avarie des bagages dont il aura effectué le transport. Cette constatation sera consignée dans un procès-verbal, dont la formule sera ultérieurement arrêtée d'un commun accord.

Le procès-verbal sera visé par le chef de la gare d'arrivée et copie en sera adressée immédiatement au chemin de fer premier expéditeur.

Art. 19.

Les billets directs, les bulletins de bagages et les feuilles de route seront imprimés en français et en allemand.

Art. 20.

Un état récapitulatif du produit des voyageurs et de leurs bagages sera arrêté chaque mois par le chemin de fer français pour les recettes effectuées en France, et par le chemin de fer bavarois pour les recettes effectuées en Allemagne. Communication réciproque de cet état sera donné dans la première quinzaine du mois suivant, et le règlement du compte aura lieu dans la seconde quinzaine du même mois. Le chemin de fer débiteur devra verser immédiatement au chemin de fer correspondant le montant du solde de ce règlement.

MARCHANDISES.

Art. 21.

Les transports directs internationaux pour les marchandises en grande vitesse et en petite vitesse seront effectués entre les localités françaises ci-après désignées, savoir :

En France :

Paris, la Ferté-sous-Jouarre, Épernay, Reims, Oiry, Châlons, Bar-le-Duc, Metz, Nancy, Lunéville, Sarrebourg, Haguenau, Bischwiller, Strasbourg, Schlestadt, Colmar, Bollwiller, Dornach, Mulhouse, Saint-Louis, Cernay et Thann, Bâle.

En Allemagne :

Landau, Neustadt, Ludwigshafen, Mayence.

Art. 22.

Les tarifs, ainsi que la classification des marchandises applicables aux transports en grande et en petite vitesse, sont joints à la présente convention.

Chaque chemin de fer conserve le droit de les modifier sur son parcours, sauf à prévenir le chemin correspondant un mois à l'avance, afin de s'entendre, s'il y avait lieu, sur les modifications dans les tarifs internationaux.

Art. 23.

En France, il sera perçu au départ, en outre du prix de transport, un droit d'enregistrement de dix centimes pour chaque expédition.

Art. 24.

Les deux chemins de fer se chargeront, moyennant un droit de factage fixé par les tarifs, de faire remettre au domicile des destinataires, et à prendre au domicile des expéditeurs, tous les articles du trafic international à grande vitesse.

Ils prendront, en outre, toutes les mesures nécessaires pour assurer le transport régulier des marchandises à petite vitesse, de la gare d'arrivée au domicile des destinataires.

Les tarifs réglant les prix et les conditions de ce transport sera ultérieurement établi d'un commun accord.

Art. 25.

Toute expédition à grande ou à petite vitesse doit être accompagnée d'une note remise par l'expéditeur, datée et signée par lui, indiquant :

Le nom et l'adresse de l'expéditeur ;

Le nom et l'adresse du destinataire ;

Le nombre des colis, leur poids, la nature de leur contenance, leurs marques, numéros et adresses ;

Le point de livraison (en gare ou à domicile) ;

Le numéro et la désignation des acquits, congés et autres documents nécessaires aux expéditions soumises aux droits indirects et aux douanes.

En cas de livraison à domicile, l'autorisation donnée au chemin de fer de faire, s'il y a lieu, l'avance des droits d'octroi.

Chaque colis doit être convenablement emballé et porter une marque et une adresse apparentes et lisibles.

Les expéditions en vrac, mouillées, avariées ou mal emballées ne seront reçues qu'avec un bulletin de garantie signé de l'expéditeur, et mettant le chemin de fer à l'abri de toute responsabilité.

Art. 26.

Après la reconnaissance de la marchandise, le chemin de fer qui doit effectuer la première partie du transport remet à l'expéditeur un duplicata de sa note d'expédition.

Chaque expédition doit être accompagnée d'une lettre de voiture, dont les frais de timbre sont à la charge de l'expéditeur.

Les chemins de fer Français et Bavarois, ainsi que leur correspondant, ne sont pas tenus d'accepter les lettres de voiture créées par les expéditeurs, et ont le droit d'en créer de nouvelles. Dans tous les cas, il ne sera pas accepté de lettres de voiture payables en retour.

Les expéditions peuvent être faites en port payé ou en port dû.

Les expéditions de marchandises sujettes à détérioration, ou de peu de valeur, ne seront admises qu'en port payé, à moins d'une garantie donnée par l'expéditeur et sous la responsabilité du chemin de fer qui aura accepté cette garantie.

Les matières à odeur pénétrante, les matières corrosives, et généralement toutes marchandises pouvant nuire aux expéditions dont elles seraient entourées, soit par contact, soit par coulage, ne seront admises au transport que par wagon complet.

Il ne sera pas admis de réclamation pour vidange ou coulage de liquide, bris d'objet fragiles ou rouille des objets en fer. Toute expédition faite en cages, caisses ou charriots, ne pourra donner lieu à réclamation pour fait d'avaries, qu'autant que le conditionnement extérieur ne serait pas remis à l'arrivée dans l'état où il aurait été reçu au départ.

Toute avarie qui n'aura pas été constatée contradictoirement au moment de la livraison, et avant l'enlèvement de la marchandise, ne pourra donner lieu à aucune réclamation d'indemnité.

Art. 27.

Ainsi qu'il a été dit, à l'article 18 ci-dessus, chaque chemin de fer prend à sa charge, et sous sa responsabilité jusqu'au point d'arrivée, le transport des marchandises expédiées à grande ou à petite vitesse.

En conséquence, il devra tenir compte aux ayants droit de toute réclamation d'indemnité pour retard, perte, manquant, avarie, etc., sauf son recours contre le chemin de fer correspondant, en vertu du procès-verbal de constatation, dont il a été parlé en l'article 18 précité.

Art. 28.

Toute réclamation pour surtaxes, pertes, manquants, avaries, etc., doit être adressée aux chefs de station, qui auront à la transmettre immédiatement au siége de leurs Administrations respectives.

Art. 29.

Toutes les fois que les chemins de fer Français et Bavarois, ou leurs correspondants, auront lieu de présumer qu'il leur a été fait de fausses déclarations par les expéditeurs, ils auront droit, en se conformant d'ailleurs aux lois et règlements en vigueur sur chaque parcours, d'exiger l'ouverture des colis.

Art. 30.

En cas de refus de la part des destinataires d'objets sujets à détérioration ou à corruption, les chemins de fer pourront prendre, toujours en se conformant aux lois et règlements telles mesures qu'ils jugeront convenables dans leur intérêt et dans celui de leurs correspondants.

Il en sera de même pour les liquides refusées à destination.

Toute expédition retournée à l'expéditeur, par suite du refus du destinataire, est assujettie à la taxe.

Art. 31.

Le remboursement au départ, des sommes dont la marchandise peut être grevée, n'est pas obligatoire. Les objets à remettre à destination contre remboursement doivent être accompagnés d'une déclaration en règle.

Le transport en retour de sommes provenant de ces encaissements est, en tous points, soumis au tarif des finances.

Les articles chargés de déboursés ne sont reçus que facultativement, seulement de personnes connues, et si la valeur de l'expédition dépasse de beaucoup le montant du débours réclamé.

Toute avance de débours doit être justifiée par une quittance de l'expéditeur.

Les marchandises sujettes à détérioration ne peuvent jamais être grevées de déboursés.

Art. 32.

Les vins de Champagne en caisses ou paniers sont acceptés à raison de deux kilogrammes par bouteille, à l'exception des vins de Champagne en caisses et en sable qui sont taxés à raison de trois kilogrammes par bouteille, ce qui ne dispensera pas d'indiquer le poids brut réel de chaque colis sur les lettres de voiture et les déclarations, à cause des formalités de douane.

Art. 33.

Il sera établi à la gare de Wissembourg un agent chargé de remplir toutes les formalités en douane. Ces formalités seront remplies gratuitement et les expéditeurs n'auront rien à payer pour frais de plombage, timbre d'acquit-à-caution et déclaration. Ils n'auront qu'à tenir compte des droits de douane et de régie, dont le montant sera réclamé en déboursés, et sur production de quittance.

L'agent chargé du service en douane à la gare de Wissembourg opérera aux frais, et sous la responsabilité des deux chemins de fer, dans une proportion égale.

Les chemins de fer Français et Bavarois déclinent toute responsabilité quant à l'exactitude des déclarations de douane, des acquits-à-caution et des lettres de voiture.

Les chemins de fer ne seront responsables des plombs apposés aux colis qu'autant qu'ils seront consignés sur la lettre de voiture.

Les expéditions non accompagnées de pièces nécessaires aux formalités de douane seront refusées. Les expéditions accompagnées de pièces incomplètes séjourneront en gares aux frais, risques et périls de l'expéditeur, jusqu'au moment de la réception de toutes les pièces nécessaires à l'accomplissement desdites formalités,

Art. 34.

Le compte des ports dus, des déboursés, ainsi que des affranchissements pour les marchandises à grande et à petite vitesse, transmises à la gare de Wissembourg par le chemin de fer Français au chemin de fer Bavarois, et réciproquement, sera arrêté à mesure des transmissions, et soldé immédiatement par les agents des deux chemins de fer.

Art. 35.

Les payements auxquels donneront lieu les présentes conventions se feront, autant que possible, en monnaie de France et, à son défaut, en monnaie allemande, sur le pied de huit silbergroschen ou vingt-huit kreutzers pour un franc.

Art. 36.

Dans le cas où de nouveaux chemins de fer viendraient à correspondre avec le service international établi par les présentes conventions, chacune des deux parties contractantes traiterait, de son côté, de cette correspondance, de telle façon que les présentes conventions internationales n'établissent de rapports directs qu'entre la Compagnie française des chemins de fer de l'Est et l'Administation du chemin de fer Royal du Palatinat.

Art. 37.

Les frais d'impressions de toute nature nécessaires au service international, qui fait l'objet des présentes, seront supportés, en France, par la Compagnie des chemins de fer de l'Est, et, en Allemagne, par l'Administration du chemin de fer Royal du Palatinat.

Art. 38.

En cas de contestations, les deux parties contractantes acceptent réciproquement la compétence des tribunaux français et allemands, d'après les règles de juridiction tracées par la législation en vigueur en France et en Allemagne.

Art. 39.

Les présentes conventions recevront leur mise à exécution après l'échange des ratifications nécessaires.

Elle seront en vigueur jusqu'à demande d'annulation faite au moins trois mois à l'avance par l'une des deux parties contractantes.

Fait double à Ludwigshafen, le 22 décembre 1855, et à Paris, le 8 mai 1856.

Article additionnel.

L'application des stipulations contenues dans l'article septième du traité qui précède ayant donné lieu à des difficultés de pratique, qu'il est de l'intérêt des parties contractantes de faire cesser aussitôt que possible, il a été convenu, d'un commun accord, que ledit article septième serait considéré comme nul et non avenu, et remplacé par les dispositions suivantes :

Toutes les fois que le matériel roulant d'un des deux chemins de fer Français ou Bavarois aura à parcourir une portion quelconque des voies de l'autre chemin, le graissage et le petit entretien seront faits par les soins et aux frais du chemin de fer dont le matériel roulant suivra la ligne. Le chemin de fer parcouru devra, en outre, payer à l'autre chemin de fer pour usage et détérioration de matériel une indemnité de 2 centimes par kilomètre parcouru et par chaque wagon chargé ou vide. Toutefois, l'indemnité à payer sera de 4 centimes pour le parcours de tout wagon chargé dont le tonnage peut dépasser cinq mille kilogrammes ou cent quintaux, et dont le chargement les dépassera en effet.

Chaque chemin de fer tiendra, jour par jour, le compte de kilomètres parcourus sur ses voies par les wagons de l'autre chemin. Le règlement de ce compte aura lieu tous les mois après un contrôle réciproque.

Les wagons de l'une des deux lignes ne devront séjourner sur l'autre ligne qu'un jour par soixante kilomètres parcourus, non compris le jour de la sortie et celui de la rentrée. Il sera accordé un jour de plus pour tout wagon qui rentrera chargé.

Pour tout wagon retenu au delà de ce délai, il sera payé au chemin de fer propriétaire une indemnité de 5 francs par jour et par wagon.

Ne sera pas considéré comme rendu tout wagon qui ne rentrera pas muni de ses agrès complets (bâches et prolonges), et il sera appliqué une indemnité de 3 francs par jour pour tout wagon rendu dans des conditions irrégulières.

Le règlement de cette indemnité sera joint au règlement de l'indemnité pour usage et détérioration du matériel, et le solde de ces deux règlements sera payé dans les mêmes formes et délais.

Il est de plus stipulé que l'indemnité de 5 francs par jour, fixée ci-dessus, ne sera pas due pour les dimanches et les jours fériés pendant lesquels on ne travaille pas.

ARTICLE ADDITIONNEL A LA CONVENTION DES 22 DÉCEMBRE 1855-8 MAI 1856

Il sera tenu compte à chacune des Administrations de l'emploi de son matériel sur les lignes en relation, d'après les bases suivantes, la circulation à vide comptant comme la circulation à charge.

Par kilomètre de parcours.

Pour une voiture à voyageurs { de 1re et de 2e classes	0 fr. 046
de 3e classe	0 034
Pour un wagon à houille et à marchandises	0 02
Pour les wagons bavarois dirigés sur les lignes badoises, à partir de la frontière badoise	0 025

Les délais accordés de part et d'autre pour la restitution du matériel sont augmentés d'un jour pour tout wagon bavarois expédié à Bâle, ou dans l'intérieur de la Suisse, et à Kehl, où sur les chemin badois.

Pour tout wagon retenu au delà des délais fixés, il sera payé une indemnité de 3 francs par jour et par wagon.

Toutefois, les excédants de séjour ne seront pas comptés séparément pour chaque wagon et pour chaque jour, mais la compensation sera admise pour les wagons restitués, avec cette réserve que dans le cas où le délai ne serait pas dépassé de plus de la moitié du temps accordé, ces jours de retard peuvent se trouver compensés par le prompt retour d'autres wagons; dans le cas, au contraire, où la moitié accordée se trouverait dépassée, le droit à cette compensation ne pourrait plus être invoqué, et les wagons seraient soumis pour tous les jours de retard aux indemnités stipulées ci-dessus.

Fait double à Paris, le vingt-huit juillet mil huit cent soixante-deux

CONVENTION DES 5/12 JANVIER 1860

LES CONDITIONS DU SERVICE INTERNATIONAL POUR LE TRANSPORT DES VOYAGEURS ENTRE LES PROVINCES RHÉNANES, LA FRANCE ET LA SUISSE

Entre :

La Compagnie des chemins de fer Louis et Maximilien du Palatinat, représentée par M. *Albert Jaeger,* directeur desdits chemins ;

La Compagnie du chemin de fer Rhénan, représentée par M. *Mevissen,* président de la direction, M. *Oppenheim,* directeur et M. *Rennen,* directeur spécial.

La Compagnie des chemins de fer Louis de Hesse, représentée par M. *Lauteren,* président du conseil d'Administration, M. le Dr *A. Marcus,* administrateur, et M. *Kempf,* directeur ;

Et la Compagnie des chemins de fer de l'Est de la France, représentée par MM. *Baignères, Perdonnet, George* et *Baude,*

Agissant en leur qualité d'Administrateurs membres du comité de direction de ladite Compagnie ;

Il a été dit et convenu ce qui suit :

L'ouverture prochaine de la section comprise entre Bingen et Coblence, devant mettre en communication directe Cologne et Bâle par une ligne de fer continue sur la rive gauche du Rhin, les Compagnies contractantes, dans le but de faciliter le transit des voyageurs et marchandises à grande vitesse sur cette rive, ont arrêté les conventions suivantes :

ARTICLE PREMIER.

Service direct entre Cologne et Bâle.

Il sera établi un service direct à grande vitesse de Cologne à Bâle et *vice versà* pour le transport des voyageurs, des bagages et des marchandises à grande vitesse.

ART. 2.

Train direct.

A dater du deux janvier mil huit cent soixante, un train direct composé de voitures de première et de deuxième classe partira de Cologne à cinq heures vingt minutes du matin pour arriver à Bâle à six heures quarante minutes du soir.

Sa marche sera fixée comme suit :

ALLER.

		Matin.
Départ de Cologne (heure de Cologne) cinq heures vingt minutes.....	5 h.	20 m.
Bonn, six heures cinq minutes.........................	6	05
Coblence, sept heures vingt-sept minutes.................	7	27
Bingen, huit heures cinquante-cinq minutes	8	55
Mayence, neuf heures quarante-cinq minutes.............	9	45
Ludwigshafen, onze heures quarante minutes.............	11	40
		Soir.
Wissembourg (heure de Paris) une heure vingt minutes....	1	20
Strasbourg, trois heures vingt minutes.................	3	20
Arrivée à Bâle, six heures quarante minutes.....................	6	40

RETOUR.

		Matin.
Départ de Bâle (heure de Paris) six heures quarante-cinq minutes....	6 h.	45 m.
Strasbourg, dix heures cinquante minutes..................	10	50
Wissembourg, (heure de Cologne) une heure.............	1	»
Ludwigshafen, trois heures vingt minutes.................	3	20
Mayence cinq heures................................	5	»
Bingen, cinq heures cinquante minutes...	5	50
Coblence, sept heures quinze minutes....................	7	15
Bonn, huit heures quarante-cinq minutes.................	8	45
Arrivée à Cologne, neuf heures trente minutes....................	9	30

Art. 3.

Modifications à apporter pour le Service d'été.

Pour le service d'été, il sera établi un deuxième train direct dont la marche sera fixée ultérieurement.

Dans ce cas, le premier train sera composé exclusivement de voitures de première classe, et le deuxième de voitures de première et de deuxième classe.

Art. 4.

Billets directs.

Il sera délivré des billets simples valables seulement pour la durée du trajet et des billets aller et retour valables pendant cinq jours pour les points en deçà de Bâle et pendant dix jours pour cette destination.

Il sera fait usage, pour les billets simples, de cartes (système Edmonson) qui porteront les prix en monnaie française ou en monnaie allemande, selon que la gare de départ sera située en France ou en Allemagne.

Les billets aller et retour seront à coupons et donneront aux voyageurs la faculté de séjourner dans les principales villes du parcours.

Les billets simples seront distribués à Aix-la-Chapelle, Cologne, Bonn, Rolandseck, Coblence, Stolzenfels, (Capellen-Ems), Bingen, Mayence, Worms, Ludwigshafen, Spire,

Neustadt et Landau pour Strasbourg, Schlestadt, Colmar, Mulhouse et Bâle, et *vice versà*.

Les billets aller et retour seront délivrés au départ d'Aix-la-Chapelle, Cologne, Bonn, Coblence, Capellen, Stolzenfels, Rolandseck pour Ludwisgshafen, Wissembourg, Strasbourg, Colmar, Mulhouse et Bâle, et éventuellement au delà de Bâle pour Zurich, Lucerne, Berne, Thun, Genève et Coire. Il pourra être délivré, pendant la saison d'été, sauf entente préalable entre les diverses administrations de la rive gauche et de la rive droite du Rhin et les chemins suisses, des billets circulaires valables sur les deux rives pour excursions en Suisse.

Art. 5.

Enfants.

Les enfants au-dessous de trois ans seront transportés gratuitement à la condition de rester assis sur les genoux des personnes qui les accompagneront.

Les enfants de trois à sept ans payeront moitié des prix portés au tarif des billets simples et auront droit d'occuper une place distincte ; toutefois, dans un même compartiment, deux enfants ne pourront occuper que la place d'un voyageur.

Au dessus de sept ans, les enfants payeront place entière.

Art. 6.

Admission des chemins de fer en correspondance avec les lignes des Compagnies contractantes au bénéfice du train direct.

Les compagnies contractantes sont, dès à présent, d'accord sur l'accueil favorable qu'elles donneront aux ouvertures qui pourront leur être faites par les chemins Belges, Hollandais, Anglais et les autres chemins en correspondance avec leurs lignes pour l'admission des gares de ces chemins au bénéfice du train direct.

Art. 7.

Tarifs.

Les prix pour les billets directs simples seront le résultat de l'addition totale des prix partiels de chaque compagnie.

Les billets aller et retour subiront les réductions suivantes sur les prix des trains express.

A. Les billets aller et retour délivrés pour Ludwigshafen, Wissembourg, Strasbourg, Colmar, Mulhouse :

> Vingt pour cent sur le parcours de Cologne à Mayence ;
> Quinze pour cent sur le parcours de Mayence à Ludwigshafen ;
> Dix pour cent entre Ludwigshafen et Bâle.

B. Billets aller et retour délivrés pour Bâle :
> Vingt-cinq pour cent sur le parcours de Cologne à Mayence ;
> Vingt pour cent sur le parcours de Mayence à Bâle.

17

Art. 8.

Bagages.

Il sera accordé 30 kilogrammes de bagages franco sur tout le parcours pour les voyageurs munis de billets directs, billets aller et retour ou billets circulaires, et 20 kilogrammes pour les enfants porteurs de billets de demi-place.

La gratuité de 30 kilogrammes n'existant pas sur les parcours allemands pour les billets aller et retour, la taxe de ces 30 kilogrammes franco sera cousue au prix des billets en ce qui concerne les parcours allemands.

Art. 9.

Marchandises à grande vitesse.

Le transport des marchandises à grande vitesse s'effectuera entre tous les points d'arrêt du train direct.

Art. 10.

Composition des trains.

Le service direct se fera à l'aide de deux trains composés, l'un de tout matériel allemand, l'autre de tout matériel français, à l'exception d'une voiture de seconde classe des chemins allemands qui y sera ajoutée.

Chacun de ces trains sera desservi par trois agents :

Un chef de train,

Deux garde-freins.

L'agent chargé du service des bagages et des marchandises desservira le train da tout son parcours.

Les garde-freins s'arrêteront à Wissembourg et seront remplacés par les agents de Compagnies contractantes suivant le sens de la marche.

Art. 11.

Opérations de Douane.

La Compagnie de l'Est fera tous ses efforts auprès de l'administration des Douanes françaises pour obtenir le plombage des wagons, bagages et messageries à la frontière, afin d'éviter toute visite à Wissembourg et à Saint-Louis.

Art. 12.

Répartition des dépenses. — Décompte du matériel.

L'indemnité pour le parcours du matériel sera réglée sur la base de quatorze kreutzers (4 sgr., ou cinquante centimes) par mille allemand (7,408 mètres) et par voiture, étant entendu que la composition des trains sera réglée de façon à ce que les Compagnies contractantes n'aient à se payer que des indemnités de parcours réciproque très-faibles.

Traitement des agents.

Le traitement des agents des trains sera payé par moitié par la Compagnie du chemin de fer Rhénan et la Compagnie des chemins de fer de l'Est.

Les chemins de la Hesse et du Palatinat rembourseront leur part de ces frais, proportionnellement à l'étendue du parcours sur leur territoire.

Frais d'impression et de publication.

La Compagnie de l'Est sera chargée de la confection des affiches et billets.

Les frais d'impression et de publication seront payés par chaque Compagnie au prorata des kilomètres parcourus.

Art. 13.

Règlement des comptes entre les Compagnies contractantes.

Les règlements et décomptes tant pour les recettes que pour les dépenses, s'établiront mensuellement entre la Compagnie des chemins de fer de l'Est et la Compagnie du Palatinat, qui se chargera de la répartition entre les autres Compagnies allemandes.

Un règlement particulier déterminera le mode à suivre en ce qui concerne les détails de la comptabilité.

Art. 14.

Réunion des représentants des chemins de fer.

Les représentants des chemins de fer se réuniront tous les trois mois dans une des villes situées sur les lignes des Compagnies contractantes pour délibérer sur les modifications qu'il y aurait lieu d'apporter à la marche des trains et aux divers détails du service. Une réunion extraordinaire pourra toujours être provoquée par celui des chemins de fer qui croira avoir à faire une communication de nature à intéresser les Administrations contractantes.

Art. 15.

Durée de la convention.

La présente convention est faite pour trois, six ou neuf ans. Elle pourra être dénoncée six mois à l'avance par l'une quelconque des Administrations contractantes. Son commencement d'exécution est fixé au quinze mars 1860.

Art. 16.

Contestations.

Les contestations qui pourraient surgir entre les parties contractantes seront déférées au jugement de deux arbitres qui statueront en dernier ressort à titre d'amiables compositeurs sans appel ni recours.

En cas de désaccord entre eux, les deux arbitres s'adjoindront un tiers arbitre ; s'ils ne pouvaient s'entendre sur le choix de ce tiers, celui-ci serait désigné par une juridiction compétente.

Art. 17.

Élection de domicile.

Pour l'exécution des présentes, chaque chemin de fer fait élection de domicile au siége de son Administration, savoir :

La Compagnie du chemin de fer Rhénan, à Cologne.

La Compagnie des chemins de fer Louis de Hesse, à Mayence.

La Compagnie des chemins de fer Louis et Maximilien du Palatinat, à Ludwigshafen.

Et la Compagnie des chemins de fer de l'Est, à Paris, rue et place de Strasbourg.

Art. 18.

Approbation.

Les parties contractantes déclarent réserver les approbations ci-après :

La Compagnie du chemin de fer Rhénan, celle de son Conseil d'Administration ;

La Compagnie des chemins de fer de Hesse, celle du gouvernement de la Hesse ;

La Compagnie des chemins de fer Louis et Maximilien du Palatinat, celle du gouvernement de Bavière ;

La Compagnie des chemins de fer de l'Est, celle du gouvernement français.

Fait quadruple entre les parties à Ludwigshafen, le cinq janvier, à Cologne le six janvier, à Mayence le sept janvier et à Paris, le douze janvier mil huit cent soixante.

RÈGLEMENT DE COMPTABILITÉ

ANNEXÉ

A LA CONVENTION ÉTABLISSANT UN SERVICE DIRECT ENTRE COLOGNE ET BALE, POUR LE TRANSPORT DES VOYAGEURS, BAGAGES ET MARCHANDISES A GRANDE VITESSE

VOYAGEURS.

Les cartes (système Edmondson) dont il sera fait usage pour les billets simples, seront conformes aux spécimens ci-après :

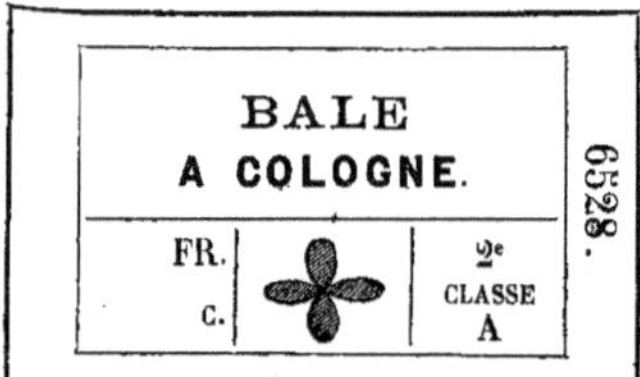

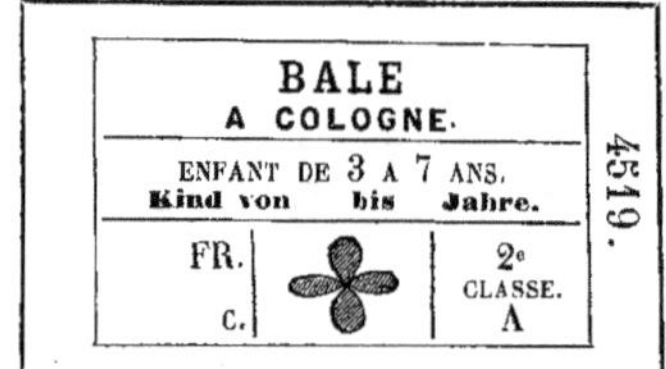

Les couleurs adoptées tant pour les billets simples que pour les billets aller et retour, sont le bleu pour la première classe et le blanc pour la deuxième.

Les billets d'enfants sont de même couleur avec une bande longitudinale de couleur différente.

BAGAGES ET MARCHANDISES A GRANDE VITESSE.

Les bagages et marchandises à grande vitesse seront enregistrés et taxés directement jusqu'à destination par la gare de départ.

Les imprimés employés à cet effet seront ceux en usage dans les gares de la compagnie expéditrice, pour les transports internationaux.

Il est rappelé que les marchandises expédiées contre remboursement sont exclues du service international par Wissembourg.

Relevés à adresser à la Compagnie du Palatinat.

Les Compagnies des chemins de fer Rhénan, de la Hesse et de l'Est adresseront à la Compagnie du Palatinat :

1° Dans le délai de cinq jours, un inventaire journalier des feuilles de route des marchandises à grande vitesse parties des gares de leurs lignes respectives.

2° Le quinze de chaque mois, un relevé général de leurs expéditions pendant le mois précédent, en voyageurs, bagages et marchandises. Ce relevé fera ressortir les parts revenant aux autres Administrations.

Vu et accepté pour être annexé en double à notre traité en date de ces jours cinq, six, sept et douze janvier mil huit cent soixante.

CONVENTION DU 31 JANVIER 1862

POUR

L'ÉTABLISSEMENT D'UNE AGENCE EN DOUANE, COMMUNE AUX DEUX COMPAGNIES, A WISSEMBOURG ET A SCHAIDT.

ENTRE :

La Compagnie du chemin de fer de l'Est, dont le siége social est établi à Paris, rue et place de Strasbourg, représentée par M. JACQMIN, Directeur de l'exploitation, d'une part;

Et la Compagnie du chemin de fer du Palatinat, représentée par M. JAEGER, Directeur, d'autre part ;

Il a été entendu qu'en vue d'offrir au commerce la promptitude, la simplification et l'économie désirables pour les transports par Wissembourg, elles y établiront, dans la station, une agence en douane pour les marchandises qui lui seraient confiées pour l'Allemagne par cette voie.

ARTICLE PREMIER.

Personnel. — Devoirs de l'Agence commune.

L'agence commune devra remplir toutes les formalités de douane du service des marchandises en grande et en petite vitesse, ainsi que des bagages de voyageurs en transit direct, tant à Schaidt qn'à Wissembourg.

ART. 2.

Personnel. — Connaissance des deux langues et des formalités aux deux douanes.

La Compagnie de l'Est prendra à sa charge le traitement du personnel de bureau de l'agence en douane, sauf la quote-part bavaroise indiquée plus loin (article 8). Le commis adjoint à l'agent commun devra, comme celui-ci, parler et écrire convenablement l'allemand, et être au courant des formalités de douane bavaroise.

ART. 3.

Personnel. — Observation des règlements de douane et des chemins de fer. — Droit de contrôle du Palatinat.

L'agence commune devra se soumettre à tous les règlements et prescriptions de la douane bavaroise, ainsi qu'à tous les règlements et tarifs des chemins de fer; elle se conformera, dans son service personnel, aux instructions du chef de gare de Schaidt, et de l'employé supérieur du service bavarois à Wissembourg.

La Direction du Palatinat se réserve un contrôle absolu sur toutes les opérations de l'agence commune et aura toujours le droit de vérifier les registres et la correspondance relatifs aux formalités de douane.

Art. 4.

Agent en douane commun. — sa responsabilité.

L'agent en douane sera soumis à la responsabilité de tous les dommages qui pourraient résulter de son fait ou de celui de ses auxiliaires pour le déballage ou le réemballage des marchandises ou bagages.

Art. 5.

L'agent en douane supportera également les conséquences des déclarations irrégulières ou fausses, qu'elles aient été faites par lui-même ou par ses auxiliaires. Par suite, il devra payer toutes les amendes prononcées par la douane bavaroise, en raison de ses fautes.

EXCEPTION :

Cette responsabilité ne s'étendra, en aucun cas, aux amendes qui seront le résultat de fausses déclarations primitives des envoyeurs ou des autres parties cédantes ; dans ce dernier cas, la Direction du chemin Bavarois exercera son recours contre qui de droit.

Art. 6.

Agent commun. — Cautionnement à part pour le Palatinat.

L'agent commun devra déposer à la caisse principale de la Direction du Palatinat une somme de 500 florins en espèces, à titre de cautionnement spécial au chemin Bavarois pour ses engagements et sa gestion en général. Cette somme lui produira un intérêt de quatre pour cent (4 %) l'an.

Art. 7.

Assistance dans les Gares.

Il est expressément convenu que les employés et ouvriers des deux chemins de fer prêteront à l'agent commun, dans le cours de ses opérations à Schaidt et à Wissembourg, toute assistance compatible avec les besoins du service.

Art. 8.

Dépenses. — Gare de Wissembourg. — Quote-part bavaroise. — Locaux de l'Agence.

La Direction des chemins de fer du Palatinat contribue aux frais de l'agence commune par les conditions fixes dont le détail suit :

QUOTE-PART BAVAROISE PAR ANNÉE :

1° Personnel (1 agent, 1 employé). . . . . 1,800 francs.
2° Chauffage des bureaux, 2 foyers, 200 fr. : moitié, ci. .   100   —
3° Éclairage des bureaux, 2 becs de gaz, et huile aux lan-
ternes, 200 fr. : moitié, ci.   100   —
                                                     ____
                                                     2,000 francs.

Soit, par douzième mensuel, 166 fr. 67 c. Moyennant cette somme, la Compagnie de l'Est sera chargée, à forfait, de pourvoir aux dépenses désignées ci-dessus.

Le local nécessaire aux bureaux de l'agence commune sera fourni et créé, au besoin, en commun par les deux Compagnies, dans le plus bref délai possible, et dans la partie de la gare affectée au service des marchandises.

La Compagnie de l'Est fournira, à sa charge, le mobilier de ces bureaux.

Les deux Compagnies fourniront à l'agence les imprimés nécessaires à leur servic respectif. Les mêmes fournitures seront faites par la Compagnie de l'Est, qui en fera u état à la Compagnie Bavaroise, pour en avoir le remboursement de la moitié de la dé pense à sa charge.

ART. 9.

Dépenses. — Station de Schaidt. — Quote-part française. — Gratuité provisoire.

Le chemin de fer du Palatinat donnera, sans frais, à l'agence commune dans ses bureaux, à Schaidt, la place nécessaire à l'agence, les fournitures et le mobilier du bureau; mais si la Compagnie Bavaroise jugeait utile de fournir, à Schaidt, un bureau à part, les derniers frais seraient partagés par moitié, comme dans la gare de Wissembourg, c'est-à-dire qu'il y aurait à la charge de l'Est, à forfait :

1° Cent francs pour chauffage par année, ci. . . . .   100 francs.
2° Cent francs pour éclairage par année, ci.   100   —
et moitié pour les mêmes fournitures de bureau, sur état fourni par le Palatinat.

ART. 10.

Recettes communes. — Perception pour formalités de douane.

En ce qui est du tarif des frais pour formalités en douane, porté aux tarifs internationaux, du 25 novembre 1861 (page 23), les deux Compagnies sont d'accord pour éviter, en principe, que la marchandise puisse être grevée deux fois de ces sortes de frais ; ainsi, pour une marchandise qui, au lieu d'acquitter les droits d'entrée à la frontière, sera dirigée sur une autre douane, on la dispensera de toute taxe de cette nature à Wissembourg ou à Schaidt, et elle restera chargée seulement des débours réels, tels que plombage partiel des colis, timbre d'acquit-à-caution, toile d'emballage, etc. (Le plombage des wagons reste à la charge des deux Compagnies.)

Le montant des taxes perçues pour formalités sera au profit des deux Compagnies, déduction faite des dépenses suivantes :

1° Des frais de plombage et des timbres pour les wagons (régime international);

2° De toutes les dépenses autres que celles réglées plus haut pour le personnel et les bureaux de l'agence ;

3° Du salaire des emballeurs, des ouvriers chargeurs et autres attachés à l'agence en douane de Wissembourg et à Schaidt. (Réciproquement les deux Compagnies se signaleront *nominativement* le personnel de cette espèce, employé dans lesdites stations.)

Art 11.

Droit de faire cesser la convention.

Le présent accord pourra toujours cesser par un avertissement, trois mois à l'avance, de l'une ou de l'autre Compagnie. L'application en aura lieu au plus tard le février prochain (mil huit cent soixante-deux), jour auquel l'agent commun aura commencé son service.

La Compagnie de l'Est fera connaître, par une lettre spéciale, l'agent qu'elle propose à l'acceptation de la Compagnie du Palatinat, ainsi que l'agent spécial qui sera détaché à Schaidt.

Art. 12.

Instructions préalables à imposer à l'agent.

Préalablement à la nomination de l'agent commun, il lui sera remis, en double original, un recueil d'instructions spéciales à son service, et, après les avoir signées, l'un d'eux sera rendu à l'Administration bavaroise.

Ces instructions serviront de règle à observer par l'agent en douane.

Art. 13.

Cas du transfert de la douane bavaroise à Wissembourg.

Dans le cas probable où les opérations de la douane, à Schaidt, seraient transférées à Wissembourg, le présent traité continuera d'être appliqué dans toutes ses dispositions susexprimées.

Art. 14.

Cas de contestation entre les deux Compagnies.

En cas de contestation non résolue entre elles, les deux Compagnies nommeront chacune un arbitre, et si ceux-ci ne s'accordent pas, le départage se fera par le sort.

Fait double à Ludwigshafen, le 31 janvier 1862.

Pour la Compagnie des chemins de fer du Palatinat,

Signé : JAEGER,

Directeur.

Pour la Compagnie des chemins de fer de l'Est,

Le Directeur de l'exploitation :

Signé : JACQMIN.

Le Directeur de la Compagnie des chemins de fer de l'Est,

Signé : SAUVAGE.

Annexe à la Convention du 31 janvier 1862.

INSTRUCTIONS

A l'usage de l'Agent en douane à Wissembourg et à Schaidt, en ce qui concerne les chemins de fer du Palatinat.

L'agent en douane devra remplir, à Schaidt, au nom et pour le compte de la Direction des chemins de fer du Palatinat, vis-à-vis de laquelle il sera responsable de la régularité de ses opérations, les formalités en douane.

(a) *Sur les bagages des voyageurs.*
(b) *Sur les marchandises venant de France et Bavière ou sortant du Zollverein allemand.*

A cet effet, la direction des chemins de fer du Palatinat a conclu avec la Compagnie de l'Est un traité spécial dont les présentes instructions forment une partie intégrante, et qui contient dans leur généralité les obligations et les services incombant audit agent.

Art. 2.

L'agent est, à cet effet, accrédité, dans la forme voulue, auprès du bureau succursale bavarois n° 1, à Schaidt, comme étant l'agent spécial de la Direction des chemins de fer du Palatinat.

Art. 3.

L'agent est chargé non-seulement de remplir les formalités en douane sur toutes les marchandises qui arrivent par chemin de fer à Schaidt en petite ou en grande vitesse, mais encore d'accomplir les formalités prescrites par les règlements sur les bagages qui ne sont pas présentés à l'Administration des douanes par les voyageurs eux-mêmes, et qui sont destinés à être réexpédiés en douane.

Il devra, en outre, remplir les formalités en douane contre payement des droits prévus dans les tarifs publiés sur les bagages qui ne sont pas destinés à être réexpédiés en douane, mais qui, soumis à la douane, ont été retenus à la frontière à raison de la plus grande longueur de temps exigée par les formalités, et de les réexpédier, sans délai, à leurs propriétaires, en faisant suivre ses débours pour droits avancés.

Art. 4.

A l'arrivée des marchandises à la station frontière de Schaidt, il devra principalement en faire ou faire faire la révision avec les agents du bureau de douane bavarois, que les marchandises soient en vrac, en panier ou par wagons complets. Il devra, sur la réquisition des agents de la douane, décharger et soumettre les marchandises à la vérification des agents, peser, déballer les colis qui lui seront désignés, les réemballer et recharger dans les wagons, et enfin les réexpédier.

L'agent devra, en conséquence, assister ou se faire remplacer par des agents capables, à l'arrivée et au départ de tous les trains à Schaidt.

Il devra se procurer, à cet effet, et pour les besoins de ce service, un ou deux commis, qu'il payera, afin que lui ou un de ses commis soit toujours prêt, à Wissembourg ou à Schaidt, à s'acquitter du service des fonctions qui lui sont confiées.

L'agent, et ses aides agréés par nous, auront droit à la circulation gratuite dans les voitures de 2e classe, dans tous les trains qui circulent entre Wissembourg et Schaidt.

Art. 5.

La Direction du chemin de fer du Palatinat mettra à la disposition de l'agent et de ses suppléants un nombre d'ouvriers à déterminer selon les besoins, pour les aider dans les opérations de chargement, de déchargement, de pesage, de déballage et de réemballage, prévues par l'article 4, sauf à être indemnisée, comme il est prévu dans sa convention avec la Compagnie de l'Est.

Ces ouvriers pourront être proposés par l'agent et, dans ce cas, la Direction prendra autant que possible ses propositions en considération, et payera elle-même leurs salaires comme ouvriers du chemin de fer.

En revanche, tous les dégâts et avaries qui se produiront dans la manutention des marchandises seront à la charge de l'agent, lors même qu'ils auraient été causés par le fait ou par la faute desdits ouvriers.

Art. 6.

La responsabilité personnelle de l'agent vis-à-vis de la Direction pour les faits de son service s'étend aux employés et aux ouvriers qu'il emploie.

Aussi les amendes réglementaires de la douane pour cause de traduction inexacte, de déclaration fausse ou irrégulière, ou de contravention aux prescriptions de la douane, qui seront prononcées par l'Administration des douanes, ne frapperont-elles que lui seul. L'agent en douane n'assumera pas toutefois la responsabilité et les pénalités résultant d'irrégularité ou de fraude dans les déclarations primitives, qui auront été prises pour base de ses propres déclarations incriminées.

Dans ces cas, la Direction aura à s'en prendre aux expéditeurs primitifs.

Art. 7.

L'agent est tenu de fournir une caution de 500 florins.

Pour les cas où cette somme serait jugée n'être plus en rapport avec l'importance du trafic, il demeure réservé à la Direction d'élever le cautionnement dans une juste proportion.

Le cautionnement pourra être fourni en valeurs ou en espèces: dans ce dernier cas, la Direction payera un intérêt de 4 °/₀.

Art. 8.

L'agent devra traduire en allemand les lettres de voiture, déclarations et autres papiers accompagnant la marchandise, qui sont en français, et établir des lettres de voiture allemandes, d'après celles françaises.

Dans la traduction, il devra donner aux marchandises la dénomination exacte conforme aux tarifs de la douane allemande.

Art. 9.

En cas de besoin, et à toute demande, les pièces accompagnant les marchandises d'un pays dans un autre devront être expédiées en double.

L'agent devra tenir un livre où il portera toutes les marchandises qui passeront à Schaidt dans chaque sens, en indiquant l'arrivée, le départ, la marque, le numéro, le poids, les papiers y relatifs, le nom de l'expéditeur, celui du destinataire, en mentionnant si leur transport a eu lieu en petite ou en grande vitesse, afin de pouvoir se prévaloir de ce registre en cas de réclamations.

Art. 10.

Il devra faire particulièrement les déclarations allemandes d'entrée et de sortie, à l'égard des marchandises qui ne circulent pas dans le trafic libre, et dont le droit de sortie n'est pas encore payé.

Art. 11.

Pour les marchandises entrant dans le Zollverein qui ne sont pas dans des wagons plombés, qui sont réexpédiées accompagnées d'acquits-à-caution, ou qui sont dirigées vers le Palatinat sur des points où il n'existe point de bureau de douane, et devant par conséquent payer les droits d'entrée, il devra faire les justifications nécessaires et payer tous les droits, tant à la douane française qu'au bureau du Zollverein.

L'agent en douane sera chargé, en général, de régler et de balancer tous les comptes avec le bureau de douane bavarois, soit en payant les droits, soit en réexpédiant la marchandise en douane.

Art. 12.

A Schaidt, l'agent aura à remplir les fonctions ci-après :

1° Effectuer le transit international des bagages des voyageurs qui ne font pas remplir les formalités de douane à Schaidt, et qui demandent que leurs bagages soient réexpédiés, sous plomb de douane, à d'autres bureaux du Zollverein ;

2° Remplir les formalités de douane sur les marchandises grande vitesse, et les réexpédier en service international ;

3° Enfin, préparer, en cas de besoin, des bulletins d'expédition quand les dénominations du tarif international ne sont pas les mêmes que celles des tarifs de douane allemande.

Art. 13.

L'agent devra donner tous les renseignements qui lui seront demandés et répondre à toutes les réclamations formées à raison de ses opérations, soit par les expéditeurs et destinataires, soit par les stations, par les agents et les Directions des chemins de fer du Palatinat et Louis de Hesse; il devra contribuer au règlement de ces réclamations de toutes ses forces.

Art. 14.

L'agent devra conserver pendant cinq années, et les classer par ordre d'arrivée, toutes les lettres de voiture originales, les réclamations et tous les autres papiers relatifs aux marchandises qu'il aura traduits, et qu'il n'aura pas fait suivre avec la marchandise en même temps que ses traductions.

Art. 15.

Il devra, enfin, conserver copie de sa correspondance de service pendant cinq ans.

Art. 16.

Les présentes instructions seront maintenues pour la gare de Wissembourg, dans le cas où la douane de Schaidt y serait transférée.

Ludwigshafen, le 2 février 1862.

Le Directeur des chemins du Palatinat,

Signé : Jaeger.

Acceptation de l'agent en douane.

Lors de mon admission par la Direction des chemins de fer du Palatinat, une double expédition des instructions qui précèdent m'a été remise pour ma gouverne : je m'oblige à m'y conformer. J'ai conservé un des deux exemplaires et j'ai retourné l'autre, revêtu de ma signature, à la Direction des chemins de fer du Palatinat.

Wissembourg, le 27 janvier 1862.

L'Agent en douane commun aux deux Compagnies de l'Est et du Palatinat,

Signé : Lehmann.

CONVENTION DU 5 JANVIER 1866

RÉGLANT LES CONDITIONS DU SERVICE DIRECT ENTRE BALE ET COLOGNE.

Entre :

La Compagnie des chemins de fer Louis et Maximilien du Palatinat, représéntée par son directeur M. Jæger, conseiller de régence ;

La Compagnie du chemin de fer Rhénan, représentée par M. Rennen, directeur spécial ;

La Compagnie des chemins de fer Louis de Hesse, représentée par M. Clément Lauteren, président du Conseil d'Administration ;

Et la Compagnie des chemins de fer de l'Est de France, représentée par M. Clément Sauvage, directeur de la Compagnie, agissant en sa qualité de directeur ;

Il a été exposé ce qui suit :

Il a été conclu entre les Administrations ci-dessus désignées aux dates des 5-12 janvier 1860, et en vue de l'ouverture de la section comprise entre Bingen et Coblence, un traité ayant pour but d'assurer et de développer les relations internationales par la ligne de fer continue que présente la rive gauche du Rhin, entre Cologne et Bâle et de faciliter le transit des voyageurs, bagages et marchandises à grande vitesse par cet itinéraire.

Ce traité et ses annexes ont, par la force des choses, subi des altérations successives et importantes qui rendent nécessaires des dispositions nouvelles ; le traité des 5-12 janvier et ses annexes sont donc et demeurent annulés et sont remplacés par les stipulations ci-après :

ARTICLE PREMIER.

Service direct entre Cologne et Bâle. — Trains directs.

Les Administrations contractantes prennent l'engagement de maintenir pendant toute l'année, dans les meilleures conditions possibles, un service direct à grande vitesse de Cologne à Bâle et *vice versâ*, pour le transport des voyageurs, des bagages et des marchandises à grand vitesse.

Indépendamment des trains directs circulant sur ce parcours dans les conditions actuellement en vigueur, les Administrations contractantes s'efforceront d'établir la meilleure correspondance possible aux divers points de jonction entre leurs trains de grand parcours, et de donner aux voyageurs toutes les facilités désirables.

Elles se communiqueront, à cet effet, en temps utile, à chaque changement de service, leurs projets de marche de trains et se prêteront à toutes les combinaisons de nature à améliorer les relations internationales par la rive gauche du Rhin.

Art. 2.

Billets directs.

Les billets simples et aller et retour déterminés par les divers arrangements intervenus jusqu'à ce jour, sont maintenus tels qu'ils figurent au livret international *via* Wissembourg établi par la Compagnie de l'Est français à la date du 25 mars 1865.

Les parties intéressées promettent leur concours à toutes les mesures de nature à excercer sur la circulation une influence favorable et sont d'accord, dès à présent, pour accueillir favorablement les ouvertures qui pourraient être faites par les chemins Belges, Hollandais, Anglais et Suisses ainsi que par les autres chemins en correspondance avec leurs lignes pour l'admission de leurs gares dans le service direct par la rive gauche du Rhin.

Art. 3.

Composition des trains.

Les Administrations contractantes admettent en principe la nécessité d'assurer aux voyageurs circulant par leurs trains directs le parcours sans transbordement de Cologne à Bâle.

Les dispositions concertées à cet effet par les précédents arrangements ayant, toutefois, soulevées des objections sérieuses dans la pratique, les parties intéressées se mettent d'accord sur les mesures ci-après :

En hiver, une voiture effectuera tous les jours le parcours entier au train direct circulant entre Cologne et Bâle et *vice versâ;* la voiture sera réservée aux voyageurs de grand parcours et désignée par une inscription spéciale.

La voiture sera fournie pendant un mois par les Administrations allemandes et pendant un mois par la Compagnie de l'Est et ainsi de suite, de façon à équilibrer les parcours. La Compagnie de l'Est emploiera, à ce service, ses voitures du type le meilleur.

Pendant le service d'été, du 1er juin au 1er novembre, ou même pendant le reste de l'année, si les besoins du service direct l'exigent, cette voiture sera remplacée par une ou plusieurs voitures de première classe, s'il est nécessaire.

Tout en ne faisant pas dépasser à ses chefs de train et gardes-freins les points extrêmes de son réseau, chacune des Administrations contractantes prendra toutes les mesures nécessaires pour qu'au moins l'un des agents chargés de desservir lesdits trains, connaisse les langues allemande et française et puisse donner aux voyageurs tous les renseignements qui leur seraient nécessaires sur l'itinéraire de la rive gauche du Rhin et ses correspondances.

Art. 4.

Opérations de Douane.

La Compagnie de l'Est ayant, par ses démarches auprès de l'administration des douanes françaises, obtenu le plombage à la frontière des wagons contenant les bagages et la messagerie, toute visite se trouvera supprimée à Wissembourg et Saint-Louis, sauf pour les menus objets que les voyageurs directs conserveraient dans les voitures.

Art. 5.

Décompte du matériel.

L'indemnité pour le parcours du matériel sera réglée sur la base de quatorze kreutzer (quatre silbergros, ou cinquante centimes) par mille allemand (7,408 mètres) et par voiture, étant entendu que les parcours des voitures et wagons seront réglés de façon à se compenser en nature.

Ce mode de compensation en nature s'appliquera également aux comptes de parcours restant à régulariser pour la période antérieure à la mise en vigueur de la présente convention.

Art. 6.

Frais d'impression et de publication.

Chacune des Administrations contractantes sera chargée de la confection de ses affiches et billets. Au cas où l'une des Directions serait chargée d'une publication ou impression intéressant toutes les Administrations contractantes, chacune d'elles lui remboursera sa part de dépenses au *prorata* des kilomètres parcourus.

Art. 7.

Règlements de compte.

Les règlements et décomptes tant pour les recettes que pour les dépenses s'établiront mensuellement entre la Compagnie des chemins de fer de l'Est et la Compagnie du Palatinat qui se chargera de la répartition entre les autres Compagnies allemandes.

Le règlement particulier en vigueur détermine le mode à suivre en ce qui concerne les détails de la comptabilité. Toutefois, les règlements pour le parcours réciproque des wagons et pour le décompte des billets de voyageurs seront, comme par le passé, laissés aux soins du bureau central de décompte de l'Union rhénane, à Mayence.

Art. 8.

Réunion des représentants des chemins de fer.

Les représentants des chemins de fer se réuniront tous les six mois dans une des villes situées sur les lignes des Compagnies contractantes pour délibérer sur les modifications qu'il y aurait lieu d'apporter à la marche des trains et aux divers détails du service. Une réunion extraordinaire pourra toujours être provoquée par celui des chemins de fer qui croira avoir à faire une communication de nature à intéresser les Administrations contractantes.

Art. 9.

Durée de la convention.

La présente convention est faite pour un an à partir du 1er janvier 1866.

Elle se continuera d'année en année, si elle n'a pas été dénoncée par l'une quelconque des Administrations contractantes.

ART. 10.

Contestations.

Les contestations qui pourraient surgir entre les parties contractantes seront déférées au jugement de deux arbitres qui statueront en dernier ressort, à titres d'amiables compositeurs, sans appel ni recours.

En cas de désaccord entre eux, les deux arbitres s'adjoindront un tiers arbitre ; s'ils ne pouvaient s'entendre sur le choix de ce tiers, celui-ci serait désigné par une juridiction compétente.

ART. 11.

Élection de domicile.

Pour l'exécution des présentes, chaque chemin de fer fait élection de domicile au siége de son Administration, savoir :

La Compagnie du chemin de fer Rhénan, à Cologne ;
La Compagnie des chemins de fer Louis de Hesse, à Mayence ;
La Compagnie des chemins de fer Louis et Maximilien du Palatinat, à Ludwigshafen ;
Et la Compagnie des chemins de fer de l'Est, à Paris, rue et place de Strasbourg.

ART. 12.

Approbation.

Les parties contractantes déclarent réserver les approbations ci-après :
La Compagnie du chemin de fer Rhénan, celle de son Conseil d'Administration ;
La Compagnie du chemin de fer Louis de Hesse, celle de son Conseil d'Administration ;
La Compagnie des chemins de fer Louis et Maximilien du Palatinat, celle de son Conseil d'Administration ;
La Compagnie des chemins de fer de l'Est, celle du gouvernement français.

Fait quadruple entre les parties à Cologne, le cinq janvier mil huit cent soixante-six.

Approuvé :   Approuvé :

C. Sauvage.   Jaeger.

Approuvé :   Approuvé :

Rennen.   Clément Lauteren.

Approuvé par le Conseil d'Administration des chemins de fer de l'Est, dans sa séance du 22 février 1866.

III

VIA FORBACH

CONVENTIONS

avec la Direction royale

DU CHEMIN DE FER PRUSSIEN, A SARREBRUCK

CONVENTION DU 25 OCTOBRE 1852

RÉGLANT

LES CONDITIONS D'EXPLOITATION DU CHEMIN DE FER FRANÇAIS ENTRE LA FRONTIÈRE PRUSSIENNE ET FORBACH

Entre les soussignés :

M. Hoener, Directeur du chemin de fer de Sarrebrück, délégué par M. le ministre du commerce et des travaux publics de Prusse, dont l'approbation de cette convention est réservée,

D'une part ;

Et M. Dubochet, Administrateur du chemin de fer de Paris à Strasbourg, délégué par la Compagnie du chemin de fer,

D'autre part,

A été convenu ce qui suit :

ARTICLE PREMIER.

La partie du chemin de fer français comprise entre la frontière prussienne et la gare de Forbach, sur une longueur de 4,200 mètres (1,100 verges de Prusse), sera exploitée par l'Administration du chemin de fer prussien.

ART. 2.

La Compagnie du chemin de fer de Paris à Strasbourg terminera à ses frais cette section, y compris la voie et ses dépendances, les clôtures, les barrières et maisons de gardes, les bâtiments et appareils de la gare de Forbach.

L'Administration prussienne n'aura à fournir à ses frais que le matériel roulant et les outils nécessaires à l'exploitation.

ART. 3.

Les machines locomotives, voitures et wagons fournis par l'Administration prussienne, tant pour le service des voyageurs que pour celui des marchandises, satisferont à toutes les conditions prescrites en France pour la sûreté de l'exploitation des chemins de fer.

ART. 4.

Le transport des wagons à marchandises français à destination de l'Allemagne sera opéré au delà de la gare de Forbach jusqu'à la frontière prusso-bavaroise, ou jusqu'aux stations du chemin de fer prussien, par les soins et au moyen des locomotives de l'Administration prussienne.

De son côté, la Compagnie française opérera, avec ses locomotives, le transport des wagons qui lui seront remis par l'Administration prussienne, à la gare de Forbach, depuis cette gare jusqu'aux diverses stations du chemin de fer de Paris à Strasbourg et de ses embranchements.

Les trains composés de wagons bavarois et conduits par le personnel bavarois qui circuleront sur le chemin de fer prussien pourront circuler sur le chemin français jusqu'à la gare de Forbach aux mêmes conditions que les trains prussiens.

Art. 5.

Les conditions de ce parcours international seront réglées ultérieurement par une convention spéciale, laquelle, autant que les circonstances le permettront, reproduira les dispositions du traité pour l'exploitation du chemin de fer belge rhénan.

Néanmoins, il demeure entendu que, de part et d'autre, il sera payé, par wagon à quatre roues chargé, et par kilomètre parcouru, une redevance de 0 fr. 04 (deux silbergros et demi par mille prussien de 2,000 verges).

Art. 6.

Le transport des houilles et cokes destinés à la ligne française sera effectué depuis les houillères jusqu'à la gare de Forbach sur les wagons de la Compagnie par les soins et à l'aide des machines locomotives de l'Administration prussienne.

La redevance payée par l'Administration prussienne pour l'usage des wagons de la Compagnie sera réglée ainsi qu'il est dit à l'article précédent.

Art. 7.

L'Administration prussienne entretiendra à ses frais la partie du chemin de fer dont l'exploitation lui est confiée, notamment toute la voie et les rails, les talus des terrassements et des coupures, les pavés et les revêtements, y compris les fossés, les ponts et les conduits, les chemins à côté, en dessus ou en dessous du chemin de fer, en tant que la Compagnie y est obligée elle-même, les barrières, les tableaux d'avertissements et de tarifs, les plantations, les treillis, la conduite télégraphique jusqu'à la station de Forbach et les bâtiments des gardes.

L'Administration entretiendra de même à ses frais les bâtiments et autres hangars pour les locomotives et les wagons, les grues d'eau, les pompes, les puits, les réservoirs, les voies avec leurs dépendances à la station de Forbach qui sont destinées à son usage exclusif ; elle participera par moitié aux frais d'entretien des voies et des appareils susmentionnés dont elle fera usage en même temps que la Compagnie du chemin de fer français.

L'entretien de tous les autres bâtiments et appareils à la station de Forbach reste à la charge de la Compagnie exclusivement.

Les réparations aux ponts et aux conduits, aux voûtes et aux murailles, aux revêtements, aux terrassements, aux travaux d'art et aux voies, motivées ou par un vice de construction ou par des fondations mauvaises, ou par des accidents inattendus qui ne proviendraient pas du défaut d'entretien, sont à la charge de la Compagnie française et pas à celle de l'Administration prussienne.

La Compagnie française fournira les traverses, rails et coussinets nécessaires à l'entretien de la voie, l'Administration prussienne en remboursera la valeur au prix coûtant.

Art. 8.

Les dispositions de l'article précédent ne commenceront à être appliquées qu'un an après la mise en exploitation de la ligne.

Pendant la première année, les dépenses d'entretien de la voie, de tous les travaux d'arts et des appareils mentionnés ci-dessus seront supportées par la Compagnie française, et l'Administration prussienne lui remboursera, à la fin de l'année seulement, une somme fixe de 3,150 francs ou 840 thalers de Prusse correspondant à 750 francs par kilomètre.

L'Administration prussienne payera, en outre, pendant cette même année, les salaires des cantonniers et gardes-barrières.

Art. 9.

Il sera dressé un inventaire de tous les ouvrages et objets remis à l'Administration prussienne. Le récollement de cet inventaire aura lieu à la fin de chaque année, et l'Administration prussienne sera tenue d'opérer immédiatement les réparations ou remplacements qui seront devenus nécessaires.

Art. 10.

En cas de diférend sur l'application des articles 7 et 9, la question sera soumise à des experts dont l'un sera nommé par l'Administration prussienne et l'autre par la Compagnie. Si ces deux experts ne parviennent pas à s'entendre, ils s'adjoindront eux-mêmes un troisième expert.

Art. 11.

Le personnel des trains et du matériel sera choisi sans contrôle par l'Administration prussienne et restera exclusivement dans sa dépendance.

Les gardes de la partie comprise entre la frontière prussienne et la gare de Forbach seront nommés et payés par l'Administration prussienne. Ils seront nécessairement choisis parmi les citoyens français agréés par la Compagnie. Ils porteront l'uniforme adopté par la Compagnie et devront en outre contribuer à la caisse de secours qui sera créée pour le personnel du chemin de fer français. Le personnel de la gare de Forbach sera nommé par la Compagnie française et soumis exclusivement à sa direction. L'Administration prussienne interviendra dans les frais du personnel pour moitié du traitement du receveur, et moitié des salaires des hommes employés à la composition et décomposition des trains.

Art. 12.

La Compagnie du chemin de fer français aura le droit de faire surveiller par ses agents l'exploitation et l'entretien de la section confiée à l'Administration prussienne. Ces agents ne donneront pas d'ordres sur la ligne et n'auront de relations qu'avec l'Administration générale prussienne ou ses employés supérieurs.

L'Administration prussienne s'engage à congédier immédiatement, sur la demande de la Compagnie, tout agent employé sur cette même section et qui aurait commis des actes entraînant, d'après les règlements français, l'exclusion du service.

Art. 13.

L'Administration prussienne et la Compagnie française se concerteront pour adopter en commun un règlement sur l'exploitation embrassant le mouvement et la vitesse des trains, les signaux, le transport des correspondances de service, les permis de circulation, etc.

Les questions relatives au transport des dépêches et aux communications télégraphiques seront l'objet d'un règlement officiel concerté directement entre les deux gouvernements.

Art. 14.

L'Administration prussienne appliquera ses propres tarifs sur la section du chemin de fer français qu'elle est chargée d'exploiter.

Pour le transport des houilles et cokes depuis la frontière prussienne jusqu'à la gare de Forbach, l'Administration prussienne se conformera aux tarifs appliqués par la Compagnie française entre les gares de Forbach et de Saint-Avold. Il est entendu que, pendant la durée de la présente convention, les tarifs de la Compagnie française pour le transport des houilles et cokes ne seront pas élevés au-dessus du maximum fixé par son cahier des charges.

Art. 15.

Toutes les commandes de houille et de coke devront être adressées soit directement par les consommateurs ou leurs fondés de pouvoirs, soit par l'entremise de la Compagnie, à la direction centrale des mines à Sarrebrück.

A la fin de chaque mois, cette Direction remettra à la Compagnie un tableau des commandes reçues et des quantités de houille et de coke qui pourront être livrées, pour y satisfaire dans le cours du mois suivant.

Art. 16.

La Compagnie aura le droit de placer aux différentes houillères des agents ayant mission de surveiller le chargement de la houille et du coke.

Ces agents seront aux frais de la Compagnie.

Art. 17.

L'Administration prussienne s'engage à payer à la Compagnie du chemin de fer, à titre de fermage, une redevance annuelle de 10,666 thalers 20 silbergros, soit 40,000 francs en quatre termes égaux de trois mois en trois mois

Art. 18.

La présente convention est faite pour cinq années à partir de la livraison de la section du chemin de fer à l'Administration prussienne.

Si elle n'est pas dénoncée au moins deux ans avant l'expiration de ce délai, elle sera prolongée de droit pour un nouveau délai de deux années et ainsi de suite, de telle sorte que le traité ne puisse, dans aucun cas, être résolu à moins d'un avertissement donné deux ans à l'avance.

Art. 19.

Dans le cas où le chemin de fer de Luxembourg, Trèves et Sarrebrück serait exécuté par une Compagnie privée, le gouvernement prussien se réserve le droit de se substituer cette Compagnie pour l'exécution de la présente convention.

Fait en double à Sarrebrück, le 25 octobre 1852.

Approuvé par le Conseil d'Administration de la Compagnie du chemin de fer de Paris à Strasbourg, dans une séance du 2 novembre 1852.

Approuvé par S. Exc. M. le ministre de l'agriculture, du commerce et des travaux publics, par décision en date du 17 août 1853.

RÈGLEMENT D'EXÉCUTION DANS LA GARE DE FORBACH

Entre les soussignés :

M. Hachner, Directeur du chemin de fer de Sarrebrück, délégué par M. le ministre du commerce et des travaux publics de Prusse, dont l'approbation de cette convention est réservée, d'une part ;

M. Vuigner, ingénieur en chef du service des travaux de la Compagnie du chemin de fer de Paris à Strasbourg et de ses embranchements ;

Et M. Hallopeau, chef de l'exploitation du chemin de fer de Paris à Strasbourg et de ses embranchements ;

Stipulant ensemble pour la Société anonyme du chemin de fer de Paris à Strasbourg, dont le siége est à Paris, rue et place de Strasbourg, et sous réserve de l'approbation du comité de direction de ladite Société, d'autre part ;

Il a été dit et convenu ce qui suit :

La circulation devant s'établir directement à partir du 16 novembre mil huit cent cinquante-deux, depuis la station de Forbach jusqu'à celle de Neunkirchen, conformément aux conventions établies entre le gouvernement prussien et la Compagnie du chemin de fer de Strasbourg, en date du vingt-cinq octobre mil huit cent cinquante-deux ;

Ont été adoptées les dispositions suivantes :

ARTICLE PREMIER.

La Compagnie de Paris à Strasbourg mettra à la disposition des agents du gouvernement prussien chargés de la distribution des billets et de l'enregistrement des bagages un emplacement suffisant pour ce service.

La composition et la décomposition des trains se feront par les agents de la Compagnie de Strasbourg dans la gare de Forbach, conformément à l'article 11 des conventions sus-indiquées.

ART. 2.

La surveillance du public pour l'entrée et la sortie dans les salles d'attente, l'embarquement, au départ, des voyageurs et le chargement de leurs bagages, ainsi que le débarquement des voyageurs et le déchargement de leurs bagages, à l'arrivée, se feront, jusqu'à nouvel ordre, par les agents de la Compagnie du chemin de fer de Paris à Strasbourg.

ART. 3.

Une stipulation spéciale règlera, s'il y a lieu, le mode dont s'opérera la réception et l'enregistrement des marchandises par les lignes prussiennes et bavaroises.

Art. 4.

Il est formellement convenu, dès avant l'adoption du règlement définitif dont il est question à l'article 13 des conventions entre le gouvernement prussien et la Compagnie du chemin de fer de Paris à Strasbourg :

1° Que les trains de la ligne prussienne n'aborderont la station de Forbach qu'avec une vitesse très-modérée et qui ne saurait excéder une vitesse de dix kilomètres à l'heure dans les trois cents mètres qui précèdent l'entrée de la gare ; que le régulateur des machines devra être fermé assez à l'avance avant l'entrée dans la gare de Forbach pour qu'une seconde prise de vapeur soit nécessaire pour arriver en face des bâtiments de la station ;

2° Que l'apparition d'un disque rouge dans le jour ou d'une lanterne ayant un verre rouge la nuit indiquera que l'entrée de la gare est interdite de la manière la plus absolue ;

3° Que l'apparition d'un drapeau vert le jour ou d'une lanterne verte la nuit indiquera que l'accès de la gare est possible, mais qu'il ne doit avoir lieu qu'avec une extrême lenteur ;

4° Que l'absence de tout signal le jour, ou l'apparition d'une lanterne à verre blanc la nuit, indiquera que l'accès de la gare est libre et peut avoir lieu en toute sécurité.

Art. 5.

Il sera remis aux chefs des trains prusso-bavarois un état des wagons vides destinés à aller charger aux houillères. Cet état relatera les numéros et la lettre de série des wagons remis.

Au retour, un semblable état sera remis au chef de la gare de Forbach par le chef de train prusso-bavarois.

Cet état indiquera le lieu de destination, le nom du destinataire, le poids chargé et le numéro de série de chaque wagon.

Art. 6.

Dans l'état actuel des choses, comme depuis l'origine, le chargement de la houille et du coke a lieu sur les wagons qui stationnent à cet effet sur la voie de service.

Comme il y aurait de l'inconvénient à laisser subsister longtemps cette situation, il a été demandé si les trains français pourraient aller opérer leurs chargements jusque dans les houillères dans un avenir prochain.

M. le Directeur des chemins prussiens ayant exprimé la pensée que les trains pourraient aborder deux des principales houillères vers le premier décembre, il a été convenu qu'il ne serait apporté aucune modification à l'état des voies de chargement des houilles de la gare, la gêne qui pourrait en résulter n'étant que momentanée.

M. le Directeur des chemins prussiens a en outre déclaré que pour le service d'hiver les emménagements ci-après indiqués lui étaient nécessaires dans la gare de Forbach :

1° Un bâtiment provisoire pour le chauffage des mécaniciens et des chauffeurs prussiens ;

2° Une remise provisoire en planches pour une locomotive;

3° Un bureau dans le bâtiment de la station pour le receveur qui sera placé provisoirement à Forbach pour donner provisoirement des billets de cette localité sur la ligne prusso-bavaroise.

Art. 7.

Il demeure formellement convenu que les dispositions qui précèdent sont adoptées pour l'exécution provisoire du service.

Pour l'exécution des présentes conventions, les parties reconnaissent la juridiction française et font en tant que de besoin élection de domicile au chef-lieu de la préfecture du département de la Moselle.

Fait double à Sarrebrück, le 12 novembre 1852, et à Paris, le 29 décembre suivant.

CONVENTION DU 27 MAI 1854

RÉGLANT

LES CONDITIONS D'ÉTABLISSEMENT D'UN FIL TÉLÉGRAPHIQUE ENTRE SARREBRÜCK ET FORBACH

La Direction royale du chemin de fer de Sarrebrück ayant obtenu, sur sa demande, de la part de la Direction générale des lignes télégraphiques de France, l'autorisation préalable nécessaire à l'établissement d'une communication télégraphique sur la section du chemin de fer français confiée à son exploitation, et comprise entre la station de Saint-Jean et celle de Forbach,

Il a été arrêté :

Entre le Comité de direction des chemins de fer de l'Est, d'une part,

Et la Direction royale du chemin de fer de Sarrebrück, sous réserve de la ratification de Son Excellence M. le ministre VON-DER-HEYDT, d'autre part,

Le traité dont la teneur suit :

§ 1er.

Les dépenses auxquelles auront donné lieu les travaux d'établissement de la ligne télégraphique en question, depuis la station de Saint-Jean jusqu'à la frontière de France, seront à la charge de l'Administration prussienne, la Compagnie française se chargeant d'exécuter elle-même les travaux pour la continuation du fil conducteur, depuis la frontière jusque dans l'intérieur du bâtiment de la station de Forbach, ou s'engageant à en rembourser les frais.

§ 2.

Les dépenses d'entretien en bon état de la ligne télégraphique seront supportées, savoir : de Saint-Jean à la frontière de France, par l'Administration prussienne, et de la frontière au bâtiment de la station de Forbach, par la Compagnie française.

§ 3.

Dès que la ratification ministérielle, ci-dessus réservée, aura été notifiée, la communication électrique devra être établie et achevée avec la plus grande célérité possible, et de telle sorte que, selon le désir de la Direction des lignes télégraphiques de France, l'installation de l'appareil puisse être faite dans le bâtiment de la station de Forbach d'une manière convenable et appropriée à son usage.

§ 4.

L'appareil sera fourni, placé et entretenu par l'Administration prussienne.

§ 5.

La Compagnie française supportera un tiers du traitement alloué au stationnaire des lignes télégraphiques de France, soit quatre cents francs par an, sur la somme de douze cents francs à laquelle est fixé, à l'avance, le traitement annuel de cet agent.

§ 6.

A l'expiration du présent traité, laquelle coïncidera avec celle de la convention intervenue entre l'Administration prussienne et la Direction générale des lignes télégraphiques de France, chacune des deux Administrations restera propriétaire des objets établis par elle.

Ainsi fait double, approuvé et signé.

A Sarrebrück, le 27 mai 1854.

Approuvé par le Comité de Direction du chemin de fer de Paris à Strasbourg, dans sa séance du 16 juin 1854.

CONVENTION DU 12 JUIN 1854

RÉGLANT

LES CONDITIONS D'EXPLOITATION DU CHEMIN DE FER FRANÇAIS ENTRE LA FRONTIÈRE PRUSSIENNE ET FORBACH

Entre :

Les soussignés M. Wernich, conseiller intime, M. Rennen, sous-préfet, M. Simons, ingénieur, composant la Direction du chemin de fer de Sarrebrück, d'une part ;

Et M. Dubochet, Administrateur de la Compagnie des chemins de fer de l'Est et délégué par cette Compagnie, d'autre part ;

Il a été convenu ce qui suit :

ARTICLE PREMIER.

La partie française du chemin de fer, comprise entre la frontière prussienne et la gare de Forbach, sur une longueur de quatre mille deux cents mètres (*onze cents verges de Prusse*), sera exploitée par l'Administration du chemin de fer prussien.

ART. 2.

La Compagnie du chemin de fer de Paris à Strasbourg terminera à ses frais cette section, y compris la voie et ses dépendances, les clôtures, les barrières et maisons de garde, les bâtiments et appareils de la gare de Forbach.

L'Administration prussienne n'aura à fournir à ses frais que le matériel roulant et les outils nécessaires à l'exploitation.

ART. 3.

Les machines locomotives, voitures et wagons fournis par l'Administration prussienne, tant pour le service des voyageurs que pour celui des marchandises satisferont à toutes les conditions prescrites en France pour la sûreté de l'exploitation des chemins de fer.

21

Réciproquement, les machines locomotives, voitures et wagons fournis par la Compagnie française, satisferont à toutes les conditions prescrites en Prusse.

Art. 4.

Le transport des wagons à marchandises français, à destination de l'Allemagne, sera opéré au delà de la gare de Forbach, jusqu'à la frontière prusso-bavaroise, ou jusqu'aux stations du chemin de fer prussien, par les soins et au moyen des locomotives de l'Administration prussienne.

De son côté, la Compagnie française opérera, avec ses locomotives, le transport des wagons qui lui seront remis par l'Administration prussienne, à la gare de Forbach, depuis cette gare jusqu'aux diverses stations du chemin de fer de Paris à Strasbourg, et de ses embranchements.

Les trains composés de wagons bavarois et conduits par le personnel bavarois, qui circuleront sur le chemin de fer prussien, pourront circuler sur le chemin français, jusqu'à la gare de Forbach, aux mêmes conditions que les trains prussiens.

Art. 5.

Les conditions de ce parcours international seront réglées ultérieurement par une convention spéciale, laquelle, autant que les circonstances le permettront, reproduira les dispositions du traité, pour l'exploitation du chemin de fer Belge-Rhénan; elle sera soumise à l'approbation de MM. les ministres des travaux publics de France et de Prusse.

Néanmoins, il demeure entendu que, de part et d'autre, il sera payé, par wagon à quatre roues chargé, et par kilomètre parcouru, une redevance de quatre centimes (*deux silbergros et demi par mille prussien de deux mille verges*).

Art. 6.

Les transports des houilles et cokes, destinés à la ligne française, seront effectués depuis les houillères jusqu'à la gare de Forbach, sur les wagons de la Compagnie, par les soins et à l'aide des machines locomotives de l'Administration prussienne.

Ces transports pourront aussi être effectués sur les wagons de l'Administration prussienne, concurremment avec les wagons de la Compagnie, mais le nombre de wagons prussiens affectés à ce service ne pourra excéder deux cents, sauf le cas où il serait constaté que, pendant quatre semaines, le nombre des wagons affectés à l'enlèvement des houilles et cokes, à Forbach, ou aux diverses houillères, est insuffisant par le fait de la Compagnie, et sans que cette insuffisance soit le résultat d'une force majeure.

Dans ce cas, la Compagnie aura la faculté d'acquérir à prix coûtant les wagons supplémentaires fournis par l'Administration prussienne.

La redevance réciproque pour l'usage des wagons sera réglée ainsi qu'il est dit à l'article précédent.

Art. 7.

La Compagnie restera chargée de l'entretien et de la surveillance de la voie de fer, des clôtures et des ouvrages et bâtiments de toute nature qu'elle effectuera par ses propres agents depuis la frontière jusques et y compris la gare de Forbach.

La voie sera maintenue constamment en bon état d'entretien.

En cas d'accident résultant de la négligence ou de la faute des agents de la Compagnie ou de la mauvaise qualité des matériaux employés par elle à l'entretien, elle indemnisera l'Administration prussienne de tous les dommages matériels que celle-ci aura supportés par suite de l'accident.

Art. 8.

Pour indemniser la Compagnie des dépenses mises à sa charge par l'article 7 ci-dessus, l'Administration prussienne lui remboursera à la fin de chaque année une somme qui est fixée à six mille trois cents francs, pour la première année, et à cinq mille quarante francs, pour chacune des années suivantes.

Art. 9.

En cas de différend sur l'application de l'article 7, la question sera soumise à des experts dont l'un sera nommé par l'Administration prussienne, et l'autre par la Compagnie; si ces deux experts ne parviennent pas à s'entendre, ils s'adjoindront d'eux-mêmes un troisième expert.

Art. 10.

Le personnel des trains et du matériel sera choisi par l'Administration prussienne.

Pendant tout le temps de son séjour dans l'enceinte de la partie française du chemin de fer, il sera soumis à l'autorité des agents de la Compagnie; il restera d'ailleurs soumis aux lois et règlements de l'empire français, concernant l'exploitation des chemins de fer au même titre que les agents de la Compagnie.

L'Administration prussienne interviendra dans les frais du personnel de la gare de Forbach pour le traitement, le chauffage et l'éclairage d'un receveur qui sera exclusivement à son service, et pour deux cinquièmes du traitement des hommes employés à la composition et à la décomposition des trains.

Art. 11.

L'Administration prussienne aura le droit de faire surveiller par ses agents l'entretien de la section comprise entre la frontière et Forbach.

Ces agents ne donneront pas d'ordres sur la ligne, et n'auront de relations qu'avec la Compagnie ou ses employés supérieurs.

La Compagnie s'engage à congédier immédiatement, sur la demande de l'Administration prussienne, tout agent employé sur cette même section, dont la négligence compromettrait le bon entretien de la voie ou la sécurité de la circulation.

Art. 12.

L'Administration prussienne et la Compagnie française se concerteront pour adopter en commun, sous l'observation des règlements de police établis ou à établir en France, un règlement de service concernant le mouvement et la vitesse des trains, les signaux, le transport des correspondances de service, les permis de circulation, etc.

Art. 13.

L'Administration prussienne appliquera ses propres tarifs sur la section du chemin de fer français qu'elle est chargée d'exploiter, mais, dans aucun cas, ces tarifs ne pourront excéder le maximum du tarif légal imposé à la Compagnie par son acte de concession.

Pour les transports des houilles et cokes, depuis la frontière jusqu'à la gare de Forbach, l'Administration prussienne se conformera aux tarifs appliqués par la Compagnie, entre les gares de Forbach et Saint-Avold.

Art. 14.

Toutes les commandes de houille et de coke devront être adressées, soit directement par les consommateurs ou leurs fondés de pouvoirs, soit par l'entremise de la Compagnie, à la Direction centrale des mines à Sarrebrück.

A la fin de chaque mois, cette Direction remettra à la Compagnie un tableau des commandes reçues et des quantités de houille et de coke qui pourront être livrées pour y satisfaire, dans le cours du mois suivant.

Art. 15.

La Compagnie aura le droit de placer, aux différentes houillères, des agents ayant mission de surveiller le chargement de la houille et du coke. Ces agents seront aux frais de la Compagnie.

Art. 16.

L'Administration prussienne s'engage à payer à la Compagnie du chemin de fer, à titre de fermage, une redevance annuelle de dix mille six cent soixante-six thalers vingt silbergros, soit quarante mille francs, en quatre termes égaux, de trois mois en trois mois.

Art. 17.

La présente convention est faite pour cinq années, à partir de la livraison de la section du chemin de fer à l'Administration prussienne. Si elle n'est pas dénoncée au moins deux ans avant l'expiration de ce délai, elle sera prolongée de droit pour un nouveau délai de deux années, et ainsi de suite, de telle sorte que le traité ne puisse, dans aucun cas, être résolu, à moins d'un avertissement donné deux ans à l'avance.

Art. 18.

Dans le cas où le chemin de fer de Luxembourg, Trèves et Sarrebrück serait exécuté par une Compagnie privée, le gouvernement prussien se réserve le droit de se substituer cette Compagnie pour l'exécution de la présente convention.

Art. 19.

La présente convention sera soumise à l'approbation des deux gouvernements de Prusse et de France.

Paris, le 12 juin 1854.

Approuvé par le Comité de Direction du chemin de fer de Paris à Strasbourg, dans sa séance du 1er septembre 1854.

CONVENTION DU 22 JANVIER 1859

RÉGLANT

LES CONDITIONS D'EXPLOITATION DE LA SECTION DE FORBACH A LA FRONTIÈRE

ENTRE :

La Direction royale du chemin de fer prussien de Sarrebrück comprenant les chemins déjà exploités et ceux à exploiter dans l'avenir, Direction dont le siége est à Sarrebrück, représentée par M. LENTZE, conseiller, membre de la Direction, d'une part :

Et la Compagnie des chemins de fer de l'Est, dont le siége est à Paris, rue et place de Strasbourg, représentée par M. JAYR, Administrateur, l'un des membres du comité de Direction, agissant en vertu d'un pouvoir du Conseil d'Administration en date du 20 janvier 1859, d'autre part ;

Il a été dit et convenu de qui suit :

ARTICLE PREMIER.

La partie française du chemin de fer, comprise entre la frontière prussienne et la gare de Forbach, sur une longueur de quatre mille deux cents mètres (onze cents verges de Prusse) continuera à être exploitée par l'Administration du chemin de fer prussien, qui fournira tout le matériel roulant et les outils nécessaires à cette exploitation, à l'exception de ce qui est dit à l'article 13, relativement à la gare de Styring.

L'Administration prussienne conservera, comme par le passé et pour les besoins de son service, la jouissance des gares de Forbach et de Styring.

ART. 2.

Les machines locomotives, wagons et voitures fournis par l'Administration prussienne, tant pour le service des voyageurs que pour celui des marchandises, satisferont à toutes les conditions prescrites en France pour la sûreté de l'exploitation des chemins de fer.

Réciproquement et pour le cas d'échange, les machines locomotives, voitures et wagons, fournis par la Compagnie française, satisferont à toutes les conditions prescrites en Prusse.

ART. 3.

Le transport des wagons à marchandises français, à destination de l'Allemagne, sera opéré au delà de la gare de Forbach jusqu'à la frontière prussienne ou jusqu'aux stations du chemin de fer prussien, par les soins et au moyen des locomotives de l'Administration prussienne.

De son côté, la Compagnie française opérera, avec ses locomotives, le transport des wagons qui lui seront remis par l'Administration prussienne, à la gare de Forbach, depuis cette gare jusqu'aux diverses stations des chemins de fer de l'Est.

Les trains composés de wagons bavarois, qui circuleront sur le chemin de fer prussien, pourront circuler sur le chemin de fer français jusqu'à la gare de Forbach, aux mêmes conditions que les trains prussiens.

Art. 4.

Les conditions de ce parcours international seront réglées ultérieurement par une convention spéciale, laquelle, autant que les circonstances le permettront, reproduira les dispositions du traité pour l'exploitation du chemin de fer Belge-Rhénan ; elle sera soumise à l'approbation de MM. les ministres des travaux publics de France et de Prusse.

Néanmoins, il demeure bien entendu que, de part et d'autre, il sera payé, par wagon à quatre roues chargé, et par kilomètre parcouru, une redevance de quatre centimes (deux silbergros et demi) par mille prussien de deux mille verges.

Art. 5.

Les transports des houilles et cokes destinés à la ligne française seront effectués, depuis les houillères jusqu'à la gare de Forbach, sur les wagons de la Compagnie de l'Est, par les soins et à l'aide des machines locomotives de l'Administration prussienne.

Les transports pourront aussi être effectués sur les wagons de l'Administration prussienne, concurremment avec les wagons de la Compagnie de l'Est, mais le nombre de wagons prussiens affectés à ce service ne pourra excéder deux cents, sauf le cas où il serait constaté que, pendant deux semaines, le nombre des wagons affectés à l'enlèvement des houilles et cokes à Forbach et aux diverses houillères est insuffisant par le fait de la Compagnie de l'Est, et sans que cette insuffisance soit le résultat d'une force majeure.

Dans ce cas, la Compagnie de l'Est aura la faculté d'acquérir, à prix coûtant, les wagons supplémentaires fournis par l'Administration prussienne.

La redevance réciproque pour l'usage des wagons sera réglée ainsi qu'il est dit à l'article précédent.

La limite de deux cents wagons à fournir par la Prusse pourra être dépassée, à la condition que les wagons en excédant comporteront un chargement de dix tonnes.

Art. 6.

La Compagnie de l'Est restera chargée de l'entretien et de la surveillance de la voie de fer, des clôtures et des ouvrages et bâtiments de toute nature, qu'elle effectuera par ses propres agents, depuis la frontière jusques et y compris la gare de Forbach.

La voie sera maintenue constamment en bon état d'entretien.

En cas d'accident résultant de la négligence ou de la faute des agents de la Compagnie de l'Est ou de la mauvaise qualité des matériaux employés par elle à l'entretien, elle indemnisera l'Administration prussienne de tous les dommages matériels que celle-ci aura supportés par suite de l'accident.

Art. 7.

Pour indemniser la Compagnie des chemins de fer de l'Est des dépenses mises à sa charge par l'article 6 ci-dessus, l'Administration prussienne lui remboursera, à la fin de chaque année, une part des dépenses d'entretien établies par les états de comptabilité ; ladite part sera calculée proportionnellement au tonnage que chaque nation fera parcourir sur la section de Forbach à la frontière prussienne, le tonnage de la Compagnie de l'Est étant celui fait directement par elle entre Styring et Forbach.

Art. 8.

En cas de différend sur l'application de l'article 6, la question sera soumise à des experts, dont l'un nommé par l'Administration prussienne et l'autre par la Compagnie de l'Est ; si ces deux experts ne parviennent pas à s'entendre, ils s'adjoindront d'eux-mêmes un troisième expert.

Art. 9.

Le personnel des trains et du matériel sera choisi par l'Administration prussienne.

Pendant tout le temps de son séjour dans l'enceinte de la partie française du chemin de fer, il sera soumis à l'autorité des agents de la Compagnie de l'Est, chacun de ces derniers agissant dans les limites de ses attributions : il restera d'ailleurs soumis aux lois et règlements de l'empire français concernant l'exploitation des chemins de fer, au même titre que les agents de la Compagnie.

L'Administration prussienne aura à sa charge la totalité des dépenses du personnel qu'elle emploiera directement, celles de leur chauffage et de leur éclairage ; elle interviendra pour deux cinquièmes du traitement des hommes employés à la composition et à la décomposition des trains. L'Administration prussienne payera en outre à la Compagnie des chemins de fer de l'Est les frais faits pour elle par le service du matériel et de la traction, conformément à ce qui a été fait jusqu'à ce jour.

Art. 10.

L'Administration prussienne aura le droit de faire surveiller par ses agents l'entretien de la section comprise entre la frontière et Forbach.

Ces agents ne donneront pas d'ordre sur la ligne, et n'auront de relations qu'avec la Compagnie de l'Est ou ses employés supérieurs.

La Compagnie s'engage à congédier immédiatement, sur la demande de l'Administration prussienne, tout agent employé sur cette même section, dont la négligence compromettrait le bon entretien de la voie ou la sécurité de la circulation.

Art. 11.

L'Administration prussienne appliquera ses propres tarifs sur la section du chemin de fer français qu'elle est chargée d'exploiter, mais, dans aucun cas, ces tarifs ne pourront excéder le maximum de tarif légal imposé à la Compagnie de l'Est par son acte de concession.

Pour les transports des houilles et cokes depuis la frontière jusqu'aux gares de Styring et de Forbach, l'Administration prussienne se conformera aux tarifs appliqués par la Compagnie de l'Est, entre les gares de Forbach et de St-Avold.

D'où il résulte que les tarifs perçus par la Prusse pour le transport des houilles et cokes, sur la section du chemin de fer comprise entre la frontière et Styring et Forbach, ne pourront excéder six centimes par tonne et par kilomètre, base du tarif actuellement en vigueur pour les mêmes transports s'effectuant de Forbach à St-Avold, et, en dehors de ces tarifs, il ne pourra être perçu aucuns frais accessoires à aucun titre quelconque.

Il est en outre entendu que la Compagnie de l'Est se réserve le droit de modifier ses tarifs actuels entre Forbach et St-Avold et que l'Administration prussienne sera toujours tenue de s'y conformer.

Art. 12.

Par dérogation aux articles 1 et 11 de la présente convention, et en ce qui concerne la gare de Styring, il est expressément convenu que, pour se conformer à la décision de l'Administration supérieure française, le service de cette gare pour ses relations avec Forbach, sera fait par la Compagnie de l'Est ; qu'en conséquence, tous les transports partant de Styring ou arrivant à Styring et ayant Forbach pour provenance ou pour destination, s'effectueront par les soins et aux frais de la Compagnie de l'Est, qui appliquera ses propres tarifs, en conservant pour son compte, sans préjudice de l'encaissement intégral à son profit, le montant des redevances résultant des articles 7 et 15 de la présente convention.

Art. 13.

Toutes les commandes de houille et de coke devront être adressées, soit directement par les consommateurs ou leurs fondés de pouvoirs, soit par l'entremise de la Compagnie de l'Est, à la Direction centrale des mines de Sarrebrück.

A la fin de chaque mois, cette Direction remettra à la Compagnie de l'Est un tableau des commandes reçues et des quantités de houille et de coke qui pourront être livrées pour y satisfaire dans le cours du mois suivant.

Art. 14.

La Compagnie de l'Est aura le droit de placer, aux différentes houillères, des agents ayant mission de surveiller le chargement de la houille et du coke. Ces agents seront aux frais de cette Compagnie.

Art. 15.

L'Administration prussienne s'engage à payer à la Compagnie des chemins de fer de l'Est, tant à titre de fermage de la partie de la voie française, comprise entre Forbach et la frontière prussienne, que pour l'usage partiel des gares de Styring et de Forbach, cinquante pour cent de la recette brute effectuée par l'Administration prussienne sur la section affermée, et sans préjudice, ainsi qu'il est dit à l'article 13 ci-dessus, de la recette effectuée par la Compagnie des chemins de fer de l'Est, pour les transports partant de la gare de Styring pour Forbach et réciproquement.

Art. 16.

La présente convention est faite pour quatre années à partir du premier janvier mil huit cent cinquante-neuf.

Si elle n'est pas dénoncée un an avant l'expiration de ce délai, elle sera prolongée de droit pour un nouveau délai d'un an, et ainsi de suite, de telle sorte que le traité ne pourra, dans aucun cas, être résilié à moins d'un avertissement donné un an à l'avance.

Art. 17.

Le gouvernement prussien se réserve le droit d'accorder les avantages stipulés dans la présente convention à tous les chemins qui entreront dans la Direction royale ; en tous cas, ces avantages seront concédés au chemin de fer de Bingen à Neunkirchen (Nahe-Bahn) quand bien même il n'entrerait pas dans la Direction royale.

Art. 18.

La présente convention sera soumise à l'approbation des deux gouvernements de Prusse et de France.

Fait double à Metz, le vingt-deux janvier mil huit cent cinquante-neuf.

Approuvé par le Conseil d'Administration de la Compagnie des chemins de fer de l'Est dans sa séance des 20 et 27 janvier 1859 ;

Approuvé par S. Exc. M. le ministre de l'agriculture, du commerce et des travaux publics par décision en date du 9 février 1860.

CONVENTION DU 10 SEPTEMBRE 1859

LES CONDITIONS DU SERVICE INTERNATIONAL PAR FORBACH

ENTRE :

La Direction royale des chemins de fer dont le siége est à Sarrebrück, représentée par M. LENTZE, conseiller du gouvernement, membre de la Direction royale susdite, d'une part ;

Et la Compagnie française des chemins de fer de l'Est dont le siége est à Paris, rue et place de Strasbourg, représentée par MM. BAIGNÈRES et BAUDE, membres du comité de Direction de ladite Compagnie, d'autre part ;

Il a été convenu ce qui suit :

Dans le but de faciliter les relations internationales par Forbach, entre la France et les parties de l'Allemagne desservies par les lignes appartenant à l'Administration prussienne, la Direction royale des chemins de fer à Sarrebrück et la Compagnie des chemins de fer de l'Est, se sont mises d'accord sur l'adoption des conditions ci-après :

TITRE PREMIER.

Voyageurs et bagages.

ARTICLE PREMIER.

La Compagnie française des chemins de fer de l'Est et la Direction royale des chemins de fer à Sarrebrück, ainsi que leurs correspondants, établiront la marche de leurs trains de voyageurs de manière à assurer la meilleure correspondance possible entre la France et l'Allemagne par la voie de Forbach.

Dans ce but, les parties contractantes se communiqueront réciproquement le tableau de la marche des trains des services d'été et d'hiver, ainsi que les modifications apportées à ces tableaux dans le cours de chacun des services.

Le transport des voyageurs s'effectuera sur chaque ligne conformément aux lois et arrêtés des autorités supérieures, ainsi qu'aux règlements et ordres de service particuliers à chaque chemin de fer.

ART. 2.

Le transport direct des voyageurs et de leurs bagages s'effectuera entre les stations françaises et allemandes suivantes, savoir :

Paris, Châlons-sur-Marne, Nancy, Metz, Forbach, Sarrebrück, Sarrelouis, Merzig, Neunkirchen, Ludwigshafen, Mayence, Darmstadt, Francfort-sur-Mein, Wiesbaden et

Berlin, et entre les stations françaises de Sarrebourg, Saverne, Strasbourg, Colmar, Mulhouse, Bâle et les stations allemandes de Sarrebrück, Sarrelouis et Merzig.

D'autres stations de l'une et l'autre ligne pourront, après entente préalable, être admises au nombre des stations du traité.

Art. 3.

Le transport international des voyageurs sera fait par les chemins de fer intéressés au moyen de billets directs délivrés au point de départ, et assurant le transport régulier jusqu'au point d'arrivée.

Ces billets pourront être délivrés en nombre illimité.

Art. 4.

Les prix des billets directs, de même que les prix de transport des excédants de bagages au delà de trente kilogrammes représenteront le montant des prix des tarifs allemands et français additionnés les uns aux autres.

Le tarif direct qui en résultera sera joint à la présente convention.

Chaque chemin de fer se réserve le droit de les modifier en ce qui concerne son parcours; mais il devra, dans ce cas, prévenir les chemins de fer correspondants un mois à l'avance.

Les bases kilométriques qui seront appliquées au départ de Paris pour le transport des voyageurs par Forbach seront les mêmes que celles appliquées par Wissembourg et par Strasbourg.

En conséquence de ce qui précède, aucune des deux lignes ne pourra être, de la part de la Compagnie, l'objet d'une préférence quelconque.

Art. 5.

Les billets délivrés aux voyageurs seront divisés en autant de coupons qu'il y aura de lignes correspondantes.

Ces billets, dont le prix intégral sera payé au départ, seront valables pour un mois, et donneront au porteur le droit de s'arrêter à tous les points qui y seront inscrits.

Les billets contiendront, en outre, toutes les indications utiles aux voyageurs, tant dans leur propre intérêt que dans l'intérêt du service.

Les billets directs seront de première et de deuxième classe.

La Compagnie des chemins de fer de l'Est déclare, dès à présent, qu'il peut exister dans son service des trains dits express et poste, composés seulement de voitures de première classe, ne transportant ni chevaux ni voitures, et qu'elle n'admettra dans ces trains que des voyageurs porteurs de billets de première classe.

Dans le cas où un voyageur, porteur d'un billet de seconde classe, désirerait prendre sur le parcours français un train express ou poste, il devra payer, sur ce parcours, la différence du prix existant entre le tarif de la première et celui de la seconde classe.

Des dispositions seront prises pour que le prix des billets puisse être acquitté, de même que celui des excédants de bagages, pour le trajet total, au point de départ.

Art. 6.

Sur le parcours français, chaque voyageur a droit au transport gratuit de trente kilogrammes de bagages. Les bagages en excédant seront taxés au prix ordinaire des tarifs de grande vitesse, conformément au tarif qui sera annexé à la présente convention.

Afin d'accorder cette même facilité sur les parcours allemands, où la gratuité de trente kilogrammes de bagages n'existe pas, il sera ajouté au prix de la place, pour frais de transport de trente kilogrammes, une taxe supplémentaire afférente à un poids de bagages qui, ajouté à celui auquel a droit le voyageur sur les chemins allemands respectifs, lui assure le droit au transport de ses trente kilogrammes jusqu'à destination, sans aucun payement en route.

La taxe des excédants s'appliquera sur tout le parcours, par fractions indivisibles de zéro à cinq kilogrammes, de cinq à dix kilogrammes, par fraction indivisible de dix kilogrammes.

En France, toute inscription de bagages donne, en outre, lieu à la perception de dix centimes pour frais d'enregistrement.

Dans les endroits où le parcours de terre sera nécessaire, le voyageur aura droit au transport gratuit de sa personne et de trente kilogrammes de bagages, soit à la gare du chemin de fer correspondant, soit, en cas d'arrêt, à domicile ou à l'hôtel. Dans ce dernier cas, l'excédant des bagages devra être payé à l'entrepreneur du parcours par terre, et le voyageur aura à effectuer à ses frais le transport de sa personne et de ses bagages jusqu'à la gare du chemin de fer correspondant, lorsqu'il voudra reprendre son voyage.

La Direction royale à Sarrebrück ne prend pas l'engagement de faire transporter les voyageurs en dehors de ses stations.

Art. 7.

Chaque chemin de fer prend à sa charge, et sous sa responsabilité jusqu'au point d'arrivée, le transport des bagages remis par lui au chemin de fer correspondant.

En conséquence, il devra faire constater, au moment même de la livraison au chemin de fer correspondant, l'état de conservation ou d'avarie des bagages dont il aura effectué le transport.

Cette constatation sera consignée dans un procès-verbal dont la forme sera ultérieurement arrêtée d'un commun accord.

Le procès-verbal sera visé par le chef de gare d'arrivée, et copie en sera immédiatement adressée au chemin de fer premier expéditeur.

Pour éviter le transbordement des bagages, un fourgon fera, sauf le cas de force majeure, le trajet direct de Paris à Mayence. Il sera accompagné d'un agent des trains qui recevra les bagages au point de départ, et qui en aura la responsabilité jusqu'au point d'arrivée.

Les parties contractantes feront leur possible pour que des voitures à voyageurs puissent circuler directement entre Mayence et Paris, et *vice versâ*, sans transbordement à Forbach. Une convention particulière interviendra à ce sujet.

Art. 8.

Les billets directs, les bulletins de bagages et les feuilles de route seront imprimés en français et en allemand.

Art. 9.

Un état récapitulatif du produit des voyageurs et de leurs bagages sera arrêté chaque mois par les chemins de fer français pour les recettes effectuées en France, et par la Direction royale des chemins de fer à Sarrebrück pour les recettes effectuées en Allemagne. Communication réciproque de ces états sera donnée dans la première quinzaine du mois suivant, et le règlement aura lieu dans la seconde quinzaine du même mois.

Le chemin de fer débiteur devra verser immédiatement au chemin de fer correspondant le montant du solde de ce règlement.

Les payements auxquels donnera lieu l'exécution de la présente convention se feront, autant que possible, en monnaie de France, et, à son défaut, en monnaie allemande, sur le pied de 8 silbergroschen ou 28 kreutzer pour 1 franc.

Art. 10.

Les parties contractantes conviennent de donner, chacune de son côté, une complète publicité aux services directs des voyageurs qu'elles auront organisés en vertu de ce qui précède.

TITRE II.

Marchandises.

Art. 11.

Le transport des marchandises, tant à grande qu'à petite vitesse, sera réglé de manière à pouvoir s'effectuer avec aussi peu d'interruption que possible au passage de la frontière, et avec toutes les garanties désirables pour le commerce.

Les gares entre lesquelles le transport direct aura lieu sont les suivantes :

Paris, la Villette, la Ferté-sous-Jouarre, Château-Thierry, Épernay, Reims, Oiry, Châlons-sur-Marne, Troyes, Vitry-le-Français, Commercy, Chaumont, Langres, Gray, Bar-le-Duc, Frouard, Épinal, Lunéville, Nancy, Metz, Saint-Avold, Hombourg, Forbach et Sarrebrück, Sarrelouis, Merzig, Neunkirchen, Kaiserslautern, Neustadt, Spire, Ludwigshafen, Worms, Mayence, Francfort-sur-Mein. Le transport direct aura également lieu entre les stations françaises de Sarrebourg, Saverne, Strasbourg, Colmar, Mulhouse et Bâle, et les stations allemandes de Sarrebrück, Sarrelouis et Merzig.

En ce qui concerne le Havre, il est entendu que la Compagnie de l'Est se chargera d'y recevoir, par les soins de son agent, les marchandises en destination des stations allemandes désignées ci-dessus, comme aussi elle s'engage à réexpédier sur le Havre les marchandises en provenance desdites stations allemandes.

D'autres stations de l'une et l'autre ligne pourront, après entente préalable, être admises au nombre des stations du traité.

Le transbordement des marchandises sera évité autant que possible à Forbach, et, dans tous les cas, les wagons complets passeront d'une ligne sur l'autre, sans que les wagons français puissent dépasser Mayence.

Art. 12.

Le prix du transport des marchandises, depuis le point de départ jusqu'à destination, représentera le montant du tarif français ajouté au tarif allemand, plus les frais de douane.

Toute expédition devra être faite dans les délais portés aux tarifs des Administrations française et allemande.

A cet effet, ces Administrations se feront réciproquement connaître, un mois à l'avance, les modifications qu'elles apporteraient à leurs prix et délais sur leurs parcours respectifs.

Art. 13.

La Compagnie des chemins de fer de l'Est s'engage à appliquer au transport, de Paris à Forbach, des marchandises du trafic international les mêmes bases kilométriques que celles qu'elle appliquera aux expéditions à destination de l'étranger, dirigées par Wissembourg et par Strasbourg.

Les facilités relatives au plombage et autres dispositions de détail qui ont été accordées ou pourraient l'être, pour le transit par Wissembourg et par Strasbourg, le seront aussi pour le transit par Forbach.

Il est expliqué que la Compagnie de l'Est ne prendra aucunes mesures pour détourner volontairement les transports de la voie la plus courte.

Art. 14.

Pour faciliter et accélérer la transmission d'une ligne à l'autre et la réexpédition des marchandises, les parties contractantes nommeront d'un commun accord et installeront à Forbach, dans des conditions à déterminer, un agent spécialement chargé de recevoir les marchandises arrivant de France ou d'Allemagne, *et vice versâ*, et d'assurer la réexpédition aux conditions du tarif de la ligne à laquelle devra être remise la marchandise.

Un règlement particulier déterminera le mode d'opérer de cet agent vis-à-vis de chaque État ou Compagnie, de manière à ce que les intérêts et la responsabilité des chemins allemands et français soient également sauvegardés.

L'agent en question devra se soumettre aux conditions fixées pour le transport et pour les formalités de réexpédition, et il sera complétement responsable de sa gestion vis-à-vis des Administrations des deux pays.

Il ne pourra exercer aucune industrie susceptible de porter un préjudice quelconque aux chemins de fer, et il lui sera interdit de s'occuper d'affaires de transport autres que celles du trafic international qui fait l'objet de la présente convention.

Les stipulations qui précèdent, relatives à l'intervention d'un agent international pour l'échange et la réexpédition de la marchandise, ne sont pas applicables au transport de la houille et du coke, dont les expéditions continueront à être dirigées par les agents qui en sont actuellement chargés.

En outre, chacune des parties contractantes entretiendra sur son territoire un agent chargé de suivre les opérations en douane de chaque pays.

Art. 15.

Les parties contractantes prennent l'engagement de faire sans retard, et chaque fois que besoin en sera, auprès des directions générales des douanes de leurs pays respectifs, toutes les démarches nécessaires pour obtenir en faveur de leur trafic international les facilités compatibles avec les lois et règlements des États, et dont jouissent les points de transit les plus favorisés.

Art. 16.

En cas de contestation entre le public et les chefs de gare, les parties contractantes acceptent réciproquement la compétence des tribunaux français et allemands, d'après les règles de juridiction tracées par la législation en vigueur en France et en Allemagne.

En cas de contestations entre les Compagnies contractantes, il est stipulé ce qui suit :

Tout dommage donnant lieu à une indemnité pécuniaire, soit pour retard, avarie ou perte de colis, que ce soit des bagages ou des marchandises, ou qui aura pour motif des blessures causées à des voyageurs, sera mis à la charge du chemin de fer sur le parcours duquel l'accident aura eu lieu.

Les conséquences des accidents seront supportées comme suit :

1° Par l'Administration sur le parcours de laquelle il se sera produit, si cet accident est imputable à la construction ou à l'entretien de la voie, ou au personnel de la voie, des trains ou des gares ;

2° Par l'Administration à laquelle appartient le matériel, s'il est prouvé que c'est ce matériel qui en est cause ;

3° A frais communs par toutes les Administrations, lorsque les causes de l'accident seront douteuses.

Toutefois, les Administrations s'interdisent tout recours contre les agents coupables, pour le payement des indemnités.

Les différends entre les parties contractantes sur l'exécution du présent traité seront réglés par des ar..itres nommés par les parties, et, dans le cas où ces arbitres ne tomberaient pas d'accord, ils choisiront eux-mêmes un tiers arbitre.

Art. 17.

La présente convention entrera en vigueur quatre semaines après que communication réciproque aura été faite de l'approbation des administrations contractantes, réservée ci-après : sa durée est fixée à une année.

Si elle n'est pas dénoncée par l'une des parties contractantes six mois avant son expiration, elle continuera son exécution pendant une nouvelle année, et ainsi de suite.

Art. 18.

Les commissaires contractants se réservent l'approbation de leurs Administrations respectives.

Fait double à Paris, le dix septembre mil huit cent cinquante-neuf.

Approuvé par le Conseil d'Administration de la Compagnie des chemins de fer de l'Est, dans sa séance du 28 septembre 1859.

CONVENTION DU 25 NOVEMBRE 1860

RÉGLANT

LES CONDITIONS D'ÉCHANGE DU MATÉRIEL ENTRE LA DIRECTION ROYALE A SARREBRUCK ET LES CHEMINS DE FER DE L'EST FRANÇAIS

ENTRE :

La Direction royale des chemins de fer à Sarrebrück, dont le siége est à Sarrebrück, re-présentée par M. Wernich, son Directeur, agissant pour le chemin de fer de Sarrebrück et du Rhin Nahe,

D'une part ;

Et la Compagnie des chemins de fer de l'Est français, dont le siége est à Paris, rue et place de Strasbourg, représentée par MM. Roux, Baude, Perdonnet et Baignères, agissant en leur qualité d'Administrateurs, membres du comité de direction de ladite Compagnie,

D'autre part ;

Il a été convenu ce qui suit :

ARTICLE PREMIER.

Les voitures à voyageurs et les wagons à bagages seront admis sur les parcours des parties contractantes dans les conditions établies d'accord le 2 mai 1860.

Les wagons à marchandises, équipages, chevaux et bestiaux des Administrations con-tractantes seront admis jusqu'à destination sur les chemins de fer en relation, et excep-tionnellement jusqu'à Francfort.

A moins d'arrangements particuliers, les Administrations contractantes s'engagent à ne pas faire usage, pour leurs transports intérieurs, du matériel emprunté, à l'exception des voitures à voyageurs.

Les locomotives pourront également circuler d'une ligne sur l'autre en vertu d'arran-gements spéciaux.

ART. 2.

Il sera tenu compte, à chacune des Administrations, de l'emploi du matériel sur les lignes en relations d'après les bases suivantes, la circulation à vide comptant comme la circulation à charge,

Par kilomètre de parcours :

Pour une locomotive allumée . . . . 1 fr. 00 c.
Pour une voiture salon. 0   05
Pour toute autre voiture ou wagon à quatre roues 0   04

Conformément à la convention du 22 janvier 1859 (art. 4).

Pour les voitures à plus de quatre roues, ces prix seront majorés de moitié par chaque paire de roues.

Les délais accordés de part et d'autre pour le service du matériel de transport, sur les lignes en relation, sont fixés comme suit :

Pour un trajet de   1 à 60 kilomètres. . . . . 2 jours
    —   de 61 à 100   —   3
    —   de 101 à 150   —   4
    —   de 151 à 200   —   5
    —   de 201 à 300   —   6

et ainsi de suite, un jour de plus étant accordé pour chaque distance de 100 kilomètres en plus.

Ces délais seront calculés d'après les distances réelles prises une fois seulement, et toute fraction de kilomètre comptant pour un kilomètre ; les jours compteront de minuit à minuit.

Les jours du départ et du retour des wagons à la station d'échange ne compteront ensemble que pour un seul jour.

Tout wagon remis après le départ du dernier train de marchandises à la station d'échange ne sera compté, dans le calcul des délais, qu'à partir du lendemain.

Les délais ci-dessus seront majorés d'un jour pour tout wagon qui, parti chargé de la ligne à laquelle il appartient, y sera renvoyé chargé.

Par exception et en raison des difficultés qui existent pour l'Administration prussienne de pouvoir retourner à Forbach les wagons chargés de bois, expédiés par la Compagnie de l'Est en destination des houillères, il est accordé exceptionnellement un jour de plus. Il en sera de même pour les wagons chargés de toutes marchandises en destination de Heinitz.

Un wagon devra contenir un chargement d'au moins 4,000 kilogrammes, pour être considéré comme rendu chargé.

Les cadres, coupes, harasses, fûts et sacs vides en retour ne seront pas considérés comme un chargement, quel que soit, du reste, le poids contenu dans le wagon.

Les dimanches et jours de fêtes légales, qui sont en Prusse au nombre de dix, ne compteront pas pour former ces délais. Il sera payé une indemnité de trois francs par jour de retard, pour tout wagon qui sera retenu par une ligne étrangère au delà des délais accordés. Cette pénalité n'est pas applicable aux wagons à houille et à coke.

Il est entendu que les wagons envoyés à charge devront, le cas échéant, être admis au retour à vide sur le même parcours.

Art. 3.

Tout wagon qui serait rendu démuni de tout ou partie des agrès qui lui appartiennent et dont une inscription peinte sur le côté du wagon constate la nature et la quantité, donnerait lieu aux pénalités suivantes :

0 fr. 50 centimes par jour pour chaque bâche, après les délais admis pour la restitution des wagons.

0 fr. 10 centimes par jour pour chaque prolonge, jusqu'à la concurrence de la valeur de la prolonge.

Art. 4.

Les indemnités stipulées pour la circulation du matériel, devant être considérées comme des prix de réciprocité, les Administrations s'efforceront de prendre toutes les mesures nécessaires pour que les décomptes se balancent autant que possible.

Art. 5.

Les grandes réparations du matériel s'effectueront par les soins de l'Administration à laquelle il appartient.

Les petites réparations urgentes auront lieu par les soins de l'Administration sur le territoire de laquelle le matériel se trouvera.

Les chefs d'atelier devront donner immédiatement, à l'Administration intéressée le numéro de chaque wagon entré en réparation à sa charge.

Toutes les dépenses qui seront faites de ce chef par l'une des parties contractantes, soit pour réparations, soit pour fournitures quelconques, devront être justifiées par pièces comptables, certifiées par les chefs de service compétents, et soldées réciproquement par trimestre.

Art. 6.

En cas d'accident, les conséquences en seront supportées comme suit :

1° par l'Administration sur le parcours de laquelle il se sera produit, si l'accident est imputable à la construction et à l'entretien de la voie, ou au personnel de la voie, des trains ou des gares;

2° par l'Administration à laquelle appartient le matériel, s'il est prouvé que c'est ce matériel qui en est cause.

3° a frais communs par toutes les Administrations, lorsque les causes de l'accident seront douteuses.

Les conséquences des retards pouvant résulter de ces accidents seront supportées suivant les nᵒˢ 1 et 2. Dans le troisième cas (n° 3) le retard ne sera pas compté.

Art. 7.

Il sera tenu, à la station d'échange, des registres conformes au modèle adopté, indiquant, à l'entrée et à la sortie, le mouvement du matériel employé au service commun.

Chaque opération d'échange sera constatée au moyen de l'imprimé en usage, signé contradictoirement par les agents des deux Administrations.

Le résumé de ces différentes opérations sera transmis par la station d'échange à l'Administration dont elle relève, au moyen d'un imprimé envoyé chaque jour.

L'état du parcours et du séjour des wagons établi d'après cet imprimé, par l'Administration centrale, sera arrêté à la fin de chaque mois, et on reportera à nouveau sur le mois suivant les voitures et les wagons qui n'auront pas effectué leur rentrée et dont le compte n'aura par conséquent pu être établi.

Art. 8.

Le numéro des wagons, des bâches et des différents agrès sera indiqué avec le plus grand soin dans la colonne à ce destinée sur la feuille de chargement.

Dans le cas où un wagon serait transbordé à la station d'échange, la feuille de chargement devra toujours mentionner le numéro du wagon ou des wagons dans lesquel la marchandise aura été transbordée.

Le petit matériel, tel que cordes d'arrimage ou de plombage, chaîne, prolonge ou autres agrès, qui accompagnera la marchandise jusqu'à destination, devra toujours être renvoyé à la station d'expédition par feuille de service aussi souvent que ces agrès ne feront pas partie des wagons mêmes sur lesquels ils seront trouvés.

Lorsqu'au contraire les agrès feront partie intégrante d'un wagon, ce qui est établi par l'inscription placée sur les châssis des wagons, l'inscription sur feuille de service sera inutile. Le défaut de constatation par les agents prussiens de l'absence de tout ou partie de ces agrès suffira seul pour établir qu'ils ont été livrés à la Prusse.

Toutefois, si la gare destinataire avait un chargement destiné pour la ligne propriétaire et expédié sur un wagon de cette ligne, elle pourrait utiliser ce petit matériel.

Art. 9.

L'état du matériel et des agrès devra être constaté avec soin lors de chaque transmission, et communiqué à l'Administration centrale au moyen de l'imprimé adopté par chaque Administration.

Le règlement des avaries éprouvées par le matériel ou les agrès aura également lieu chaque mois.

Art. 10.

Les états de parcours et de séjour des wagons, établis par l'Administration centrale, comme il est dit ci-dessus, devront être présentés le 12 de chaque mois, au plus tard, à l'Administration correspondante.

Après vérification, cette dernière fera connaître ses observations, afin que les états puissent être rectifiés et arrêtés dans le courant du mois.

Les états ainsi vérifiés et arrêtés, l'Administration créancière établira en double expédition et conformément au modèle adopté le décompte des sommes dues à chaque Compagnie.

L'une de ces deux expéditions, approuvée par la Compagnie correspondante, sera renvoyée à la Compagnie créancière, pour qu'il lui reste trace du règlement; l'autre, également approuvée et conservée par la Compagnie débitrice, sera remise par elle à sa caisse pour que le versement du solde à payer puisse être effectué.

Art. 11.

La présente convention recevra son exécution à partir du premier novembre mil huit cent soixante.

Elle pourra être dénoncée pour cesser son effet moyennant avis donné six mois à l'avance.

Art. 12.

Les contractants se réservent respectivement l'approbation de la Direction royale des chemins de fer à Sarrebrück et du conseil d'Administration des chemins de fer de l'Est.

Fait double à Sarrebrück, pour la Direction royale des chemins de fer à Sarrebrück, le vingt-cinq novembre mil huit cent soixante; et à Paris, pour la Compagnie des chemins de fer de l'Est français, le vingt-sept décembre de la même année.

Approuvé par le conseil d'Administration de la Compagnie des chemins de fer de l'Est dans sa séance du 26 décembre 1860.

CONVENTION DU 11 DÉCEMBRE 1861

RÉGLANT

LES CONDITIONS DE CIRCULATION DES WAGONS A HOUILLE

ENTRE :

La Compagnie française des chemins de fer de l'Est, dont le siége est à Paris, rue et place de Strasbourg, représentée par M. JACQMIN, directeur de l'exploitation de ladite Compagnie ;

Et la Direction royale des chemins de fer, dont le siége est à Sarrebrück, représentée par MM. HOFFMANN, conseiller d'État, ingénieur, PAPE, assesseur d'État, et SIMON, assesseur d'État ;

Et avec la participation de la Direction royale des mines, intervenante, représentée par M. SERLO, conseiller supérieur des mines à Sarrebrück,

A été conclu la convention suivante, ayant pour objet de déterminer et fixer les délais dans lesquels les wagons à houille expédiés en Prusse, par Forbach, devront être renvoyés en France.

ARTICLE PREMIER.

La Direction royale des chemins de fer prend l'engagement de retourner chargés, à Forbach, les wagons vides commandés par elle, dans les délais fixés comme suit :

Pour les houillères Von der Heydt, Louisenthal, dans les quarante-huit heures ;

Pour la houillère de Dultweiler, dans les soixante-douze heures pendant le service d'hiver actuel, et dans les quarante-huit heures à partir du service d'été prochain ;

Pour les houillères de Sultzbach, Altenwald et Friedrichsthal, dans les soixante-douze heures ;

Pour les houillères de Reden, Russhütte, Heinitz, Dechen et Griesborn dans les quatre-vingt-seize heures.

À partir du service d'été prochain, le délai pour la houillère de Griesborn sera également réduit à soixante-douze heures.

Dans les délais ci-dessus fixés, le chargement des wagons est compris pour dix-huit heures, pour les houillères Von der Heydt, Louisenthal, et, à partir du service d'été prochain, pour la houillère de Duttweiler ; et pour vingt-quatre heures pour toutes les autres houillères, le surplus des délais étant pour le transport.

ART. 2.

Les deux Administrations de chemins de fer s'interdisent l'usage des wagons étrangers, dans leur service intérieur. L'Administration prussienne acceptera, autant que faire se pourra, les wagons qui arriveront chargés de Forbach sur le chemin de fer prussien, et les dirigera, après leur déchargement, sur l'une des houillères pour y être chargés. Dans ces cas, les délais fixés par l'article 1er ci-dessus seront augmentés de vingt-quatre heures.

Art. 3.

Si, contre toute attente, l'enlèvement immédiat des wagons vides mis à disposition à Forbach était impossible, la Direction royale des chemins de fer s'oblige à emmener les wagons restés en souffrance, chaque fois avec le train immédiatement suivant, jusqu'à concurrence du nombre extrême d'essieux admissible.

Art. 4.

Les délais fixés pour le retour des wagons courront à partir du moment de la remise de l'état des wagons disposés dans la gare de Forbach à pouvoir être enlevés, jusqu'à celui de la remise de l'état des wagons revenus à ladite gare, accompagnés des pièces de comptabilité y relatives.

Art. 5.

Dans les délais fixés pour le retour des wagons ne seront pas compris les jours pour lesquels il n'a pas été organisé de trains de houille réguliers.

A cet égard, on fait observer particulièrement que, dans le moment actuel, il n'existe point de trains réguliers de houille pour les dimanches et jours fériés, par la raison que l'exploitation des houillères chôme ces jours-là.

La Direction royale des chemins de fer promet de faire des démarches auprès de la Direction royale des mines pour faire travailler pendant lesdits jours, et elle se déclare toute prête, dès que cette mesure aura été obtenue à organiser pour ces jours des trains réguliers au départ des houillères.

Art. 6.

En cas de transgression des délais fixés par les articles 1 et 2, la Direction royale des chemins de fer payera à la Compagnie française de l'Est trois francs par wagon et par chaque période de vingt-quatre heures de retard, une période de vingt-quatre heures entamée devant, dans ce cas, être comptée comme pleine.

Le décompte des amendes conventionnelles encourues aura lieu simultanément avec le décompte et le règlement des redevances pour location des wagons.

Art. 7.

La Compagnie française de l'Est accorde une prime de trois francs par wagon et par chaque période pleine de vingt-quatre heures, dont les délais de retour des wagons stipulés par les articles 1 et 2 seront abrégés.

Cette prime viendra en déduction des amendes encourues, mais elle ne donnera pas lieu à un payement de la part de la Compagnie française de l'Est.

Art. 8.

La Direction royale des chemins de fer ne sera responsable du retour régulier que du nombre de wagons dont elle aura fait la demande.

Art. 9.

Une exemption de l'amende pour retard a lieu lorsque le retard aura été occasionné par des accidents que la Direction royale des chemins de fer n'aura pu ni prévoir, ni prévenir.

Seront considérés notamment comme accidents de cette nature, savoir :

1° accidents proprement dits, causes atmosphériques, avaries, troubles d'exploitation interrompant ou retardant le transport du wagon, ou ayant pour conséquence une réparation à faire au wagon ;

2° troubles dans l'exploitation des houillères et entraînant un chômage dans l'extraction du charbon, accidents atmosphériques extraordinaires empêchant les ouvriers de se rendre aux houillères.

Art. 10.

De son côté, la Compagnie française prend l'engagement d'observer les délais ci-après pour les wagons à houille transitant sur sa ligne :

Pour une distance de	1 à 60 kilomètres	2 jours
— —	61 à 100 —	3 —
— —	101 à 150 —	4 —
— —	151 à 200 —	5 —
— —	201 à 300 —	6 —

et ainsi de suite, un jour de plus pour chaque distance de 100 kilom. en sus.

Les retards seront calculés d'après les distances réelles prises une fois seulement, un kilomètre commencé étant compté comme un kilomètre plein.

Les jours sont comptés de minuit à minuit.

Les jours de départ et de retour des wagons à Forbach ne sont comptés que pour un seul jour.

Tout wagon revenu de France à Forbach après le départ du dernier train de houille ne sera considéré que comme revenu le lendemain.

Les délais de séjour ci-dessus seront augmentés d'un jour pour tout wagon parti chargé de Forbach en France et revenant chargé à ladite gare.

Un wagon, pour être considéré comme chargé, devra comporter un chargement d'au moins 1,000 kilogrammes.

Les caisses, paniers, fûts et sacs vides ne seront pas considérés comme chargement au retour quel qu'en soit d'ailleurs le poids.

Par chaque jour de retard au delà des délais ci-dessus fixés, la Compagnie française de l'Est payera par wagon une indemnité de 3 francs, sans avoir égard au parcours que le wagon pourrait d'ailleurs avoir effectué sur la ligne française.

Art. 11.

Les grandes réparations du matériel s'opéreront par les soins de l'Administration à laquelle il appartient. Les petites réparations urgentes seront opérées par les soins de l'Administration sur le territoire de laquelle le matériel se trouvera.

Toutes les dépenses qui seront faites de ce chef par l'une des parties contractantes soit pour quelque réparation, soit pour fourniture de quelque pièce de rechange, devront

24

être justifiées par pièces comptables certifiées par les chefs de service compétents et soldées réciproquement par trimestre.

Art. 12.

En cas d'avaries par suite d'accidents sur la voie, les conséquences en seront supportées comme suit :

A. par l'Administration sur le parcours de laquelle elles se seront produites, si l'accident est imputable à la construction ou à l'entretien de la voie, ou bien au personnel de la voie, des trains ou des gares ;

B. par l'Administration à laquelle appartient le matériel, s'il est prouvé que c'est le matériel qui en est cause ;

C. à frais communs, lorsque les causes de l'accident sont douteuses.

En cas d'accidents majeurs, entrainant la mise hors de service d'un ou de plusieurs wagons, chaque Administration en donnera avis à l'autre par la voie la plus rapide, et il sera loisible, à l'une et à l'autre Administration d'envoyer sur les lieux un commissaire de son choix pour constater la nature et l'étendue de l'accident.

Art. 13.

La Direction royale des mines prend l'engagement, vis-à-vis la Direction du chemin de fer royal, de charger et tenir prêts à être enlevés les wagons envoyés aux houillères de Von der Heydt, Louisenthal, et, à partir du service d'été prochain, à la houillère de Duttweiler, et éventuellement à la houillère de Griesborn pour le cas où un second train serait dirigé sur cette houillère, dans un délai de dix-huit heures, et pour toutes les autres houillères dans un délai de vingt-quatre heures, à compter de l'heure réglementaire de l'arrivée du train à la houillère.
En cas de retard de plus d'une heure à l'arrivée du train, lesdits délais ne seront calculés qu'à partir du moment de l'arrivée effective.
Tant qu'il ne sera pas travaillé les dimanches et jours de fête, ces jours ne seront pas compris dans les délais.
La Direction royale des mines s'oblige toutefois, pour le cas où il serait travaillé exceptionnellement les dimanches et jours de fête, d'en prévenir la Direction royale des chemins de fer au moins vingt-quatre heures à l'avance, afin que celle-ci puisse prendre en temps utile les mesures nécessaires pour l'organisation des trains.
La prise en charge des wagons chargés a lieu une heure seulement avant l'heure réglementaire de départ du train ; elle ne pourra être déclinée, toutefois, si, jusqu'au moment du départ, il reste encore disponible un intervalle d'une demi-heure au moins.
En cas de retard dans la transmission des wagons chargés, le retard sera constaté contradictoirement et par écrit par les agents des Administrations respectives de la localité.

Art. 14.

La Direction royale des mines décline toute garantie pour le chargement, en temps régulier, des wagons excédant le nombre des wagons commandés par les agents des mines.

Art. 15.

Les houillères seront dispensées de l'observation des délais fixés pour le retour des wagons :

(a) en cas de chômage par suite d'un empêchement quelconque ;
(b) s'il est prouvé que, par suite d'événements de force majeure, les ouvriers ont été empêchés de se rendre aux mines.

Art. 16.

Lorsque la Direction royale des chemins de fer sera tenue de payer des indemnités pour cause de retards, en exécution de l'article 6 ci-dessus, la Direction royale des mines s'engage au remboursement de celles des indemnités qu'elle aurait payées pour des retards occasionnés exclusivement par le fait de l'administration des mines. Lorsque les deux Administrations ensemble n'auront pas observé les délais de retour qui leur sont imposés, sans qu'une période entière de vingt-quatre heures puisse être imputée à l'une ou à l'autre Administration, elles supporteront l'indemnité à part égale. Mais lorsque l'une ou l'autre des deux Administrations aura donné lieu à un retard d'au moins vingt-quatre heures, elle sera tenue seule au payement de l'amende encourue pour chaque période pleine de vingt-quatre heures causé par son fait, les fractions en sus étant supportées à part égale par les deux Administrations.

Art. 17.

Dans le cas où la Direction royale des mines croirait devoir faire valoir les motifs d'excuse énoncés en l'article 10 ci-dessus pour des retards occasionnés par son fait, la Direction royale des chemins de fer se chargerait de demander auprès de la Compagnie des chemins de fer de l'Est la remise des amendes conventionnelles encourues, à charge par ladite Direction des mines de lui donner communication de ses motifs d'excuse.

Pour le cas où la Compagnie française de l'Est n'accepterait pas les motifs invoqués et insisterait au contraire pour le payement de l'amende, la Direction royale des mines tiendrait la Direction royale des chemins de fer constamment indemne de ce chef, et il lui sera loisible d'entrer directement en rapport avec la Direction des chemins de fer de l'Est pour obtenir la restitution d'amendes payées à raison de retards.

Art. 18.

Les règlements de compte avec la Direction royale des mines aura lieu aux mêmes époques que les règlements entre la Direction royale des chemins de fer et la Compagnie française de l'Est.

Art. 19.

La Direction royale des mines s'oblige de prendre à sa charge toutes les avaries qui surviendraient aux wagons dans l'intervalle compris entre le moment de l'arrivée des wagons vides et celui de leur départ avec chargement.

Il est bien entendu qu'une avarie sera censée être survenue dans ledit espace de temps, si elle est constatée au départ du wagon, sans avoir été remarquée à l'arrivée.

Art. 20.

La présente convention entrera en vigueur à partir du 1ᵉʳ janvier 1862, et pourra être résiliée après une dénonciation préalable de six mois à l'avance.

Art. 21.

La Direction royale des chemins de fer et la Direction royale des mines se réservent la ratification de M. le ministre du commerce, de l'industrie et des travaux publics de Prusse.

Fait triple à Sarrebrück, le onze décembre mil huit cent soixante et un.

Approuvé :

Signé : Jacqmin.

Signé : Hoffmann, Pape, Simon, Serlo.

Approuvé par le Conseil d'Administration de la Compagnie des Chemins de fer de l'Est dans sa séance du 12 décembre 1861.

CONVENTION DU 11 DÉCEMBRE 1861

RÉGLANT

LA MARCHE DE CERTAINS TRAINS ENTRE LA COMPAGNIE DE L'EST ET LA DIRECTION ROYALE DES CHEMINS DE FER PRUSSIENS

Pour discuter quelques questions importantes pour l'accroissement du commerce international entre les deux Administrations des chemins de fer de l'Est et de la Direction royale de Sarrebrück, les soussignés :

M. Maybach, conseiller intime et ministériel attaché au ministère des travaux publics de Berlin, commissaire spécial de S. Exc. M. le ministre des travaux publics, accompagné de MM. Hoffmann, conseiller d'État, et Pape, assesseur d'État, membre de la Direction ci-dessus dénommée ;

Et MM. les représentants de la Compagnie des chemins de fer de l'Est ;

M. Sauvage, Directeur,

M. Jacqmin, Directeur de l'exploitation de la Compagnie ; se sont réunis à Paris les cinq et six décembre, et à Sarrebrück le dix décembre, et ils sont convenu de ce qui suit :

I. Accélération des trains entre Paris et Mayence, viâ Sarrebrück, et Bingerbrück, et vice versâ.

Messieurs les commissaires prussiens communiquent qu'ils vont établir, entre Sarrebrück et Bingerbrück, des trains accélérés qui ne devront s'arrêter qu'à quatre des vingt et une stations situées entre les deux dites stations de départ, et ils demandent au chemin de fer de l'Est d'accélérer la vitesse de ses trains entre Frouard et Forbach, de manière que la route de Frouard, Forbach, Sarrebrück, Bingerbrück (Mayence), soit regardée comme route principale.

Messieurs les représentants de la Compagnie des chemins de fer de l'Est se déclarent prêts à répondre, autant que possible, à la demande exprimée en vue de la convention conclue le dix septembre 1859 entre les deux administrations, et ils consentent, en conséquence, en ce qui concerne :

1° la direction de Paris à Mayence, de former le train 201 *bis*, entre Metz et Forbach, en train express en correspondance avec le train 29, afin que l'arrivée en ait lieu à six heures cinquante-cinq du matin au lieu de sept heures quarante.

Pour la modification de ce service, la ratification du ministre de l'agriculture, du commerce et des travaux publics à Paris sera requise aussitôt que l'administration royale prussienne annoncera qu'il lui a été accordé, par le chemin de fer de Hesse, un train correspondant sur le parcours entre Bingerbrück et Mayence, et qu'il aura été établi entre Bingerbrück et Rüdesheim un trajet à vapeur sur le Rhin pour établir avec le chemin de fer ducal de Nassau une correspondance dans la direction de Wiesbaden et de Francfort sur le Mein. A défaut de convention spéciale, le parcours accéléré du train n° 201 *bis* ne sera pas conservé, si, à l'expiration des trois mois, il est constaté que le transit des voyageurs qui profiteront de ce train, pour passer de France en Allemagne, ne produit au moins deux francs par kilomètre.

2° à l'égard de la direction de Mayence à Paris, les représentants du chemin de fer de l'Est font remarquer qu'ils ne peuvent modifier, pendant le service d'hiver, la marche du train n° 206, qui correspond avec le train de jour n° 24 de Strasbourg à Paris ; mais ils consentent à former, à l'ouverture du service d'été prochain, le même train entre Forbach et Metz, en train direct correspondant, avec la vitesse accordée au train express sous n° 1, ci-dessus, mais pareillement sous la même réserve que cette marche accélérée ne sera conservée que quand le transit des voyageurs qui profiteront de ce train pour passer d'Allemagne en France, produira, après trois mois, au moins deux francs par kilomètre.

Les représentants de l'administration prussienne donnent leur assentiment à ces propositions, sous la réserve de la ratification par M. le ministre prussien du commerce.

Les représentants de la Compagnie française ajoutent, en ce qui concerne les heures de départ et d'arrivée des trains pour le point de Mayence, que s'il est nécessaire de rétablir la marche actuelle des trains 201 *bis* et 206, cette ville sera encore traitée plus favorablement que d'autres grandes villes françaises ou allemandes ; qu'avec les nécessitées postales notamment, il devient impossible pour les trains de grands parcours de tenir compte des heures qui conviendraient le mieux aux villes intermédiaires, et que celles-ci doivent accepter les trains de grand parcours aux heures que commandent les intérêts généraux des pays traversés.

II. Augmentation du matériel destiné au transport des houilles au départ du bassin houiller de Sarrebrück.

Messieurs les commissaires prussiens se plaignent du manque de wagons qui a eu lieu déjà plusieurs fois à Forbach, et qui a occasionné des obstacles considérables au transport des houilles ; ils demandent d'y prendre des mesures et d'augmenter surtout les wagons à houille du chemin de fer de l'Est, pour remédier à cet état nuisible aux deux administrations. Ils présentent un compte suivant lequel les wagons de la Compagnie des chemins de fer de l'Est devraient être augmentés d'environ sept cents pour satisfaire aux besoins, et ils indiquent que le chemin de fer de l'Est avait pris, dans l'article 5 de la convention du 22 janvier 1859, l'engagement de fournir les wagons nécessaires, étant défendu à l'administration prussienne d'employer dans ce trafic plus de deux cents wagons. Sous ce dernier rapport les paragraphes 2 et 3 de l'article 5 déterminent :

« Mais le nombre des wagons prussiens affectés à ce service ne pourra excéder deux cents, sauf le cas où il serait constaté que, pendant deux semaines, le nombre affecté à l'enlèvement des houilles et coke à Forbach ou aux houillères est insuffisant par le fait de la Compagnie de l'Est et sans que cette insuffisance soit le résultat d'une force majeure.

« Dans ce cas, la Compagnie de l'Est aura la faculté d'acquérir, à prix coûtant, les wagons supplémentaires fournis par l'administration prussienne.

« La redevance réciproque pour l'usage des wagons sera réglée ainsi qu'il est dit à l'article précédent. »

La limite des deux cents wagons à fournir par la Prusse pourra être dépassée, à la condition que les wagons en excédant comporteront un chargement de dix tonnes.

Les représentants des chemins de fer de l'Est déclarent renoncer, par les présentes, à l'emploi de ces deux paragraphes et en consentir l'abolition, de sorte que l'administration prussienne pourra faire construire et fournir à son gré au trafic pour la France le nombre de wagons à houille et à coke qu'elle jugera nécessaire pour le trafic. La redevance à payer par le chemin de fer de l'Est, pour l'usage des wagons prussiens, doit être la même que celle établie dans l'article 4 de la convention du 22 janvier 1859.

La fixation des délais pour le retour des wagons à houille ainsi que de l'amende conventionnelle qui doit être payée en cas de contravention, est réservée à une convention particulière pour laquelle les prescriptions de la convention du 25 novembre 1860, et, en particulier l'article 2, devront former la base.

Les représentants du chemin de fer de l'Est ont indiqué ensuite qu'une circulation plus accélérée des wagons à houille serait essentiellement empêchée par le stationnement prolongé des wagons en Prusse, et qu'il serait nécessaire, à cet égard, d'établir des délais fixes pour le retour des wagons, et de déterminer que la contravention non excusable à ces délais devait emporter une amende conventionnelle. Il sera pour cette raison établi une convention spéciale sur cet objet entre les deux administrations du chemin de fer. Les représentants français ajoutent que dans la convention à faire pour stipuler cette pénalité, ils ajouteront l'indication des autres causes qui, selon eux, ont occasionné la pénurie du matériel.

Au cas où les mesures préparées dans cette convention ne remédieraient pas au mal, MM. les représentants du chemin de fer de l'Est se déclarent prêts à fournir bientôt les wagons qui seraient encore nécessaires.

III. Tarifs directs pour le transport des houilles et du coke de provenance des houillères et en destination de diverses localités de France.

Le procès-verbal de la conférence du 20 novembre 1860, sous la présidence de M. le conseiller intime Maybach, porte à l'article 4 qu'un tarif direct de houille et de coke sera établi, ce tarif direct qui contient les parts prussiennes comme elles sont établies dans un état présenté par M. Lentze, membre de la Direction royale prussienne, a déjà été préparé par le chemin de fer de l'Est, le 4 janvier 1861, et il est déjà accepté par le gouvernement français; mais il n'est pas encore mis à exécution parce que la Direction royale prussienne, dans une lettre du vingt-deux novembre mil huit cent soixante et un, a fait des observations sur les cinq points suivants :

règlement de la tolérance accordée aux acheteurs de houille;

cessation des droits d'enregistrement de 0 fr. 10 centimes par expédition;

suppression de la moitié des frais de gare de 0 fr. 20 centimes par tonne ;

suppression des droits de timbre français de 0 fr. 35 centimes par expédition, parce que ceux-ci n'existeraient pas pour l'importation des houilles de Belgique, à ce qu'on dit ;

suppression des frais de douane de 0 fr. 05 centimes par tonne, parce que les expéditeurs seraient suffisamment indemnisés par le rabais important sur les droits de douane.

Ces cinq points ont été succesivement pris en considération et ils ont été décidés de la manière suivante :

1° La question concernant le surpoids est réglée dans l'article 6 du procès-verbal du 20 novembre 1860. Cet article s'exprime dans les termes suivants, etc., etc.

La réduction proposée sous l'article tolérance du tarif du 4 janvier 1861 est, en conséquence, acceptée.

2° La Compagnie du chemin de fer de l'Est déclare renoncer au droit d'enregistrement de 0 fr. 10 centimes par expédition qui se fait suivant les termes du tarif commun. Cette renonciation sera mentionnée dans une nouvelle édition du tarif du 4 janvier.

3° La Direction royale prussienne ayant pris connaissance des motifs opposés par la Compagnie de l'Est, retire ses observations contre les droits de gare de 0 fr. 20 centimes par tonne, et ces droits seront compris dans la part française.

4° Les droits de timbre de 0 fr. 35 c. par expédition qui, suivant l'opinion du chemin de fer de Sarrebrück, ne sont pas payés pour les houilles de Belgique en France, sont perçus par le gouvernement français, comme le soutiennent les représentants de la Compagnie des chemins de fer de l'Est, et le chemin de fer de l'Est n'a pas à exercer une influence à cet égard. A raison de cette circonstance, la Direction royale consent à retirer son opposition.

5° La Compagnie des chemins de fer de l'Est, eu égard aux délais acceptés pour l'emploi des wagons, déclare renoncer au droit spécifié de 0 fr. 05 c. par tonne pour les formalités en douane.

IV. Réduction du tarif pour les transports de houille et de coke en destination de Saint-Dizier, etc., etc.

La Direction royale prussienne, en vue des tarifs de houille introduits avec succès en Allemagne, à raison de un pfenning par quintal et par mille, outre un droit fixe de deux thalers pour cent quintaux pour l'expédition, demande instamment que la taxe du tarif pour Saint-Dizier soit réduite de 0 fr. 05 c. à 0 fr. 04 c., en expliquant qu'au moyen de cette taxe la concurrence des houilles étrangères serait sans conséquence, et qu'il serait gagné pour les chemins de fer un trafic important. Les représentants du chemin de fer de l'Est font observer, à l'encontre, que cette question formait l'objet d'une lettre adressée à la Direction royale des mines à Sarrebrück, le 7 juin 1861. La Compagnie des chemins de fer de l'Est avait, suivant cette lettre, à laquelle jusqu'à présent elle n'a pas encore reçu de réponse, pris l'engagement, et elle le renouvelle, s'il le faut, par les présentes, de réduire de 2 fr. 50 c. la taxe du transport à Saint-Dizier, si, en même temps, la direction des mines consentait à réduire de la même somme le prix des houilles destinées à Saint-Dizier.

La solution de cette question dépend donc uniquement de la Direction royale prussienne des mines.

V. Réduction de la taxe pour les houilles et cokes en destination de Paris.

Les représentants de la Direction royale prussienne mentionnent que les houilles de Sarrebrück seraient facilement vendues sur le marché de Paris, si le chemin de fer français voulait réduire son tarif à 0 fr. 35 c. Ils font ressortir l'importance immense de ce centre de consommation dont l'acquisition serait pour la plus grande partie dans l'intérêt du chemin de l'Est.

Mais les représentants des chemins de fer de l'Est pensent qu'une réduction de tarif si considérable ne serait pas nécessaire, et ils font remarquer, qu'au commencement de cette année, il avait déjà été fait, à Paris, un essai de vente; ils soumettent aux commissaires royaux les résultats de cet essai.

Il en résulte qu'environ sept cents tonnes ont été vendues; les commandes augmentaient journellement, un seul négociant avait fait une commande de deux mille tonnes ; mais il n'y a pas été donné suite, parce que la Direction des mines avait cessé tout envoi, malgré les prières instantes des agents de la Compagnie française.

La vente à Paris du charbon prussien, ajoutent-ils, pourrait être renouvelée, et il suffirait d'accréditer à Paris, si la Direction royale des mines le jugeait convenable, un agent pour faire vendre les houilles prussiennes.

Les représentants du chemin de fer de l'Est reconnaissent toutefois qu'une réduction de tarif ne ferait que favoriser davantage ce trafic, et ils prennent l'engagement de réduire le prix de transport de 1 fr. 50 c. par tonne, si l'Administration prussienne consentait à accorder, de son côté, une réduction de 1 franc par tonne sur le prix de 11 fr. 25 c. établi l'année passée pour la tonne de houille de Heinitz rendue à Forbach.

Fait double à Sarrebrück, le 11 décembre mil huit cent soixante et un.

Signé : MAYBACH, HOFFMANN, PAPE.

Copie d'une lettre adressée le 14 décembre 1861 par le Directeur de la Compagnie de l'Est, à M. Maybach, conseiller intime et ministériel, attaché au ministère des travaux publics de Berlin, etc., etc.

MONSIEUR,

M. Jacqmin, Directeur de l'exploitation de notre Compagnie, vient de me remettre les textes des deux conventions conclues entre la Direction royale du chemin de fer de Sarrebrück et la Compagnie de l'Est, l'une portant la date du 11 et l'autre du 21 décembre courant.

Après avoir pris connaissance de ces deux documents, j'ai l'honneur de vous dire que j'en approuve le contenu sans aucune réserve ni restriction.

Veuillez agréer, etc.

Le Directeur de la Compagnie,
Signé : C SAUVAGE.

CONVENTION DU 11 NOVEMBRE 1863

RÉGLANT

LES CONDITIONS D'EXPLOITATION DE LA PARTIE FRANÇAISE DU CHEMIN DE FER COMPRISE ENTRE LA FRONTIÈRE PRUSSIENNE ET LA GARE DE FORBACH, ET DES GARES DE FORBACH ET STYRING

ENTRE :

La Direction royale des chemins de fer prussiens de Sarrebrück, dont le siége est à Sarrebrück, représentée par M. le baron de DUÉRING, président de la Direction royale du chemin de fer de Sarrebrück.

M. HOFFMANN, conseiller de régence et des bâtiments, à Sarrebrück, agissant tant pour son compte que pour celui du chemin de fer Rhein-Nahe, d'une part,

Et la Compagnie des chemins de fer français de l'Est, dont le siége est à Paris, rue et place de Strasbourg, représentée par M. BAUDE, inspecteur général des ponts et chaussées, Administrateur de la Compagnie,

M. JACQMIN, ingénieur des ponts et chaussées, Directeur de l'exploitation, d'autre part,

Il a été convenu ce qui suit :

ARTICLE PREMIER.

La partie française du chemin de fer, comprise entre la frontière prussienne et la gare de Forbach, sur une longueur de 4,200^m (quatre mille deux cents mètres), onze cents verges de Prusse, continuera à être exploitée par la Direction royale des chemins de fer prussiens, qui fournira tout le matériel roulant et les outils nécessaires à cette exploitation, à l'exception de ce qui est dit à l'article ci-après, relativement à la gare de Styring.

La Direction prussienne conservera, pour les besoins de son service, la jouissance des gares de Forbach et de Styring.

ART. 2.

Les machines locomotives, wagons et voitures, fournis par la Direction royale prussienne, tant pour le service des voyageurs que pour celui des marchandises, satisferont à toutes les conditions prescrites en France pour la sûreté de l'exploitation des chemins de fer.

Réciproquement et pour les cas d'échange, les machines locomotives, wagons et voitures, fournis par la Compagnie française, satisferont à toutes les conditions prescrites en Prusse.

Art. 3.

Le transport des wagons à marchandises français, à destination de l'Allemagne, sera opéré de la gare de Forbach jusqu'à la frontière prussienne ou jusqu'aux stations des chemins de fer prussiens, par les soins et au moyen des locomotives de l'Administration prussienne.

De son côté, la Compagnie française opérera avec ses locomotives le transport des wagons qui lui seront remis par l'Administration prussienne à la gare de Forbach, en destination des diverses stations des chemins de fer de l'Est.

Art. 4.

Les conditions de ce parcours international sont réglées par la convention spéciale du dix-sept septembre mil huit cent cinquante-neuf.

Art. 5.

La Compagnie de l'Est restera chargée de l'entretien et de la surveillance de la voie de fer, des clôtures, des ouvrages d'art et bâtiments de toute nature, situés sur la portion du chemin de fer comprise entre la frontière prussienne et la gare de Forbach, celle-ci comprise.

La voie sera maintenue constamment en bon état d'entretien.

En cas d'accident résultant de la faute ou de la négligence des agents de la Compagnie de l'Est ou de la mauvaise qualité des matériaux employés par elle à l'entretien, elle indemnisera l'Administration prussienne de tous les dommages matériels que celle-ci aura à supporter par suite de l'accident.

Art. 6.

La Direction royale prussienne remboursera, à la fin de chaque année, à la Compagnie des chemins de fer de l'Est, une part des dépenses mises à sa charge par l'article ci-dessus.

Cette part demeure fixée à la moyenne des sommes dues par la Direction prussienne pendant les quatre dernières années, pour l'entretien et la surveillance de la voie depuis la frontière prussienne jusques et y compris la gare de Forbach, soit environ vingt et un mille francs par an, sous réserve de la vérification convenue verbalement.

Art. 7.

En cas de différends sur l'application de l'article 5, la question sera soumise à des experts, dont l'un nommé par la Direction royale prussienne, et l'autre par la Compagnie de l'Est ; si ces deux experts ne parvenaient pas à s'entendre, ils s'adjoindraient d'eux-mêmes un troisième expert.

Art. 8.

Le personnel des trains et du matériel sera choisi par l'Administration prussienne.

Pendant tout le temps de son séjour dans l'enceinte de la partie française du chemin de fer, il sera soumis à l'autorité des agents de la Compagnie de l'Est agissant chacun dans la limite de ses attributions ; les ordres que les agents français auraient à donner seront, autant que possible, adressés au chef de gare prussien.

Le personnel prussien restera d'ailleurs, au même titre que les agents de la Compagnie de l'Est, soumis aux lois et règlements de l'empire français concernant l'exploitation des chemins de fer.

L'Administration prussienne aura à sa charge la totalité des dépenses du personnel qu'elle emploiera directement, celle de leur chauffage et de leur éclairage.

Elle payera à la Compagnie de l'Est le tiers de la dépense faite par celle-ci pour le traitement des hommes employés à la composition et à la décomposition des trains, ainsi que pour l'entretien, le chauffage et la conduite des locomotives employées aux manœuvres de gare.

Enfin, elle remboursera à la Compagnie de l'Est (service du matériel et de la traction) le tiers des dépenses que ce service fera pour l'entretien, l'alimentation et la conduite de la machine fixe servant à l'alimentation des machines locomotives, ainsi que pour le tournage sur plaque de toutes les machines des trains français ou prussiens.

Art. 9.

L'Administration prussienne aura le droit de faire surveiller par ses agents l'entretien de la section comprise entre la frontière prussienne et Forbach.

Les agents qu'elle désignera à cet effet ne donneront pas d'ordres sur la ligne, et n'auront de relations qu'avec les agents supérieurs de la Compagnie de l'Est.

La Compagnie de l'Est s'engage à congédier immédiatement, sur la demande de l'Administration prussienne, tout agent employé sur la section dont il s'agit, dont la négligence compromettrait le bon entretien de la voie et la sécurité de la circulation.

Art. 10.

L'Administration prussienne appliquera ses propres tarifs sur la section du chemin de fer français qu'elle est chargée d'exploiter ; mais, dans aucun cas, ces tarifs ne pourront excéder le maximum du tarif légal imposé à la Compagnie de l'Est par son acte de concession. Pour les transports des houilles et cokes depuis la frontière jusqu'aux gares de Styring et de Forbach, l'Administration prussienne se conformera aux tarifs appliqués par la Compagnie de l'Est entre les gares de Forbach et de Saint-Avold ; d'où il résulte que les tarifs perçus par la Direction royale prussienne pour le transport des houilles et cokes sur la section du chemin de fer comprise entre la frontière et Styring ne pourront excéder six centimes par tonne et par kilomètre, base du tarif actuellement en vigueur pour les mêmes transports s'effectuant de Forbach à Saint-Avold, et, en dehors de ces tarifs, il ne pourra être perçu de frais accessoires à aucun titre quelconque.

Il est, en outre, entendu que la Compagnie de l'Est se réserve le droit de modifier ses tarifs actuels entre Forbach et Saint-Avold, et que l'Administration prussienne sera toujours tenue de s'y conformer.

Art. 11.

Par dérogation aux articles 1 et 2 de la présente convention, il est expressément convenu, pour se conformer à la décision de l'Administration supérieure française, en ce qui concerne la gare de Styring, que le service de cette gare, pour ses relations avec

Forbach, sera fait par la Compagnie de l'Est ; qu'en conséquence, tous les transports de marchandises partant de Styring ou arrivant à Styring et ayant Forbach pour destination ou pour provenance s'effectueront par les soins et aux frais de la Compagnie de l'Est, qui appliquera ses propres tarifs et effectuera directement les recettes à son profit, tout en conservant ses droits à l'intégralité des redevances fixées en sa faveur par les articles 6 et 13 de la présente convention.

Art. 12.

La gare de Styring sera ouverte, dès la mise en vigueur de la présente convention, et sous réserve du consentement de la douane prussienne, au service des voyageurs et bagages.

Elle sera desservie, tous les jours, par deux ou trois trains prussiens de voyageurs, dans chaque sens. Le choix de ces trains, parmi ceux établis entre Forbach et Sarrebrück, sera réservé à l'Administration prussienne, pour chaque période du service d'été ou d'hiver.

Le service de la délivrance des billets et de l'enregistrement des bagages ou colis sera fait par le chef français de la station et aux frais de la Compagnie française. Il ne s'étendra qu'aux gares de Sarrebrück d'une part, et Forbach de l'autre.

La Compagnie de l'Est prend l'engagement de modifier les heures de départ et d'arrivée de ses trains à Forbach, de manière à augmenter de cinq minutes la durée du trajet dans chaque sens des trains entre Forbach et Sarrebrück. Elle fera, à ses frais, tous les aménagements nécessaires pour la réception des voyageurs, des bagages et des trains.

Les recettes afférentes aux billets délivrés sur Sarrebrück seront adressées à l'Administration prussienne qui en sera propriétaire et qui exercera le contrôle des opérations suivant le mode en usage dans son service. Les recettes relatives aux billets sur Forbach seront transmises, vérifiées et contrôlées suivant les principes adoptés par la Compagnie de l'Est à laquelle elles appartiendront au même titre que celles prévues à l'article précédent.

Art. 13.

L'Administration prussienne s'engage à payer à la Compagnie des chemins de fer de l'Est, à titre de fermage de la portion de la voie française comprise entre Forbach et la frontière prussienne, cinquante pour cent de la recette brute effectuée par elle sur la section affermée et sans préjudice, ainsi qu'il est dit à l'article 11 ci-dessus, des recettes effectuées par la Compagnie de l'Est pour les transports partant de la gare de Styring pour Forbach et réciproquement.

Art. 14.

La présente convention, qui annule et remplace celle en date du vingt-deux janvier mil huit cent cinquante-neuf, est faite pour quatre années à partir du 1er janvier 1864. Si elle n'est pas dénoncée un an avant l'expiration de ce délai, elle sera prolongée de droit pour un nouveau délai d'un an et ainsi de suite, de telle sorte que dans aucun cas le traité ne pourra être résilié, à moins d'un avertissement donné un an à l'avance.

Art. 15.

Le gouvernement prussien se réserve le droit d'accorder les avantages stipulés dans la présente convention à tous les chemins qui entreront dans la direction royale ; en tous cas, ces avantages seront concédés au chemin de fer de Bingen à Neunkirchen (Nahe-Bahn), quand bien même il n'entrerait pas dans la direction royale.

Art. 16.

La présente convention sera soumise à l'approbation des deux gouvernements de Prusse et de France.

Fait double à Paris, le onze novembre mil huit cent soixante-trois.

Signé : DE DUÉRING, HOFFMANN, BAUDE, JACQMIN.

Approuvé par le Conseil d'Administration de la Compagnie des chemins de fer de l'Est, dans sa séance du 12 novembre 1863.

Dans la séance du 10 décembre 1863, le Conseil d'Administration des chemins de fer de l'Est :

Modifiant sa délibération du 12 novembre dernier qui ratifie le traité d'exploitation conclu le 11 du même mois avec les représentants du chemin de fer de Sarrebruck, décide : que la part de la Direction prussienne dans les frais d'entretien de la voie, fixée par l'article 6 dudit traité à 21,000 francs par an, sera réduite à 20,000.

CONVENTION DU 11 NOVEMBRE 1863

ÉTABLISSANT

LES CONDITIONS D'ÉCHANGE DU MATÉRIEL ENTRE LA DIRECTION ROYALE DES CHEMINS DE FER PRUSSIENS, A SARREBRUCK, ET LA COMPAGNIE DES CHEMINS DE FER FRANÇAIS DE L'EST

ENTRE :

La Direction royale des chemins de fer prussiens, à Sarrebrück, représentée par M. le baron de DUÉRING, son président, et M. HOFFMANN, conseiller de régence et des bâtiments, à Sarrebrück, agissant tant pour son compte que pour celui du chemin de fer Rhein-Nahe, d'une part,

Et la Compagnie des chemins de fer français de l'Est, dont le siége est à Paris, rue et place de Strasbourg, représentée par M. BAUDE, inspecteur général des ponts et chaussées, Administrateur de la Compagnie, et M. JACQMIN, ingénieur des ponts et chaussées, Directeur de l'exploitation, d'autre part,

Il a été dit et convenu ce qui suit :

ARTICLE PREMIER.

Afin d'éviter le transbordement des voyageurs, bagages, bestiaux et marchandises transitant d'un chemin sur l'autre, les voitures à voyageurs, les fourgons à bagages, les wagons à marchandises, à voitures, chevaux et bestiaux des Administrations contractantes devront, autant que possible, circuler jusqu'à destination sur leur réseau réciproque et sur les chemins de fer en relation. Cette circulation de matériel étranger donnera lieu, de la part de l'Administration qui l'emploiera, au payement de redevances pour le parcours et le séjour prolongé au delà de certaines limites ; mais il est expressément stipulé que chaque Administration devra faire tous ses efforts pour compenser, autant que possible, en nature, toutes les redevances qu'elle aurait à percevoir, de telle sorte que les comptes d'échange réciproque se balancent l'un par l'autre.

Les comptes de parcours et de séjour antérieurs au 1er janvier 1864 se balançant très-approximativement, il est dès à présent convenu que pour l'avenir ces comptes seront arrêtés tous les trimestres et balancés, au besoin, par le trimestre suivant. A cet effet, celle des directions qui, dans un trimestre, aura un compte de parcours se soldant à son profit devra, dans le trimestre suivant, recevoir une quantité de wagons, appartenant à l'autre direction, suffisante pour compenser cette recette accidentelle.

ART. 2.

A moins d'arrangements particuliers, les deux Administrations contractantes s'engagent à ne point faire usage, pour leurs transports intérieurs, du matériel emprunté, à l'exception des voitures à voyageurs et des fourgons à bagages. Toutefois, ces voitures et fourgons devront toujours être retournés au point d'échange par le premier train en correspondance, à moins qu'il n'y ait certitude de pouvoir les renvoyer chargés par le train suivant.

Art. 3.

Les comptes des redevances pour les parcours réciproques et les séjours prolongés au delà de certaines limites se feront mensuellement. Ils seront établis d'après les bases suivantes, la circulation à vide étant comptée comme circulation à charge. — Par kilomètre de parcours :

Pour une locomotive allumée . . . . 1 fr. 00
Pour une voiture à voyageurs à quatre roues 0   04
Pour toute autre voiture de transport à quatre roues, quelle que soit sa nature   0   05

Pour les voitures de plus de quatre roues, ces prix seront majorés de moitié par chaque paire de roues.

Les délais accordés de part et d'autre pour le service du matériel de transport, sauf l'exception prévue à l'article 2 pour les voitures à voyageurs et fourgons à bagages, sont fixés comme suit pour la circulation sur les lignes en relation :

Pour un trajet de :   1 à   50 kilomètres   2 jours
    —   —   51 à 100   —   3   —
    —   —   101 à 200   —   4   —
    —   —   201 à 300   —   5   —

et ainsi de suite, un jour étant accordé pour chaque distance de cent kilomètres en plus. Ces délais seront calculés d'après les distances réelles prises une fois seulement et toute fraction de kilomètre comptant pour un kilomètre.

Ils seront portés, du jour de départ de Forbach jusqu'au jour de retour dans cette même gare : 1° à 48 heures pour les wagons en destination des houillères de Von der Heydt et Louisenthal ; 2° à 72 heures en hiver et 48 heures en été pour les wagons en destination de la houillère de Duttweiler ; 3° à 72 heures pour les wagons en destination des houillères de Sulzbach, Altenwald, Friedrichsthal ; 4° à 96 heures pour les wagons en destination des houillères de Reden, Russhutte, Heinitz, Dechen et Griesborn.

Les délais de parcours seront majorés d'un jour pour tout wagon qui, parti chargé de la ligne à laquelle il appartient, y sera renvoyé chargé ; ce chargement devra comporter au moins 1,000 kilogrammes. Les emballages en général ne sont pas considérés comme un chargement, quel que soit d'ailleurs le poids contenu dans les wagons.

Pour tous les wagons envoyés en destination des minières d'Esch et d'Ottange, ces délais seront comptés sur l'itinéraire par Esch et Ottange et augmentés de un jour ainsi que pour tous les wagons devant traverser le Rhin à Bingerbrück, Ludwigshafen et autres points.

Les jours compteront de minuit à minuit. Le premier jour commencera à minuit après la remise du wagon et des pièces de comptabilité ou autres qui l'accompagnent. Au retour, toute fraction de jour au delà de minuit, comptera pour un jour entier.

Les dimanches et jours de fêtes légales, qui sont en Prusse au nombre de dix, ne compteront pas dans les délais, dont sera également déduit le temps nécessaire aux opérations de formalités en douane dûment justifié.

Art. 4.

Lorsqu'un wagon sera retenu au delà des délais fixés ci-dessus, l'Administration qui l'aura retenu payera à l'Administration propriétaire du wagon une indemnité de trois francs par chaque jour de retard. Lorsqu'au contraire un wagon sera restitué avant les délais fixés, il donnera droit, en faveur de l'Administration qui l'aura rendu, à une bonification de trois francs par jour. Cette bonification entrera en déduction des amendes encourues, sans que jamais elle puisse donner lieu à un payement en argent. Le décompte des indemnités de retard sera fait en même temps que celui des sommes dues pour les parcours réciproques.

Art. 5.

Les indemnités de retard ne seront pas dues toutes les fois que les retards seront causés par des cas de force majeure.

Sont considérés comme cas de force majeure :

(*a*) Accidents proprement dits, avaries, troubles d'exploitation interrompant ou retardant le chargement ou le transport des wagons, réparations courantes que ceux-ci pourraient exiger ;

(*b*) Troubles dans l'exploitation des houillères ou minières entraînant un chômage dans l'extraction du charbon ou du minerai ou autres causes extraordinaires empêchant les chargements.

Art. 6.

L'Administration royale des chemins de fer adressera les demandes de wagons qui seront nécessaires aux houillères, la veille du jour pendant lequel les wagons demandés devront être expédiés

Ces demandes seront adressées par écrit, ou, s'il est nécessaire, par télégraphe, au chef français de la gare de Forbach.

Le nombre de wagons demandés sera exprimé en wagons de dix et de cinq tonnes indiqués séparément ; tous les wagons d'un tonnage supérieur à cinq tonnes et inférieur à dix tonnes comptant pour cinq tonnes.

Le chef de gare français de Forbach satisfera autant que possible à ces demandes :

1° Au moyen de wagons vides français ou prussiens que possédera la gare de Forbach ou qu'elle tirera des autres gares du réseau français ;

2° En cas d'insuffisance du nombre de wagons à dix tonnes, au moyen de deux wagons à cinq tonnes pour chaque wagon de dix tonnes manquant, sans que toutefois le nombre des wagons à cinq tonnes et à tampons secs puisse dépasser le tiers du nombre des wagons des trains en destination de chaque houillère.

Il effectuera les envois qui lui seront demandés en plaçant les wagons dans des trains spéciaux pour chaque houillère, composés suivant les indications de l'Administration prussienne.

Les wagons à frein nécessaires pour satisfaire à la loi prussienne sur la composition de ces trains seront pris parmi les wagons à frein de la Compagnie de l'Est dont elle pourra disposer, et, pour le surplus, parmi ceux des wagons à frein prussiens qu'elle réservera à ses frais à la gare de Forbach.

Art. 7.

Les wagons de marchandises autres que les wagons de houille et coke appartenant à quelque administration étrangère que ce soit, qui arriveront vides ou chargés à la gare de Forbach, en retour sur le réseau de l'Est, seront mis à la disposition de l'Administration prussienne qui en deviendra responsable dès le moment de la remise des pièces qui les accompagnent. Ils ne pourront être mis aux trains prussiens que sur un ordre expédié, signé du chef de gare prussien de Forbach et remis au chef de gare français.

Le délai dans lequel cet avis devra parvenir à ce dernier, pour chaque train prussien, devra être de trois heures avant son départ et ne pourra être diminué que d'un commun accord entre les représentants des deux administrations à la gare de Forbach.

Un registre d'un modèle à déterminer indiquera, d'une part, l'heure à laquelle le matériel étranger en retour de la France sera mis à la disposition de la Prusse, *et vice versâ;* d'autre part, les avis d'expédier remis par le chef de gare prussien au chef de gare français.

Art. 8.

Tout wagon qui serait rendu démuni de tout ou partie des agrès qui lui appartiennent et dont une inscription peinte sur le côté du wagon indique, pour le matériel français, la nature et la quantité, tandis que pour le matériel allemand mention en est faite sur la feuille de route, donnera lieu aux pénalités suivantes :

0 fr. 50 c. par jour et jusqu'à concurrence de sa valeur pour chaque bâche remise après les délais admis pour la restitution des wagons ;

0 fr. 10 c. par jour pour chaque prolonge jusqu'à concurrence de la valeur de cette prolonge.

La valeur des bâches sera calculée sur le prix intégral de la bâche neuve, devant durer cinq ans, dont on défalquera la valeur répondant au temps depuis lequel elle a été mise en service.

Art. 9.

Le petit matériel ne faisant pas partie intégrante d'un wagon (cordes d'arrimage et de plombage, chaines, prolonges et autres agrès) qui accompagnera la marchandise jusqu'à destination devra toujours être renvoyé à la station d'expédition par feuilles de service.

Toutefois, si la gare destinataire avait pour la ligne propriétaire un chargement à expédier sur un wagon de cette ligne, elle pourrait utiliser ce petit matériel.

Art. 10.

L'état du matériel et des agrès devra être constaté avec soin lors de chaque transmission. Communication réciproque et immédiate des avaries ou manquants sera faite au moyen de l'imprimé adopté.

Le règlement des pertes ou des avaries éprouvées par le matériel et les agrès aura lieu chaque mois.

Lorsqu'une Administration aura reçu un wagon démuni de tout ou partie des agrès qui lui appartiennent sans en faire faire la mention sur l'état de transmission, elle sera censée avoir reçu tous les agrès et en demeurera responsable vis-à-vis de l'Administration propriétaire.

Art. 11.

La gare de transit est acceptée par les deux Administrations comme gare d'échange, et c'est à ce point que dans les comptes de parcours réciproque seront établies les indemnités dues pour le matériel échangé d'après les délais accordés et employés et les distances parcourues.

Tous les wagons sortis par cette gare devront rentrer par la même gare, à l'exception de ceux dirigés sur Esch et Ottange pour le chargement des minerais qui pourront rentrer par la voie de Conz.

Art. 12.

Les réparations nécessaires au matériel seront effectuées ainsi qu'il suit :

1° Les grandes réparations, par les soins de l'Administration à laquelle appartient ce matériel ;

2° Les petites réparations urgentes, par les soins de l'Administration sur le territoire de laquelle le matériel se trouvera, mais aux frais de l'Administration à laquelle il appartiendra ; dans ce cas, les numéros de chaque wagon entrés en réparation seront immédiatement envoyés à l'Administration propriétaire du wagon ;

3° Toutes les petites réparations, dont l'importance ne dépassera pas cinq francs, ne seront pas portées en compte ; elles seront supportées par l'Administration qui les aura faites.

Les dépenses faites pour ces réparations au matériel seront établies, qu'elles aient eu lieu pour main-d'œuvre ou pour fournitures, au prix de facture justifié par pièces comptables, certifiées par les chefs de service compétents et soldées réciproquement par mois.

Art. 13.

En cas d'accident, les conséquences en seront supportées comme suit :

1° Par l'Administration sur le parcours de laquelle il se sera produit, si l'accident est imputable à la construction et à l'entretien de la voie ou au personnel de la voie, des trains et des gares ;

2° Par l'Administration à laquelle appartient ce matériel, s'il est prouvé que ce matériel en est cause ;

3° A frais communs par les Administrations, lorsque les causes de l'accident seront douteuses.

Les conséquences des retards pouvant résulter de ces accidents seront supportées par l'Administration responsable de l'accident ; en cas de doute, les indemnités de retard ne seront pas comptées.

Art. 14.

Il sera tenu, à la station d'échange, des registres conformes au modèle adopté et indiquant, à l'entrée et à la sortie, le mouvement du matériel employé au service commun.

Chaque opération d'échange sera constatée au moyen de l'imprimé en usage signé contradictoirement par les agents des deux Administrations.

Le résumé de ces diverses opérations sera transmis par la station d'échange à l'Administration dont elle relève, au moyen d'un imprimé envoyé chaque jour.

Les états de parcours et de séjour des wagons établis d'après cet imprimé par l'Administration centrale seront arrêtés à la fin de chaque mois, et on reportera à nouveau, sur le mois suivant, les voitures et wagons qui n'auront pas effectué leur rentrée et dont par conséquent le compte n'aura pas été établi.

Art. 15.

Les états de parcours et de séjour des wagons établis par l'Administration centrale, comme il est dit ci-dessus, devront être présentés le 15 de chaque mois au plus tard à l'Administration correspondante.

Après vérification, cette dernière fera connaître ses observations afin que les états puissent être rectifiés et arrêtés dans le courant du mois. Les états ainsi rectifiés et arrêtés, l'Administration créancière établira en double expédition, et conformément au modèle adopté, le décompte des sommes dues à chaque Administration.

L'une de ces expéditions, approuvée par l'Administration correspondante, sera renvoyée à l'Administration créancière pour qu'il lui reste trace du règlement ; l'autre, également approuvée et conservée par l'Administration débitrice, sera remise par elle à sa caisse pour que versement du solde puisse être effectué.

Art. 16.

Les deux Administrations contractantes se communiqueront réciproquement la nomenclature de leurs voitures de transport, leur nombre et leur nature de transport.

Art. 17.

La Direction royale prussienne déclare accepter les présentes stipulations pour les lignes correspondantes au delà de son réseau comme pour elle-même, et la Compagnie française stipule pour le matériel des autres Compagnies françaises comme pour le sien ; étant entendu toutefois que les deux Administrations contractantes réservent l'assentiment à cette intervention des autres Administrations intéressées.

Art. 18.

La présente convention, qui annule les conventions antérieures des vingt-sept décembre mil huit cent soixante, et onze décembre mil huit cent soixante et un, est signée par la Direction royale des chemins de fer de Sarrebrück, sous réserve de l'assentiment de la Direction royale des mines de Sarrebrück en ce qui concerne les mesures à prendre aux houillères. Elle ne sera valable qu'après la ratification de M. le ministre du commerce, de l'industrie et des travaux publics de Prusse, et celle du Conseil d'administration de la Compagnie des chemins de fer de l'Est.

Sa durée est fixée à quatre années à partir du premier janvier mil huit cent soixante-quatre ; néanmoins elle pourra être dénoncée avant le premier janvier de chaque année pour prendre fin au premier janvier de l'année suivante. Si elle n'est pas dénoncée pour la fin de la quatrième année, elle sera prolongée de droit pour le délai d'un an et ainsi de suite de telle sorte que dans aucun cas le traité ne pourra être résilié à moins d'un avertissement donné un an à l'avance.

Fait double à Paris, le onze novembre mil huit cent soixante-trois.

Signé : DE DUÉRING, HOFFMANN, BAUDE, JACQMIN.

Approuvé par le Conseil d'Administration des chemins de fer de l'Est, dans sa séance du 12 novembre 1863.

CONVENTION DU 11 NOVEMBRE 1863

RÉGLANT

LES CONDITIONS DES TRANSPORTS DES MINERAIS D'ESCH ET D'OTTANGE VERS SARREBRUCK, ET LA RÉPARTITION DE CES TRANSPORTS ENTRE LA VOIE LUXEMBOURG-CONZ ET LA VOIE METZ-FORBACH

ENTRE :

La Direction royale des chemins de fer prussiens à Sarrebrück, représentée par M. le baron de DUÉRING, président de la Direction ;

M. HOFFMANN, conseiller de régence et des bâtiments à Sarrebrück, agissant tant pour son compte que pour celui du chemin de fer Rhein-Nahe, d'une part ;

Et la Compagnie des chemins de fer français de l'Est, dont le siége est à Paris, rue et place de Strasbourg, représentée par M. BAUDE, inspecteur général des ponts et chaussées, Administrateur de la Compagnie ;

M. JACQMIN, ingénieur des ponts et chaussées, Directeur de l'exploitation, d'autre part ;

Il a été dit et convenu ce qui suit :

Les minerais d'Esch et d'Ottange, situés dans le grand-duché de Luxembourg, peuvent, pour se rendre à Sarrebrück et dans les forges situées aux environs de cette ville, suivre deux itinéraires :

Le premier par Luxembourg et Conz ;
Le deuxième par Metz et Forbach.

Les deux itinéraires ont très-approximativement la même longueur, et les transports ont été successivement faits sur celui de ces itinéraires pour lequel le prix à payer a été le moindre.

La Direction royale des chemins de fer prussiens à Sarrebrück et la Compagnie de l'Est, voulant faire cesser toute concurrence entre ces deux voies égales, s'engagent à répartir entre celles-ci le transport des minerais d'Esch et d'Ottange pour Burbach, Sarrebrück, et les stations au delà de Sarrebrück, vers Neunkirchen, et à diriger moitié de ces transports sur la voie de Conz, moitié sur la voie de Forbach.

Cette répartition s'exécutera, en outre, aux conditions suivantes :

1° Le prix de transport d'une tonne au départ des stations luxembourgeoises d'Esch et d'Ottange pour Burbach, Sarrebrück et les stations au delà de Sarrebrück, dans la direction de Neunkirchen, sera le même dans les deux directions, et fixé aux chiffres indiqués ci-après :

2° Les wagons chargés aux minières d'Esch et d'Ottange seront dirigés chaque jour en quantités égales par chacune des directions de Conz et de Forbach.

Si le nombre total des wagons à expédier était impair ou que, par une cause quelconque, une différence d'un petit nombre de wagons s'établît un jour au profit d'une direction, la compensation serait établie le lendemain au profit de la seconde direction, le partage égal étant la règle absolue fixée par les parties contractantes.

3° Si, en dehors des petites inégalités journalières prévues par l'article précédent, la répartition des wagons par quantités égales ne pouvait être rigoureusement obtenue, la ligne qui exécuterait des transports auxquels elle n'aurait pas droit payerait à l'autre ligne quarante pour cent de la recette brute obtenue.

Ces quarante pour cent sont partagés entre les Administrations de la ligne concurrente à proportion des parts fixées article 6 des présentes.

4° La Compagnie de l'Est dirigera sur Esch et Ottange tous les wagons prussiens qui viendraient chargés de houille dans le grand-duché de Luxembourg, ainsi que ceux qui se trouveraient à Metz et dans les stations au delà dans la direction de Paris, de manière à utiliser le plus avantageusement possible ces wagons.

Les parcours de ces wagons seront réglés par la convention, en date du 11 novembre 1863, réglant cet objet.

5° Tous les comptes relatifs à ces transports seront tenus par la Compagnie de l'Est, chargée de répartir les expéditions à Esch et à Ottange. La Direction royale aura à sa disposition tous les moyens de vérification qu'elle jugera utile d'effectuer.

6° Les prix à percevoir sont fixés de la manière suivante par tonne de mille kilogrammes.

I. D'Esch ou d'Ottange à Burbach.

1° *Viâ Conz.*

D'Esch ou d'Ottange à la frontière prussienne, près Wasserbillig. . .	3 fr. 25 c.
De Conz à Burbach.	3 73
TOTAL.	6 fr. 98 c.

2° *Viâ Forbach.*

D'Esch ou d'Ottange à la frontière française.	1 fr. 70 c.
De la frontière française à Forbach	4 21
De Forbach à Burbach.	1 07
TOTAL PAREIL. . .	6 fr. 98 c.

II. D'Esch ou d'Ottange à Sarrebrück.

1° *Viâ Conz.*

D'Esch ou d'Ottange à la frontière prussienne, près Wasserbillig. . .	3 fr. 25 c.
De Conz à Sarrebrück	3 83
TOTAL.	7 fr. 08 c.

2° *Viâ Forbach.*

D'Esch ou d'Ottange à la frontière française.	1 fr. 70 c.
De la frontière française à Forbach.	4 47
De Forbach à Sarrebrück	0 91
TOTAL PAREIL. . .	7 fr. 08 c.

Pour les autres localités situées au delà de Sarrebrück, le prix de transport des minerais sera le même dans les deux directions et formé, pour les portions en deçà de Sarrebrück, des parts attribuées à chaque ligne par l'article 2, et de la taxe que la Direction royale prussienne jugera à propos de percevoir au delà de Sarrebrück.

7° Les parts prussiennes, au départ de Forbach, s'appliqueront aux minerais qui pourront provenir des minières de France.

8° Tous les transports de minerais d'Esch et d'Ottange, destinés aux stations prussiennes comprises entre Wasserbillig et Burbach exclusivement, ainsi que tous les transports des minerais provenant des stations luxembourgeoises, autres que Bettembourg, Esch, Ottange, et celles qui pourraient être ouvertes entre Bettembourg et la frontière française, lesdits minerais, destinés à quelque station prussienne que ce soit, seront exclusivement dirigés par Conz.

Tous les prix qui précèdent comprennent tous les frais accessoires, ainsi que les frais de formalités en douane à remplir soit par la Compagnie de l'Est, soit par la Direction royale.

9° Dans la publicité qui sera faite par l'une ou l'autre des parties contractantes, à raison de ces trafics, il ne sera fait mention que des prix totaux stipulés ci-dessus, de façon que le commerce ne connaisse qu'un prix, la répartition entre les deux Administrations étant une affaire de service intérieur.

10° La présente convention aura son application aussi longtemps que, de part ni d'autre, elle n'aura pas été dénoncée par un avis donné six mois à l'avance.

11° La présente convention ne sera définitive qu'après avoir reçu l'approbation, d'une part, de Son Exc. M. le ministre du commerce, de l'industrie et des travaux publics de Prusse ; d'autre part, du Conseil d'Administration de la Compagnie des chemins de fer de l'Est.

Fait double à Paris, le onze novembre mil huit cent soixante-trois.

Signé : Duéring, Hoffmann, Baude, Jacqmin.

Approuvé par le Conseil d'Administration des chemins de fer de l'Est, dans sa séance du douze novembre mil huit cent soixante-trois.

CONVENTION DU 19 OCTOBRE 1865

ÉTABLISSANT

LES CONDITIONS D'ÉCHANGE DU MATÉRIEL ENTRE LES DIRECTIONS ROYALES DES CHEMINS DE FER PRUSSIENS ET DES MINES, A SARREBRUCK, ET LA COMPAGNIE DES CHEMINS DE FER FRANÇAIS DE L'EST

ENTRE :

La Direction royale des chemins de fer prussiens à Sarrebrück, représentée par M. le conseiller intime, baron de DUÉRING, président de la Direction, et M. le conseiller intime HOFFMANN, membre technique de la Direction, agissant tant pour son compte que pour celui du chemin de fer Rhein-Nahe,

D'une part ;

La Direction royale des mines de Sarrebrück, représentée par M. le conseiller supérieur des mines BLUHME, Directeur de l'Administration royale de Sarrebrück, et M. l'inspecteur des mines HAUCHECORNE,

De seconde part ;

Et la Compagnie des chemins de fer français de l'Est, dont le siége est à Paris, rue et place de Strasbourg, représentée par M. BAUDE, inspecteur général des ponts et chaussées, Administrateur de la Compagnie, et M. JACQMIN, ingénieur des ponts et chaussées, Directeur de l'exploitation,

De troisième part ;

Il a été dit et convenu ce qui suit :

ARTICLE PREMIER.

Afin d'éviter le transbordement des voyageurs, bagages, bestiaux et marchandises transitant d'un chemin sur l'autre, les voitures à voyageurs, les fourgons à bagages, les wagons à marchandises, à voitures, chevaux et bestiaux des Administrations contractantes, devront, autant que possible, circuler jusqu'à destination sur leur réseau réciproque et sur les chemins de fer en relation. Cette circulation de matériel étranger donnera lieu, de la part de l'Administration qui l'emploiera, au payement de redevances pour le parcours et le séjour prolongé au delà de certaines limites.

Les comptes de ces échanges seront arrêtés, payés et clos, mois par mois, et il ne s'établira aucune balance d'un mois sur l'autre.

ART. 2.

A moins d'arrangements particuliers, les deux Administrations de chemins de fer contractantes s'engagent à ne point faire usage, pour leurs transports intérieurs, du matériel emprunté, à l'exception des voitures à voyageurs et des fourgons à bagages. Toutefois, ces voitures et fourgons devront toujours être retournés au point d'échange par le premier train en correspondance, à moins qu'il n'y ait certitude de pouvoir les renvoyer chargés par le train suivant.

Art. 3.

Les comptes des redevances pour les parcours réciproques et les séjours prolongés au delà de certaines limites se feront mensuellement. Ils seront établis d'après les bases suivantes, la circulation à vide étant comptée comme circulation à charge.

Par kilomètre de parcours :

Pour une locomotive allumée . . . . 1 fr. 00
Pour une voiture à voyageurs à 4 roues 0   04
Pour toute autre voiture de transport à 4 roues, quelle que soit sa nature. 0   02 5

Pour les voitures de plus de 4 roues, ces prix seront majorés de moitié par chaque paire de roues.

Les délais accordés de part et d'autre pour le service du matériel de transport, sauf l'exception prévue à l'article 2 pour les voitures à voyageurs et fourgons à bagages, sont fixés comme suit pour la circulation sur les lignes en relation :

Pour un trajet de 1 à 50   kilomètres . . . . 2 jours
—   51 à 100   —   . . . . 3 —
—   101 à 200   —   . . . . 4 —
—   201 à 300   —   . . . . 5 —

et ainsi de suite, un jour étant accordé pour chaque distance de cent kilomètres en plus. Ces délais seront calculés d'après les distances réelles prises une fois seulement, et toute fraction de kilomètre comptant pour un kilomètre.

Les délais accordés pour le séjour des wagons français en Prusse, depuis le jour du départ de Forbach, jusqu'au jour du retour dans cette même gare, seront modifiés de la manière suivante :

48 heures en hiver et en été, pour les wagons en destination des houillères de Von der Heydt, Louisenthal, Duttweiler, Sulzbach, Altenwald et Friderichsthal;

72 heures en hiver et en été, pour les wagons en destination des houillères de Reden, Rushütte, Heinitz, Dechen, Griesborn, Ziehwaldstollen.

Les délais de parcours seront majorés d'un jour pour tout wagon qui, parti chargé de la ligne à laquelle il appartient, y sera renvoyé chargé; ce chargement devra comporter au moins 1,000 kilogrammes. Les emballages en général ne sont pas considérés comme un chargement, quel que soit d'ailleurs le poids contenu dans les wagons.

Pour tous les wagons envoyés en destination des minières d'Esch et d'Ottange, ces délais seront comptés sur l'itinéraire par Esch et Ottange et augmentés de un jour, ainsi que pour tous les wagons devant traverser le Rhin à Bingerbrück, Ludwigshafen et autres points.

Les jours compteront de minuit à minuit. Le premier jour commencera à minuit après la remise du wagon et des pièces de comptabilité ou autres qui l'accompagnent. Au retour, toute fraction de jour au delà de minuit comptera pour un jour entier.

Les dimanches et jours de fêtes légales qui sont en Prusse de quinze ne compteront pas dans les délais, dont sera également déduit le temps nécessaire aux opérations de formalités en douane dûment justifié.

Art. 4.

Lorsqu'un wagon sera retenu au delà des délais fixés ci-dessus, l'Administration qui l'aura retenu payera à l'Administration propriétaire du wagon une indemnité de 3 francs par chaque jour de retard. Lorsqu'au contraire un wagon sera restitué avant les délais fixés, il donnera droit, en faveur de l'Administration qui l'aura rendu, à une bonification de 3 francs par jour. Cette bonification entrera en déduction des amendes encourues, sans que jamais elle puisse donner lieu à un payement en argent. Le décompte des indemnités de retard sera fait en même temps que celui des sommes dues pour les parcours réciproques.

Art. 5.

Les indemnités de retard ne seront pas dues toutes les fois que les retards seront causés par des cas de force majeure.

Seront considérés comme cas de force majeure :

(*a*) Accidents proprement dits, avaries, troubles d'exploitation interrompant ou retardant le chargement ou le transport des wagons, réparations courantes que ceux-ci pourraient exiger ;

(*b*) Troubles dans l'exploitation des houillères ou minières entraînant un chômage dans l'extraction du charbon ou du minerai ou autres causes extraordinaires empêchant les chargements.

Art. 6.

L'Administration royale prussienne des mines fera connaître, par lettre adressée le 25 de chaque mois à la Compagnie de l'Est à Paris, et à l'Administration royale des chemins de fer de Sarrebrück, le nombre de wagons qu'il sera nécessaire d'affecter chaque jour, pour le mois suivant, au transport des houilles et cokes du bassin de la Sarre, en destination de la France, à partir de la gare de Forbach inclusivement.

Ce nombre sera exprimé en wagons de cinq tonnes.

Les deux Administrations de chemins de fer s'efforceront de fournir le nombre de wagons ci-dessus désigné dans la proportion suivante :

(*a*) Le chemin de fer français de l'Est, 7/8es des besoins journaliers ;

(*b*) Le chemin de fer de Sarrebrück-Trèves, 1/8e des besoins journaliers.

Si le chemin de fer de l'Est ne peut fournir la quantité qui lui incombe en vertu de la répartition qui précède, la Direction royale du chemin de fer prussien aura le droit de livrer les wagons nécessaires pour assurer les besoins de l'Administration royale des mines.

Inversement, la Compagnie française, dans le cas où la Direction royale prussienne n'aurait point fourni en entier son contingent, aura le droit de compléter ce dernier avec des wagons français.

Dans tous les cas, ainsi qu'il a été dit à l'article premier des présentes, aucune compensation ne devant à l'avenir s'établir d'un mois sur l'autre, les parts que chacune des Administrations pourra fournir dans les mois où toutes deux ont un nombreux matériel disponible sont fixées aux 7/8es pour la Compagnie française et au huitième pour la Direction royale prussienne.

Aucune restriction n'est apportée dans la désignation des gares françaises pour lesquelles seront expédiés des wagons prussiens, la Direction royale des mines déclarant vouloir traiter à cet égard toutes les destinations françaises de la même manière et sans aucun choix spécial.

Sur les wagons français livrés par la Compagnie à Forbach, pour être expédiés aux houillères, il sera prélevé chaque jour, et avant toute autre répartition, le nombre suffisant pour charger la totalité de la houille et du coke que la Compagnie aura à recevoir journellement soit directement du Bergamt, soit par les intermédiaires qu'elle aura chargés de lui fournir des houilles de Prusse.

Lorsque, par suite de circonstances imprévues, un retard dans la livraison et l'expédition des houilles destinées à la Compagnie aura lieu à la fin d'une semaine, l'arriéré devra être regagné dans la semaine suivante, et la totalité des expéditions devra être soldée à la fin de chaque mois.

L'Administration royale des chemins de fer adressera les demandes rectifiées de wagons qui seront nécessaires aux houillères, la veille du jour pendant lequel les wagons demandés devront être expédiés.

Ces demandes seront adressées par écrit, ou, s'il est nécessaire, par télégraphe, au chef français de la gare de Forbach.

Le nombre de wagons demandés sera exprimé en wagons de dix et de cinq tonnes indiqués séparément, tous les wagons d'un tonnage supérieur à cinq tonnes et inférieur à dix tonnes comptant pour cinq tonnes.

Le chef de gare français de Forbach satisfera dans la proportion indiquée ci-dessus à ces demandes : 1° au moyen de wagons vides français ou prussiens que possédera la gare de Forbach, ou qu'elle tirera des autres gares du réseau français ;

2° En cas d'insuffisance du nombre de wagons à dix tonnes, au moyen de deux wagons à cinq tonnes pour chaque wagon de dix tonnes manquant, sans que toutefois le nombre des wagons à cinq tonnes et à tampons secs puisse dépasser le tiers du nombre des wagons des trains en destination de chaque houillère.

Il effectuera les envois qui lui seront demandés en plaçant les wagons dans des trains spéciaux pour chaque houillère, composés suivant les indications de l'Administration prussienne.

Les wagons à frein nécessaires pour satisfaire à la loi prussienne sur la composition de ces trains seront pris parmi les wagons à frein de la Compagnie de l'Est, dont elle pourra disposer, et, pour le surplus, parmi ceux des wagons à frein prussiens qu'elle réservera à ses frais à la gare de Forbach.

Art. 7.

Les wagons de marchandises, y compris les wagons de houille et coke appartenant à l'Administration prussienne ou à une autre administration étrangère allemande, qui arriveront vides ou chargés à la gare de Forbach, en provenance du réseau de l'Est, seront mis à la disposition de l'Administration prussienne, qui en deviendra responsable dès le moment de la remise des pièces qui les accompagnent. Ils ne pourront être mis aux trains prussiens que sur un ordre expédié, signé du chef de gare prussien de Forbach, et remis au chef de gare français.

Le délai dans lequel cet avis devra parvenir à ce dernier pour chaque train prussien devra être de trois heures avant son départ et ne pourra être diminué que d'un commun accord entre les représentants des deux Administrations à la gare de Forbach.

Un registre d'un modèle à déterminer indiquera, d'une part, l'heure à laquelle le matériel étranger en retour de la France sera mis à la disposition de la Prusse, et *vice versâ* ; d'autre part, les avis d'expédier remis par le chef de gare prussien au chef de gare français.

Art. 8.

Tout wagon qui serait rendu démuni de tout ou partie des agrès qui lui appartiennent et dont une inscription peinte sur le côté du wagon indique, pour le matériel français, la nature et la quantité, tandis que, pour le matériel allemand, mention en est faite sur la feuille de route, donnera lieu aux pénalités suivantes :

0 fr. 50 centimes par jour et jusqu'à concurrence de sa valeur pour chaque bâche remise après les délais admis pour la restitution des wagons ;

0 fr. 10 centimes par jour pour chaque prolonge jusqu'à concurrence de la valeur de cette prolonge.

La valeur des bâches sera calculée sur le prix intégral de la bâche neuve devant durer cinq ans, dont on défalquera la valeur répondant au temps depuis lequel elle a été mise en service.

Art. 9.

Le petit matériel ne faisant pas partie intégrante d'un wagon (cordes d'arrimage et de plombage, chaînes, prolonges et autres agrès), qui accompagnera la marchandise jusqu'à destination, devra toujours être renvoyé à la station d'expédition par feuilles de service.

Toutefois, si la gare destinataire avait pour la ligne propriétaire un chargement à expédier sur un wagon de cette ligne, elle pourrait utiliser ce petit matériel.

Art. 10.

L'état du matériel et des agrès devra être constaté avec soin lors de chaque transmission. Communication réciproque et immédiate des avaries ou manquants sera faite au moyen de l'imprimé adopté.

Le règlement des pertes ou des avaries éprouvées par le matériel et les agrès aura lieu chaque mois.

Lorsqu'une Administration aura reçu un wagon démuni de tout ou partie des agrès qui lui appartiennent sans en faire faire la mention sur l'état de transmission, elle sera censée avoir reçu tous les agrès et en demeurera responsable vis-à-vis de l'Administration propriétaire.

Art. 11.

La gare de transit est acceptée par les deux Administrations comme gare d'échange, et c'est à ce point que dans les comptes de parcours réciproques seront établies les indemnités dues pour le matériel échangé, d'après les délais accordés et employés, et les distances parcourues.

Tous les wagons sortis par cette gare devront rentrer par la même gare, à l'exception de ceux dirigés sur Esch et Ottange, pour le chargement des minerais, qui pourront rentrer par la voie de Conz.

Les wagons français chargés de minerais qui entreront en Prusse viâ Conz pourront être rendus par l'Administration prussienne viâ Forbach, chargés de houille ou de coke ; dans ce cas, ils seront portés au crédit de la Compagnie de l'Est et comptés comme faisant partie du contingent journalier dû par cette dernière; la Direction prussienne fera connaître en temps utile au chef de gare français à Forbach le nombre de ces wagons rentrés viâ Conz.

Art. 12.

Les réparations nécessaires au matériel seront effectuées ainsi qu'il suit :

1° Les grandes réparations, par les soins de l'Administration à laquelle appartient ce matériel ;

2° Les petites réparations urgentes, par les soins de l'Administration sur le territoire de laquelle le matériel se trouvera, mais aux frais de l'Administration à laquelle il appartiendra; dans ce cas, les numéros de chaque wagon entrés en réparation seront immédiatement envoyés à l'Administration propriétaire du wagon;

3° Toutes les petites réparations dont l'importance ne dépassera pas cinq francs ne seront pas portées en compte; elles seront supportées par l'Administration qui les aura faites.

Les dépenses faites pour ces réparations au matériel seront établies, qu'elles aient eu lieu pour main-d'œuvre ou pour fournitures, au prix de facture justifié par pièces comptables certifiées par les chefs de service compétents, et soldées réciproquement par mois.

Art. 13.

En cas d'accident, les conséquences en seront supportées comme suit :

1° Par l'Administration sur le parcours de laquelle il se sera produit, si l'accident est imputable à la construction et à l'entretien de la voie ou au personnel de la voie, des trains et des gares;

2° Par l'Administration à laquelle appartient ce matériel, s'il est prouvé que ce matériel en est cause;

3° A frais communs par les Administrations, lorsque les causes de l'accident seront douteuses.

Les conséquences des retards pouvant résulter de ces accidents seront supportées par l'Administration responsable de l'accident; en cas de doute, les indemnités de retard ne seront pas comptées.

Art. 14.

Il sera tenu, à la station d'échange, des registres conformes au modèle adopté et indiquant, à l'entrée et à la sortie, le mouvement du matériel employé au service commun.

Chaque opération d'échange sera constatée au moyen de l'imprimé en usage signé contradictoirement par les agents des deux Administrations.

Le résumé de ces diverses opérations sera transmis par la station d'échange à l'Administration dont elle relève au moyen d'un imprimé envoyé chaque jour.

Les états de parcours et de séjour des wagons, établis d'après cet imprimé par l'Administration centrale, seront arrêtés à la fin de chaque mois, et on reportera à nouveau, sur le mois suivant, les voitures et wagons qui n'auront pas effectué leur rentrée et dont, par conséquent, le compte n'aura pas été établi.

Art. 15.

Les états de parcours et de séjour des wagons établis par l'Administration centrale, comme il est dit ci-dessus, devront être présentés le 15 de chaque mois au plus tard à l'Administration correspondante.

Après vérification, cette dernière fera connaître ses observations, afin que les états puissent être rectifiés et arrêtés dans le courant du mois. Les états ainsi rectifiés et arrêtés, l'Administration créancière établira en double expédition et conformément au modèle adopté le décompte des sommes dues à chaque Administration.

L'une de ces expéditions, approuvée par l'Administration correspondante, sera renvoyée à l'Administration créancière pour qu'il lui reste trace du règlement; l'autre, également approuvée et conservée par l'Administration débitrice, sera remise par elle à sa caisse pour que le versement du solde puisse être effectué.

ART. 16.

Les deux Administrations de chemins de fer contractantes se communiqueront réciproquement la nomenclature de leurs voitures de transport, leur nombre et leur nature de transport.

ART. 17.

La Direction royale prussienne déclare accepter les présentes stipulations pour les lignes correspondantes au delà de son réseau comme pour elle-même, et la Compagnie française stipule pour le matériel des autres compagnies françaises comme pour le sien; étant entendu toutefois que les deux Administrations contractantes réservent l'assentiment à cette intervention des autres Administrations intéressées.

ART. 18.

La présente convention, qui annule les conventions antérieures des 9 et 11 novembre 1863, ne sera valable qu'après la ratification de M. le ministre du commerce, de l'industrie et des travaux publics de Prusse, et celle du Conseil d'Administration de la Compagnie des chemins de fer de l'Est.

Sa durée est fixée à quatre années, à partir du premier janvier mil huit cent soixante-six; néanmoins elle pourra être dénoncée avant le premier janvier de chaque année pour prendre fin au premier janvier de l'année suivante. Si elle n'est pas dénoncée pour la fin de la quatrième année, elle sera prolongée de droit pour le délai d'un an, et ainsi de suite, de telle sorte que dans aucun cas le traité ne pourra être résilié à moins d'un avertissement donné un an à l'avance.

Fait triple à Paris, le dix-neuf octobre mil huit cent soixante-cinq.

<table>
<tr><td align="center">Approuvé :
Alph. BAUDE.</td><td align="center">Approuvé :
DUERING.</td><td align="center">Approuvé :
BLUHME.</td></tr>
<tr><td align="center">Approuvé :
F. JACQMIN.</td><td align="center">Approuvé :
HOFFMANN.</td><td align="center">Approuvé :
HAUCHECORNE.</td></tr>
</table>

Approuvé par le Conseil d'Administration des chemins de fer de l'Est, dans sa séance du 26 octobre 1865.

Approuvé par S. Exc. M. le ministre du commerce, de l'industrie et des travaux publics de Prusse, par décision en date du 17 novembre 1865.

CONVENTION DU 20 OCTOBRE 1865

LES CONDITIONS DU SERVICE INTERNATIONAL VIA FORBACH

ENTRE :

La Direction royale des chemins de fer prussiens, à Sarrebrück, représentée par M. le conseiller intime baron de DUERING, président de la Direction, et M. le conseiller intime HOFFMANN, membre technique de la Direction, agissant tant pour son compte que pour celui du chemin de fer Rhein-Nahe, d'une part ;

Et la Compagnie des chemins de fer français de l'Est, dont le siége est à Paris, rue et place de Strasbourg, représentée par M. BAUDE, inspecteur général des ponts et chaussées, Administrateur de la Compagnie, et M. JACQMIN, ingénieur des ponts et chaussées, Directeur de l'exploitation, d'autre part ;

Il a été convenu ce qui suit :

Dans le but de faciliter les relations internationales par Forbach, entre la France et les parties de l'Allemagne desservies par les lignes appartenant à l'Administration prussienne, la Direction royale des chemins de fer, à Sarrebrück, et la Compagnie des chemins de fer de l'Est se sont mises d'accord sur l'adoption des conditions ci-après :

TITRE PREMIER.

Voyageurs et bagages.

ARTICLE PREMIER.

La Compagnie française des chemins de fer de l'Est et la Direction royale des chemins de fer, à Sarrebrück, ainsi que leurs correspondants, établiront la marche de leurs trains de voyageurs, de manière à assurer la meilleure correspondance possible entre la France et l'Allemagne par la voie de Forbach.

Dans ce but, les parties contractantes se communiqueront réciproquement le tableau de la marche des trains des services d'été et d'hiver, ainsi que les modifications apportées à ces tableaux dans le cours de chacun des services.

Le transport des voyageurs s'effectuera sur chaque ligne conformément aux lois et arrêtés des autorités supérieures, ainsi qu'aux règlements et ordres de service particuliers à chaque chemin de fer.

Art. 2.

Le transport direct des voyageurs et de leurs bagages s'effectuera entre les stations françaises et allemandes suivantes, savoir :

Entre Paris, Châlons-sur-Marne, Nancy, Metz, Forbach et Sarrebrück, Sarrelouis, Trèves, Spire, Ludwigshafen, Worms, Creuznach, Bingerbrück, Rüdesheim, Eltville, Schlangenbad, Schwalbach, Wiesbaden, Bingen, Mayence, Darmstadt, Francfort-sur-Mein, Hombourg, et entre les stations françaises de Sarrebourg, Saverne, Strasbourg, Colmar, Mulhouse, Bâle, et les stations allemandes de Sarrebrück, Sarrelouis et Merzig, Trèves et Creuznach viâ Forbach.

D'autres stations de l'une et l'autre ligne pourront, après entente préalable, être admises au nombre des stations du traité.

Art. 3.

Le transport international des voyageurs sera fait par les chemins de fer intéressés au moyen des billets directs délivrés au point de départ, et assurant le transport régulier jusqu'au point d'arrivée.

Ces billets pourront être délivrés en nombre illimité.

Art. 4.

Les prix des billets directs, de même que les prix de transport des excédants de bagages au delà de trente kilogrammes, représenteront le montant des prix des tarifs allemands et français additionnés les uns aux autres.

Le tarif direct qui en résultera sera joint à la présente convention.

Chaque chemin de fer se réserve le droit de les modifier en ce qui concerne son parcours ; mais il devra, dans ce cas, prévenir les chemins de fer correspondants un mois à l'avance.

Les bases kilométriques qui seront appliquées au départ de Paris pour le transport des voyageurs par Forbach seront les mêmes que celles appliquées par Wissembourg et par Strasbourg.

En conséquence de ce qui précède, aucune des deux lignes ne pourra être de la part de la Compagnie l'objet d'une préférence quelconque.

Art. 5.

Les billets délivrés aux voyageurs seront divisés en autant de coupons qu'il y aura de lignes correspondantes.

Ces billets, dont le prix intégral sera payé au départ, seront valables pour un mois, et donneront au porteur le droit de s'arrêter à tous les points qui y seront inscrits.

Les billets contiendront, en outre, toutes les indications utiles aux voyageurs, tant dans leur propre intérêt que dans l'intérêt du service.

Il pourra, en outre, être établi des billets simples du système Edmonson pour les parcours où cette mesure sera jugée utile.

Les billets directs seront de première et de seconde classe et mixtes.

La Compagnie des chemins de fer de l'Est déclare, dès à présent, qu'il peut exister dans son service des trains dits express et poste, composés seulement de voitures de première classe, ne transportant ni chevaux ni voitures, et qu'elle n'admettra dans ces trains que des voyageurs porteurs de billets de première classe.

Dans le cas où un voyageur porteur d'un billet de seconde classe désirerait prendre sur le parcours français un train express ou poste, il devra payer sur ce parcours la différence du prix existant entre le tarif de la première et celui de la seconde classe.

Des dispositions seront prises pour que le prix des billets puisse être acquitté, de même que celui des excédants de bagages, pour le trajet total, au point de départ.

Art. 6.

Sur le parcours français, chaque voyageur a droit au transport gratuit de trente kilogrammes de bagages. Les bagages en excédant seront taxés au prix ordinaire des tarifs de grande vitesse, conformément au tarif qui sera annexé à la présente convention.

Afin d'accorder cette facilité sur les parcours allemands, où la gratuité de trente kilogrammes de bagages n'existe pas, il sera ajouté au prix de la place, pour frais de transport de trente kilogrammes, une taxe supplémentaire afférente à un poids de bagages qui, ajouté à celui auquel a droit le voyageur sur les chemins allemands respectifs, lui assure le droit au transport de ses trente kilogrammes jusqu'à destination, sans aucun payement en route.

La taxe des excédants s'appliquera, sur tout le parcours, par fractions indivisibles de zéro à cinq kilogrammes, de cinq à dix kilogrammes, par fraction indivisible de dix kilogrammes.

En France, toute inscription de bagages donne, en outre, lieu à la perception de dix centimes pour frais d'enregistrement.

Art. 7.

Chaque chemin de fer prend à sa charge et sous sa responsabilité jusqu'au point d'arrivée le transport des bagages remis par lui au chemin de fer correspondant.

En conséquence, il devra faire constater, au moment même de la livraison au chemin de fer correspondant, l'état de conservation ou d'avarie des bagages dont il aura effectué le transport.

Cette constatation sera consignée dans un procès-verbal dont la forme sera ultérieurement arrêtée d'un commun accord.

Le procès-verbal sera visé par le chef de gare d'arrivée, et copie en sera immédiatement adressée au chemin de fer premier expéditeur.

Pour éviter le transbordement des bagages, un fourgon fera, sauf le cas de force majeure, le trajet direct de Paris à Mayence et à Francfort. Il sera accompagné d'un agent des trains qui recevra les bagages au point de départ, et qui en aura la responsabilité jusqu'au point d'arrivée.

Les parties contractantes feront leur possible pour que des voitures à voyageurs puissent circuler directement entre Francfort, Mayence et Paris, et *vice versâ*, sans transbordement à Forbach.

Art. 8.

Les billets directs à coupons, les bulletins de bagages et les feuilles de route, seront imprimés en français et en allemand. Les billets Edmonson seront imprimés dans la langue de la nation qui les délivrera.

Art. 9.

Un état récapitulatif du produit des voyageurs et de leurs bagages sera arrêté chaque mois par le chemin de fer français pour les recettes effectuées en France, et par la Direction royale des chemins de fer à Sarrebrück pour les recettes effectuées en Allemagne. Communication réciproque de ces états sera donnée dans la première quinzaine du mois suivant, et le règlement aura lieu dans la seconde quinzaine du même mois.

Le chemin de fer débiteur devra verser immédiatement au chemin de fer correspondant le montant du solde de ce règlement.

Les payements auxquels donnera lieu l'exécution de la présente convention se feront, autant que possible, en monnaie de France, et, à son défaut, en monnaie allemande sur le pied de 8 silbergroschen ou 28 kreutzer pour 1 franc.

Art. 10.

Les parties contractantes conviennent de donner, chacune de son côté, une complète publicité aux services directs de voyageurs qu'elles auront organisés en vertu de ce qui précède.

TITRE II.

Marchandises.

Art. 11.

Le transport des marchandises, tant à grande qu'à petite vitesse, sera réglé de manière à pouvoir s'effectuer avec aussi peu d'interruption que possible au passage de la frontière, et avec toutes les garanties désirables pour le commerce.

Les gares entre lesquelles le transport direct aura lieu sont celles désignées dans le tarif international franco-allemand, édition du 1er août 1864 et son annexe du 1er juin 1865.

En ce qui concerne le Havre, il est entendu que la Compagnie de l'Est se chargera d'y recevoir, par les soins de son agent, les marchandises en destination des stations allemandes désignées ci-dessus, comme aussi elle s'engage à réexpédier sur le Havre les marchandises en provenance desdites stations allemandes.

D'autres stations de l'une et l'autre ligne pourront, après entente préalable, être admises au nombre des stations du traité.

Le transbordement des marchandises sera évité autant que possible à Forbach, et, dans tous les cas, les wagons complets passeront d'une ligne sur l'autre.

Art. 12.

Le prix de transport des marchandises, depuis le point de départ jusqu'à destination, représentera le montant du tarif français ajouté au tarif allemand, plus les frais de douane.

Toute expédition devra être faite dans les délais portés aux tarifs des Administrations française et allemande.

A cet effet, ces Administrations se feront réciproquement connaître, un mois à l'avance, les modifications qu'elles apporteraient à leurs prix et délais sur leurs parcours respectifs.

Art. 13.

La Compagnie des chemins de fer de l'Est s'engage à appliquer au transport de Paris à Forbach des marchandises du trafic international les mêmes bases kilométriques que celles qu'elle appliquera aux expéditions de Paris à destination de l'étranger, dirigées par Wissembourg et par Strasbourg.

Les facilités relatives au plombage et autres dispositions de détail qui ont été accordées, ou pourraient l'être, pour le transit par Wissembourg et par Strasbourg, le seront aussi pour le transit par Forbach.

La Compagnie de l'Est conserve le droit de faire entre Paris et ses gares frontières les tarifs intérieurs sans expédition directe internationale qu'elle juge convenables à ses intérêts.

La Direction royale prussienne conserve le même droit pour les relations intérieures de ses gares avec ses gares frontières.

Art. 14.

Les parties contractantes prennent l'engagement de faire sans retard, et chaque fois que besoin en sera, auprès des Directions générales des douanes de leurs pays respectifs, toutes les démarches nécessaires pour obtenir, en faveur de leur trafic international, les facilités compatibles avec les lois et règlements des États, et dont jouissent les points de transit les plus favorisés.

Art. 15.

En cas de contestation entre le public et les chefs de gare, les parties contractantes acceptent réciproquement la compétence des tribunaux français et allemands, d'après les règles de juridiction tracées par la législation en vigueur en France et en Allemagne.

En cas de contestations entre les Compagnies contractantes, il est stipulé ce qui suit :

Tout dommage donnant lieu à une indemnité pécuniaire, soit pour retard, avarie ou perte des colis, que ce soit des bagages ou des marchandises, ou qui aura pour motif des blessures causées à des voyageurs, sera mis à la charge du chemin de fer sur le parcours duquel l'accident aura eu lieu.

Les conséquences des accidents seront supportées comme suit :

1° Par l'Administration sur le parcours de laquelle il sera produit, si cet accident est imputable à la construction ou à l'entretien de la voie, ou au personnel de la voie, des trains ou des gares ;

2° Par l'Administration à laquelle appartient le matériel, s'il est prouvé que c'est ce matériel qui en est cause ;

3° A frais communs par toutes les Administrations, lorsque les causes de l'accident sont douteuses.

Toutefois, les Administrations s'interdisent tout recours direct contre les agents coupables pour le payement des indemnités.

Les différends entre les parties contractantes sur l'exécution du présent traité seront réglés par des arbitres nommés par les parties, et, dans le cas où ces arbitres ne tomberaient pas d'accord, ils choisiront eux-mêmes un tiers arbitre.

Art. 16.

La présente convention entrera en vigueur le premier janvier mil huit cent soixante-six.

Si elle n'est pas dénoncée par l'une des parties contractantes six mois avant son expiration, elle continuera son exécution pendant une nouvelle année et ainsi de suite.

Art. 17.

Les commissaires contractants se réservent l'approbation de leurs Administrations respectives.

Fait double à Paris, le 20 octobre 1865.

Pour la Direction royale du chemin de fer de Sarrebrück,

Signé : Duering.   *Signé :* Hoffmann.

Pour la Compagnie des chemins de fer de l'Est,

Signé : Alph. Baude.   *Signé :* F. Jacqmin.

Approuvé par le Conseil d'Administration de la Compagnie de l'Est, dans sa séance du 26 octobre 1865.

Approuvé par la Direction du chemin de fer royal prussien, par lettre nº 23,986, du 31 octobre 1865.

IV

UNION FRANCO-ALLEMANDE

DU SUD

VIA STRASBOURG-KEHL, WISSEMBOURG ET FORBACH

CONVENTION DU 1er OCTOBRE 1867

LES ADMINISTRATIONS FORMANT L'UNION FRANCO-ALLEMANDE DU SUD
POUR DÉTERMINER LA RESPONSABILITÉ DES CHEMINS DE FER DANS LEURS RAPPORTS RÉCIPROQUES ET LES RÈGLES A SUIVRE POUR LE RÈGLEMENT DES DEMANDES D'INDEMNITÉS

I. Responsabilité des administrations de l'Union dans leurs rapports réciproques.

§ 1er.

L'Administration cessionnaire qui acceptera la marchandise sans réserves, assumera sur elle la responsabilité des pertes et avaries, sauf les cas prévus aux paragraphes 2, 3, 4, 5 et 6.

L'Administration cédante pourra, aussi bien que l'Administration cessionnaire, demander une transmission spéciale ; comme telle, il faut notamment citer le transbordement.

Toutes les fois que le transbordement ne sera pas nécessaire pour la révision douanière ou pour la transmission spéciale d'une Administration à l'autre, il devra être évité pour le trafic direct dans les limites de l'Union.

Les Administrations de l'Union s'engagent à hâter de tous leurs efforts l'application la plus large aux points frontières des facilités concédées par la convention signée entre la France et le Zollverein le 2 août 1862, et par l'annexe au protocole, datée du même jour, pour les formalités en douane à remplir dans le service international des chemins de fer.

§ 2.

A l'exception des marchandises qui, aux termes des tarifs ou par suite d'un accord passé avec l'expéditeur, doivent être chargées par les soins de celui-ci, l'Administration expéditrice devra faire peser les marchandises qui lui seront remises au transport, et faire constater cette opération par l'apposition sur la lettre de voiture d'un timbre attestant le pesage ; autrement elle demeurera seule responsable des manquants relevés sur les chemins suivants. Il n'est pas nécessaire que les stations de raccordement procèdent à un second pesage ; les indemnités pour manquants, ne pouvant être constatées que par un second pesage, devront être supportées par les Administrations chargées du transport antérieur à la découverte du manquant, proportionnellement au parcours effectué sur chaque chemin.

§ 3.

Chaque wagon chargé, au complet, de marchandises expédiées par une même station à une même station, sera plombé par la station de départ et remis, avec le plombage intact, à la station destinataire.

Toutes les fois que l'intégralité des plombs aura été constatée à destination, conformément aux prescriptions de l'annexe I, l'Administration expéditrice demeurera responsable du contenu du wagon ainsi conditionné, c'est-à-dire des manquants qui n'auraient pas pu se produire sans rupture des plombs, et des avaries résultant d'une acceptation contraire au règlement ou du chargement défectueux des marchandises. Le déchargement des wagons plombés devra être effectué à destination dans les 48 heures après leur arrivée, sans compter les dimanches ni les jours de fête, et suivre immédiatement l'enlèvement des plombs, sans que l'opération puisse subir aucune interruption. Dans le cas où une rupture des plombs serait constatée à l'arrivée du wagon, il devra être déchargé *immédiatement*, et conformément aux dispositions de l'annexe I.

Lorsque les formalités en douane rendront nécessaire l'ouverture d'un wagon plombé à une station de transmission, cette opération devra être exécutée en présence d'un agent représentant l'Administration cédante et d'un autre agent représentant l'Administration cessionnaire.

Lorsque l'opération en douane ne nécessitera pas le déchargement du contenu du wagon, l'agent de l'Administration cédante est tenu d'apposer, de nouveau et sans retard, au wagon, le plomb de son Administration et de constater sur un livre tenu, à cet effet, par l'Administration cessionnaire, que le contenu du wagon n'a subi aucun autre changement. Cette constatation devra être mentionnée sur la feuille de route. L'observation de cette formalité aura pour effet que, en ce qui concerne la responsabilité pour le contenu du wagon, l'ouverture de ce dernier, en cours de transport, sera considérée comme non avenue.

§ 4.

Les marchandises qui ne sont transportées d'habitude que par chargement complet et en vrac, et qui par leur nature ne permettent pas le plombage du wagon, passeront sans transbordement ni transmission spéciale préalable d'un chemin sur l'autre. La responsabilité des pertes et avaries incombera alors *au prorata* de la distance parcourue, aux Administrations qui auront concouru au transport, antérieurement à la découverte du manquant et de l'avarie.

Parmi ces marchandises sont comprises notamment les suivantes :

Agglomérés de houille ; Anthracites ; Ardoises ; Argile ; Baryte ; Betteraves ; Bois à brûler ; Bois de charpente ; Bois d'ébénisterie non façonné ; Bois de teinture en bûches ; Bois exotique en billes ou en bûches ; Boue ; Bouteilles vides ; Briques ; Cailloux ; Carottes ; Carreaux de meule ; Carreaux en ciment ; Carreaux en pierre ; Carreaux en terre cuite ; Castine ; Cendres pour engrais ; Charbons de bois ; Charbons de terre ; Chevrons ; Coke ; Coussinets en fonte pour rails ; Craie ; Dalles en granit ; Douves ; Échalas ; Écorces ; Enchappes ; Escarbilles ; Faïence en vrac ; Ferraille ; Fers riblons ; Fers en barres ; Foins ; Fonte brute ou vieille fonte ; Fourrages ; Fumier ; Fûts démontés ; Granit ; Gravier ; Houille ; Lattes ; Marbres en bloc ; Madriers ; Mâts ; Marne ; Merrains ; Meulière ; Minerais ; Moellons ; Navets ; Osiers ; Pavés ; Perches ; Pierre à chaux ; Pierre à macadam ; Pierre à plâtre ; Pierres de taille brutes ou légèrement ébauchées ; Planches ; Plaques tournantes ; Pommes à la pelle ; Pommes de terre ; Poutres ; Pulpes de betteraves ; Pyrites ; Rails ; Résidus de métaux ; Sable ; Scories ou résidus d'usines métallurgiques ; Solives ; Terre à poterie ; Terre de bruyère ; Terre réfractaire ; Terre végétale ; Tuiles ; Tourbes ; Traverses de chemin de fer ; Tuyaux de drainage ; Vieille fonte ; Verre cassé ; Voliges.

§ 5.

Dans les cas non prévus par les paragraphes qui précèdent, la responsabilité pour manquants ou avaries incombera *au prorata* des parcours à tous les chemins qui auront concouru au transport antérieurement à la découverte des manquants ou des avaries, toutes les fois qu'il y aura impossibilité de découvrir à quelle Administration les causes de l'avarie seraient imputables.

Les avaries provenant, soit de la rupture d'un essieu, soit de tout autre accident survenu au matériel d'une Administration, restent à la charge de celle des Administrations qui devra supporter également l'avarie du matériel.

§ 6.

L'acceptation des marchandises sans réserves n'implique pas, pour l'Administration cessionnaire, la responsabilité des avaries telles que la mouille intérieure que ne peut faire présumer la vérification extérieure du colis avant son déballage. L'indemnité à payer dans ce cas sera supportée par toutes les Administrations intéressées ayant concouru au transport jusqu'au moment où cette avarie aura été constatée, *au prorata* des kilomètres parcourus, à moins que, dans des cas particuliers, il ne soit constaté, à dire d'experts, que la cause de l'avarie existait déjà avant l'acceptation de la marchandise par l'Administration de l'Union chargée du premier transport.

§ 7.

Les réserves générales sont interdites. Les réserves n'auront de l'effet qu'autant que la nature et l'importance des manquants et avaries seront définies d'une manière précise.

Lorsque, contrairement aux dispositions de l'article 9 du règlement pour le transport des marchandises dans le trafic international, des marchandises qui doivent, en général, être emballées ou dont l'emballage ferait l'objet de prescriptions spéciales, seront acceptées en vrac ou avec un emballage ne répondant pas aux conditions réglementaires, l'Administration cessionnaire suivante devra également faire ses réserves à ce sujet ; autrement, la responsabilité des conséquences pouvant résulter du conditionnement de la marchandise restera entièrement à sa charge.

Les vidanges des liquides seront constatées au moyen du pesage.

§ 8.

Les retenues sur les frais de transport pour retards dans la livraison seront supportées par les Administrations fautives, *au prorata* des jours qui seraient imputables à chacune d'elles dans le retard total.

Les délais totaux, indiqués dans les tarifs internationaux, se composent des délais de livraison conventionnels de chacune des Administrations de l'Union (Voir l'annexe II.)

Les journées seront toujours comptées de minuit à minuit. Le jour d'arrivée profitera au chemin destinataire. Pour déterminer le moment où commence à courir le délai alloué à chacune des Administrations participant au transport, les lettres de voiture ou les récépissés devront toujours indiquer exactement la date de la remise effective de la marchandise et la date de transmission par chacune des Administrations concourant au transport.

Celle des Administrations de l'Union qui acceptera des lettres de voiture ou qui créera des récépissés portant des délais plus courts que ceux résultant des tarifs et règlements, restera exclusivement responsable des conséquences de ce fait.

L'Administration qui recevra d'une autre Administration une lettre de voiture ou un récépissé ne laissant plus un délai suffisant pour le restant du parcours à faire, devra donner cours au transport, sans prendre aucunes réserves, puisque le fait du retard imputable aux Administrations cédantes sera suffisamment établi par les écritures de transmission.

§ 9.

Les indemnités résultant soit de retards dans l'envoi, soit d'irrégularités dans les pièces qui doivent accompagner l'expédition (lettres de voiture; bordereaux de chargement; bulletins de transmission; feuilles de route; pièces de douane et de régie), seront supportées exclusivement par l'Administration dont les agents ont été la première cause de ces irrégularités.

Lorsque ces diverses pièces feront ressortir des divergences relativement à la désignation du mode d'expédition (grande ou petite vitesse), de la destination ou du destinataire, l'Administration prenante devra, sous la responsabilité de l'Administration qui a commis la faute, donner cours au transport de la marchandise, en s'en rapportant avant tout aux indications portées sur la *lettre de voiture*. Toutefois, en cas de contradiction entre les papiers de la douane et les lettres de voiture, il y aura lieu de demander à la station de départ, par *dépêche télégraphique* s'il le faut, les instructions nécessaires. Les frais qui en résulteront demeureront également à la charge de l'Administration qui aura commis l'erreur.

§ 10.

Dans les cas où le manquant, l'avarie ou le retard serait le fait du personnel employé dans une gare commune, et payé à frais communs, les indemnités qui en seraient la conséquence seront supportées par les Administrations intéressées dans l'exploitation de cette gare dans la proportion fixée pour la répartition des frais d'exploitation. Les cas de cette nature, devront être déterminés en présence des représentants des deux Administrations.

Les indemnités payées pour des erreurs commises dans les écritures par le personnel commun des deux Administrations, seront supportées par celle des deux Administrations pour compte de laquelle ces écritures auront été établies.

§ 11.

L'Administration des chemins de fer de l'Est français ne pourra jamais exercer de recours contre les Administrations allemandes pour un montant d'indemnité supérieur à celui prévu par les règlements en vigueur sur les chemins allemands, lors même que

la Compagnie de l'Est, en vertu des dispositions qui sont en vigueur en France, aurait été condamnée à une indemnité supérieure pour des transports effectués sur le
territoire allemand.

Quant aux frais de procès payés dans ce cas, la Compagnie de l'Est sera en droit
d'exercer son recours conformément aux principes *généraux*, tandis que, le cas échéant,
son recours pour les intérêts du montant principal des indemnités ne pourra s'exercer
que dans une proportion égale à celle qui lui est reconnue pour le montant principal
des indemnités.

II. Mode à suivre pour le règlement des demandes d'indemnités.

§ 12.

Les demandes d'indemnités devront être adressées par les réclamants à celle des
Administrations qui a reçu la première les marchandises avec leur lettre de voiture ou
leur récépissé, ou à celle qui doit livrer les marchandises au destinataire ; par conséquent, les demandes d'indemnités ne pourront être adressées à une Administration intermédiaire, que dans le cas où il aura été prouvé que le dommage faisant l'objet de
l'indemnité réclamée, a eu lieu sur son parcours.

§ 13.

Les indemnités dont le montant ne serait pas supérieur à 5 francs, seront supportées
par celle des Administrations qui a payé l'indemnité et qui ne pourra exercer son
recours, pour ce montant, contre une autre Administration de l'Union.

Ces dispositions ne seront pas applicables aux reprises relatives à une erreur dans les
débours, et pour lesquelles le recours pourra toujours être exercé quel qu'en soit le
chiffre.

§ 14.

Dans les cas où une demande d'indemnité sera adressée à une Administration chargée
du transport en dernier lieu et faisant partie de l'Union, *l'Administration centrale* de
ladite Direction aura le droit de satisfaire à la demande du réclamant, *sans examiner
préalablement et d'une manière plus circonstanciée l'affaire*, lorsque les pièces du dossier déjà réunies ne lui permettront pas de rendre telle ou telle Administration responsable du dommage, et du moment que le total de l'indemnité à payer ne dépassera pas
la somme de 150 fr. = 70 flor., monnaie sud-allemande, = 60 flor. monnaie d'Autriche = 40 thalers. L'indemnité payée sera répartie sur les Administrations qui ont
participé au transport, *au prorata* du parcours effectué.

§ 15.

En outre, l'Administration centrale d'un chemin faisant partie de l'Union, qui serait
dûment saisie d'une réclamation, conformément à ce qui est dit au paragraphe 12, pourra
régler la demande d'indemnité du réclamant *sans demander préalablement l'avis des autres
Administrations*, du moment que le total de l'indemnité à payer n'excédera pas 300 fr :
= 140 flor. monnaie sud-allemande = 120 flor. monnaie d'Autriche = 80 thalers.
La question de savoir quelle est l'Administration à la charge de laquelle demeurera

l'indemnité en dernier lieu, restera réservée à un examen ultérieur entre les Administrations intéressées.

§ 16.

Les droits prévus par les paragraphes 14 et 15 ne pourront pas être exercés, lorsqu'il s'agira d'envois pour lesquels l'expéditeur se sera formellement, au préalable, désisté de toutes prétentions à une indemnité quelconque.

La station qui se serait fait donner un bulletin de garantie de cette nature, sera tenue d'en faire mention sur la lettre de voiture et sur la feuille de route ; autrement elle encourra la responsabilité du montant de l'indemnité qui aurait été payée, aux termes des paragraphes 14 et 15, faute de la mention du bulletin de garantie. Dans le cas, au surplus, où cette mention aurait été omise et où l'Administration qui aurait à décider sur la demande d'indemnité, se trouverait en mesure de présumer, d'après l'état des choses, qu'un bulletin de garantie a été donné par l'expéditeur, et que la mention en a été omise sur les papiers, elle sera tenue de demander tout d'abord à la station de départ, des renseignements sur la situation des choses ; si elle ne le fait pas, elle deviendra responsable de la solution qu'elle aurait cru pouvoir donner à la demande d'indemnité, sauf son recours contre l'Administration qui aurait fait la première omission.

§ 17.

Aucune indemnité, dont le montant serait supérieur à 300 fr. = 140 fl. monnaie sud-allemande = 120 fl. monnaie de l'Autriche = 80 thalers, ne pourra être accordée sans qu'une entente préalable se soit établie entre les Administrations centrales des chemins intéressés.

Toutefois, lorsque pour éviter des pertes plus considérables, une Administration faisant partie de l'Union aura consenti de son chef et sans l'autorisation préalable une transaction dont le chiffre dépasserait ce montant, les autres Administrations ne pourront pas invoquer le seul fait de cet arrangement pris sans leur assentiment pour conclure, d'une manière absolue, qu'un recours ne pourrait plus être exercé contre elles.

§ 18.

Sans préjudice des dispositions des paragraphes 14, 15 et 16, toute Administration relevant de l'Union, qui conformément au paragraphe 12 aura été saisie d'une demande d'indemnité devra, dans les 90 jours qui suivront sa présentation et sous peine de perdre son recours, donner avis du recours éventuel à l'Administration ou aux autres Administrations pour lesquelles le cours de l'enquête à faire pendant cet intervalle ferait présumer qu'elles sont également passibles d'une indemnité. Cet avis devra résumer les points essentiels de l'affaire, et faire connaître les Administrations auxquelles il aura été adressé.

Les Administrations de l'Union qui, par la suite et dans le but de continuer l'enquête, auraient reçu en communication des pièces du dossier, seront, de leur côté, tenues d'adresser dans les 30 jours qui suivront la réception des pièces et sous peine des pénalités prévues dans l'alinéa précédent, un avis semblable à celles des Administrations qui n'en auraient pas encore reçu, mais auxquelles, d'après les informations recueillies au fur et à mesure, incomberait une partie de l'obligation d'indemnité.

Aucune Administration de l'Union qui recevra un avis semblable de la part de la première Administration en cause, ou par l'intermédiaire d'une autre Administration, ne pourra décliner le payement de l'indemnité qui lui incomberait aux termes de cette convention. Le bénéfice de cette disposition pourra même être invoqué par les Administrations qui auraient omis d'envoyer l'avis prévu par les prescriptions qui précèdent.

De même, quand une Administration aura lieu de présumer, sur le vu des pièces qui lui auront été retournées complétées par les renseignements des autres Administrations, que telle ou telle autre Administration, à laquelle l'avis ci-dessus n'aurait pas été adressé, doit prendre sa part de responsabilité, elle aura le droit de lui faire parvenir encore, dans un délai de 30 jours à compter du retour des pièces, cet avis qui aurait pour effet de sauvegarder le recours.

Les délais prévus dans ce paragraphe ne comprendront pas le temps que demandera la correspondance à échanger pour l'instruction de l'affaire avec une Administration ou un entrepreneur de transport étrangers à l'Union. A titre de justification, la correspondance échangée à ce sujet devra être communiquée, sur leur demande, aux Administrations intéressées.

Une demande d'indemnité devra être considérée comme pendante dès qu'elle aura été adressée par écrit à une Administration, ne fût-ce que par une lettre à la gare que concerne l'affaire.

Par contre, les avis ayant pour but de sauvegarder le recours, devront être échangés entre les Administrations centrales des diverses Directions.

§ 19.

Lorsqu'une demande judiciaire sera introduite par un réclamant à raison d'une indemnité, — sans préjudice des dispositions des paragraphes 14, 15, 16, 17 et 18 — l'Administration actionnée devra seule poursuivre le procès et sauvegarder les intérêts des autres Administrations qui auront concouru au transport, sans les appeler en cause.

Mais elle devra, autant que possible, donner, avant l'instruction du procès, avis de la plainte à toutes les Administrations qu'elle juge intéressées dans le payement de l'indemnité, afin de les mettre en mesure de fournir à l'Administration assignée tous moyens de défense et de justification utiles, et d'aviser, dans le même but, celles des Administrations qui n'auraient pas encore reçu de communication directe de la part de l'Administration assignée.

Toute Administration qui n'aurait pas reçu un avis semblable avant que le procès ne soit terminé, aura le droit de repousser le recours qui pourrait être exercé plus tard contre elle.

§ 20.

Les décisions judiciaires seront obligatoires pour toutes les Administrations intéressées contre lesquelles le droit du recours aura été exercé conformément aux paragraphes 18 et 19, en ce qui concerne la question de savoir si, et dans quelles limites, l'Administration assignée se trouvait vis-à-vis du demandeur dans l'obligation de payer l'indemnité.

Cette disposition ne préjuge en rien la question du recours contre les autres Administrations.

§ 21.

Lorsqu'une Administration se trouvera en mesure de réclamer, à une ou plusieurs Administrations, le remboursement intégral ou partiel de l'indemnité à payer par elle, par suite d'un règlement amiable ou judiciaire de la demande d'indemnité soulevée contre elle, et dans le cas où la divergence de vues qui se produirait à l'endroit du recours ne pourrait pas être écartée à l'amiable, ce litige devra toujours être vidé par arbitres, en dehors de toute procédure judiciaire et partant en dehors de ce que le droit français admet sous le titre d'appel en garantie.

Toutes les Administrations renoncent à tous moyens qu'elles pourraient faire valoir contre la présente convention en s'appuyant sur l'article 1006 du Code français de procédure civile.

§ 22.

Par exception, dans le cas où une demande d'indemnité serait dirigée contre elle, l'Administration des chemins de fer de l'Est français aura le droit d'appeler formellement en garantie les Administrations allemandes intéressées, sans que d'ailleurs le jugement rendu par les tribunaux français puisse devenir obligatoire de droit pour les Administrations allemandes, en ce qui concerne la question du recours. Au contraire, cette question devra, en pareil cas, être également jugée par arbitres.

L'Administration française devra pourvoir à la nomination des avocats des Administrations allemandes, et leur donner des instructions. Les frais de procès qui en résulteraient seront réglés conformément au paragraphe 11.

§ 23.

L'arbitrage devra toujours être confié à une Administration faisant partie de l'Union et désintéressée dans la question.

Toute Administration est désintéressée dans la question, du moment qu'elle n'a pas contribué au transport qui a provoqué la demande d'indemnité.

La constitution de l'arbitre restera l'affaire de l'Administration qui exercera le recours, sans que la partie adverse puisse y faire aucune objection, du moment que l'arbitre désigné réunira les qualités requises mentionnées ci-dessus.

Chaque Administration faisant partie de l'Union et désintéressée dans la question, sera tenue d'accepter et d'exercer les fonctions d'arbitre qui lui auront été déférées.

§ 24.

L'arbitre sera compétent pour résoudre toutes les questions de recours pouvant résulter de tel ou tel cas.

§ 25.

L'arbitre rendra sa décision d'après les principes de la présente convention et conformément au règlement et aux tarifs pour les transports des voyageurs et marchandises dans l'Union franco-allemande du Sud, à l'instruction pour l'enregistrement direct des marchandises transportées dans ladite Union, et aux autres dispositions qui pourraient intervenir ultérieurement pour le trafic de l'Union. Dans les cas où les règles d'après lesquelles les décisions doivent être rendues ne seraient pas données par les présentes, il devra être prononcé suivant une appréciation équitable.

En ce qui concerne la procédure, l'arbitre ne sera pas astreint à une forme déterminée.

Il aura le droit d'exiger de la part de toutes les Administrations intéressées, la communication de toutes les pièces et procès-verbaux concernant le litige, comme aussi de désigner un commissaire pour l'enquête à faire sur la situation de l'affaire, et partant pour interroger le personnel des Administrations intéressées.

Les Administrations, lors même qu'elles ne seraient pas intéressées dans l'affaire, ne pourront pas refuser à l'arbitre les renseignements qu'il leur demanderait.

§ 26.

La décision arbitrale qui devra comprendre également les frais de la procédure arbitrale (les frais de voyage, etc., inclus), est définitive ; aucune Administration n'a de recours contre cette décision.

L'Administration chargée de l'arbitrage devra la notifier avec les motifs en expédition officielle aux Administrations intéressées.

§ 27.

La mission de l'arbitre ne cessera que par le retrait de l'affaire, à l'unanimité des Administrations intéressées, et nullement à la suite de l'expiration d'un délai quelconque, pendant lequel aucune décision n'aurait été rendue.

§ 28.

La balance des indemnités payées devra être faite par les soins du bureau central du décompte. Dans le cas où l'obligation d'indemnité serait acceptée à l'amiable par plusieurs Administrations, l'avis lui en sera transmis sur l'ordre de l'Administration qui devra être débitée, et en cas d'arbitrage, sur l'ordre direct de l'arbitre.

III. Dispositions particulières.

§ 29.

Les marchandises adressées en gare qui n'auront pas été enlevées dans les 48 heures de leur arrivée, ou celles dont la livraison n'aura pu être effectuée, séjourneront à la gare aux frais et risques des expéditeurs et destinataires ; dans ce cas, il sera loisible aux Administrations de faire le dépôt de ces marchandises dans un entrepôt public ou chez un commissionnaire solvable, aux frais et risques et à la disposition de qui de droit. Les frais de magasinage seront calculés d'après les règlements et tarifs intérieurs des Administrations intéressées. Dans les rapports des Administrations de l'Union entre elles, il ne sera pas perçu de frais de magasinage.

L'avis d'un empêchement à la livraison devra être transmis dans les 24 heures qui suivront la constatation de cet empêchement. Pour les marchandises adressées gare restante, et pour celles dont les destinataires n'habitent pas la localité de la gare, l'empêchement à la livraison sera considéré comme constaté par le défaut de prise en charge dans les huit jours à compter de l'arrivée de la marchandise. L'avis d'empêchement sera transmis par feuille de route grande vitesse, et autant que possible par le plus prochain train direct ou accéléré. Si, dans l'intervalle, l'empêchement à la livraison vient à cesser, avis devra en être également transmis immédiatement.

Dans le cas où l'expéditeur, avisé par l'Administration de l'empêchement à la livraison, n'aurait pas disposé de sa marchandise dans les trois mois qui suivront l'envoi de la lettre d'avis, la marchandise lui sera réexpédiée contre remboursement des frais de transport pour l'aller et le retour, ainsi que des frais de magasinage et autres débours.

§ 30.

Lorsque les objets seront susceptibles de détérioration ou que leur valeur ne suffira pas pour couvrir les frais du transport en retour, les Administrations auront le droit de faire vendre la marchandise, sans aucune autre formalité judiciaire, aux meilleures conditions possibles ; cette vente à l'enchère devra être constatée par un procès-verbal. En Allemagne, le même droit demeurera réservé aux Administrations à l'égard des colis dont les expéditeurs et destinataires seraient inconnus.

Lorsque, conformément à ce qui précède, une Administration sera en droit de faire vendre la marchandise, et sauf toutefois les cas où cette dernière serait susceptible de détérioration, il ne devra être procédé à la vente qu'après en avoir référé à l'Administration expéditrice qui aura la faculté de demander le retour du colis. Mais si, dans le délai de quinze jours, la station destinataire n'a pas obtenu de réponse, elle aura le droit de passer outre à la vente du colis.

Le produit de la vente sera tout d'abord affecté au remboursement des frais de douane. Ce prélèvement fait, si le restant du prix de vente est insuffisant pour couvrir les frais de transport et autres qui grèvent la marchandise, le montant des frais restant à couvrir sera supporté par les chemins de fer, proportionnellement aux taxes revenant à chacun d'eux.

§ 31.

Les marchandises grande et petite vitesse expédiées par suite d'une erreur commise par le bureau d'expédition sur une destination erronée ou par une fausse route, devront être dirigées d'urgence, conformément aux dispositions du paragraphe 9, sur le lieu de destination véritable par celle des stations qui se sera aperçue la première de l'erreur, et qui aura à en prévenir en même temps la station qui aura commis l'irrégularité.

Dans le cas où l'expédition erronée aura provoqué le détournement du transport, il y aura lieu d'appliquer à ce dernier la taxe normale pleine et entière ; mais le surcroît de taxe qui en résultera ne pourra pas être réclamé au destinataire, et devra être laissé pour compte à l'Administration qui, en établissant sur son parcours une feuille de route erronée ou de toute autre manière, aura provoqué en premier lieu le détournement du transport. Cette dernière Administration restera libre de déterminer les limites dans lesquelles elle fera retomber la responsabilité sur l'agent fautif.

Lorsque les mêmes taxes sont applicables entre deux points par plusieurs routes, et que le transport est dirigé par une autre route que celle prescrite expressément sur la lettre de voiture, la route qui a détourné le transport sera tenue de payer, au profit de la route à laquelle le transport a été enlevé, 50 0/0 du prix de transport ; cette bonification sera répartie *au prorata* du nombre des milles.

§ 32.

La correspondance des chemins faisant partie de l'Union devra, en général, être suivie par les *Administrations centrales*.

Les préliminaires de l'instruction des réclamations seront traités par les stations. Ces dernières devront notamment, et en dehors des services centraux, préparer les lettres circulaires à adresser à toutes les stations qui se sont trouvées sur le passage du transport ayant donné lieu à une réclamation, et qui pourraient être en mesure de fournir des renseignements sur les circonstances de l'affaire. En outre, les stations pourront échanger entre elles des correspondances dans les cas spécifiés ci-après et dans des cas analogues, lorsqu'il s'agira de communications à faire ou de renseignements à demander :

Rectifications d'erreurs commises dans l'enregistrement des papiers qui accompagnent la marchandise ; communication des prescriptions d'un expéditeur pour modifier la destination ou arrêter la livraison ; demandes de renseignements sur la personne du destinataire, sur les pesages des marchandises en cas de déchets, sur le mode de perception du prix de transport (sur la question de savoir si l'expédition a été faite en port payé ou en port dû) ; avis en retour relatifs aux wagons de marchandises plombés dont les plombs ont été brisés et aux manquants et avaries des marchandises ; avis de refus de payement de remboursements par les destinataires ; demandes de renseignements sur le retard dans le renvoi des avis de remboursement ; avis de souffrance ; communication des dispositions prises dans ce cas par l'expéditeur et autres réponses ; avis de cessation de souffrance.

Dans tous les cas où il s'agirait d'une correspondance à échanger entre les stations allemandes d'une part, et les stations françaises de l'autre, cet échange ne pourra pas avoir lieu directement et devra être fait de la manière suivante : les lettres des stations allemandes seront adressées soit au bureau d'expédition badois établi à Strasbourg, soit au bureau d'expédition du chemin de fer de Sarrebrück à Forbach et des chemins du Palatinat à Wissembourg, qui devront, à ces points, les transmettre aux agents respectifs, préposés par les chemins de fer de l'Est français au trafic international ; ces agents feront le nécessaire pour la réexpédition. Par contre, les lettres de stations françaises seront adressées par l'intermédiaire des agents français, au représentant des chemins badois à Strasbourg ou à ceux des chemins de Sarrebrück et du Palatinat à Forbach ou à Wissembourg, pour être réexpédiées de ces points sur l'Allemagne.

Dans les cas d'urgence ayant une gravité considérable, les avis et les réponses devront, au besoin, être transmis par le télégraphe.

IV. Disposition finale.

§ 33.

La présente convention annule toutes les décisions contraires de l'Union.

Elle n'est pas applicable aux cas antérieurs à la date de sa mise en vigueur.

ANNEXE I

RÈGLES A SUIVRE

pour le plombage des wagons à marchandises chargés dans l'Union franco-allemande du Sud

§ 1.

Tous les wagons transportant des marchandises en provenance ou à destination de la même station et dont le chargement est complet ou comporte au moins 40 0/0 de la capacité du wagon employé devront être plombés par la station expéditrice, dès que leur chargement aura été achevé. La station du départ devra apposer ces plombs lors même que le wagon serait plombé en même temps par l'expéditeur ou fermé par la douane (au moyen de plombs ou de cadenas de douane).

§ 2.

Pour fermer les wagons au moyen de plombs du chemin de fer, il y aura lieu de procéder de la manière suivante :

1° en ce qui concerne les wagons couverts, on passera, dans les anneaux qui se trouvent aux portières et à côté, une ficelle qui sera nouée ;

2° pour les wagons découverts, munis de bâches, la ficelle sera passée tout autour du wagon dans les anneaux de la bâche et du wagon, et les bouts seront également réunis par un nœud.

Pour les deux sortes de wagons, les deux bouts de la ficelle seront passés dans un plomb, sur lequel il sera imprimé à l'aide d'une machine à plomber, d'un côté le nom de la station, et de l'autre côté la désignation du chemin respectif.

Le ficelage ainsi que l'apposition des plombs devront toujours être faits de manière à rendre impossible l'ouverture de la portière du wagon ou l'enlèvement de la bâche, à moins de couper la ficelle ou les plombs. Notamment, les ficelles employées dans ce cas, devront former un seul morceau et ne pourront en aucun cas être composées de plusieurs morceaux liés ensemble ; il n'est pas permis non plus de plomber les bouts de la ficelle avant de la passer dans les anneaux, pour l'introduire ensuite tout simplement dans les anneaux de la portière.

Les empreintes devront être exécutées nettement sur tous les plombs.

§ 3.

L'employé qui accepte un wagon de marchandises muni de plombs de chemin de fer devra en même temps s'assurer que le plombage qui a eu lieu dans le sens du paragraphe qui précède, est resté intact. Dans le cas où, au moment de l'acceptation du wagon aucune difficulté n'aurait été soulevée ni constatée conformément aux paragraphes ci-après, le plombage sera considéré comme intact au moment de l'acceptation.

§ 4.

Lorsqu'une *station intermédiaire* trouvera que le plomb du chemin de fer a subi une lésion, cet état de choses devra être constaté : (a) par le conducteur responsable du transport en présence de l'employé aux expéditions de la station, si c'est une *station inté-rieure*, et (b) par deux employés simultanément, représentant, l'un l'Administration cédante, et l'autre, l'Administration cessionnaire, si c'est une *gare de transmission*.

Les agents en question devront alors procéder immédiatement à la révision spéciale du contenu du wagon.

Le résultat de la révision devra être résumé sur-le-champ dans un procès-verbal qui sera signé par ces agents et dont la copie sera expédiée immédiatement et par feuille de route de grande vitesse à celle des stations qui a plombé le wagon. Une seconde copie qui devra être mentionnée sur la feuille de route, sera jointe aux papiers qui accompagnent le wagon, tandis que l'original ainsi que les plombs et ficelles détachés seront conservés par la station qui aura constaté le fait.

La station qui aura découvert la lésion de la clôture du wagon, devra y pourvoir de nouveau en apposant ses propres plombs conformément aux dispositions du paragraphe premier.

§ 5.

Lorsque les *formalités en douane* rendront nécessaire l'ouverture d'un wagon plombé à une station de transmission, cette opération devra être exécutée en présence d'un agent représentant l'Administration cédante et d'un autre agent représentant l'Adminis-tration cessionnaire. Lorsque l'opération en douane ne nécessitera pas le déchargement du contenu du wagon, l'agent de l'Administration cédante aura à apposer, de nouveau et sans aucun retard, au wagon, le plomb de son Administration et à constater sur un livre tenu, à cet effet, par l'Administration cessionnaire, que le contenu du wagon n'a subi aucun autre changement. Cette constatation indiquant en même temps le numéro du wagon respectif et les stations de départ et de destination, devra être mentionnée sur la feuille de route. L'observation de cette formalité aura pour effet que, en ce qui con-cerne la responsabilité pour le contenu du wagon, l'ouverture de ce dernier, en cours de transport, sera considérée comme non avenue.

Par contre, et dans le cas où le *déchargement* aura lieu en raison des formalités en douane, on devra procéder à la révision spéciale du contenu du wagon, et l'agent de l'Administration cessionnaire aura à y apposer de nouveaux plombs, conformément aux dispositions du paragraphe premier.

§ 6.

Le déchargement des wagons plombés devra être effectué à *destination* dans les 48 heures après leur arrivée, sans compter les dimanches ni les jours de fête, et suivre immédiatement l'enlèvement des plombs.

Cet enlèvement ne pourra pas avoir lieu avant que l'intégralité des plombs n'ait été, préalablement et en présence d'un témoin, constatée par l'agent chargé des expéditions de la station ; pour faire cet enlèvement, il suffira de couper la ficelle. Les plombs coupés ainsi que les ficelles devront être conservés jusqu'à ce que le déchargement soit complétement achevé.

L'enlèvement des plombs, l'ouverture et le déchargement du wagon, ainsi que la révision spéciale du contenu du wagon, devront également avoir lieu en présence des deux personnes désignées et être achevés sans aucune interruption.

Lorsque ces opérations feront ressortir un manquant ou une avarie quelconque, les personnes en question seront tenues de dresser immédiatement, à propos de ce manquant et de cette avarie, un procès-verbal dont une copie devra être adressée, sans aucun retard et par feuille de route de G. V., à celle des stations qui a plombé le wagon, tandis que l'original ainsi que les plombs et ficelles détachés resteront entre les mains de l'Administration cessionnaire.

<h2 style="text-align:center">§ 7.</h2>

La responsabilité du contenu d'un wagon remis à destination avec le plombage intact, c'est-à-dire des manquants qui n'auraient pas pu se produire sans rupture des plombs, et des avaries résultant d'une acceptation contraire au règlement ou du chargement défectueux des marchandises, incombera — sauf le cas prévu dans le premier alinéa du paragraphe 5 — à celle des Administrations dont la station aura apposé le plomb resté intact, en tant que les formalités prévues par les paragraphes qui précèdent auront été observées.

Par contre et dans le cas où ces formalités seraient omises, la responsabilité du contenu du wagon reste à la charge de celle des Administrations dont les agents se seront rendus coupables de cette omission.

INSTRUCTION DU 1er OCTOBRE 1867

POUR

L'EXPÉDITION DIRECTE DES MARCHANDISES DANS LE TRAFIC DE L'UNION FRANCO-ALLEMANDE DU SUD

§ 1. — Réception des marchandises.

Le transport direct des marchandises dans l'Union franco-allemande du Sud a lieu selon les prescriptions du règlement international et aux conditions des tarifs en vigueur.

Les stations de l'Union auront à observer d'une manière particulière, avant l'acceptation des marchandises, les dispositions qui se rapportent :

a.) aux marchandises exclues du trafic international, ou qui n'y sont admises que sous certaines conditions (Art. 5 à 7 du règlement international) ;

b.) au bon conditionnement des colis, qui doivent porter une adresse lisible (Art. 9) ;

c.) aux déclarations en douane, qui doivent accompagner les expéditions (Art. 11) ;

d.) à l'établissement exact des lettres de voitures (Art. 15).

Lorsque la station de départ aura quelques observations à faire au sujet du conditionnement des colis, et que l'expéditeur n'aura pas tenu compte de ses recommandations, la marchandise ne devra être acceptée que sous réserve sur la lettre de voiture.

L'expéditeur sera tenu, dans ce cas, d'établir un bulletin de garantie conforme au modèle en usage pour le trafic intérieur.

Pour l'emploi de ce bulletin, il y aura lieu de se reporter au paragraphe 16 des règles à suivre pour les litiges internationaux.

Conformément aux dispositions du paragraphe 2 desdites règles à suivre, la station de départ devra peser les marchandises qui lui sont remises et apposer sur la lettre de voiture le timbre de pesage comme constatation du fait.

Lorsqu'à la révision des colis des différences se produiront avec les indications de la lettre de voiture, celle-ci devra être rectifiée et retournée aussitôt à l'expéditeur avec prière d'établir de nouvelles lettres de voiture, toute correction sur des lettres de voiture étant interdite.

La station de départ devra veiller à ce que la nature de la marchandise soit toujours indiquée sur les lettres de voiture d'une manière lisible et avec des dénominations en rapport avec la classification des marchandises.

Lorsque la marchandise aura été acceptée, la lettre de voiture devra être frappée du timbre d'expédition par lequel la gare de départ constatera sa prise en charge.

§ 2. — Désignation des colis et des wagons par les stations de l'Union.

Avant le chargement, chaque colis devra être muni d'une étiquette.

Il n'y aura d'exception à cette mesure que pour les chargements complets de marchandises de même nature pour une seule et même station destinataire.

Les étiquettes devront mentionner le nom de la station pour laquelle la marchandise est enregistrée et celui de la station qui l'enregistre.

Les marchandises de grande vitesse et celles des tarifs spéciaux pour lesquels il existe des délais de grande vitesse devront être munies d'une étiquette particulière ou d'une seconde étiquette sur laquelle la mention *grande vitesse* sera portée d'une manière apparente.

Pour les chargements complets les étiquettes devront être apposées sur les deux faces du wagon même.

§ 3. — Enregistrement des marchandises de et pour les stations de l'Union.

Les marchandises seront enregistrées directement entre les stations allemandes et celles des chemins français de l'Est appartenant à l'Union, Strasbourg compris, pour lesquelles des prix directs figureront aux tarifs internationaux.

§ 4. — Enregistrement des marchandises s'échangeant entre l'Allemagne et la France et passant en transit sur les chemins français de l'Est.

Les stations allemandes de l'Union enregistreront les marchandises pour la France, transitant par les chemins français de l'Est sur celle des gares de transmission à laquelle, selon leur destination, les expéditions devront quitter les rails de l'Est français.

En sens inverse, ces gares de transmission devront enregistrer sur les stations allemandes destinataires les marchandises qui empruntent en transit les lignes de l'Est français.

La réexpédition de ces marchandises, qu'elles viennent d'Allemagne où qu'elles soient dirigées sur l'Allemagne, aura lieu aux stations ci-après :

	A Laon (transit) de et pour le Nord français.
	— Paris (douane) — les chemins de l'Ouest français et d'Orléans.
Viâ Kehl et Wissembourg . .	— Belfort (transit) — Paris-Lyon-Méditerranée. — — — — Midi français.
Viâ Forbach et Wissembourg.	— Gray — — Paris-Lyon-Méditerranée. — — — — Midi français.

La réexpédition à ces gares de transmission aura lieu même lorsque le tarif international indiquera des prix directs, pour les envois en question.

§ 5. — Enregistrement des marchandises de et pour les stations de l'Union, qui ne sont pas en trafic direct.

Les stations pour lesquelles le tarif international ne mentionne aucun prix direct enregistreront les transports internationaux qui leur sont remis sur la station de l'Union la plus rapprochée d'elles, dans la direction de la station destinataire, et leur appliqueront les tarifs intérieurs ; cette station de l'Union enregistrera directement la marchandise, conformément au tarif international.

Lorque la station destinataire ne sera pas dénommée au tarif international, l'enregistrement direct aura lieu sur la station de l'Union qui précède le point de destination.

A partir de cette station de l'Union, le transport s'effectuera aux tarifs intérieurs.

Il pourra être dérogé à ces dispositions lorsque l'expéditeur prescrira formellement sur sa lettre de voiture quelqu'autre mode d'expédition.

§ 6. — Enregistrement des marchandises de l'Allemagne pour Strasbourg.

Les gares allemandes ne devront enregistrer pour Strasbourg que les marchandises adressées à cette station de l'Union, puisqu'il ne doit s'y faire aucune réexpédition des marchandises destinées à d'autres stations françaises situées au delà.

§ 7. — Enregistrement des marchandises de chemin à chemin.

Les marchandises qui, conformément à la volonté formelle de l'expéditeur, ne seront pas transportées aux prix et conditions du tarif direct, seront dirigées sur Kehl, Forbach ou Wissembourg pour y être remises aux représentants des chemins de fer de l'Est français ou des chemins de fer allemands en correspondance.

§ 8. — Désignation des marchandises pour lesquelles il est nécessaire d'établir des feuilles de route distinctes.

Il est interdit de comprendre sur une seule et même feuille de route :

a.) des marchandises de grande vitesse et de tarifs spéciaux, avec délais de grande vitesse, en même temps que des marchandises de petite vitesse ;

b.) des denrées alimentaires pour Paris, avec d'autres marchandises pour cette destination ;

c.) des marchandises admises au transport sous certaines conditions déterminées par le règlement, avec d'autres marchandises n'appartenant pas à cette catégorie de transports ;

d.) des marchandises transitant par la station qui reçoit la feuille de route, avec les marchandises pour la localité ;

e.) des marchandises transitant par la station qui établit la feuille de route avec les marchandises pour la localité, lorsqu'il existe des tarifs différents pour les unes et les autres ;

f.) des armes pour la France, avec d'autres marchandises ;

g.) des livres pour la France, avec d'autres marchandises.

§ 9. — Enregistrement des marchandises.

L'enregistrement des marchandises devra toujours avoir lieu par la ligne pour laquelle les prix directs sont en vigueur aux termes des tarifs.

§ 10. — Formulaires des feuilles de route.

Les feuilles de route pour le trafic direct entre les stations désignées au tarif international, Strasbourg compris, seront conformes aux formulaires adoptés par l'Union ;

Voir pour la grande vitesse. . . . l'annexe I.
— pour la petite vitesse. . . . l'annexe II.

Les feuilles de route seront, selon les itinéraires, de couleurs différentes, savoir :

Viâ KEHL . . . . . . { *orange* pour la grande vitesse.
{ *violet* — petite vitesse.

Viâ FORBACH. . . . . { *rouge* — grande vitesse.
{ *jaune* — petite vitesse.

Viâ WISSEMBOURG . . . { *bleu* — grande vitesse.
{ *vert* — petite vitesse.

§ 11. — Numérotage des feuilles de route.

Chaque feuille de route à expédier devra porter un numéro d'enregistrement.

Les feuilles de route échangées entre deux stations recevront des numéros d'ordre qui se suivront, et qui seront renouvelés à la fin de chaque année.

Toute omission de numéros impose à la station destinataire l'obligation de faire une réclamation.

§ 12. — Conformité des feuilles de route avec les lettres de voiture.

Les feuilles de route devront être établies conformément aux intitulés des formulaires et aux indications des lettres de voiture.

La station d'expédition ne devra pas omettre d'indiquer en particulier :

a.) les numéros et marques des wagons affectés au chargement ;

b.) la désignation précise et complète de l'envoi, telle que la donne la lettre de voiture ;

c.) le poids réel des colis et le poids arrondi de l'expédition, sur lequel sera établie la taxe ;

d.) les taxes à calculer pour le transport jusqu'à la station à laquelle est adressée la feuille de route ;

e.) les affranchissements et les sommes dues pour le prix de transport comme pour débours à présentation, remboursements, provisions et taxes d'assurances.

Afin de permettre à la station destinataire, aussi bien qu'au contrôle, la vérification des taxes, il est absolument nécessaire que la nature de la marchandise soit indiquée de la manière la plus lisible sur les feuilles de route, comme sur les lettres de voiture, et avec la dénomination donnée audit article par la classification internationale.

Lorsqu'une lettre de voiture portera plusieurs articles pour lesquels la tarification serait différente, les poids bruts réels devront être indiqués séparément pour chacun d'eux.

Dans le cas où cette distinction ne serait pas possible, la taxe de la classe la plus élevée sera appliquée à l'expédition entière sur le poids total brut.

Pour les expéditions auxquelles est applicable un tarif spécial, on devra toujours ajouter sur les feuilles de route le numéro de ce tarif.

L'indication des poids à porter sur les feuilles de route petite vitesse, dans la colonne « *manutention* » (colonnes 26 et 27) et celles des droits à percevoir en France dans la colonne « *factage* » des feuilles de route grande vitesse (colonne 25), devront toujours être laissées aux soins des stations françaises de l'Union.

La section « *taxes* » (colonnes 28-32 et 20-24) comprend l'ensemble des taxes à calculer et des autres frais de transports, incombant aux expéditions enregistrées et applicables à l'itinéraire pour lequel la feuille de route a été établie ; il n'y sera fait aucune distinction entre les ports payés et les ports dus.

Dans les colonnes 26 et 33 doivent être portés les débours à présentation quelconques payés à l'expéditeur, ainsi que les ports antérieurs des chemins correspondants, dont la station d'enregistrement se trouverait débitée ; les remboursements après encaissement soumis à la provision et grevant les expéditions devront être portés aux colonnes 27 et 34.

Dans la section des « *sommes reçues ou à recevoir,* » la station expéditrice devra se débiter aux colonnes 29 et 36 des ports payés et se créditer vis-à-vis de la gare destinataire par les colonnes 30 et 37 des ports à recevoir, provisions de remboursements, droits d'assurances, droits d'enregistrements (au départ des stations françaises), remboursements après encaissement et débours à présentation.

Les colonnes 33 et 40, ports au delà, pour les chemins correspondants, ne devront être remplies que pour des expéditions affranchies en Allemagne pour des stations des chemins français de l'Ouest, du Nord, d'Orléans et de Paris-Lyon-Méditerranée, pour lesquelles des prix directs figurent au tarif international : ces colonnes ne sont destinées qu'à la mention des ports perçus par les stations expéditrices pour le compte des chemins français correspondants en question.

Toutes les sommes perçues ou à percevoir pour frais de transport, provisions, taxes d'assurances, débours à présentation et remboursements, devront être toujours indiquées sur les feuilles de route en monnaie française et arrondie aux 0 fr. 05 c. supérieurs, lorsque la fraction en excédant est de 0 fr. 02 1/2, et aux 0 fr. 05 c. inférieurs, lorsqu'elle est inférieure à 0 fr. 02 c. 1/2.

§ 13. — Enregistrement des feuilles de route.

Toutes les feuilles de route établies devront, avant leur expédition, être reproduites textuellement sur le livre des expéditions.

§ 14. — Calcul des taxes.

Le minimum du poids à taxer pour une seule et même expédition est de :

> 10 kilogrammes pour la grande vitesse.
> 25 — pour la petite vitesse.

Pour les expéditions dont le poids dépasserait ces minima, on obtient le poids à taxer en arrondissant le poids réel de 10 en 10 kilogrammes.

Pour les marchandises qui, aux termes de l'article 8 du règlement international, doivent être considérées comme objets d'une dimension extraordinaire, le poids à taxer s'obtiendra en augmentant de 50 0/0 le poids réel et en l'arrondissant ainsi qu'il est dit plus haut.

Les frais de transport peuvent, au gré de l'expéditeur, être perçus au départ ou à l'arrivée.

Les affranchissements partiels ne sont pas admis.

L'affranchissement est obligatoire pour les marchandises dont la valeur ne semble pas, à la gare de départ, couvrir sûrement les frais de transport ou qui sont exposées à s'avarier promptement.

Pour les expéditions provenant d'Allemagne et destinées aux stations françaises des chemins de fer de l'Ouest. du Nord ou Lyon-Méditerranée, pour lesquelles le tarif international offre des prix directs, le prix de transport sera calculé en bloc pour la perception de la taxe jusqu'à destination.

En établissant les feuilles de route, on aura soin de faire ressortir la part afférente aux chemins français correspondants mentionnés ci-dessus, conformément aux tableaux de répartition mis à la disposition des stations de l'Union, et de la faire figurer à part dans les colonnes des au delà reçus au départ (33 et 40).

Pour les expéditions en port dû, les stations allemandes se borneront à indiquer sur les feuilles de route établies pour les stations de réexpéditions mentionnées au paragraphe 4 la part des chemins allemands et de l'Est français afférente à ce parcours.

En sens inverse, lesdites stations de réexpéditions n'indiqueront sur les feuilles de route pour l'Allemagne les frais de transports afférents aux chemins français correspondants que pour les envois en port dû, et les porteront dans la colonne des « *débours à présentation;* » ils ne les indiqueront, au contraire, en aucun cas pour les envois en port payé.

§ 15. — Calcul des primes d'assurances.

Une prime d'assurance sera perçue lorsque l'expéditeur aura déclaré une valeur dont le montant lui devra être remboursé en cas de perte ou d'avarie.

Ces primes seront perçues conformément à l'article 26 du règlement, leur montant reviendra exclusivement aux parcours allemands.

Les expéditions pour lesquelles serait réclamée une assurance en cas de retard à la livraison devront être dirigées en trafic intérieur sur Kehl, Strasbourg, Forbach ou Wissembourg.

§ 16. — Bulletins d'affranchissement.

Dans le cas où il n'existerait pas de prix direct entre la station de départ et la station destinataire, et que, pour déférer à la mention expresse de l'expéditeur sur la lettre de voiture, l'envoi dût être livré franco à destination, la station de départ affranchira l'expédition, jusqu'à la gare de réexpédition et joindra à la feuille de route un bulletin d'affranchissement (annexe III), aux termes duquel la station destinataire livrera la marchandise franco et reprendra par ledit bulletin sur la station de départ le montant des frais de transport dont elle aura fait l'avance.

Le bulletin d'affranchissement devra être enregistré par la station expéditrice et mentionné sur la feuille de route avec les autres indications relatives à l'expédition; il accompagnera l'envoi jusqu'à la station réceptionnaire.

Celle-ci livrera la marchandise franco au destinataire et retournera le bulletin à la station de départ, en reprenant sur elle les frais de transport qu'elle aura avancés.

L'enregistrement en retour du bulletin d'affranchissement devra toujours être effectué par la station qui assure la réexpédition de la marchandise.

Les sommes portées en compte sur l'avis d'affranchissement devront être détaillées pour chaque parcours en particulier afin que la station expéditrice soit toujours en mesure de donner à l'expéditeur des renseignements à cet égard.

Pour assurer le recouvrement des sommes dont la débitera le bulletin d'affranchissement, la station de départ se fera remettre par l'expéditeur une somme à peu près égale.

§ 17. — Débours à présentation.

Les débours à présentation pourront être payés aux expéditeurs jusqu'à concurrence de 5 francs par expédition, à condition, toutefois, que ce chiffre ne dépasse pas la valeur présumable de la marchandise.

Les sommes devront être spécifiées sur les lettres de voiture d'après leur provenance, et le montant devra être indiqué en toutes lettres.

Il ne sera perçu aucune provision pour ces sortes d'avances.

§ 18. — Remboursements après encaissement.

Les remboursements supérieurs à 5 francs, grevant un envoi, ne pourront être soldés aux expéditeurs que le jour où la station de départ aura reçu de la station destinataire l'avis que le montant en a été acquitté.

A cet effet, chaque expédition grevée d'un remboursement devra être accompagnée d'un avis d'encaissement spécial qui devra être mentionné sur la feuille de route après l'enregistrement du colis.

L'avis d'encaissement devra être enregistré avant le départ et porter le numéro d'enregistrement.

Dans le cas où la station pour laquelle le colis aura été enregistré ne serait pas la station destinataire réelle, elle devra également enregistrer l'avis d'encaissement avant de l'envoyer à destination.

Du moment que le montant du remboursement aura été versé, ou que le payement aura été refusé par le destinataire, la station de destination devra répondre à l'avis d'encaissement et renvoyer ce dernier à la station de départ

L'avis d'encaissement qui sera retourné devra toujours être enregistré directement sur la station de départ ou lui être adressé par l'intermédiaire des stations qui ont fait l'enregistrement du colis grevé de l'avis.

En cas de retard ou d'omission dans le renvoi de l'avis d'encaissement, celle des stations qui ne pourrait pas fournir la preuve de la réexpédition de l'avis demeurera responsable.

Les avis d'encaissement devront être établis par les stations allemandes sur l'imprimé modèle numéro IV, et ceux par les stations françaises sur l'imprimé modèle numéro V ci-joints.

Les montants des remboursements devront être portés par les expéditeurs, en toutes lettres, sur les lettres de voiture ; ils devront, en outre, être exprimés dans la monnaie du pays où aura lieu la livraison de l'envoi.

§ 19. — Calcul des taxes pour les remboursements.

Les stations allemandes percevront, pour les remboursements au-dessus de 5 francs, grevant une seule expédition pour la France, une provision de 1/2 0/0 du montant effectif du remboursement, exprimé en monnaie française, sans que cette provision puisse en aucun cas être inférieure à 50 centimes.

Dans tous les cas, la provision portée par les stations allemandes sur les feuilles de route à destination de la France devra être remboursée par le destinataire, et ne pourra pas être portée au compte de l'expéditeur.

Les stations françaises, pour les expéditions vers l'Allemagne, calculeront, pour le payement des remboursements, la taxe des finances telle qu'elle résulte des tableaux qui figurent au livret des tarifs internationaux.

Cette provision restera toujours au compte de l'expéditeur, et, par conséquent, ne devra pas figurer sur les feuilles de route.

L'établissement du compte de cette taxe n'aura lieu, de la part des stations françaises, qu'après le renvoi par les stations allemandes de l'avis d'encaissement, et sa perception s'effectuera par voie de déduction au moment du payement à l'expéditeur du montant du remboursement.

Les frais grevant les expéditions en provenance d'au delà (pour les chemins en correspondance) qui figurent dans la colonne « *Débours à présentation,* » ainsi que les débours pour formalités en douane et réparations des colis, ne seront assujettis à aucune provision.

§ 20. — Calcul des taxes dans le trafic entre l'Allemagne et Strasbourg.

Le calcul des taxes dans le trafic entre l'Allemagne et Strasbourg se fera aux conditions des tarifs internationaux, tandis que pour le calcul de la provision des remboursements au-dessus de 5 francs, ainsi que pour le calcul des primes à recevoir en cas d'une déclaration de la valeur ou d'une déclaration de l'intérêt que présente l'exactitude dans la livraison, les conditions à appliquer seront celles du règlement allemand.

Comme provision de remboursement, il sera perçu, dans le trafic de ou pour Strasbourg 1/2 0/0 du montant du remboursement exprimé en monnaie française.

Comme primes d'assurance, il sera perçu :

(*a.*) en cas d'une déclaration de la valeur, pour chaque 150 kilomètres parcouru un dixième pour mille.

(*b*) en cas d'une déclaration de l'intérêt que présente l'exactitude dans la livraison, pour chaque 150 kilomètres parcourus, 2 pour mille.

Les minima à percevoir sont :

pour le calcul des taxes, grande vitesse, 45 centimes.
pour le calcul des taxes, petite vitesse, 25 centimes.
pour le calcul des provisions pour remboursement, 10 centimes.
pour le calcul des primes d'assurance à leur valeur, 10 centimes.
pour le calcul des primes d'assurance pour l'intérêt de la livraison 1 franc 25 centimes.

§ 21. — Indication sur les lettres de voiture des sommes perçues ou à percevoir.

La station d'expédition devra porter également sur les lettres de voiture tous les frais à percevoir (en tant qu'ils doivent figurer sur les feuilles de route établies par elle), savoir : dans la colonne de gauche, les sommes payées par l'expéditeur, et dans la colonne de droite, celles à payer par le destinataire.

Les décomptes partiels devront être portés en chiffres aussi apparents que possible dans les diverses colonnes correspondantes imprimées sur la lettre de voiture.

En outre, dans l'établissement des taxes en port dû, on devra toujours indiquer le parcours afférent et, en cas de frais extraordinaires, en justifier l'origine.

Pour la perception en Allemagne, le montant des taxes en port dû, calculé en monnaie française, devra être réduit par la station de remise en monnaie du pays sur les bases des tableaux de réduction qui figurent au livret international.

Dans le cas où l'expédition serait accompagnée d'un bulletin d'affranchissement, ce dernier tiendra lieu de la lettre de voiture, au point de vue de l'inscription des sommes perçues en port payé, et les sommes à payer par l'expéditeur d'après le bulletin d'affranchissement ne doivent pas figurer sur la lettre de voiture.

§ 22. — Opérations de la station destinataire à la réception des feuilles de route.

La station destinataire devra constater d'abord, tant sur les feuilles de route que sur les lettres de voiture y relatives, le moment de leur arrivée.

Elle devra ensuite comparer exactement les frais pour débours, remboursements, formalités en douane, etc., qui pourraient être portés sur les lettres de voiture en dehors de la colonne « *Taxes* », avec les indications correspondantes qui figurent sur les feuilles de route; elle devra au besoin mettre ces dernières d'accord avec les lettres de voiture.

Les sommes portées sur les feuilles de route dans la colonne « *Taxes* » savoir : prix de transport, factage et enregistrement en France, provision et primes d'assurance, devront être vérifiées conformément aux tarifs internationaux et aux conditions réglementaires y relatives, et, au besoin, être rectifiées aussi bien sur les feuilles de route que sur les lettres de voiture.

La station destinataire devra enfin totaliser les différentes taxes et porter à son débit la somme totale dans la colonne 32 ou 39 de la lettre de voiture.

§ 23. — Rectification des feuilles de route.

La station destinataire devra aviser sans retard la station expéditrice de toute rectification faite par elle aux chiffres portés sur les feuilles de route.

La station expéditrice devra vérifier la rectification, et, si elle est fondée, aviser la station destinataire qu'elle en reconnaît l'exactitude.

La station destinataire sera responsable de l'exactitude des taxes portées sur les feuilles de route.

Néanmoins, la station expéditrice restera responsable des erreurs qui pourraient se produire dans le montant des sommes en port payé perçues par elle,

§ 24. — Transport des marchandises.

Le transport des expéditions directes sur chacun des chemins appartenant à l'Union s'effectuera, en général, conformément aux prescriptions réglementaires en vigueur sur chacun d'eux.

Pour le plombage et la manutention des wagons de marchandises chargés, les dispositions de l'annexe à la convention internationale seront applicables dans le service direct.

Pour justifier la remise des marchandises d'un chemin à l'autre, il sera tenu, pour chaque voie, à la station de remise, un registre, sur lequel les feuilles de route devront être portées séparément, avec leur numéro, le point de départ et de destination, le nombre des colis et le poids des expéditions.

L'heure de la remise devra être portée sur les feuilles de route, ainsi que sur les lettres de voiture.

Pour les marchandises de l'Allemagne à destination de Strasbourg, ainsi que pour celles de la France en destination de Kehl (local), il n'y aura pas de transmission entre les chemins de fer de l'Est français et badois ; la remise aux chemins français de l'Est et réciproquement n'aura pas lieu.

Les marchandises devront être manutentionnées avec le plus grand soin, pour leur chargement et leur déchargement, et l'emploi de « *crochets* » est notamment défendu sous peine d'amende.

Les irrégularités dans le cours du transport devront être soigneusement évitées.

Il est, en particulier, défendu de réexpédier des parties incomplètes et de séparer les papiers de douane des expéditions, en raison des conséquences qui en résulteraient par rapport aux opérations en douane.

Pour éviter autant que possible les fausses directions des marchandises, la station expéditrice ne devra pas omettre d'indiquer lisiblement et sur l'extérieur des feuilles de route, outre le nombre des colis s'y rapportant, les numéros des wagons qui les composent, la station destinataire, et principalement les points de transmission.

Pour éviter des transbordements aux gares de transmission les marchandises pour une seule et même destination devront, autant que possible, être chargées sur un seul et même wagon.

Lorsque des transbordements seront nécessaires pour une révision spéciale, la station qui transbordera devra rayer légèrement sur les lettres de voiture et les feuilles de route les numéros des wagons déchargés et leur substituer ceux des wagons chargés.

Dans le cas où le complément d'une partie de marchandises nécessitant l'emploi de plusieurs wagons ne remplirait pas un wagon, et qu'il y eût nécessité, pour compléter celui-ci, d'y charger des marchandises avec d'autres feuilles de route, le nombre des colis du complément devra être porté sur la feuille de route et les lettres de voiture qui s'y rapportent, en même temps que le numéro du wagon.

§ 25. — Opérations en douane.

Les formalités en douane exigées par la nature des marchandises seront remplies par les agents des administrations, conformément aux déclarations des expéditeurs et selon les prescriptions douanières.

Les frais pour formalités en douane et les droits de douane à la charge de la marchandise seront spécifiés sur les lettres de voiture par les gares de transmission que cela · concerne.

Les frais de formalités en douane, seront perçus, pour chaque envoi, conformément aux tarifs figurant au livret international.

Pour les droits de douane, des quittances spéciales seront jointes aux lettres de voiture.

Les gares destinataires allemandes seront débitées des frais de formalités et des droits de douane grevant les marchandises dirigées avec feuilles de route directes de la France sur l'Allemagne par les gares de Kehl, de Sarrebrück et de Schaidt, au moyen de feuilles de route spéciales de douane à joindre aux feuilles de route directes.

Sur chaque feuille de route de douane on ne devra indiquer que les sommes se rapportant à une seule et même feuille de route, et on devra les distinguer par articles.

Les feuilles de route de douane devront, comme les feuilles de route de marchandises. porter des numéros d'ordre se suivant pour chaque station destinataire.

Les sommes portées de cette manière au débit des gares devront faire l'objet d'un compte particulier dont le règlement aura lieu par le bureau central de décompte de l'Union franco-allemande du Sud.

Pour les marchandises expédiées de Strasbourg (local) sur l'Allemagne, les frais, pour formalités en douane, seront portés, conformément aux tarifs et dès l'établissement des feuilles de route directes, dans les colonnes 31 et 38. Les gares destinataires devront accepter ce débit et le régler avec les feuilles de route de Strasbourg.

§ 26. — Irrégularités.

En ce qui concerne le mode de procéder, pour les empêchements à la livraison ou les irrégularités dans le transport des marchandises, ainsi que pour les conditions de la correspondance relative à des irrégularités, les stations de l'Union devront se conformer aux dispositions de la convention internationale, notamment aux paragraphes 8, 9, 10, 29, 30, 31 et 32.

Toute lettre relative à une des irrégularités prévues à l'article 32 de la convention devra, pour permettre de constater son envoi réel, être inscrite sur une feuille de route établie réglementairement et porter un numéro d'ordre.

La ponctuelle observation de cette prescription est attendue dans l'intérêt général du service.

§ 27. — Transports en franchise.

Seront transportés en franchise :

a) Les engins que les Administrations expéditrices joindront aux wagons, pour consolider ou protéger leur chargement ;

b) Les agrès des wagons qui, par suite d'une irrégularité, ont été détachés des wagons étrangers auxquels ils appartenaient et sont retournés à l'Administration propriétaire.

Lorsque les chemins allemands auront à livrer aux chemins français de l'Est les objets indiqués ci-dessus et réciproquement, ils devront être dirigés sur les stations de transmission de Kehl, de Forbach ou de Wissembourg, conformément aux règlements intérieurs, pour y être livrés au représentant du chemin correspondant.

§ 28. — Réclamations des expéditeurs et destinataires.

Lorsqu'un expéditeur ou un destinataire adressera une réclamation pour perte, avarie ou retard, la station qui en sera saisie devra, sans retard, adresser un rapport à son administration.

§ 29. — Mesures à prendre pour les remises de wagons à marchandises français, avec bâches non adhérentes.

Les stations allemandes de transmission ou celles intermédiaires devront veiller particulièrement, afin d'éviter tous inconvénients et réclamations, à ce que les bâches non adhérentes aux wagons français de marchandises qui leur parviendront, de même que les prolonges dont le nombre est indiqué sur la pièce de charpente latérale du wagon, n'en soient jamais séparées et accompagnent le wagon en tout état de cause.

Lorsque les wagons seront renvoyés sans chargement tous ces objets, qui seront considérés comme faisant partie intégrante du wagon, devront être fixés aux anneaux et courroies adaptés à cet effet aux wagons; les bâches seront enroulées avec soin.

§ 30. — Emploi de wagons allemands pour le chargement des marchandises à destination de Strasbourg.

Pour le chargement direct de marchandises ayant Strasbourg pour destination, il ne devra pas être fait usage de wagons ayant plus de deux essieux, et ce, en raison des aménagements intérieurs de ladite gare.

§ 31. — Envoi des feuilles de route aux contrôles spéciaux.

Les stations de l'Union devront adresser les feuilles de route recueillies par elles à leur service du contrôle, aux termes des prescriptions en vigueur à ce sujet auprès des diverses administrations.

Le contrôle spécial de chaque administration vérifiera, sans retard, les feuilles de route qu'il aura reçues, et fera parvenir au bureau des arrivages telles instructions qu'il conviendra pour leur rectification.

Si ces instructions touchent également les perceptions faites par la station expéditrice, celle-ci devra en être avisée sans délai.

Au plus tard avant l'expiration du premier mois qui suivra celui dont le règlement est à faire, les feuilles de route, de même que les inventaires des arrivages, devront être parvenues au contrôle spécial des stations expéditrices et au plus tard avant l'expiration du deuxième mois qui suivra le décompte définitif; elles devront être parvenues pour le décompte général au bureau central de décompte à Munich.

Deutsch-französischer Güterverkehr.
Service international Franco-Allemand.

Nachnahme-Begleitschein *N°*
Avis d'Encaissement

{ _______________ gut }
{ _______________ vitesse }

An die Güterexpedition in
A renvoyer à la Station de   } _________________________
nach Einzahlung der Nachnahme von
après encaissement du Remboursement de   } _________ frs. _____ cs.

welche auf der Sendung (Frachtkarte) *N°* _______ vom _____________ 186
qui grevait son Expédition _____ » _______ » _________________ »

adressirt an   }
en destination de   } _____________________

haftet, zurückzusenden.

Station _________________ den _____________ 186

Die Güter-Expedition (Expédition des marchandises):
T.

Obenbezeichnete Nachnahme ist hier einbezahlt worden mit }
Le Remboursement indiqué ci-dessus a été encaissé de } _________ frs._____ cs.

Station _________________ le _____________ 186

Le Chef de Gare:
Sig.

Avis d'Encaissement N^o

Nachnahmebegleitschein

retour

à

SERVICE INTERNATIONAL FRANCO-ALLEMAND.
Französisch-deutscher Verkehr.

GRANDE VITESSE.
Eilgut.

Train n°
Zug №

FEUILLE DE ROUTE DES MARCHANDISES. — N°
Frachtkarte, №

expédiées le _______ 186 , à _____ heures _____ du _______
expedirt den _______ 186 , um _____ Uhr _______

Station d |
Station von |
à |
nach |
par la voie de
durch die Bahn von

N°		PROVENANCES Herkunft	NOMS ET ADRESSES Namen und Adressen DES EXPÉDITEURS. der Absender.	DES DESTINATAIRES. der Empfänger.	DESTINATIONS Bestimmung		DÉTAILS DES COLIS. Bezeichnung der Colis.						VALEUR	POIDS EN KILOG. Gewicht in Kilogramm.		TAXES. Taxen.					FACTAGE Rollgeld	

N°

SERVICE INTERNATIONAL — Internationaler Dienst

VOIE DE _______
Über

CHEMINS DE FER FRANCO-ALLEMANDS — Deutsch-Französische Eisenbahnen.

BULLETIN D'AFFRANCHISSEMENT adressé à la Station de _______

Frankatur-Zettel nach _______

Les Colis dont le détail ci-dessous adressés à _______ à _______

Nachstehend verzeichnetes Gut an _______ in _______ adressirt

doivent parvenir à leur destination franco. _______ et la Station destinataire est invitée à reprendre le montant des frais de réexpédition et frais accessoires dûment

soll franko _______ an seinen Bestimmungsort gelangen, und wird daher ersucht, die Umexpedition, Fracht und sonstige Transportkosten bis zur Abgabestation mittelst Nachnahme, auf

spécifiés, jusqu'à la destination définitive sur la Station d'expédition ci-dessous désignée.

Gegenwärtiges, hierher zurückzurechnen.

le _______ 186

den _______ 186

La Gare expéditrice,

Die Güterexpedition:

Mod. (1861)

500. IMP. RENOU ET MAULDE.

DE LA FEUILLE DE ROUTE. Der Frachtkarte		NUMÉRO de la lettre de voiture.	DES COLIS Der Colli			CONTENU Inhalt.	POIDS. Gewicht.		TRANSPORT DE A	FRAIS ACCESSOIRES. Sonstige Transportkosten.
DATE. Datum.	NUMÉRO. Nummer.	Nummer des Frachtbriefes	MARQUES. Marke.	NUMÉROS. Nummer.	NATURE. Gattung.		EN KILOG.	in Zollpfund.	Fracht von _______ bis _______	

V

VIA LUXEMBOURG

CONVENTIONS

avec la Direction

DES CHEMINS DE FER BELGE ET PRUSSIEN

TRAITÉ D'EXPLOITATION DU CHEMIN DE FER

DU LUXEMBOURG

Entre les soussignés,

La Compagnie des chemins de fer de l'Est, dont le siége est à Paris, à la gare, place de Strasbourg, représentée par MM. le comte de Ségur, Président du Conseil d'administration, et Jayr, Administrateur, membre du Comité de direction, en vertu des pouvoirs donnés par décision dudit conseil, en date du 4 juin mil huit cent cinquante-sept, et dont une ampliation a été annexée aux présentes, d'une part ;

Et la Société royale grand-ducale des chemins de fer Guillaume-Luxembourg, dont le siége social est à Luxembourg, avec succursale à Paris, rue Neuve-des-Mathurins, n° 48, représentée par MM. le marquis d'Albon, Président, et Prost, Vice-Président du Conseil d'administration, en vertu des pouvoirs donnés par décision du dit conseil, en date du cinq juin mil huit cent cinquante-sept, et dont une ampliation a été également annexée aux présentes, d'autre part;

Il a été exposé ce qui suit :

La Société royale grand-ducale des chemins de fer Guillaume-Luxembourg, considérant qu'il importe à ses intérêts de prendre des arrangements, pour l'exploitation de ses lignes, avec la Compagnie des chemins de fer de l'Est, et cette dernière Compagnie reconnaissant la convenance et l'utilité de ces arrangements, il est intervenu entre les parties les conventions suivantes :

ARTICLE PREMIER.

La Compagnie des chemins de fer de l'Est se charge d'exploiter, pendant une durée de cinquante ans, avec son matériel, son personnel et ses propres moyens, les chemins de fer concédés à la Société royale grand-ducale des chemins de fer Guillaume-Luxembourg, par les lois des vingt-cinq novembre mil huit cent cinquante-cinq et premier décembre mil huit cent cinquante-six. Cette exploitation commencera du jour où la section de la frontière française à Luxembourg, en contact continu avec les lignes de l'Est, sera exploitable.

L'exploitation comprend l'entretien pur et simple de la voie de fer, des terrassements, des ouvrages d'art, des bâtiments des stations, le transport des voyageurs et des marchandises, l'entretien du matériel roulant et fixe et le service télégraphique.

Dans les frais d'exploitation, ne seront pas comprises les dépenses pour agrandissements ou grosses réparations des bâtiments, extension des gares et de leurs voies, poses de plaques, croisements, signaux fixes, fournitures de rails et de traverses, réfection totale ou partielle de la voie, travaux de drainage ou de soutènement, s'ils deviennent nécessaires, plantations de clôture, et généralement tout ce qui tient à la construction, ou peut résulter des vices ou de l'insuffisance du premier établissement. Ces sortes de dépenses restent à la charge de la Société royale grand-ducale.

Art. 2.

La Compagnie des chemins de fer de l'Est tiendra une comptabilité distincte des recettes de l'exploitation des chemins de fer Guillaume-Luxembourg.

Elle prélèvera sur les recettes :

1° Une somme annuelle de cinq cents francs par kilomètre exploité, à titre d'indemnité à forfait pour l'apport du matériel roulant, toutes les fois que les résultats de l'exploitation ne donneront pas lieu, entre les deux Compagnies, au partage dont il est ci-après parlé. Le prélèvement ne sera effectué pour les années d'exploitation donnant lieu audit partage que sous déduction d'une somme égale à la part revenant à la Compagnie des chemins de fer de l'Est ;

2° Le montant des dépenses de toute nature afférentes à l'exploitation demeure fixé à forfait comme suit :

si le produit kilométrique annuel ne dépasse pas dix mille francs, soixante-cinq pour cent de la recette brute ;

si le produit kilométrique annuel dépasse dix mille francs, sans être supérieur à quinze mille francs, soixante pour cent de la recette brute ;

si le produit kilométrique annuel dépasse quinze mille francs, sans être supérieur à vingt mille francs, cinquante-cinq pour cent de la recette brute ;

si le produit kilométrique annuel dépasse vingt mille francs, sans être supérieur à vingt-cinq mille francs, cinquante pour cent de la recette brute ;

si le produit kilométrique annuel dépasse vingt-cinq mille francs, sans être supérieur à trente mille francs, quarante-cinq pour cent de la recette brute ;

Et enfin, si le produit kilométrique annuel est supérieur à trente mille francs, quarante pour cent de la recette brute.

La Compagnie des chemins de fer de l'Est tiendra compte intégralement à la Société royale grand-ducale de l'excédant des recettes sur les dépenses, calculées à forfait, comme il est expliqué ci-dessus, jusqu'à concurrence d'une somme de trois millions de francs pour une année d'exploitation. L'excédant au delà de cette somme de trois millions sera partagé par moitié entre les deux parties contractantes, toutefois, après prélèvement de la portion revenant au Gouvernement grand-ducal à titre de remboursement de la subvention qu'il a accordée à la Société royale grand-ducale, et jusqu'à concurrence du montant de cette subvention, qui est de trois millions.

La Compagnie des chemins de fer de l'Est tiendra trimestriellement compte, à Paris, à la Société royale grand-ducale des chemins de fer Guillaume-Luxembourg, de l'excédant des recettes lui revenant.

Art. 3.

La Compagnie des chemins de fer de l'Est prendra l'exploitation des lignes de fer du grand-duché de Luxembourg, libre de tout engagement pour toute la gestion antérieure à l'entrée en jouissance, la Société royale grand-ducale des chemins de fer Guillaume-Luxembourg gardant la responsabilité pleine et entière de tous les actes antérieurs et l'obligation de la Compagnie des chemins de fer de l'Est étant limitée, de la manière la plus expresse, au payement des sommes indiquées à l'article 2, ainsi qu'à l'exécution, en ce qui concerne l'exploitation, des clauses des cahiers des charges et des conventions avec le gouvernement grand-ducal. Il est de nouveau expliqué que cette responsabilité ne s'étendra pas notamment à la pose de la seconde voie, qui reste à la charge de la Société royale grand-ducale, de même que les dépenses laissées à la charge de la dite Société, conformément aux dispositions de l'article 1er ci-dessus.

Art. 4.

Il est entendu que les chemins de fer Guillaume-Luxembourg seront construits dans les conditions voulues par les lois de concession et les cahiers des charges, et suivant les plans et projets définitifs, qui seront approuvés par le Gouvernement grand-ducal et annexés ultérieurement aux présentes.

Ces plans et projets définitifs devront, du reste, être soumis à l'approbation du comité mixte dont il est fait mention en l'article 5.

Art. 5.

Pour la surveillance de l'exécution des travaux de construction et pour l'exploitation des chemins de fer Guillaume-Luxembourg, il sera formé un comité mixte, composé de huit membres, dont quatre, pris dans le conseil d'administration de la Compagnie des chemins de fer de l'Est, et quatre pris dans le conseil d'administration de la Société royale grand-ducale des chemins de fer Guillaume-Luxembourg.

En outre des huit membres désignés, les présidents des deux Compagnies auront toujours le droit d'assister aux séances du comité mixte, avec voix délibérative.

Les directeurs ou chefs de service des deux Compagnies pourront être admis dans ce comité, avec voix consultative.

Ce comité sera présidé alternativement, et par trimestre, par un membre de la Compagnie des chemins de fer de l'Est et par un membre de la Société royale grand-ducale des chemins de fer Guillaume-Luxembourg.

Il délibérera :

1° Sur les questions concernant les plans et projets de construction et l'exécution des travaux;

2° Sur toutes les questions relatives à l'exploitation, telles que : établissements et modifications de tarifs, traités de toutes sortes, enfin tout ce qui est de nature à exercer une influence quelconque sur les résultats de l'exploitation.

En ce qui concerne les questions mentionnées au paragraphe qui précède, l'initiative appartiendra à la Compagnie des chemins de fer de l'Est.

Art. 6.

Avant le début de l'exploitation, il sera procédé contradictoirement entre les deux Compagnies à la réception par la Compagnie fermière, de la voie et de ses dépendances, ainsi qu'à l'inventaire du matériel fixe et du mobilier des gares, stations, dépôts, etc.

La Compagnie des chemins de fer de l'Est, devant, à toute époque, maintenir en bon état d'entretien l'ensemble des travaux qui constituent les chemins de fer Guillaume-Luxembourg, fera remise à la Société royale grand-ducale desdits chemins et de leurs dépendances dans l'état où ils se trouveront à l'expiration du traité.

Art. 7.

Pour éviter l'établissement des lignes concurrentes et dans la pensée de sauvegarder les intérêts mis en commun par la présente convention, la Société royale grand-ducale des chemins de fer Guillaume-Luxembourg s'interdit expressément, à moins d'autorisation de la Compagnie des chemins de fer de l'Est, et sauf tous arrangements à intervenir à cet égard, concernant l'exploitation, et pendant toute la durée du bail, de faire aucuns traités pour l'adjonction, la construction et l'exploitation de chemins nouveaux se rattachant directement ou indirectement aux lignes concédées à la Société royale grand-ducale des chemins de fer Guillaume-Luxembourg, quelle que soit la forme de ces traités, achats, amodiations ou conventions.

Art. 8.

Une commission arbitrale de trois membres prononcera en dernier ressort avec pouvoirs d'amiables compositeurs, sur toutes les difficultés qui pourraient naître de l'exécution ou de l'interprétation du présent traité.

La commission statuera notamment sur toutes les difficultés auxquelles pourra donner lieu le défaut d'accord sur les questions soumises au comité mixte institué par l'article 5, et généralement toutes les difficultés qui pourraient naître des rapports des deux Compagnies.

MM. Didion, directeur du chemin de fer d'Orléans, et Chaperon, directeur du chemin de fer de Lyon, sont, dès à présent, désignés comme membres de cette commission, avec pouvoir de choisir, le cas échéant, un troisième arbitre.

Art. 9.

Les présentes conventions seront soumises à l'approbation des assemblées générales des actionnaires des deux Compagnies, ainsi qu'à la sanction des gouvernements français et grand-ducal de Luxembourg.

Fait double entre les parties, à Paris, le six juin mil huit cent cinquante-sept.

Approuvé par le Conseil d'administration de la Compagnie des chemins de l'Est, dans sa séance du six juin 1857.

CONVENTION DU 26 SEPTEMBRE 1859,

RÉGLANT

LES RELATIONS DE SERVICE ENTRE LES CHEMINS DE FER DU GRAND LUXEMBOURG BELGE, DU GUILLAUME-LUXEMBOURG ET DE L'EST DE LA FRANCE.

ENTRE :

La grande Compagnie du Luxembourg belge, dont le siége est à Bruxelles, représentée par M. REED, Administrateur délégué, d'une part,

Et la Compagnie du chemin de fer de l'Est de la France, dont le siége est à Paris, rue et place de Strasbourg, représentée par MM. ROUX, BAUDE, BAIGNÈRES et PERDONNET, Administrateurs, membres du Comité de Direction,

Agissant tant au nom de ladite Compagnie qu'au nom de la Société royale grand-ducale des chemins de fer Guillaume-Luxembourg, dont le siége est à Luxembourg, avec succursale à Paris, 68, boulevard de Strasbourg, d'autre part ;

Il a été dit et convenu ce qui suit :

Dans le but de faciliter et d'étendre les relations internationales entre la Belgique, le grand-duché de Luxembourg et la France, les trois Administrations du chemin de fer du Luxembourg belge, du chemin de fer Guillaume-Luxembourg et des chemins de fer de l'Est se sont mises d'accord sur l'adoption des conditions ci-après :

TITRE Ier.

Voyageurs et Bagages.

ARTICLE PREMIER.

La grande Compagnie du Luxembourg belge, la Société royale grand-ducale des chemins de fer Guillaume-Luxembourg et la Compagnie de l'Est, ainsi que leurs correspondants, établiront la marche de leurs trains de voyageurs de manière à assurer la meilleure correspondance possible entre la Belgique, le grand-duché de Luxembourg et la France par la voie d'Arlon et Bettingen.

Il est convenu que, dans l'intérêt de la circulation sur les différentes lignes mises en rapport direct, il sera établi un train express entre Bruxelles et Arlon.

Dans ce but, les parties contractantes se communiqueront réciproquement le tableau de la marche des trains des services d'été et d'hiver, ainsi que les modifications apportées à ces tableaux dans le cours de chacun des services.

Le transport des voyageurs s'effectuera sur chaque ligne conformément aux lois et arrêtés des autorités supérieures, ainsi qu'aux règlements et ordres de service particuliers à chaque chemin de fer.

Art. 2.

Le transport direct des voyageurs et de leurs bagages s'effectuera entre les stations suivantes :

1° Entre Bruxelles (quartier Léopold), Namur, Ciney, Jemelle (Rochefort), Longlier (Neufchâteau), Arlon et Luxembourg.

2° Entre Bruxelles (quartier Léopold), Namur et Thionville, Metz, Forbach, Nancy, Strasbourg et Bâle.

Les Administrations s'engagent à faire tous leurs efforts pour que le transport direct des voyageurs et de leurs bagages puisse s'effectuer entre Bruxelles (quartier Léopold), Namur et Sarrebruck, Ludwigshafen, Mayence et Francfort s/M.

Art. 3.

Le transport international des voyageurs sera fait, par les chemins de fer intéressés, au moyen de billets directs délivrés au point de départ et assurant le transport régulier jusqu'au point d'arrivée.

Ces billets pourront être délivrés en nombre illimité.

Art. 4.

Les prix des billets directs, de même que les prix de transport des excédants de bagages au delà de trente kilogrammes, représenteront le montant des prix des tarifs belge-luxembourgeois, français et allemand additionnés les uns aux autres.

Le tarif direct qui en résultera sera joint à la présente convention.

Chaque chemin de fer se réserve le droit de modifier les tarifs en ce qui concerne son parcours ; mais il devra, dans ce cas, prévenir les chemins de fer correspondants un mois à l'avance.

Art. 5.

Les billets délivrés aux voyageurs seront établis d'après le système Edmonson pour les relations entre les points suivants :

Bruxelles et Namur pour Luxembourg, Thionville, Metz, Forbach et Nancy, et *vice versa* ;

Arlon, Ciney, Jemelle, Longlier pour Luxembourg.

Les billets délivrés aux voyageurs partant de Bruxelles et Namur pour Strasbourg, Bâle, et éventuellement pour Sarrebruck, Ludwigshafen, Mayence et Francfort et réciproquement, seront à coupons ; ils seront valables pour dix jours, et donneront au porteur le droit de s'arrêter aux points suivants :

Bruxelles et Namur à Strasbourg, avec arrêt à Luxembourg et Nancy ;

Bruxelles et Namur à Bâle, avec arrêt à Luxembourg, Nancy et Strasbourg ;

Bruxelles à Sarrebruck, avec arrêt à Luxembourg et Metz;

Namur à Sarrebruck, avec arrêt à Luxembourg et Metz;

Bruxelles et Namur à Ludwigshafen, avec arrêt à Luxembourg, Metz et Sarrebruck;

Bruxelles et Namur à Mayence, avec arrêt à Luxembourg, Metz, Sarrebruck et Ludwigshafen;

Bruxelles et Namur à Francfort, avec arrêt à Luxembourg, Metz, Sarrebruck et Mayence.

Les billets valables pour dix jours contiendront toutes les indications utiles aux voyageurs, tant dans leur propre intérêt que dans l'intérêt du service ; ces indications seront données en français et en allemand, en ce qui concerne les localités allemandes.

Ces billets directs sont de première et de seconde classe.

La Compagnie des chemins de fer de l'Est déclare, dès à présent, qu'il peut exister dans son service des trains dits *express et poste*, ne transportant ni chevaux, ni voitures, et qu'elle n'admettra dans ces trains que des voyageurs porteurs de billets de première classe.

Dans le cas où un voyageur porteur d'un billet de seconde classe désirerait prendre sur le parcours français un train express ou poste, il devra payer, sur ce parcours, la différence du prix existant entre le tarif de la première et celui de la seconde classe.

Des dispositions seront prises pour que le prix des billets puisse être acquitté, de même que celui des excédants des bagages, pour le trajet total, au point de départ.

Art. 6.

Au-dessous de trois ans, les enfants ne payeront rien, à la condition d'être portés sur les genoux des personnes qui les accompagnent.

Il sera délivré des billets direts pour les enfants de trois à sept ans, à moitié prix des billets ordinaires.

Art. 7.

Tout voyageur, porteur d'un billet direct, aura droit au transport gratuit de trente kilogrammes de bagages.

Cette gratuité ne sera que de quinze kilogrammes pour les enfants.

Les bagages en excédant seront taxés au prix ordinaire des tarifs annexés à la présente convention.

La taxe des excédants s'appliquera sur tous les parcours par fraction indivisible de zéro à cinq kilogrammes, de cinq à dix kilogrammes, et au delà de dix kilogrammes, par fraction indivisible de dix kilogrammes.

L'enregistrement des bagages donnera lieu à une perception de dix centimes au profit de la Compagnie expéditrice.

Art. 8.

Chaque chemin de fer prend à sa charge et sous sa responsabilité, vis-à-vis des voyageurs, le transport des bagages remis par ceux-ci depuis le point de départ jusqu'à la destination pour laquelle ces bagages sont enregistrés au moment du départ ; mais cette responsabilité sera partagée entre les Compagnies de la manière suivante :

Aux gares de transmission, la Compagnie expéditrice devra faire constater l'état de conservation ou d'avarie des bagages dont elle aura effectué le transport sur son parcours et dont elle fera la remise à la Compagnie qui lui succède, et qui prend à son tour la responsabilité de la continuation du transport.

Cette constatation sera consignée dans un procès-verbal dont la forme sera ultérieurement arrêtée d'un commun accord.

Le procès-verbal sera visé par le chef de gare de transmission, et copie en sera immédiatement adressée au chemin de fer premier expéditeur.

Art. 9.

Un état récapitulatif du produit des voyageurs et de leurs bagages sera arrêté chaque mois par le chemin de fer de l'Est pour les recettes effectuées en France et dans le grand-duché de Luxembourg, par la grande Compagnie du Luxembourg, pour les recettes effectuées en Belgique.

Communication réciproque de ces états sera donnée dans la première quinzaine du mois suivant, et le règlement aura lieu dans la seconde quinzaine du même mois.

Le chemin de fer débiteur devra verser immédiatement au chemin de fer correspondant le montant du solde de ce règlement.

Les payements auxquels donnera lieu l'exécution de la présente convention se feront en monnaie de France ou de Belgique.

Art. 10.

Les parties contractantes conviennent de donner, chacune de son côté, une complète publicité aux services directs de voyageurs qu'elles auront organisés en vertu de ce qui précède.

La publicité en Belgique sera faite par les soins et aux frais de la grande Compagnie du Luxembourg, et dans le grand-duché ; en France, et éventuellement en Allemagne, par les soins et aux frais de la Compagnie de l'Est.

TITRE II.

Marchandises.

Art. 11.

Afin de donner toute facilité au commerce belge, luxembourgeois et français pour l'expédition des marchandises tant en grande qu'en petite vitesse, il sera établi un livret comprenant :

1° les prix, les délais et la classification des marchandises entre Bruxelles, Namur, Arlon, Ciney, Jemelle, Longlier et la frontière luxembourgeoise;

2° les prix, les délais et la classification des marchandises entre la frontière belge, Luxembourg et la frontière française ;

3° les prix, les délais et la classification des marchandises entre la frontière luxembourgeoise et Thionville, Metz, Forbach, Nancy, Strasbourg et Bâle.

Le transport des marchandises tant à grande qu'à petite vitesse sera réglé de manière à pouvoir s'effectuer avec aussi peu d'interruption que possible au passage de la frontière à Sterpenich et à Bettingen, et avec toutes les garanties désirables pour le commerce.

Le transbordement des marchandises sera évité autant que possible à Bettingen et, dans tous les cas, les wagons complets passeront d'une ligne sur l'autre jusqu'à destination.

Art. 12.

Le prix de transport des marchandises depuis le point de départ jusqu'à destination représentera le montant du tarif belge, auquel sera ajouté le montant du tarif de la Compagnie Guillaume-Luxembourg, et du tarif du chemin de fer de l'Est s'il y a lieu, plus les frais de douane.

Toute expédition devra être faite dans les délais portés aux tarifs des Administrations belge, luxembourgeoise et française.

A cet effet, ces Administrations se feront réciproquement connaître un mois à l'avance les modifications qu'elles apporteraient à leurs prix et délais sur leurs parcours respectifs.

Art. 13.

Les Administrations contractantes pourront prendre de commun accord des dispositions exceptionnelles dans le but d'assurer au chemin de fer un accroissement de transports au moyen de réductions spéciales de prix.

Art. 14.

Chacune des Administrations placera à chaque station frontière les agents qui seront reconnus nécessaires pour faire les opérations de douane.

Art. 15.

Les parties contractantes prennent l'engagement de faire sans retard, et chaque fois que besoin en sera, auprès des Directions générales des douanes de leur pays respectif, toutes les démarches nécessaires pour obtenir, en faveur de leur trafic international, les facilités compatibles avec les lois et règlements des États, et dont jouissent les points de transit les plus favorisés.

Art. 16.

En cas de contestation entre le public et les chefs de gare, les parties contractantes acceptent réciproquement la compétence des tribunaux belges, du grand-duché de Luxembourg et français, d'après les règles de juridiction tracées par la législation en vigueur en Belgique, dans le grand-duché de Luxembourg et en France.

En cas de contestation entre les Compagnies contractantes, il est stipulé ce qui suit :

Tout dommage donnant lieu à une indemnité pécuniaire, soit pour retard, avarie ou perte de colis, que ce soit des bagages ou de la marchandise, ou qui aura pour motif des blessures causées à des voyageurs, sera mis à la charge du chemin de fer sur le parcours duquel l'accident aura eu lieu.

Les conséquences des accidents seront supportées comme suit :

1° par l'Administration sur le parcours de laquelle il se sera produit, si cet accident est imputable à la construction ou à l'entretien de la voie, ou au personnel de la voie, du train ou des gares ;

2° par l'Administration à laquelle appartient le matériel, s'il est prouvé que c'est ce matériel qui en est cause ;

3° a frais communs par toutes les Administrations, lorsque les causes de l'accident sont douteuses.

Toutefois, les Administrations s'interdisent tout recours contre les agents coupables pour le payement des indemnités.

Chaque Administration assume la responsabilité des contraventions en matière de douane résultant de l'insuffisance de l'arrimage et du bâchage.

Art. 17.

Les lettres et les pièces de comptabilité des Administrations contractantes seront admises de part et d'autre au transport en service. Les fonds seuls seront taxés.

TITRE III.

Dispositions générales.

Art. 18.

Un règlement particulier déterminera le mode à suivre pour l'exécution de la présente convention, et notamment en ce qui concerne l'établissement des décomptes.

Art. 19.

Les différends entre les parties contractantes sur l'exécution du présent traité seront réglés par des arbitres nommés par les parties, et dans le cas où ces arbitres ne tomberaient pas d'accord, ils choisiront eux-mêmes un tiers arbitre.

Art. 20.

La présente convention recevra son exécution à partir du premier octobre mil huit cent cinquante-neuf.

Elle pourra être dénoncée pour cesser ses effets moyennant avis donné six mois à l'avance.

Art. 21.

Les contractants se réservent respectivement l'approbation du Conseil d'administration de la grande Compagnie du Luxembourg et du Conseil d'administration des chemins de fer de l'Est.

Fait triple à Paris, le vingt-six septembre mil huit cent cinquante-neuf.

Approuvé par le Comité de Direction de la Compagnie des chemins de fer de l'Est dans sa séance du 26 septembre 1859.

Annexe à la Convention du 26 septembre 1859

RÈGLEMENT DE COMPTABILITÉ

ANNEXÉ

A LA CONVENTION ÉTABLISSANT LES RELATIONS DE SERVICE ENTRE LES CHEMINS DU GRAND LUXEMBOURG BELGE, DU GUILLAUME-LUXEMBOURG ET DE L'EST FRANÇAIS.

VOYAGEURS ET BAGAGES.

Ainsi qu'il est dit à l'article 9 du titre 1er, les deux Administrations échangeront, du 1er au 15 de chaque mois, un état récapitulatif des voyageurs et des bagages partis des gares de leurs lignes respectives pendant le mois précédent.

Cet état indiquera :

1° pour les voyageurs, le nombre de billets délivrés entre chaque point de départ et chaque point de destination, et la part revenant à la Compagnie correspondante sur le produit de ces billets;

2° pour les bagages, le détail de chaque enregistrement et la part de la Compagnie correspondante.

L'enregistrement des bagages se fera sur les livres en usage dans les gares de la Compagnie expéditrice et sur des feuilles de route directes n° 2252, dont le modèle est annexé au présent règlement, ainsi que celui des autres imprimés ultérieurement mentionnés.

La remise des colis à la Compagnie destinataire sera constatée à l'aide de bordereaux modèle n° 878 *bis*.

Ces bordereaux seront faits doubles sur un livre à souche. — Le bordereau sera signé de l'agent qui fera la livraison; la souche recevra l'émargement de l'agent qui prendra charge.

MARCHANDISES A GRANDE ET A PETITE VITESSE.

Disposition générale.

Les finances et valeurs, les voitures et les chevaux, les articles de messagerie et les marchandises à grande et à petite vitesse, seront enregistrés par la Compagnie expéditrice jusqu'à la gare d'échange seulement; la Compagnie destinataire procédera à un nouvel enregistrement, pour le transport sur sa ligne depuis cette gare.

Dispositions concernant la grande vitesse.

Les deux Compagnies se règleront réciproquement en espèces, à la gare d'échange et au moment même de la remise des colis, toutes les sommes revenant, soit à la Compagnie cédante, soit à la Compagnie réceptionnaire, sur les transports à grande vitesse de toute nature.

La remise des colis à la Compagnie destinataire sera constatée selon le mode adopté par chaque Compagnie, pour la livraison à un destinataire quelconque.

Dispositions concernant la petite vitesse.

Un compte courant sera ouvert entre les deux Compagnies pour le règlement des déboursés, affranchissements et autres sommes de même nature dues à l'une ou à l'autre Compagnie, au moment de la remise des transports à petite vitesse à la gare d'échange.

Le montant des remboursements sera immédiatement compris, comme les débours et autres frais, dans les sommes dues à la Compagnie cédante, et ne donnera pas lieu à un règlement particulier.

Là transmission des colis et des pièces les accompagnant se fera de la manière suivante :

La Compagnie expéditrice dressera sur l'imprimé (modèle 2265) un bordereau collectif des marchandises remises à la Compagnie correspondante. Ce bordereau portera un numéro d'ordre et sera transcrit sur le registre (modèle 2280).

Le bordereau dûment certifié par l'agent de la Compagnie cédante sera remis à la Compagnie destinataire en même temps que les colis, les lettres de voiture et autres pièces, contre émargement de l'agent réceptionnaire donné sur le registre (modèle 2280).

Les chiffres des bordereaux devant être pris pour base invariable du règlement à intervenir ultérieurement entre les Compagnies, toute surcharge devra être approuvée par l'agent du chemin expéditeur et par celui du chemin destinataire. Il est expressément entendu qu'en aucun cas les additions des bordereaux ne seront modifiées après que la décharge de « reçu conforme » aura été donnée par l'agent du chemin destinataire.

Les rectifications, de quelque nature qu'elles soient, auxquelles pourront donner lieu les chiffres ainsi arrêtés, seront réglées directement entre les gares par voie de reprise. Les pièces à l'appui de chaque reprise seront mises sous un pli qui devra être enregistré comme tout autre article, sur un bordereau (modèle 2265).

A la fin de chaque journée, l'agent du chemin réceptionnaire dressera en double expédition, sur l'imprimé (modèle 2266), un état récapitulatif des bordereaux collectifs reçus du chemin correspondant. Cet état sera certifié contradictoirement par les représentants des deux Compagnies, qui en conserveront chacun un exemplaire dont ils feront l'envoi au service du contrôle de leurs Compagnies respectives. Ce service portera, soit au débit soit au crédit du compte courant ouvert à la Compagnie correspondante, les sommes accusées par ledit état, et enverra le 15 du mois suivant à cette Compagnie un compte mensuel qui sera la reproduction pure et simple des trente états journaliers reçus de la gare d'échange.

REMBOURSEMENTS.

Les Compagnies feront usage, pour les remboursements à la suite des transports à grande et à petite vitesse, du modèle uniforme d'avis d'encaissement qui a été adopté sur les diverses lignes du réseau français. Ainsi, la gare de départ de tout article expédié contre remboursement pour une destination desservie par le chemin correspondant créera un avis d'encaissement (modèle 322) blanc pour la grande vitesse et rose pour la petite. Cet avis suivra la marchandise jusqu'à la gare d'arrivée du chemin destinataire, et reviendra directement à la gare d'origine par l'intermédiaire de la gare d'échange.

Le retour de l'avis d'encaissement s'effectuera sur chaque ligne de fer par les trains de grande vitesse avec feuille de route ordinaire mentionnant les frais et taxes dont le dit avis sera grevé. La transmission de cette pièce d'une Compagnie à l'autre se fera comme celle de tout article de grande vitesse.

Les Compagnies se transmettront réciproquement deux fois par mois un état de remboursements dont les avis d'encaissement ne seraient pas rentrés dans le délai normal. Cet état dressé par la Compagnie expéditrice sera renvoyé à cette Compagnie par le chemin destinataire avec des renseignements complets sur chacun des remboursements mentionnés.

CONVENTION DES 24—26 SEPTEMBRE 1859

RÉGLANT

LES CONDITIONS DE TRACTION DES TRAINS ENTRE LES FRONTIÈRES BELGE ET LUXEMBOURG.

ENTRE :

La Compagnie du chemin de fer de l'Est, représentée par M. JACQMIN, Directeur de l'exploitation, agissant en vertu des pouvoirs spéciaux qui lui ont été donnés par le Comité de Direction, le 26 septembre 1859, d'une part ;

Et la grande Compagnie du Luxembourg-Belge, représentée par M. REED, Administrateur délégué, d'autre part :

Il a été exposé ce qui suit :

Aux termes d'une convention intervenue entre les Compagnies de l'Est, du Luxembourg-Belge et du Guillaume-Luxembourg, ayant pour objet de régler les relations entre ces différentes lignes, il a été stipulé, à l'article 1er de la susdite convention, que les locomotives pourront circuler d'une ligne sur l'autre en vertu d'arrangements spéciaux.

Dans le but de régler les arrangements en question, il a été fait la convention suivante :

ARTICLE PREMIER.

La grande Compagnie du Luxembourg-Belge se charge de faire, à ses frais, risques et périls, la traction des trains entre la frontière grand-ducale et Luxembourg.

A cet effet, la Compagnie de l'Est s'oblige à fournir à la grande Compagnie du Luxembourg-Belge tous les aménagements qui lui sont nécessaires à la gare de Luxembourg.

ART. 2.

Afin de faciliter le service, le même train circulera, sans transbordement à la frontière, entre Luxembourg et Arlon.

ART. 3.

Dans le but de compenser le parcours des voitures à voyageurs et des fourgons à bagages et à messagerie, la Compagnie de l'Est fournira à la grande Compagnie du Luxembourg-Belge la quantité de voitures et de wagons reconnus nécessaires pour se rapprocher le plus possible d'un équilibre parfait, afin d'éviter, du chef des parcours réciproques, des décomptes en argent.

Le règlement de ces parcours réciproques aura lieu d'après les conventions arrêtées entre les parties et qui règlent cet objet.

Art. 4.

En ce qui concerne les redevances à payer par la Compagnie de l'Est, à la gran
Compagnie du Luxembourg-Belge, pour le service de la traction, il est convenu que
prix, calculé de façon à tenir compte de la dépense réellement effectuée, sera réglé d'u
commun accord sur la proposition qui en sera faite par M. Sauvage, ingénieur en ch
du matériel et de la traction de la Compagnie de l'Est, avant la mise à exécution d
présentes.

Art. 5.

Dans l'hypothèse du règlement de l'article qui précède, les parties conviennent de me
tre la présente convention à exécution à partir du 1er octobre prochain.

Elle recevra son exécution pendant six mois au moins, et, passé ce délai, elle pour
être dénoncée réciproquement à toute époque par un avis donné six mois à l'avance.

Fait double à Paris, le vingt-quatre septembre mil huit cent cinquante-neuf et
vingt-six du même mois.

Approuvé par le Comité de Direction de la Compagnie des chemins de fer de l'Es
dans sa séance du 26 septembre 1859.

CONVENTION DU 9 MARS 1861

RÉGLANT

LA PART DE RESPONSABILITÉ DES ADMINISTRATIONS QUI ONT CONCOURU AU TRANSPORT DES EXPÉDITIONS DE LA BELGIQUE ET DE LA HOLLANDE VERS L'EST DE LA FRANCE ET LA SUISSE ET VICE VERSA.

ENTRE :

Les soussignés représentant d'une part :

1° La Société du chemin de fer d'Anvers à Rotterdam ;

2° L'Administration du chemin de fer de l'État Belge ;

3° La Compagnie du Grand-Luxembourg ;

4° La Compagnie Guillaume-Luxembourg ;

5° La Compagnie de l'Est Français ;

Il a été convenu ce qui suit :

ARTICLE PREMIER.

Quand il pourra être constaté que le retard, l'avarie ou le manquant est exclusivement le fait d'une des Compagnies ou celui de ses cédants, cette Compagnie supportera l'indemnité réclamée.

ART. 2.

Toutes les indemnités qui seront payées lors de la livraison, et qui ne pourront être mises à la charge exclusive de l'un des transporteurs, seront supportées au prorata des distances parcourues, savoir :

de Rotterdam à Anvers.	95 kil.	
d'Anvers à Bruxelles.	44.	347
de Bruxelles à Sterpenich.	208. (1)	
de Sterpenich à Bâle.		430
Total.	777 kil.	

La grande Compagnie du Luxembourg supportera la part incombant au parcours de Rotterdam à Sterpenich, soit 45 0/0; la Compagnie de l'Est, celle de Sterpenich à Bâle, soit 55 0/0, sauf à décompter avec leurs cédants respectifs.

ART. 3.

En cas de retards, fausses directions, mauvaises livraisons occasionnées par suite

---

(1) Y compris le parcours de Bruxelles A. N. à Bruxelles Quartier Léopold, 6 kilomètres.

d'écritures irrégulières ou incomplètes, la Compagnie chez laquelle l'erreur aura été commise demeurera seule responsable de ses conséquences.

Il en sera de même pour les retards occasionnés par suite de déclarations de douane omises, irrégulières ou incomplètes.

Art. 4.

Lorsqu'une des Compagnies aura accepté des marchandises pour lesquelles il y a lieu d'exiger une garantie de l'expéditeur, elle demeurera seule responsable de la valeur de cette garantie.

Il devra toujours être fait mention de cette garantie sur la feuille de route.

Si la garantie n'a pas été exigée, la Compagnie qui a accepté la marchandise demeure responsable.

Art. 5.

Si des avaries ou manquants sont occasionnés par le mauvais état du matériel, la Compagnie qui aura employé ce matériel en demeurera responsable.

Cette clause n'est applicable qu'à la partie du matériel abritant la marchandise, et susceptible d'être visitée avant le chargement, telle que impériale, cloison, portières plancher de wagon et bâches.

Quant aux accidents inhérents à d'autres parties du matériel, telles que essieux, bandages, ressorts, etc., les conséquences en seront supportées comme suit :

A. — par l'Administration du chemin de fer sur lequel l'accident aura lieu, s'il résulte de la construction ou de l'entretien de la route, ou s'il doit être attribué au personnel de cette administration ;

B. — par l'administration à laquelle appartient le matériel, s'il est constaté que la cause de l'accident provient du matériel ;

C. — à frais communs, lorsqu'il y a doute sur les causes de l'accident.

Art. 6.

Il est entendu que les Administrations ne sont responsables que du poids total renseigné et accepté sur la lettre de voiture, après déduction de la freinte ou du creux de route admis par les règlements et les usages commerciaux.

La freinte ou le creux de route seront calculés sur le poids total des expéditions.

Les lettres de voiture ne peuvent mentionner que le poids total des expéditions.

Toutefois, s'il arrivait, par exception, qu'une lettre de voiture indiquât le poids en détail, le déchet pourrait être exigé pour chaque colis séparément, et dans le cas où le manquant existant sur un colis excéderait le déchet de route afférant à ce colis, la différence devrait être payée.

Les indemnités payées de ce chef seront supportées par les Compagnies comme le comporte l'article 2.

Art. 7.

En cas d'avaries résultant d'un vice d'emballage intérieur, ce fait sera dûment constaté à destination, et au besoin par procès-verbal d'expertise judiciaire, de façon à dégager complétement la responsabilité des transporteurs, et notamment de la Compagnie qui a accepté l'expédition.

Art. 8.

En cas de refus de l'expédition, quelle qu'en soit la cause, le bureau destinataire en donnera sur-le-champ avis au bureau expéditeur, en indiquant le motif du refus.

Cet avis sera envoyé par feuille de service.

Art. 9.

Afin d'éviter les retards provenant de la pénurie du matériel propre à circuler sur les lignes françaises, la Compagnie d'Anvers à Rotterdam pourra effectuer les expéditions au moyen de son propre matériel jusqu'à Luxembourg, où le transbordement aura lieu.

Art. 10.

Les Compagnies contractantes se donnent réciproquement le droit de transiger jusqu'à concurrence de 300 francs toutes les réclamations donnant lieu à des indemnités pour manquants, avaries ou retards, pour autant que ces indemnités doivent être supportées à frais communs.

Les affaires continueront, du reste, à être régulièrement instruites, comme par le passé.

Art. 11.

Le règlement des indemnités aura lieu tous les mois, à partir du 1er avril prochain, pour le 1er trimestre de l'année courante, à partir du 1er juillet pour le second, et ainsi de suite.

Fait en quintuple expédition, à Bruxelles, le 9 mars 1861.

(Suivent les signatures.)

Accepté la convention qui précède, pour une année, à partir du 1er mai 1862.

(Suivent les mêmes signatures.)

CONVENTION DU 6 AOUT 1861

RÉGLANT

LES CONDITIONS D'EXPLOITATION DE LA LIGNE DE LUXEMBOURG A WASSERBILLIG.

La Société royale grand-ducale des chemins de fer Guillaume-Luxembourg, ayant exprimé le désir que la Direction royale prussienne des chemins de fer de Sarrebrück se charge de l'exploitation de la partie du chemin de fer comprise entre la frontière prusso-luxembourgeoise près de Wasserbillig, et Luxembourg, ladite Direction s'est déclarée disposée à satisfaire à ce désir :

Entre :

La Direction royale prussienne des chemins de fer de Sarrebrück, représentée par ses membres, MM. Conrad Hoffmann, conseiller de régence et d'architecture, et Engelbert Pape, assesseur de régence, domiciliés à Sarrebrück, d'une part;

Et :

La Société royale grand-ducale des chemins de fer Guillaume-Luxembourg, représentée par M. Jules Van de Wynckèle, Directeur général de cette Société, domicilié à Paris, d'autre part;

Il est intervenu la convention suivante :

ARTICLE PREMIER.

La Direction royale des chemins de fer de Sarrebrück se charge, à partir du 20 août 1861, de l'exploitation du chemin de fer de la frontière Luxembourg-Prussienne près de Wasserbillig jusqu'à Luxembourg, avec son matériel et son personnel d'exploitation, sous sa pleine responsabilité, moyennant le remboursement ci-après désigné.

La Société Guillaume-Luxembourg, dans ce but, mettra et tiendra le chemin de fer et ses établissements en tel état, que le transport sur ce chemin de fer puisse être effectué par la Direction royale des chemins de fer de Sarrebrück avec la même sûreté que sur ses propres chemins de fer. En particulier, la Société Guillaume-Luxembourg prendra les mesures et accordera les locaux nécessaires pour la remise des locomotives, des wagons et du matériel de service, ainsi que pour le coucher du personnel de service.

ART. 2.

Avant la mise en vigueur de cette convention, des officiers techniques des deux Administrations feront des inspections pour vérifier si l'on s'est conformé aux dispositions précédentes. La Société Guillaume-Luxembourg fera disparaître d'une manière prompte et satisfaisante les défauts et inconvénients qui seraient signalés pour la réserve de renouveler les dites inspections aussi souvent que la Direction royale des chemins de fer de Sarrebrück les trouvera nécessaires, en raison de la responsabilité prise par elle à l'égard du transport.

Les préjudices causés par suite d'accident survenu au matériel en service de l'Administration prussienne et au personnel de l'exploitation seront à la charge de la Société Guillaume-Luxembourg, en tant que la construction vicieuse du chemin de fer ou une faute du personnel attaché au chemin de fer de Luxembourg aurait donné lieu à un tel dommage.

Les différends qui résulteraient de l'exécution des déterminations précédentes seront réglés par des arbitres nommés par les deux Administrations.

Art. 3.

Quant à la composition des trains et la qualité des moyens d'exploitation à mettre en exécution, la décision appartiendra (selon les règlements de police en vigueur dans le grand-duché de Luxembourg, qui ne seront pas en contradiction avec les règlements prussiens), pour le grand-duché de Luxembourg, au fonctionnaire délégué exprès à cet effet par la Direction royale des chemins de fer de Sarrebrück, qui, en général, sera l'intermédiaire et le premier ressort de surveillance compétent pour le personnel prussien employé dans le grand-duché, vis-à-vis des officiers du chemin de fer de Luxembourg, et, pour le parcours, au conducteur du train.

Les trains devront être préparés de telle sorte, que leur passage sur le territoire prussien puisse avoir lieu sans retard ni empêchement.

Art. 4.

Pour simplifier le service de l'exploitation à la gare de Luxembourg, l'Administration de Luxembourg aura soin que les trains prussiens soient remis aux conducteurs prussiens, préparés selon l'avis du fonctionnaire dont il est parlé à l'article 3.

Art. 5.

Les difficultés entre les fonctionnaires employés au service et le public seront vidées, aux stations, par les autorités compétentes; dans le parcours, par le conducteur du train. Les différends entre les fonctionnaires du service et des stations ou du parcours seront portés à la Direction royale des chemins de fer de Sarrebrück, ou respectivement à la Société Guillaume-Luxembourg.

Au cas où ils ne seraient pas terminés par ce moyen, il y aura réserve de l'appel aux arbitres désignés à l'article 2.

Art. 6.

La faculté est allouée, aux deux Administrations contractantes, d'accorder passage sur le parcours, ainsi que la permission d'examiner le chemin de fer.

On s'entendra spécialement sur la forme des légitimations à accorder à chaque passager ou visiteur.

Art. 7.

La Direction royale des chemins de fer de Sarrebrück fournira les wagons nécessaires pour l'accomplissement du service du chemin de fer de la frontière Luxembourg-Prussienne, près de Wasserbillig jusqu'à Luxembourg, et promet, à cet égard, de ne pas traiter ce service moins favorablement que celui de ses propres chemins de fer.

Art. 8.

La Direction royale des chemins de fer de Sarrebrück aura droit, de la part de la Société Guillaume-Luxembourg, aux rétributions suivantes :

A. pour chaque voiture de voyageurs et pour chaque mille parcouru :/: le mille compté pour 2,000 verges de Prusse :/: un remboursement de deux silbergros six pfennings;

B. pour chaque autre wagon de transport et pour chaque mille parcouru; un remboursement d'un silbergros dix pfennings et demi.

Le graissage et le nettoyage, ainsi que l'éclairage des voitures et wagons, est à la charge et aux frais particuliers de la Direction royale des chemins de fer de Sarrebrück.

Art. 9.

Les voitures et wagons étrangers qui passeront sur le parcours de Luxembourg seront considérés comme prussiens.

Pour chaque wagon qui passera par Wasserbillig, sur le chemin de fer prussien ou ses chemins correspondants, on payera, pour le parcours jusqu'à Trèves et Bingerbrück, les mêmes droits de location que ceux indiqués dans l'article 8 ci-dessus, et pour le parcours des chemins de fer correspondants, les taxes qui sont payées à l'Administration prussienne selon les arrangements convenus.

Pour les wagons que la Direction royale des chemins de fer de Sarrebrück fera passer au delà de Luxembourg, les chemins de fer correspondants rembourseront la même taxe que celle fixée à l'article 8; la Société Guillaume-Luxembourg sera responsable de ce remboursement et se procurera de même le consentement des chemins de fer correspondants, à cet effet, ainsi que pour le passage des wagons.

Les arrangements à prendre par la Société Guillaume-Luxembourg, avec les chemins de fer correspondants, auront besoin du consentement de la Direction royale des chemins de fer de Sarrebrück.

Art. 10.

Le contrôle de la circulation et du passage des wagons à la gare de Luxembourg, ainsi qu'au parcours jusqu'à la frontière de Prusse, sera exercé par l'Administration prussienne.

Art. 11.

Le payement des indemnités réglées par la présente convention et payables par la Société Guillaume-Luxembourg sera effectué dans la quinzaine après la remise des comptes.

Art. 12.

Il est supposé que le gouvernement royal grand-ducal de Luxembourg ne prétendra pas à un examen spécial des moyens d'exploitation prussiens.

Art. 13.

La présente convention est faite pour un temps illimité, sous la réserve néanmoins pour chacune des parties contractantes, d'une dénonciation donnée trois mois à l'avance. Si la dénonciation est faite par la Société Guillaume-Luxembourg avant que l'Administration prussienne ait mis en usage les machines à fournir particulièrement, la Société Guillaume-Luxembourg, si l'Administration prussienne l'exige, devra acheter ces machines au prix payé respectivement et libérer l'Administration prussienne de ses obligations contractées à cet égard.

L'administration est faite par la Société Guillaume-Luxembourg ; plus tard, celle-ci au choix de la Direction royale des chemins de fer de Sarrebrück, sera obligée de recevoir ces machines à titre d'achat et de rembourser le prix de l'acquisition eu égard au temps écoulé, *prorata temporis*, et à raison d'une durée de quatorze ans pour les machines.

Art. 14.

La Société Guillaume-Luxembourg fera, à temps, à la Direction royale des chemins de fer de Sarrebrück, communication des règlements de police et d'exploitation érigés par elle, afin d'instruire, selon ceux-ci, le personnel prussien qui fera le service jusqu'à Luxembourg. Il est entendu que ces règlements ne portent rien, qui soit en contradiction avec les lois et les règlements de Prusse.

Le personnel prussien demeurera soumis, sans dire, à l'autorité royale supérieure.

Art. 15.

Pour cette convention, arrêtée dans la supposition qu'en suite du contrat d'État à conclure entre les deux hauts gouvernements respectifs, d'autres arrangements ne deviendraient pas nécessaires, on se réserve réciproquement :

De la part des représentants des chemins de fer de Sarrebrück, l'approbation de S. Exc. le ministre du commerce, de l'industrie et des travaux publics, M. Von der Heydt.

Et de la part du représentant de la Société Guillaume-Luxembourg, l'approbation du Conseil d'administration de ladite société.

Ainsi conclu comme ci-dessus, et fait double à Francfort-sur-le-Mein, ce six août mil huit cent soixante et un.

Signé : Hoffmann Pape.

Jules Van de Wynckèle.

Approuvé par le Conseil d'administration de la Compagnie des chemins de fer de l'Est dans sa séance du 12 août 1861.

CONVENTION DU 19 AOUT 1861

ÉTABLISSANT

LES RELATIONS DE SERVICE ENTRE LES CHEMINS DE FER DE LA DIRECTION ROYALE DE SARREBRUCK ET DE LA SOCIÉTÉ ROYALE GRAND-DUCALE GUILLAUME-LUXEMBOURG

ENTRE :

La Direction royale du chemin de fer prussien de Sarrebruck, représentée par :

1° M. le conseiller de régence intime, WERNICH, président de la Direction ;

2° M. le conseiller de régence et ingénieur en chef, HOFFMANN ;

3° M. l'assesseur de régence, PAPE ;

4° M. l'assesseur de tribunal, WINDMULLER, d'une part ;

Et la Société royale grand-ducale des chemins de fer Guillaume-Luxembourg, représentée par son directeur général, M. Jules VAN DE WYNCKÈLE, d'autre part ;

Il a été dit et convenu ce qui suit :

Dans le but de faciliter et d'étendre les relations internationales entre la Belgique, le grand-duché de Luxembourg et la Prusse, d'une part ; et entre la France, le grand-duché de Luxembourg et la Prusse, d'autre part, les parties contractantes se sont mises d'accord sur l'adoption des conditions ci-après :

TITRE Ier.

Voyageurs et Bagages.

ARTICLE PREMIER.

La Direction royale du chemin de fer de Sarrebrück, et la Société royale grand-ducale des chemins de fer Guillaume-Luxembourg, ainsi que leurs correspondants, établiront la marche de leurs trains de voyageurs, de manière à assurer le meilleur service possible entre la Prusse et les chemins de fer correspondants, le grand-duché de Luxembourg, la Belgique et la France, par la voie de Wasserbillig, Bettingen et Bettembourg.

Les parties contractantes se communiqueront réciproquement le tableau de la marche des trains des services d'été et d'hiver, ainsi que les modifications apportées à ces tableaux dans le cours de chacun des services.

En ce qui concerne la marche des trains entre Luxembourg et Conz, et Trèves, les parties contractantes seront tenues de s'entendre de façon à assurer le service sans interruption.

Le transport des voyageurs s'effectuera, sur chaque ligne, conformément aux lois et arrêtés des autorités supérieures ainsi qu'aux règlements et ordres de service particuliers à chaque chemin de fer.

36

Art. 2.

Le transport direct des voyageurs et de leurs bagages s'effectuera entre les stations suivantes :

1° entre Londres, Bruxelles (quartier Léopold), Namur et Arlon, d'une part ; et Trèves, Sarrebrück, Creuznach, Ludwigshafen, Mayence et Francfort, d'autre part ;

2° entre Paris, Nancy, Metz et Thionville, d'une part ; et Trèves, d'autre part ;

3° entre Luxembourg, d'une part ; et Conz, Trèves, Beurig-Sarrebourg, Merzig, Sarrelouis, Sarrebrück, Neunkirchen, Creuznach, Bingerbrück, Ludwigshafen, Mayence, Coblence et Francfort, d'autre part ;

4° entre Conz et Trèves, d'une part ; et Wasserbillig, Wecker, Roodt et OEtrange, d'autre part.

Il est entendu qu'il pourra être apporté aux conditions qui précèdent toutes les modifications et additions que l'expérience viendrait à justifier. En ce qui concerne les militaires, il sera délivré des billets directs des trois classes entre Luxembourg et Conz.

Art. 3.

Le transport international des voyageurs sera fait par les chemins de fer intéressés au moyen de billets directs délivrés au point de départ et assurant le transport régulier jusqu'au point d'arrivée.

Art. 4.

Les prix des billets directs, de même que les prix de transport des excédants de bagages au delà de 30 kilogrammes représenteront le montant des prix belge, luxembourgeois, français et allemand, additionnés les uns aux autres. Le tarif direct qui en résultera sera joint à la présente convention.

Chaque chemin de fer se réserve le droit de modifier les tarifs en ce qui concerne son parcours, mais il devra, dans ce cas, prévenir les chemins de fer correspondants un mois à l'avance.

Art. 5.

Les billets délivrés aux voyageurs seront établis d'après le système Edmonson, pour les relations entre les stations prussiennes et luxembourgeoises.

Tous les autres billets directs seront à coupons. Ils seront de première et de deuxième classe.

Tous les billets à coupons seront valables pendant un mois.

Il sera également délivré des billets de troisième classe entre les stations de Luxembourg, d'OEtrange, de Roodt, de Wecker et de Wasserbillig, d'une part ; et de Conz, Trèves, Beurig-Sarrebourg, Merzig, Sarrelouis, Sarrebrück, Neunkirchen, Creuznach et Bingerbrück, d'autre part.

Il y a lieu d'observer que, sur les chemins de fer de l'Est de France, il peut exister des trains dits *express* et *poste* ne transportant ni chevaux ni voitures, et n'admettant que des voyageurs porteurs de billets de première classe.

Dans le cas où un voyageur, porteur d'un billet de seconde classe, désirerait prendre, sur le parcours·français, un train express ou poste, il devra payer, sur ce parcours, la différence du prix existant entre le tarif de la première et de la deuxième classe.

Des dispositions seront prises pour que le prix des billets puisse être acquitté, de même que celui des excédants de bagages pour le trajet total, au point de départ.

Art. 6.

Au-dessous de trois ans, les enfants ne payeront rien, à la condition d'être portés sur les genoux des personnes qui les accompagnent. Il sera délivré des billets pour les enfants de trois à sept ans à moitié prix des billets ordinaires.

Art. 7.

Tout voyageur porteur d'un billet direct aura droit au transport gratuit de 30 kilogrammes de bagages.

Cette gratuité ne sera que de 15 kilogrammes pour les enfants.

Les bagages en excédant seront taxés au prix ordinaire des tarifs annexés à la présente convention.

La taxe des excédants s'appliquera, sur tous les parcours, par fraction indivisible de zéro à 5 kilogrammes ; de 5 à 10 kilogrammes, au delà de 10 kilogrammes, par fraction indivisible de 10 kilogrammes.

L'enregistrement des bagages donnera lieu à une perception de 10 centimes, au profit du chemin de fer expéditeur.

Art. 8.

Chaque chemin de fer prend à sa charge et sous sa responsabilité, vis-à-vis des voyageurs, le transport des bagages remis par ceux-ci, depuis le point de départ jusqu'à la destination pour laquelle ces bagages sont enregistrés au moment du départ ; mais cette responsabilité sera partagée entre les chemins de fer, de la manière suivante :

Aux gares de transmission, le chemin de fer expéditeur devra faire constater l'état de conservation ou d'avarie des bagages dont il aura effectué le transport sur son parcours, et dont il fera la remise au chemin de fer qui lui succède, et qui prend, à son tour, la responsabilité de la continuation du transport.

Cette constatation sera consignée dans un procès-verbal dont la forme sera ultérieurement arrêtée d'un commun accord.

Le procès-verbal sera visé par le chef de gare de transmission et copie en sera immédiatement adressée au chemin de fer premier expéditeur.

Art. 9.

Un état récapitulatif du produit des voyageurs et de leurs bagages sera arrêté chaque mois, par la Société Guillaume-Luxembourg, pour les recettes effectuées dans le grand-duché de Luxembourg en Belgique et en France, et par la Direction royale de Sarrebrück pour les recettes effectuées en Prusse et sur ses chemins correspondants. Communication réciproque de ces états sera donnée dans la première quinzaine du mois suivant, et le règlement aura lieu dans la deuxième quinzaine du même mois.

Le chemin de fer débiteur devra verser immédiatement, au chemin de fer correspondant, le montant du solde de ce règlement.

Les payements auxquels donnera lieu l'exécution de la présente convention se feront soit en monnaie prussienne, sur le pied de huit silbergros pour un franc, soit en monnaie de France.

Art. 10.

Les parties contractantes conviennent de donner une complète publicité aux services directs de voyageurs qu'elles auront organisés en vertu de ce qui précède.

La publicité, en Allemagne, sera faite par les soins et aux frais de la Direction royale de Sarrebruck ; et dans le grand-duché, en France et en Belgique, par les soins et aux frais de la Société Guillaume-Luxembourg.

TITRE II.

Marchandises.

Art. 11.

Le transport des marchandises tant à grande qu'à petite vitesse sera réglé de manière à pouvoir s'effectuer avec aussi peu d'interruption que possible au passage de la frontière et avec toutes les garanties désirables pour le commerce.

Le transbordement des marchandises sera évité autant que possible, et dans tous les cas les wagons complets et plombés passeront d'une ligne sur l'autre jusqu'à destination, pourvu qu'il soit intervenu des conventions réglant les conditions relatives à ce transport direct.

Les wagons seront remis plombés par le chemin de fer expéditeur. Dans ce dernier cas, la responsabilité des agents des trains prussiens se trouvera limitée à l'obligation de livrer à destination le wagon plombé tel qu'il lui aura été livré à la station de départ.

Art. 12.

Les prix de transport des marchandises seront réglés par des tarifs qui seront annexés aux présentes.

Les Administrations se feront réciproquement connaître, un mois à l'avance, les modifications qu'elles apporteraient à leurs prix et délais sur leurs parcours respectifs.

Art. 13.

Les Administrations contractantes prendront, de commun accord, les dispositions exceptionnelles qui seraient nécessaires, dans le but d'assurer au chemin de fer un accroissement de transports.

Art. 14.

En cas de contestations entre le public et le chef de gare, les parties contractantes acceptent réciproquement la compétence des tribunaux de chaque pays, d'après les règles de juridiction tracées par la législation en vigueur dans les différents pays.

En cas de contestation entre les parties contractantes, il est stipulé ce qui suit :

Tout dommage donnant lieu à une indemnité pécuniaire, soit pour retard, avarie ou perte de colis, que ce soit des bagages ou de la marchandise, ou qui aura pour motif des blessures causées à des voyageurs, sera mis à la charge du chemin de fer sur le parcours duquel l'accident aura eu lieu.

Les conséquences des accidents seront supportées comme suit :

1° Par l'Administration sur le parcours de laquelle il se sera produit, si cet accident est imputable à la construction ou à l'entretien de la voie ou au personnel de la voie, du train ou des gares ;

2° Par l'Administration à laquelle appartient le matériel, s'il est prouvé que c'est ce matériel qui en est cause ;

3° A frais communs, lorsque les causes de l'accident sont douteuses.

Toutefois, les Administrations s'interdisent tout recours contre les agents coupables, pour le payement des indemnités.

En ce qui concerne le parcours grand-ducal compris entre Luxembourg et la frontière prussienne, et eu égard aux conventions intervenues, la responsabilité du personnel des trains incombera à la Direction royale prussienne.

Art. 15.

Les lettres, les pièces de comptabilité et les fonds pour le service seront admis, de part et d'autre, au transport en service, en tant que cela ne sera pas contraire aux lois et règlements des postes.

TITRE III.

Dispositions générales.

Art. 16.

Un règlement particulier déterminera le mode à suivre pour l'exécution de la présente convention, et notamment en ce qui concerne l'établissement des décomptes.

Art. 17.

Les différends entre les parties contractantes sur l'exécution du présent traité seront réglés par des arbitres nommés par les parties, et, dans le cas où ces arbitres ne tomberaient pas d'accord, ils choisiront eux-mêmes un tiers arbitre.

Art. 18.

La présente convention recevra son exécution à partir du jour de la mise en exploitation du chemin de fer de Luxembourg à Wasserbillig et à Conz. Elle pourra être dénoncée pour cesser ses effets moyennant avis donné six mois à l'avance.

Art. 19.

La Direction royale de Sarrebrück s'engage à faire les démarches nécessaires à l'effet d'obtenir les adhésions de ses correspondants, et la Société Guillaume-Luxembourg s'engage de son côté à en faire autant vis-à-vis des chemins de fer de l'Est de France et du Grand Luxembourg belge, chacun en ce qui le concerne.

Art. 20.

Dans la supposition que la convention d'État à conclure par les gouvernements des deux pays ne nécessitera pas d'autres arrangements, les présentes conventions seront arrêtées de la part de la Direction royale du chemin de fer de Sarrebruck sous réserves de la ratification de Son Exc. le ministre du commerce, de l'industrie et des travaux publics, M. Von der Heydt.

Fait double à Sarrebrück, le dix-neuf août 1861.

Signé : WERNICH, HOFFMANN, PAPE, WINDMULLER,
JULES VAN DE WYNCKÈLE.

RÈGLEMENT DE COMPTABILITÉ

ANNEXÉ

A LA CONVENTION DU 19 AOUT 1861, ÉTABLISSANT LES RELATIONS DE SERVICE ENTRE LES CHEMINS DE FER DE LA DIRECTION ROYALE DE SARREBRUCK ET DE LA SOCIÉTÉ ROYALE GRAND-DUCALE GUILLAUME-LUXEMBOURG

VOYAGEURS ET BAGAGES.

Ainsi qu'il est dit à l'article 9 du titre 1er de la convention, les deux Administrations échangeront, du 1er au 15 de chaque mois, un état récapitulatif des voyageurs et des bagages, partis des gares de leurs lignes respectives, pendant le mois précédent.

Cet état indiquera :

1° Pour les voyageurs, le nombre de billets délivrés entre chaque point de départ et chaque point de destination, et la part revenant au chemin correspondant sur le produit de ces billets ;

2° Pour les bagages, le détail de chaque enregistrement et la part du chemin de fer correspondant. L'enregistrement des bagages se fera sur les livres en usage dans les gares du chemin expéditeur et sur des feuilles de route directes dont le modèle sera annexé au présent règlement, ainsi que celui des autres imprimés ultérieurement mentionnés.

La remise des colis au chemin de fer destinataire sera constatée à l'aide de bordereaux dont le modèle sera également annexé. Ces bordereaux seront faits doubles sur un livre à souche. Le bordereau sera signé de l'agent qui fera la livraison ; la souche recevra l'émargement de l'agent qui prendra charge.

MARCHANDISES

à grande et à petite vitesse.

Disposition générale.

Les voitures, les chevaux, les bestiaux, les articles de messagerie et les marchandises à grande et à petite vitesse seront enregistrés par le chemin de fer expéditeur, jusqu'à la gare d'échange seulement (Conz) ; le chemin destinataire procèdera à un nouvel enregistrement pour le transport sur sa ligne depuis cette gare.

La Société Guillaume-Luxembourg aura le droit d'avoir à la station de Conz l'agent ou les agents nécessaires.

Dispositions concernant la grande vitesse.

Les deux Administrations se règleront réciproquement en espèces, tous les jours, à la gare d'échange, toutes les sommes revenant au cédant ou au réceptionnaire sur les transports à grande vitesse de toute nature.

La remise des colis au chemin destinataire sera constatée selon le mode adopté par chaque Administration pour la livraison à un destinataire quelconque.

Dispositions concernant la petite vitesse.

Un compte courant sera ouvert entre les deux Administrations pour le règlement des déboursés, affranchissement et autres sommes de même nature dues à l'une ou à l'autre Administration, au moment de la remise des transports à petite vitesse à la gare d'échange.

Le montant des remboursements sera immédiatement compris comme les débours et autres frais dans les sommes dues au chemin de fer cédant, et ne donnera pas lieu à un règlement particulier.

La transmission des colis et des pièces qui les accompagnent se fera de la manière suivante :

Le chemin de fer expéditeur dressera un bordereau collectif des marchandises remises au chemin de fer correspondant. Ce bordereau portera un numéro d'ordre et sera transcrit sur un registre.

Le bordereau dûment certifié par l'agent du chemin de fer cédant sera remis au chemin de fer destinataire, en même temps que les colis, les lettres de voiture et autres pièces contre émargement de l'agent réceptionnaire donné sur son registre.

Les chiffres des bordereaux devant être pris pour base invariable du règlement à intervenir ultérieurement entre les Administrations, toute surcharge devra être approuvée par l'agent du chemin expéditeur et par celui du chemin destinataire. Il est expressément entendu qu'en aucun cas les additions des bordereaux ne seront modifiées après que la décharge de « reçu conforme » aura été donnée par l'agent du chemin destinataire.

Les rectifications, de quelque nature qu'elles soient, auxquelles pourront donner lieu les chiffres ainsi arrêtés, seront réglées directement entre les gares par voie de reprise. Les pièces à l'appui de chaque reprise seront mises sous un simple pli qui devra être enregistré comme tout autre article sur un bordereau.

A la fin de chaque journée, l'agent du chemin réceptionnaire dressera, en double expédition, un état récapitulatif des bordereaux collectifs reçus du chemin correspondant. Cet état sera certifié contradictoirement par les représentants des deux Administrations qui en conserveront chacun un exemplaire dont ils feront l'envoi au service du contrôle de leurs Administrations respectives.

Ce service portera, soit au débit, soit au crédit du compte courant ouvert à l'Administration correspondante les sommes accusées par ledit état et enverra, le 15 du mois suivant, à cette Administration, un compte mensuel qui sera la reproduction pure et simple des trente états journaliers reçus de la gare d'échange.

REMBOURSEMENTS.

Les Administrations feront usage, pour les remboursements, à la suite des transports à grande et à petite vitesse, d'un modèle uniforme d'avis d'encaissement. Ainsi la gare de départ de tout article expédié contre remboursement pour une destination desservie par le chemin correspondant créera un avis d'encaissement blanc pour la grande, et rose pour la petite vitesse. Cet avis suivra la marchandise jusqu'à la gare d'arrivée du chemin destinataire et reviendra directement à la gare d'origine par l'intermédiaire de la gare d'échange.

Le retour de l'avis d'encaissement s'effectuera sur chaque chemin de fer par les trains de grande vitesse avec feuille de route ordinaire mentionnant les frais et taxes dont ledit avis sera grevé.

La transmission de cette pièce d'une Administration à l'autre se fera comme celle de tout article de grande vitesse.

Les Administrations se remettront réciproquement, deux fois par mois, un état de remboursement dont les avis d'encaissement ne seraient pas rentrés dans le délai normal. Cet état, dressé par le chemin de fer expéditeur, sera renvoyé à l'Administration de ce chemin, par le chemin destinataire, avec des renseignements complets sur chacun des remboursements mentionnés.

Tous les imprimés nécessaires pour l'exécution du présent règlement seront ultérieurement annexés.

Fait double à Sarrebruck, le 20 août 1861.

Signé : Wernich, Hoffmann, Pape, Windmuller,
Jules Van de Wynckèle.

CONVENTION DU 21 AOUT 1861

ÉTABLISSANT

LES CONDITIONS D'ÉCHANGE A LUXEMBOURG DU MATÉRIEL ENTRE LE CHEMIN DE FER ROYAL DE SARREBRUCK ET LES CHEMINS DE FER EN CORRESPONDANCE A CE MÊME POINT

ENTRE :

La Direction royale du chemin de fer prussien de Sarrebrück, représentée par M. WERNICH, conseiller intime, M. HOFFMANN, conseiller et ingénieur en chef, M. PAPE, assesseur de la régence, et M. WINDMULLER, assesseur de tribunal, d'une part ;

Et la Société royale grand-ducale des chemins de fer Guillaume-Luxembourg, représentée par M. Jules VAN DE WYNCKÈLE, directeur général, d'autre part ;

Il a été dit et convenu ce qui suit :

ARTICLE PREMIER.

Les wagons à marchandises, bagages, équipages, chevaux et bestiaux pourront être admis, jusqu'à destination, sur les différents chemins de fer, qui aboutissent à Luxembourg.

Les locomotives ne pourront circuler d'une ligne sur l'autre, au delà de Luxembourg, qu'en vertu d'arrangements spéciaux à intervenir au besoin.

ART. 2.

Il sera tenu compte, à chacune des Administrations, de l'emploi de son matériel sur les lignes en relation, d'après les bases suivantes, la circulation à vide comptant comme la circulation à charge :

Pour les voitures à voyageurs, et pour le cas où leur échange serait convenu : 0 fr. 40 c. par kilomètre.

Pour tous les autres véhicules : 0 fr. 30 c. par kilomètre.

Les délais accordés de part et d'autre pour le service du matériel de transports, sur les lignes en relation, sont fixés comme suit :

Pour un trajet de 1 à 50 kilomètres : 2 jours.
—	51 à 100	3 —
—	101 à 150	4 —
—	151 à 200	5 —
—	201 à 300	6 —

et ainsi de suite, un jour de plus étant accordé pour chaque distance de 100 kilomètres en plus.

Ces délais seront calculés d'après les distances réelles prises, une fois seulement, et toute fraction de kilomètre comptant pour un kilomètre.

Les jours compteront de minuit à minuit.

Les jours du départ et du retour des wagons à la station d'échange ne compteront, ensemble, que pour un seul jour.

Tout wagon remis après le départ du dernier train de marchandises à la station d'échange, ne sera compté, dans le calcul des délais, qu'à partir du lendemain.

Les délais ci-dessus seront majorés d'un jour pour tout wagon qui, parti chargé de la ligne à laquelle il appartient, y sera renvoyé chargé.

Un wagon devra contenir un chargement d'au moins 1,000 kilogrammes, pour être considéré comme rendu chargé.

Les cadres, coupes, harasses, fûts et sacs vides en retour ne seront pas considérés comme un chargement, quel que soit, du reste, le poids contenu dans le wagon.

Les dimanches et jours de fêtes légales ne compteront pas pour former ces délais.

Il sera payé une indemnité de 3 francs, par jour de retard, pour tout wagon qui sera retenu par une ligne étrangère au delà des délais accordés (indépendamment des parcours supplémentaires effectués).

Il est entendu que les wagons envoyés à charge devront, le cas échéant, être admis au retour à vide sur le même parcours.

A moins d'arrangements particuliers, les Administrations contractantes s'engagent à ne pas faire usage, pour leurs transports intérieurs, du matériel emprunté.

Art. 3.

Tout wagon qui serait rendu démuni de tout ou partie des agrès qui lui appartiennent, et dont une inscription peinte sur le côté du wagon constate la nature et la quantité, donnerait lieu aux pénalités suivantes :

0 fr. 50 c. par jour, par chaque bâche, après les délais admis pour la restitution des wagons.

0 fr. 10 c. par jour, par chaque prolonge, jusqu'à concurrence de la valeur de ces prolonges.

Art. 4.

Les indemnités stipulées pour la circulation du matériel devant être considérées comme des prix de réciprocité, les Administrations s'efforceront de prendre toutes les mesures nécessaires pour que les décomptes se balancent autant que possible.

Art. 5.

Les grandes réparations du matériel s'effectueront par les soins de l'Administration à laquelle il appartient.

Les petites réparations urgentes auront lieu, par les soins de l'Administration sur le territoire de laquelle le matériel se trouvera.

Toutes les dépenses qui seront faites de ce chef par l'une des parties contractantes, soit pour réparations, soit pour fournitures quelconques, devront être justifiées par pièces comptables certifiées par les Chefs de service compétents, et soldés réciproquement par trimestre.

Art. 6.

En cas d'accident, les conséquences en seront supportées comme suit :

A. — Par l'Administration du chemin de fer sur lequel l'accident aura eu lieu, s'il résulte de la construction ou de l'entretien de la route, ou s'il doit être attribué au personnel de la route, des trains ou des stations ;

B. — Par l'Administration à laquelle appartient le matériel, s'il est constaté que la cause de l'accident provient du matériel ;

C. — A frais communs lorsqu'il y aura doute sur les causes de l'accident.

Les conséquences des retards pouvant résulter de ces accidents seront supportées suivant les dispositions A et B. Dans le troisième cas (C), le retard ne sera pas compté.

Art. 7.

Il sera tenu à la station d'échange des registres conformes au modèle adopté, et indiquant, à l'entrée et à la sortie, le mouvement du matériel employé au service commun.

Chaque opération d'échange sera constatée au moyen de l'imprimé en usage, signé, contradictoirement, par les agents préposés à cet effet.

Le résumé de ces différentes opérations sera transmis, par la station d'échange, à l'Administration dont elle relève, au moyen d'un imprimé envoyé chaque jour.

L'état du parcours et du séjour des wagons, établi d'après cet imprimé par l'Administration centrale, sera arrêté à la fin de chaque mois, et on reportera à nouveau, sur le mois suivant, les voitures qui n'auront pas effectué leur rentrée, et dont le compte n'aura, par conséquent, pu être établi.

Art. 8.

Le numéro des wagons, des bâches et des différents agrès sera indiqué, avec le plus grand soin, dans les colonnes à ce destinées sur les feuilles de chargement.

Dans le cas, où un wagon serait transbordé à la station d'échange, la feuille de chargement devra toujours mentionner le numéro du wagon ou des wagons dans lesquels la marchandise aura été transbordée.

Le petit matériel, tel que cordes d'arrimage ou de plombage, chaînes, prolonges ou autres agrès, qui accompagnera la marchandise jusqu'à destination, devra toujours être renvoyé à la station d'expédition par feuille de service.

Lorsque, au contraire, les agrès feront partie intégrante d'un wagon, ce qui est établi par l'inscription placée sur les châssis des wagons, l'inscription sur feuille de service sera inutile.

Le défaut de constatation, par les agents prussiens, de l'absence de tout ou partie de ces agrès, suffira seul pour établir qu'ils ont été livrés à la Prusse.

Toutefois, si la gare destinataire avait un chargement destiné pour la ligne propriétaire, et expédié sur un wagon de cette ligne, elle pourrait utiliser ce petit matériel.

Art. 9.

L'état du matériel et des agrès devra être constaté avec soin, lors de chaque transmission, et communiqué à l'Administration centrale au moyen de l'imprimé adopté par chaque Administration.

Le règlement des avaries éprouvées par le matériel ou les agrès aura également lieu chaque mois.

Art. 10.

Les états de parcours et de séjour de wagons établis par l'Administration centrale comme il est dit ci-dessus, devront être présentés le douze de chaque mois au plus tard à l'Administration correspondante.

Après vérification, cette dernière fera connaître ses observations, afin que les états puissent être rectifiés et arrêtés dans le courant du mois.

Les états ainsi vérifiés et arrêtés, l'Administration créancière établira en double expédition, et conformément au modèle adopté, le décompte des sommes dues à chaque Administration.

L'une de ces deux expéditions, approuvée par le chemin de fer correspondant, sera renvoyée au chemin de fer créancier, pour qu'il lui reste trace du règlement ; l'autre également approuvée et conservée par le chemin de fer débiteur, servira à faire opérer le versement du solde à payer.

Art. 11.

La présente convention recevra son exécution à partir du jour de la mise en exploitation de la ligne de Luxembourg à Conz par Wasserbillig.

Elle pourra être dénoncée pour cesser ses effets moyennant avis donné six mois à l'avance.

Art. 12.

La présente convention sera définitive lorsqu'elle aura été ratifiée par les parties intéressées,

La Société Guillaume-Luxembourg s'engageant à en faire admettre les conditions par les chemins de fer de l'Est de France et de Guillaume-Luxembourg-Belge.

Fait double à Sarrebrück, le 21 août 1861.

Signé : Wernich, Hoffmann, Pape, Windmüller, J. Van de Wynckèle.

CONVENTION DU 16 SEPTEMBRE 1861

RÉGLANT

LES CONDITIONS DE JONCTION ET D'EXPLOITATION DU CHEMIN DE FER ENTRE LUXEMBOURG ET TRÈVES–SARREBRUCK

S. M. le roi des Pays-Bas, grand-duc de Luxembourg, et S. M. le roi de Prusse, désirant assurer à leurs sujets les avantages d'une voie ferrée établissant une correspondance directe entre les deux États, ont fait construire, sur leurs territoires, une ligne de chemin de fer qui, longeant la vallée de la Sarre depuis Sarrebrück, et remontant la vallée de la Moselle depuis Trèves à son point de jontion, entre la ville de Luxembourg et la frontière prusienne, franchit cette frontière entre Igel et Wasserbilig, et se raccorde, d'une part, au chemin de fer de Sarrebrück à Bingerbrück, et, d'autre part, au chemin de fer de Luxembourg à Arlon et à Metz. Elles ont désigné pour leurs mandataires, à l'effet de conclure une convention pour régler les rapports réciproques, à raison de cette correspondance par chemin de fer, savoir :

1° S. M. le roi des Pays-Bas, grand-duc de Luxembourg, M. Guillaume Augustin, commissaire du gouvernement auprès du chemin de fer, d'une part ;

2° Et S. M. le roi de Prusse, M. Arnold Albert Maybach, conseiller intime du gouvernement, d'autre part.

Ces Commissaires, après s'être communiqué mutuellement leurs pouvoirs et les avoir approuvés réciproquement, ont arrêté les points ci-après, sous réserve de la ratification de l'autorité supérieure.

ARTICLE PREMIER.

En ce qui touche le point de jonction des deux lignes, leurs conditions au point de vue du profil et de la coupe du tracé, ainsi que le mode de construction de pont sur la Sarre, sont applicables les dispositions de la convention intervenue le 31 mai 1859.

Toutes les autres conditions concernant la voie elle-même, ainsi que le choix de l'emplacement des stations sur chaque territoire, demeurent réservées aux parties contractantes, chacune en ce qui la concerne.

ART. 2.

L'espacement des rails de la voie sera, sur chaque territoire, de 8 pieds 8 pouces et demi, mesure anglaise.

La voie et ses dépendances, ainsi que le matériel de transport de chaque ligne, seront, en tout temps, établis dans des conditions telles, que les locomotives et les wagons d'une ligne puissent, isolément ou disposés en trains complets, passer directement sur la voie de l'autre ligne.

Les hautes parties contractantes s'efforceront de faciliter, autant qu'il sera en leu
pouvoir, le trafic direct d'une ligne sur l'autre.

Art. 3.

Les achats de terrains et les travaux d'art sont faits et exécutés simultanément pou
deux voies; mais l'établissement de la seconde voie pourra être différé jusqu'à ce qu
les deux gouvernements en reconnaissent l'opportunité.

Art. 4.

A moins qu'il n'en soit autrement ordonné plus tard, l'échange des transports aur
lieu à la gare établie près Wasserbillig. A cet effet, le chemin de fer Guillaume-Luxem
bourg construira dans cette gare et mettra à la disposition de l'Administration pru
sienne, sur sa demande, les locaux nécessaires pour le service de l'exploitation,
remisage des machines et wagons, ainsi que les locaux nécessaires au personn
prussien.

La section s'étendant de la frontière à la gare commune de Wasserbillig sera, p
suite, utilisée en toute liberté par la Direction royale des chemins de fer prussiens.

Les questions de détail concernant la transmission, ainsi que l'usage des locaux
aménagements du chemin de fer Guillaume-Luxembourg, par l'Administration pru
sienne, seront réglées ultérieurement par une convention spéciale.

S'il venait à être reconnu qu'il y aurait avantage pour le service de l'exploitation
de la voie à faire circuler les trains luxembourgeois jusqu'à la limite du chemin de f
de Sarrebrück à Trèves, ou les trains prussiens au delà de Wasserbillig, une Conver
tion spéciale aurait à déterminer les conditions de cette circulation.

Art. 5.

Un règlement uniforme à établir par les deux Administrations de chemin de fer, sou
réserve de la ratification de l'Administration supérieure, déterminera l'emploi des s
gnaux et de tous autres appareils servant à l'exploitation, dans la gare de transmission
d'échange à désigner, conformément à l'article 4 ci-dessus.

En ce qui concerne les dispositions contenues dans l'article précité, il est bien entend
que l'examen qui aura été fait, par un des gouvernements contractants, du matéri
roulant et des locomotives, suffira à l'admission de ce matériel sur le territoire de l'aut
gouvernement.

Art. 6.

Les agents qui pourraient être employés par une des Administrations contractantes su
le territoire de l'autre Administration, pour l'exécution des dispositions contenues e
l'article 4, n'en demeureront pas moins soumis aux devoirs et obligations incomba
aux sujets de leurs pays; au point de vue de la discipline, ils devront obéissance, quel
que soit leur résidence, aux ordres de l'Administration à laquelle ils appartiennent; ma
sous tous les autres rapports, ils devront se soumettre aux lois et règlements en vigueu
dans le lieu de leur résidence.

Art. 7.

Les deux gouvernements veilleront à ce que les trains soient organisés sur la lign de Sarrebrück, Trèves, Luxembourg, de manière à donner satisfaction aux besoins du trafic. Deux trains au moins, destinés au transport des voyageurs, seront mis en circulation, chaque jour, dans l'un et l'autre sens, de manière à assurer, autant que possible, la correspondance avec les principaux trains des lignes aboutissant à Luxembourg, d'une part, et de l'autre avec les trains circulant entre Trèves et Sarrebrück, et respectivement Bingerbrück.

Art. 8.

Les deux gouvernements veilleront tout particulièrement à ce que, dans l'intérêt du développement du trafic réciproque, les tarifs pour le transport des voyageurs et des marchandises, et en particulier les tarifs pour le transport des houilles, cokes et minerais entre toutes les stations des chemins de fer placés sous la direction de l'Administration de Sarrebrück, et celles des chemins de fer luxembourgeois soient aussi modérés que possible. Ils feront tous leurs efforts pour que les tarifs de la ligne de Luxembourg à la frontière prussienne n'excèdent en aucun temps la base, par voyageur ou par quintal et par mille, qui a servi à l'établissement des tarifs appliqués sur les sections de Luxembourg à Arlon et de Luxembourg à la frontière française.

Les gouvernements contractants se portent garants, chacun en ce qui le concerne, de l'exécution sur le parcours de toutes les lignes susdésignées, de tous les transports, même des transports en transit, aux seules conditions des tarifs homologués et publiés. Ils feront leur possible, pour que les transports soient dirigés vers le lieu de leur destination, naturellement par le chemin le plus court et le moins coûteux, sauf disposition contraire de la part de l'expéditeur.

Art 9.

Il ne sera fait aucune distinction, entre les habitants de l'un et de l'autre pays qui se serviront des chemins de fer désignés dans l'article précédent, dans l'application des prix de transport et des délais d'expédition ; les transports sortant du territoire d'un État pour entrer sur celui de l'autre État, ne devront pas, sous le rapport du délai d'expédition et des prix de transport, être traités moins favorablement que les transports qui ne sortiraient pas du pays de provenance.

Art. 10.

Les deux gouvernements sont convenus d'appliquer, sur le chemin de fer en question, les dispositions relatives aux passe-ports et à la police des voyageurs en chemin de fer, actuellement en vigueur ou à intervenir ultérieurement.

Art. 11.

Les hautes parties contractantes prendront ultérieurement telles dispositions qu'elles jugeront convenables au sujet des modifications particulières que nécessiteront les nouveaux rapports dans le service des postes et de la télégraphie.

Art. 12.

Relativement à l'usage des chemins de fer de Sarrebrück et de Trèves à Luxembourg, pour le service des autorités militaires, il est stipulé :

1° Qu'une égalité parfaite est assurée, quant au prix de transport, aux Administrations de la guerre des deux pays, pour tous les transports de troupes et d'équipements militaires, effectués pour le compte du gouvernement prussien, ou pour le compte du gouvernement du grand-duché de Luxembourg ;

2° Qu'en cas de besoin et lorsque, en exécution d'une décision de la diète fédérale, et par suite d'autres circonstances extraordinaires, d'importants mouvements de troupes devront avoir lieu sur le chemin de fer susdésigné, que ce soit sur un ordre du gouvernement prussien ou du gouvernement du grand-duché de Luxembourg, les Administrations de chemins de fer établiront des trains extraordinaires pour effectuer ces transports de troupes, d'armes, matériel et équipement de guerre, subsistances militaires, en tant que ce matériel se prêtera au transport par chemin de fer, et affecteront à ces transports tout le matériel dont elles pourront disposer sans interrompre le service réglementaire. Les transports de cette nature seront faits, toutefois, sous la direction exclusive du personnel du chemin de fer intéressé, dont les ordres et instructions seront seuls observés pendant le trajet.

En ce qui touche le prix de transport à payer aux Administrations des chemins de fer, l'égalité stipulée entre les deux Administrations militaires, rubrique I, lui est également applicable.

Art. 13.

Dans tous les cas où les Administrations des chemins de fer de l'un et de l'autre État ne pourront se mettre d'accord sur les divers points prévus dans la présente convention et, en général, sur les moyens d'assurer l'ensemble du service entre les deux chemins de fer et le développement du trafic de transit, les gouvernements contractants interviendront et s'entendront sur toutes les mesures qu'il conviendra de prendre. A cet effet, les hautes parties contractantes nommeront des commissaires permanents qui se mettront en rapports directs.

Art. 14.

La présente convention sera soumise, dans le plus bref délai, à la ratification de l'Administration supérieure de l'une et l'autre des hautes parties contractantes, et les actes de ratification seront échangés de part et d'autre à Berlin, au plus tard, dans le mois à partir du jour de la signature.

En foi de quoi, la présente convention a été signée et scellée par chacun des fondés de pouvoirs.

Ainsi fait à Berlin, le 16 septembre 1861.

Signé : G. AUGUSTIN, ARNOLD ALBERT MAYBACH.

CONVENTION DU 22 DÉCEMBRE 1861

RÉGLANT

LES CONDITIONS DE TRANSPORT ENTRE WASSERBILLIG ET LUXEMBOURG, DES ARTICLES DE MESSAGERIE, FINANCES, ETC.

ENTRE :

L'Administration royale des postes prussiennes, représentée par M. MEYER, directeur supérieur des postes à Trèves,

Et la SOCIÉTÉ ANONYME royale grand-ducale des chemins de fer Guillaume-Luxembourg, représentée par son directeur général M. Jules Van de WYNCKÈLE à Paris, qui, à ces fins, fait élection de domicile à Trèves, au comptoir des banquiers Wagner et Schoemann, dans le but de régler le transport des colis et articles de finances sur le chemin de fer entre la frontière prussienne (Wasserbillig) et Luxembourg, la convention suivante a été conclue :

ARTICLE PREMIER.

La Société anonyme des chemins de fer Guillaume-Luxembourg concède à l'Administration des postes prussiennes la faculté de transporter par le chemin de fer entre la frontière prussienne (Wasserbillig) et la gare de Luxembourg ($4\frac{9}{10}$ milles allemands), sous l'entière responsabilité de l'Administration des postes prussiennes, les colis, articles de finances et valeurs. A cet effet, la susdite Société mettra à la disposition de l'Administration des postes, deux fois par jour dans chaque sens, sur le parcours en question, la moitié d'un wagon de troisième classe équivalant à un axe.

Le wagon comme en général le matériel roulant nécessaire est fourni par la direction royale prussienne des chemins de fer à Sarrebrück, conformément aux conventions conclues à cet effet entre ladite Direction et la Société des chemins de fer Guillaume-Luxembourg.

ART. 2.

L'Administration des postes prussiennes payera à la Société des chemins de fer Guillaume-Luxembourg :

A. Pour la moitié du wagon de troisième classe disposé pour le transport des colis, des articles de finances et du personnel de service, circulant deux fois par jour, aller et retour, entre Luxembourg et la frontière prussienne, une redevance fixe de 5 francs par jour.

B. Pour le transport, sur le territoire luxembourgeois, des colis n'excédant pas le poids de 10 kilogrammes, des articles de finances et des valeurs sans égard au poids, une indemnité fixe de 1,200 francs (mille deux cent francs) par an.

C. Pour le transport des colis excédant le poids de 10 kilogrammes, non compris les finances et effets (obligations de l'État), l'Administration des postes payera sur le poids total transporté mensuellement, d'après le tarif ordinaire du chemin de fer.

Dans ce but, l'Administration des postes prussiennes dressera chaque mois un tableau indiquant le poids mensuel des colis transportés avec chaque envoi mentionné sous la lettre C.

Art. 3.

L'Administration des postes prussiennes se chargera de fournir, à ses frais, l'intérieur des compartiments dont elle fera usage, des ustensiles nécessaires, de le faire nettoyer. Tous les autres frais nécessaires à l'entretien des compartiments et wagons, soit en route, soit aux différentes stations, sont à la charge de la Société des chemins de fer Guillaume-Luxembourg.

Art. 4.

L'Administration des postes prussiennes livrera à la Société des chemins de fer, à la gare de Luxembourg, toutes les expéditions amenées par elle à destination de la Belgique, de la France et au delà de la ville de Luxembourg vers le grand-duché, qu'autant qu'elles lieux de destination dans le grand-duché de Luxembourg pourront être desservis par le chemin de fer.

La Société des chemins de fer remettra au conducteur prussien, à la gare de Luxembourg, les colis, articles de finances et valeurs originaires de la France, de la Belgique et du grand-duché de Luxembourg, en destination de la Prusse, et des pays auxquels la Prusse sert d'intermédiaire, pourvu que les colis, etc., puissent, à l'égard de leur volume et de leur poids, être transportés par les postes prussiennes.

Les colis, etc., seront inscrits, d'une part, par le bureau de poste, à Trèves; d'autre part, par l'employé du chemin de fer, à la gare de Luxembourg, sur une feuille faite en double.

La remise des colis, etc., aura lieu en vertu d'un récépissé donné sur le duplicata de la feuille par les agents préposés à cet effet.

Les colis, articles de finances et valeurs provenant de la Prusse, à destination des lieux intermédiaires entre Wasserbillig et Luxembourg et *vice versâ*, seront de la même manière échangés à la gare de Wasserbillig. Les agents respectifs donneront reçu des colis, etc., sur le duplicata de la feuille faite au bureau de poste, à Trèves, et par le chef de gare, à Wasserbillig.

Les parties contractantes s'engagent à se remettre réciproquement les différentes expéditions dans un bon état d'emballage et pourvues des lettres de voiture, etc. Prompte réponse sera faite aux réclamations qu'ils s'adresseront réciproquement, et les demandes seront renvoyées dans le plus bref délai possible.

L'Administration des chemins de fer s'engage à utiliser pour la transmission des colis, etc., les moyens de transport les plus accélérés dont elle pourra disposer, et d'appliquer les tarifs qui ont reçu l'approbation du gouvernement du grand-duché de Luxembourg.

En cas de perte ou d'avarie d'un colis, etc., les lois des différents pays seront obligatoires.

Les frais de port, déboursés et avances, seront payés en argent comptant, à l'échange des colis, etc.

Art. 5.

Les employés de l'inspection postale et le chef des bureaux ambulants n° 12, à Trèves, pourront, dans le but du contrôle et autant qu'il sera nécessaire, voyager dans les compartiments mis à la disposition de l'Administration des postes, sous la condition de payer un coupon de 2ᵉ classe.

Art. 6.

Les comptes concernant les bonifications mentionnées dans l'article 2 seront dressés à l'expiration de chaque mois par l'Administration des postes prussiennes, qui, après vérification par les deux parties, fera payer le montant dû à la Société des chemins de fer par le caissier des postes, à Trèves, en monnaie de Prusse.

Art. 7.

La présente convention, qui est soumise à l'approbation, d'une part, de l'Administration général des postes de Prusse, et, d'autre part, du Conseil d'administration des chemins de fer Guillaume-Luxembourg, sera mise à exécution au 1ᵉʳ janvier 1862. Elle est conclue pour un temps indéterminé et pourra être dénoncée par l'une et l'autre des parties trois mois à l'avance.

Les contractants ont signé cette convention, qui a été faite en double, et y ont apposé leurs cachets. Chacun en a reçu un exemplaire.

Trèves, le 22 décembre 1861.

Signé : Meyer.
Jules Van de Wynckèle.

CONVENTION DU 16 MAI 1864

RÉGLANT

LES CONDITIONS POUR LE TRANSPORT DES COLIS, FINANCES ET VALEURS PRIVÉS ET OFFICIELS DE LA GARNISON DE LUXEMBOURG, DE WASSERBILLIG A LUXEMBOURG ET VICE VERSA

ENTRE :

Le gouvernement militaire de la forteresse fédérale de Luxembourg, représentée par M. le baron de HILGERS, capitaine et adjudant dudit gouvernement,

Et la Compagnie des chemins de fer de l'Est, agissant au nom de la Compagnie Guillaume-Luxembourg, et représentée par M. Gustave BAIGNÈRES, inspecteur principal, à Charleville, qui, à ces fins, fait élection de domicile à la gare de Luxembourg, dans le but de régler le transport des colis, articles de finances et valeurs de la garnison de la forteresse fédérale de Luxembourg, sur le parcours de Wasserbillig à Luxembourg, et *vice versâ*, le traité suivant a été conclu :

ARTICLE PREMIER.

La Société exploitante des chemins de fer de l'Est s'engage à transporter de Wasserbillig à Luxembourg et *vice versâ* tous les colis, finances et valeurs de la garnison de la forteresse fédérale de Luxembourg.

Dans le sens de Wasserbillig à Luxembourg, les postes prussiennes remettront une ou deux fois par jour à la gare de Wasserbillig les articles en provenance de l'Allemagne.

Les colis seront groupés et réunis dans un sac ou panier, les finances et valeurs seront groupées et réunies dans une caisse spéciale.

Toutefois, les colis de trop grande dimension et les espèces expédiées en barils seront acceptés isolément et transportés de concert avec les sacs ou paniers et caisses spéciales.

Dans le sens de Luxembourg à Wasserbillig, le gouvernement militaire fera remettre dans les mêmes conditions, à la gare de Luxembourg, lesdits colis et finances expédiés à l'Allemagne.

ART. 2.

Le gouvernement militaire, pour indemniser la Compagnie des chemins de fer de l'Est du groupement, payera le prix du transport, calculé sur le poids global mensuel et sur la valeur totale mensuelle des finances, du tarif de la messagerie et des finances en date du 1er février 1864, plus une somme annuelle de cinq cents francs (500 francs).

ART. 3.

Le gouvernement militaire et les postes prussiennes s'engagent à ne transporter, dans les conditions prévues par les articles 1 et 2, que les colis en provenance ou à destination exclusive de la garnison de la forteresse fédérale de Luxembourg.

ART. 4.

Les sacs et paniers, dont il est parlé à l'article 1er, seront solidement fermés et cachetés, avec les cachets aux initiales des bureaux de poste à Conz ou à Trèves et du bureau de la garnison à Luxembourg.

Les caisses spéciales seront solidement construites et fermées au moyen de deux serrures à combinaison; de plus, la fermeture sera garantie par deux cachets à la cire et aux initiales indiquées plus haut.

Art. 5.

Dans le sens de Wasserbillig à Luxembourg, lesdits colis et finances seront remis aux agents de la gare de Wasserbillig par l'agent des postes prussiennes, avec un bordereau dressé en triple expédition; l'un restera à la partie cédante, le deuxième à la partie prenante, le troisième accompagnera les colis.

Le poids des sacs, paniers, caisses spéciales et colis isolés, sera constaté contradictoirement, et la différence de poids, s'il y a lieu, sera insérée sur le bordereau de remise et visée par les deux agents.

La réexpédition de ces colis sur Luxembourg devra être faite par le train même de leur arrivée.

Les sacs, paniers, caisses spéciales et colis seront remis à la gare de Luxembourg au commissionnaire accrédité par le gouvernement militaire et qui aura été notifié à la Compagnie des chemins de fer de l'Est. Sa signature tiendra lieu de toute décharge cette Compagnie.

Dans le sens de Luxembourg à Wasserbillig, les colis seront remis à la gare de Luxembourg par ledit commissionnaire dans les conditions d'emballage et de remise déjà prévues à Wasserbillig dans le sens inverse.

La gare de Wasserbillig remettra lesdits colis, contre émargement, à l'agent des postes prussiennes pour le train même de leur arrivée.

Il est bien entendu que la Compagnie des chemins de fer de l'Est ne pourra être responsable que du poids et du conditionnement extérieur des sacs, paniers et caisses spéciales à finances.

Art. 6.

En cas de perte ou d'avarie extérieure des sacs, paniers et caisses spéciales à finances, la Compagnie des chemins de fer de l'Est sera responsable dans les limites des lois du grand-duché de Luxembourg. Pour les colis isolés, la responsabilité portera tant sur les manquants que sur les avaries ou perte de colis.

Art. 7.

Le présent traité, qui est soumis à l'approbation du gouvernement grand-ducal, de M. le gouverneur militaire de la forteresse fédérale de Luxembourg et, enfin, de M. le directeur des chemins de fer de l'Est pour le compte de la Société Guillaume-Luxembourg sera mis en exécution le 1ᵉʳ juin 1864.

Le présent traité est conclu pour un temps indéterminé et pourra être dénoncé par l'une et l'autre partie trois mois à l'avance.

Les contractants ont signé ce traité, qui a été fait en double, et y ont apposé leurs cachets.

Chacun en a reçu un exemplaire.

Fait à Luxembourg, le seize mai mil huit cent soixante-quatre.

CONVENTION DU 18 MAI 1864

RÉGLANT

LES CONDITIONS POUR LA REMISE DES ARTICLES DE MESSAGERIE ET DES FINANCES ET VALEURS A WASSERBILLIG, EN PROVENANCE DE L'ALLEMAGNE POUR LE GRAND-DUCHÉ DE LUXEMBOURG OU LES PAYS VOISINS ET VICE VERSA

ENTRE :

L'Administration royale des postes prussiennes, représentée par M. MEYER, Directeur supérieur des postes, à Trèves,

Et la Compagnie des chemins de fer de l'Est, agissant au nom de la Compagnie Guillaume-Luxembourg représentée par M. Gustave BAIGNÈRES, inspecteur principal, à Charleville, qui, à ces fins, fait élection de domicile à Trèves, au comptoir des banquiers Wagner et Schoemann, dans le but de régler la remise des colis et articles de finances civils à la gare de Wasserbillig, le traité suivant a été conclu.

ARTICLE PREMIER.

La Société exploitante des chemins de l'Est s'engage à remettre à l'Administration des postes prussiennes, à la gare de Wasserbillig, tous les colis, finances, et valeurs en provenance du grand-duché de Luxembourg ou des pays voisins, et à destination de l'Allemagne, autant que la voie de Luxembourg aura été employée pour ce transport.

La limite du poids des colis à remettre à l'Administration des postes prussiennes, à Wasserbillig, reste fixée à dix kilogrammes, pourvu que les colis puissent, à l'égard de leur volume et de leur longueur, être transportés par les postes prussiennes. Quant aux finances et valeurs, elles seront toutes remises, sans distinction de poids ni de valeur.

L'Administration des postes prussiennes remettra, de son côté, à la Compagnie des chemins de fer de l'Est tous les colis et finances et valeurs en provenance de l'Allemagne et à destination du grand-duché de Luxembourg et des pays voisins, autant que la voie de Conz-Luxembourg aura été employée. Aucune limite de poids ni de valeur n'est fixée dans ce cas.

ART. 2.

L'Administration des postes prussiennes s'engage à n'appliquer ses prix de transport que jusqu'à la frontière, près Wasserbillig; la gare de Wasserbillig est considérée comme frontière. Par suite, la Compagnie des chemins de fer de l'Est appliquera ses prix de transport au départ de ladite frontière.

ART. 3.

La remise des colis aura lieu au moyen d'un bordereau récépissé dressé en double expédition dont l'une restera entre les mains de la partie prenante.

Ces bordereaux seront émargés par les agents des deux Administrations sans rature ni surcharge à moins d'approbation.

Ils mentionneront les frais de transport, les déboursés et les remboursements et serviront de décharge à la partie cédante.

Le premier de chaque mois, ces bordereaux seront récapitulés pour le mois précédent, et après approbation des deux Administrations le payement du reliquat au crédit aura lieu en espèces à la gare de Wasserbillig, à celle des parties qui y aura droit.

Les articles expédiés contre remboursement après encaissement, seront suivis d'un avis spécial; l'échange et le renvoi de cet avis se feront par la gare de Wasserbillig, dès que cette dernière aura été avisée de l'encaissement. Le montant des remboursements après encaissement est soumis, en Prusse, à un droit de 0 fr. 06 2/5 (1/2 gros) par thaler, avec un minimum de 0 fr. 12 1/2 (1 gros).

Sur le chemin de fer de Guillaume-Luxembourg, le montant des remboursements est soumis à la taxe des finances et valeurs.

Toutefois, les postes prussiennes n'acceptent pas de colis grevés de remboursements excédant 50 thalers.

ART. 4.

Les parties contractantes s'engagent à se remettre réciproquement les différentes expéditions dans un bon état d'emballage et pourvues de déclarations tenant lieu de lettres de voiture.

Prompte réponse sera faite aux réclamations qu'elles s'adresseront réciproquement et les demandes seront renvoyées dans le plus bref délai possible.

En cas de perte, de manquant ou d'avarie d'un colis, les lois du pays dans lequel la perte, le manquant ou l'avarie ont eu lieu, seront obligatoires.

La constatation des pertes, manquants ou avaries aura lieu sur les bordereaux contradictoirement entre les agents des deux Administrations.

ART. 5.

Ce traité concerne exclusivement le transport des articles civils, une convention spéciale réglementant le transport des articles de la garnison de la forteresse fédérale de Luxembourg.

ART. 6.

L'Administration des postes prussiennes s'entendra directement avec la Société royale des chemins de fer de Sarrebrück pour la circulation des wagons de poste de la frontière à Wasserbillig et *vice versâ*.

ART. 7.

Le présent traité, qui est soumis à l'approbation du gouvernement grand-ducal, de l'Administration général des postes de Prusse, et enfin de M. le Directeur des chemins de fer de l'Est, pour le compte de la Société Guillaume-Luxembourg, sera mis en exécution le 1er juin 1864.

Le présent traité est conclu pour un temps indéterminé et pourra être dénoncé par l'une ou l'autre partie trois mois à l'avance.

Les contractants ont signé ce traité, qui a été fait en double, et y ont apposé leurs cachets. Chacun en a reçu un exemplaire.

Fait à Trèves et à Luxembourg, le 18 mai 1864.

Ce traité a été approuvé le 26 mai 1864.

CONVENTION DU 4 DÉCEMBRE 1866

RÉGLANT

LES CONDITIONS DE L'EMPLOI RÉCIPROQUE DU MATÉRIEL DE TRANSPORT
SUR LES LIGNES DE L'ÉTAT ET SUR LE CHEMIN DE FER DE PÉPINSTER A LUXEMBOURG
ET DE L'EST FRANÇAIS

ENTRE :

Les soussignés, représentant l'Administration des chemins de fer de l'État belge, d'une part, et d'autre part la Compagnie du chemin de fer de l'Est français, chargée de l'exploitation de la ligne de Pépinster à Luxembourg,

Il a été convenu ce qui suit :

ARTICLE PREMIER.

Le matériel des deux Administrations est admis à circuler sur les deux réseaux et lignes correspondantes, s'il est reconnu que, dans ses dimensions et son mode de construction, il satisfait aux conditions imposées par les règlements de chacune des Administrations contractantes.

Une convention ultérieure réglera les conditions dans lesquelles le matériel devra se trouver à cet effet.

ART. 2.

Les locomotives et les voitures à voyageurs de l'une ou de l'autre Administration pourront être admises au parcours réciproque, moyennant une autorisation spéciale.

ART. 3.

Le compte de la circulation du matériel de chaque Administration sur les lignes en relation aura pour base les prix suivants :

1° pour une locomotive allumée, par kilomètre . . . . 1 fr. 00
2° pour une voiture-salon — 0 05
3° pour une voiture à voyageurs, 1re classe, par kilomètre 0 04
4° — — 2e et 3e classe ou mixte, par kilom . 0 03
5° pour un wagon à bagages ou à petites marchandises entrant dans la composition d'un train de voyageurs, un box ou un truck, par kilomètre 0 03
6° pour un wagon à marchandises, de dix tonnes et plus, par kilom . 0 03
7° pour un wagon à marchandises, de moins de dix tonnes — 0 02
8° pour une tapissière et truck compris — 0 05

La circulation à vide compte comme la circulation à charge.

Après une année d'expérience, le prix uniforme de 2 centimes sera admis pour les wagons à marchandises de tout tonnage, si les comptes de parcours entre les wagons de dix tonnes des deux Administrations se trouvent en équilibre.

Art. 4.

Les délais accordés de part et d'autre pour le séjour *du matériel à marchandises* sur les lignes en relation sont fixés comme suit :

Pour un trajet de   1   à   50 kilomètres 2 jours.

—   51   à   100   —   3   —

—   101   à   200   —   4   —

et ainsi de suite, en augmentant d'un jour pour chaque centaine de kilomètres en plus.

Ces délais sont comptés d'après les distances réelles prises une fois seulement, et toute fraction de kilomètre comptant pour un kilomètre.

Art. 5.

Pour les wagons empruntant les lignes des trois Administrations et plus, les délais seront, le cas échéant, augmentés d'après des itinéraires à régler entre les Administrations participant au transport.

Art. 6.

Les jours comptent de minuit à minuit.

Le jour du départ et celui du retour des wagons à la station d'échange ne comptent ensemble que pour un jour.

Les dimanches et jours fériés ne comptent pas pour former les délais.

Les jours fériés sont :

1° Le premier jour de l'an,

2° Les lundis de Pâques et de Pentecôte,

3° L'Ascension, l'Assomption, la Toussaint, la Noël et le lendemain de ces deux derniers jours.

Art. 7.

Tout wagon remis à une station d'échange après le départ du dernier train de marchandises ne sera porté en compte qu'à partir du lendemain.

Toutefois, le retour des wagons vides comptera à partir de leur arrivée à la station d'échange.

Art. 8.

Les délais ci-dessus seront majorés d'un jour pour tout wagon qui, parti chargé de la ligne à laquelle il appartient, y sera renvoyé chargé d'une charge complète.

Le minimum de cette charge est fixé conventionnellement à 2,000 kilogrammes.

Art. 9.

Il sera payé une indemnité de 3 francs par jour de retard pour tout wagon qui sera retenu sur une ligne étrangère au delà du délai accordé, indépendamment du parcours supplémentaire effectué.

Cette indemnité est portée à 6 francs pour les tapissières.

A partir de l'expiration du délai, les dimanches et jours fériés comptent indistinctement pour former les retards.

Art. 10.

Aucune compensation n'est admise entre les jours de retard et les jours d'avance.

Art. 11.

Les Administrations peuvent prendre, de commun accord, des mesures dans le but d'établir autant que possible une balance entre les décomptes.

Art. 12.

Les wagons qui ont circulé à charge sur une ligne doivent être admis au retour à vide sur le même parcours.

Dans aucun cas, un wagon ne peut être employé pour une destination qui le détournerait de la voie du retour.

Le renvoi des wagons vides aux stations d'échange aura lieu par une feuille de route en service.

Art. 13.

Les Administrations contractantes s'engagent à ne pas faire usage du matériel emprunté pour leurs transports intérieurs.

Art. 14.

Chaque Administration peut faire contrôler l'usage de son matériel sur une ligne étrangère.

Art. 15.

Il est tenu aux stations d'échange des registres où l'on inscrit journellement, à l'entrée et à la sortie, le mouvement du matériel employé aux transports mixtes ou internationaux.

Ces registres seront tenus par les soins des agents des deux Administrations qui se mettent d'accord pour vérifier et parapher les comptes de chaque journée.

Les registres seront arrêtés le dernier jour du mois, et les wagons non rentrés ou dont la date de rentrée serait inconnue sont reportés au mois suivant.

Ils servent à la formation d'un décompte mensuel à échanger entre les Administrations.

La liquidation du solde revenant à l'une ou à l'autre des parties a lieu à l'expiration de chaque exercice, après l'établissement de la balance entre les résultats des décomptes mensuels.

BACHES.

Art. 16.

Les bâches et les prolonges de la Compagnie de l'Est français sont considérées comme faisant partie intégrante des wagons et devront être rendues avec eux.

Art. 17.

Pour tout wagon qui serait rendu démuni de tout ou partie des agrès qui lui appartiennent et dont une inscription peinte sur le côté du wagon constate la nature et la quantité, il sera appliqué les pénalités suivantes :

1° Pour chaque bâche et par jour. . . . . 0 fr. 50
2° Pour chaque prolonge et par jour . . . . 0 » 10

jusqu'à concurrence de la valeur des prolonges.

Art. 18.

Les délais fixés pour les wagons sont applicables aux bâches volantes.

Art. 19.

Passé ces délais, il sera payé une amende de 50 centimes par jour et par bâche.

Art. 20.

Le renvoi des bâches volantes se fera en feuille de route en service et en destination de la station d'échange où les agents des deux Administrations se donneront réciproquement décharge.

Toutefois elles pourront être utilisées au retour, et dans ce cas les délais sont majorés d'un jour.

Art. 21.

Les wagons et les bâches employés dans ces conditions, de même que ceux employés en services mixtes ou internationaux, doivent toujours être renseignés par numéros et marqués dans la colonne à ce destinée de la feuille de route.

Art. 22.

Toute bâche qui dans les deux mois ne sera pas rentrée sur la ligne à laquelle elle appartient sera considérée comme perdue et payée d'après le prix de revient, déduction faite de l'usure, étant tenu compte que la durée moyenne d'une bâche est de deux ans.

Il est bien entendu que dans ce cas il ne sera pas fait application de la pénalité stipulée aux articles 17 et 19.

Art. 23.

Les dispositions de l'article 6, du dernier paragraphe de l'article 9, des articles 10. 12, 13 et 15 ci-dessus sont également applicables aux bâches.

Art. 24.

La présente convention sera mise en vigueur à partir du jour où la ligne de Pépinster à Luxembourg sera livrée à l'exploitation.

Elle pourra être dénoncée pour cesser ses effets moyennant avis donné six mois à l'avance.

Art. 25.

Le contractant de première part se réserve l'approbation de M. le ministre des travaux publics.

Celui de seconde part, l'approbation du conseil d'administration de la Compagnie des chemins de fer français.

Fait double à Luxembourg, le 4 décembre 1866.

Approuvé par le conseil d'administration de la Compagnie des chemins de fer de l'Est. dans sa séance du 10 janvier 1867.

VI

VIA LONGWY

CONVENTION

AVEC

LA COMPAGNIE DU GRAND LUXEMBOURG BELGE

CONVENTION DU 17 MARS 1864

RÉGLANT

LES CONDITIONS D'EXPLOITATION DE LA PARTIE DU CHEMIN DE FER DE L'EST COMPRISE ENTRE LONGWY ET LA FRONTIÈRE BELGE

Entre la Compagnie des chemins de fer de l'Est français, représentée par :

M. Alphonse BAUDE, inspecteur général des ponts et chaussées, administrateur de la Compagnie, et M. Clément SAUVAGE, ingénieur en chef des mines, directeur de la Compagnie, demeurant à Paris, au siége social, rue et place de Strasbourg,

Et la grande Compagnie du Luxembourg belge, représentée par M. REED, son administrateur délégué,

Il a été exposé ce qui suit :

Une convention internationale, passée le 20 septembre 1860, entre le gouvernement français et le gouvernement belge, a stipulé les conditions générales, suivant lesquelles devait s'effectuer le raccordement du chemin de fer français des Ardennes (appartenant aujourd'hui à la Compagnie de l'Est), avec le chemin de fer belge, appartenant à la grande Compagnie du Luxembourg, dans le voisinage de Longwy, sur la ligne d'Arlon à Longuyon.

La même convention internationale réglait les conditions auxquelles devait s'effectuer, à titre provisoire, l'exploitation de la partie comprise entre la frontière et Longwy, depuis le jour où les lignes belge et française seraient raccordées jusqu'au 1er janvier 1864.

Ces conditions sont les suivantes :

Art. 7. — « Du 1er janvier 1862 au 31 décembre 1863, l'exploitation de la ligne
« d'Arlon à Longwy s'effectuera par les soins de la Compagnie concessionnaire du che-
« min de fer de Luxembourg avec le matériel de cette Compagnie. A cet effet, la Com-
« pagnie des Ardennes mettra à la disposition de la Compagnie du Luxembourg, dans
« la station de Longwy, une remise définitive ou provisoire pouvant abriter deux loco-
« motives, une plate-forme tournante pour locomives et les moyens d'alimentation des
« machines.

« La Compagnie des Ardennes recevra de la Compagnie du Luxembourg, à titre de
« loyer, l'intérêt annuel à cinq pour cent du capital employé aux constructions ci-
« dessus mentionnées.

« Pendant toute la durée de cette exploitation, la Compagnie du Luxembourg devra
« payer à la Compagnie des Ardennes, à titre de péage, les deux tiers du montant des
« tarifs qu'elle aura perçus pour le parcours de la portion de la ligne comprise entre la
« frontière de Longwy, déduction faite de l'impôt dû à l'Etat, l'entretien et la surveil-
« lance de cette section restant à la charge de la Compagnie des Ardennes.

« Art. 8. — A partir du 1er janvier 1864, la traversée de la frontière s'effectuera

« suivant les conditions nouvelles, qui seront réglées avant la mise en exploitation de la
« section de Longuyon à Longwy, par un nouvel accord entre les deux gouvernements,
« les Compagnies entendues. »

Les deux Compagnies contractantes, pour obéir aux stipulations rappelées ci-dessus,
ont arrêté, ainsi qu'il suit, les conditions suivant lesquelles s'effectuera, à partir du
1er janvier 1864, l'exploitation de la partie comprise entre la frontière et Longwy.

ARTICLE PREMIER.

La grande Compagnie du Luxembourg continuera à exploiter, avec ses machines et
ses trains, la partie du chemin de fer de l'Est comprise entre la frontière et Longwy;
elle jouira dans cette gare, et au même titre que la Compagnie de l'Est français, de tous
les bâtiments, constructions et voies affectés au service commun des deux Compagnies.

Ces constructions, bâtiments et voies comprennent notamment :

A. Les voies servant au stationnement et aux manœuvres des trains des deux
Compagnies;

B. Les quais à voyageurs et les quais et halles à marchandises servant aux voyageurs
et aux marchandises reçues ou expédiées pour le compte de l'une ou l'autre Compagnie;

C. Les parties du bâtiment principal spécialement affectées au service des voyageurs;

D. Les remises à voitures servant au remisage du matériel de l'une et de l'autre
Compagnie.

ART. 2.

Toutefois, la Compagnie de l'Est exploitera, avec ses propres moyens, le port sec de
Mont-Saint-Martin, situé entre Longwy et la frontière belge, ainsi que les embranchements usiniers ou miniers qui pourraient être construits dans cette section.

ART. 3.

La Compagnie de l'Est entretiendra, à ses frais, la partie comprise entre la frontière
et Longwy, ainsi que la gare de Longwy, avec le soin et dans les mesures employées
pour le surplus de ses lignes et de ses établissements.

La surveillance de la voie sera également faite par la Compagnie française.

ART. 4.

La Compagnie belge payera à la Compagnie française, qui accepte:

1° à titre de péage, les deux tiers des sommes qu'elle percevra dans tous les tarifs
établis pour le transport des personnes et des marchandises, entre la frontière et l'axe du
bâtiment des voyageurs de la gare de Longwy, ce point étant pris comme terminus de la
partie exploitée par la Compagnie belge;

2° à titre de location annuelle, la somme de *dix mille francs*, pour l'usage qui lui
est attribué de la gare de Longwy, l'entretien de cette gare étant fait par la Compagnie
de l'Est;

3° à titre de participation dans les dépenses d'exploitation de la gare de Longwy,
les sommes mentionnées à l'article 12 ci-après.

Les recettes faites pour l'exploitation du port de Mont-Saint-Martin et des autres embranchements usiniers ou miniers, appartiendront intégralement à la Compagnie de l'Est, et n'entreront point dans le partage prévu par le premier paragraphe du présent article.

Art. 5.

Si les besoins de l'exploitation de la gare commune de Longwy rendent nécessaires de nouvelles constructions, le prix de location stipulé ci-dessus sera augmenté dans une proportion fixée d'un commun accord ou à dire d'experts.

Art. 6.

Les sommes dues par la Compagnie belge à la Compagnie française seront payées par trimestre, dans le mois qui suivra l'expiration de chaque trimestre.

Art. 7.

Tout le service de la gare de Longwy se fera par les soins et par les agents de la Compagnie de l'Est français.

Cette Compagnie fera faire par ses receveurs la distribution des billets de voyageurs, l'enregistrement et le chargement des bagages pour la ligne du Luxembourg belge, ainsi que la réception et la délivrance des bagages venant de cette ligne.

Art. 8.

Les services des marchandises à petite et à grande vitesse de ou par la ligne belge, la reconnaissance, l'enregistrement et la perception au départ, la livraison et l'encaissement à l'arrivée, se feront par des agents de cette Compagnie, nommés et payés par elle.

Art. 9.

Tous les jours, la recette au comptant pour billets de voyageurs et enregistrement de bagages, encaissée par les agents de la Compagnie française, pour le compte de la Compagnie belge, sera versée, contre reçu, avec bordereau à l'appui, entre les mains de l'agent de la Compagnie belge accrédité à cet effet.

Lorsque des colis bagages à destination ou en provenance de la ligne belge seront emmagasinés, les frais perçus pour magasinage seront remboursés à la Compagnie belge.

Art. 10.

Le chef de gare de Longwy, nommé par la Compagnie de l'Est français, aura seul la direction de cette gare ; il aura sous ses ordres les mécaniciens et les chauffeurs, les conducteurs et les graisseurs appartenant aux deux Compagnies, qui y seront appelés par leurs fonctions.

En ce qui concerne le service des recettes et des écritures, fait directement par les agents de la Compagnie belge, il n'interviendra que pour le maintien du bon ordre et l'exécution du règlement.

La Compagnie belge fera surveiller et contrôler les opérations de son bureau spécial des recettes grande et petite vitesse, ainsi que toutes les opérations qui seront faites pour son compte dans la gare.

Art. 11.

La Compagnie de l'Est réglera par des instructions et des ordres de service tout ce qui concerne la police des chemins de fer et la marche des trains, aux abords et dans l'intérieur de la gare.

Lorsque le secours est nécessaire à un train en détresse, sur un point quelconque au delà de Longwy, vers Arlon, la machine de réserve devra être demandée à Arlon, comme point le plus rapproché, puisque la machine de réserve de la Compagnie de l'Est se trouve à Longuyon, point le plus éloigné par rapport au cas prévu.

Art. 12.

Chaque Compagnie payera les employés qu'elle emploiera pour son propre service, comme les mécaniciens, les chauffeurs, les visiteurs et les graisseurs, les comptables du service des marchandises, etc., etc.

La Compagnie belge payera, en outre, à la Compagnie française, comme part des dépenses du personnel du service commun de l'éclairage et du chauffage de la gare, une somme fixe annuelle de *trois mille francs*.

Le personnel commun comprend notamment : le chef de gare, les agents comptables du service de la grande vitesse, les hommes d'équipe employés à la composition et à la décomposition des trains, à la manutention des marchandises, au tournage des machines, locomotives, etc., etc.

Art. 13.

Les recettes provenant des frais de gare, de chargement et de déchargement des marchandises, appartiendront à la ligne sur laquelle circulent ou auront circulé les marchandises.

Les recettes accessoires, relatives aux marchandises en transit, seront partagées par moitié entre les deux Compagnies.

Art. 14.

Les agents de la gare de Longwy seront nommés par la Compagnie de l'Est français.

Le service dont ils seront chargés étant commun aux deux Compagnies, ils agiront pour le compte de l'une et de l'autre, et les conséquences des fautes commises par eux resteront, par conséquent, à la charge de celle des Compagnies pour laquelle ces employés auront travaillé.

La Compagnie belge aura le droit de demander la révocation des agents qui auront commis des fautes à son détriment.

Art. 15.

Toutes les difficultés qui pourraient naître des rapports des deux Compagnies, pour l'exécution du présent traité, seront soumises à trois arbitres, dont l'un, désigné par la

Compagnie de l'Est français, le second, par la Compagnie du Luxembourg belge, et le troisième, par les deux autres arbitres nommés et, à défaut, par le président du Tribunal de Commerce de la Seine, à la requête de la partie la plus diligente.

Les frais d'enregistrement seront à la charge de la partie qui y aura donné lieu.

Art. 16.

La durée du présent traité est fixée à quatre années, qui prendront cours à partir du 1er janvier 1864. S'il n'est pas dénoncé six mois à l'avance par une des parties contractantes, le traité sera prolongé d'année en année.

Fait double à Paris, le dix-sept mars mil huit cent soixante-quatre.

Signé : Sauvage, Alph. Baude et Reed.

Approuvé par le conseil d'administration de la Compagnie des chemins de fer de l'Est, dans sa séance du 31 mars 1867.

VII

VIA VIREUX

CONVENTION

AVEC LA

COMPAGNIE DES CHEMINS DE FER DE SAMBRE-ET-MEUSE

(DEPUIS GRAND-CENTRAL BELGE)

CONVENTION DU 1er JANVIER 1862

LES CONDITIONS DE RACCORDEMENT DU CHEMIN DE FER DES ARDENNES AVEC CELUI DE SAMBRE-ET-MEUSE

ENTRE :

La Compagnie des chemins de fer des Ardennes, représentée par M. le duc de NOAILLES, président du conseil d'Administration,

Et M. Henri GALOS, Administrateur délégué, agissant en vertu des pouvoirs qui leur sont délégués par délibération du conseil du 30 décembre 1861,

Et la Compagnie du chemin de fer de l'Entre-Sambre-et-Meuse, représentée par M. George SHEWARD, président du conseil d'Administration, et M. WILLIAM AUSTIN, Administrateur, agissant en vertu des pouvoirs qui leur sont délégués par délibération du conseil du 13 juin 1860,

Il a été dit et convenu ce qui suit :

Le chemin de fer des Ardennes, dans la section comprise entre Charleville et Givet, rencontre à Vireux-Molhain le chemin de fer de Charleroi à Vireux, concédé par un décret en date du 8 mai 1845 à la Compagnie belge de l'Entre-Sambre-et-Meuse.

Les deux Compagnies reconnaissant la nécessité de raccorder les deux chemins de fer et les avantages de réunir dans une seule gare le service des voyageurs et celui des marchandises, ont réglé ainsi qu'il suit les conditions suivant lesquelles s'effectuera ce raccordement et se fera le service de l'exploitation dans cette gare.

Raccordement des chemins de fer des Ardennes avec le chemin de fer de Sambre-et-Meuse.

ARTICLE PREMIER.

La Compagnie des chemins de fer de Sambre-et-Meuse exécutera, à ses frais, risques et périls, en dehors de l'enceinte des chemins de fer des Ardennes, tous les travaux nécessaires pour raccorder son chemin de fer avec celui des Ardennes.

Ce raccordement se fera entre la gare de Vireux (Ardennes) et le ruisseau du Vireux à . . . . environ du pont construit sur ce cours d'eau pour le passage du chemin de fer des Ardennes.

Si la Compagnie de Sambre-et-Meuse ne pose, comme elle y est autorisée par son cahier des charges, qu'une seule voie dans la partie qu'elle a à construire pour ce rac-

---

NOTA. — Cette Convention entre les Ardennes et l'Est belge a été reconnue par l'Est français et le Grand-Central belge.

Elle est également applicable aux opérations d'échange avec le Nord belge.

cordement, cette voie devra être reliée conformément aux projets dressés par la Compagnie des Ardennes, et approuvés par l'Administration supérieure française avec les deux voies de fer des chemins de fer des Ardennes.

Les appareils, ainsi que les voies de fer à poser dans l'enceinte du chemin de fer des Ardennes, pour le raccordement des deux chemins, seront fournis et mis en place par la Compagnie des Ardennes.

Au delà de cette enceinte, toutes les dépenses auxquelles ce raccordement donnera lieu seront à la charge de la Compagnie de Sambre-et-Meuse, et les ouvrages en seront exécutés par elle comme il a été dit ci-dessus.

Cette Compagnie restera également chargée de l'entretien de ces ouvrages.

Art. 2.

La Compagnie des Ardennes exécutera et entretiendra, à quelque époque que ce soit, la partie du chemin de fer comprise entre la gare de Vireux et le point de raccordement des deux chemins de fer.

La Compagnie de Sambre-et-Meuse sera autorisée, à charge par elle de se conformer aux règlements et instructions de la Compagnie des Ardennes, sur le service de l'exploitation, à user pour ses trains de voyageurs et ses trains de marchandises, des voies des Ardennes dans les limites ci-dessus indiquées.

Elle percevra sur cette portion des chemins de fer des Ardennes, parcourue par ses trains, soit pour les voyageurs soit pour les marchandises, les tarifs autorisés par son cahier des charges ou approuvés par l'Administration supérieure française.

Art. 3.

La Compagnie de Sambre-et-Meuse payera à la Compagnie des Ardennes, à titre de péage, une somme annuelle de 3,000 francs, somme à laquelle les deux Compagnies, d'un commun accord, estiment devoir s'élever les six dixièmes des tarifs perçus sur la partie du chemin de fer appartenant à la Compagnie des Ardennes.

Elle payera en outre une somme de 1,000 francs pour le traitement des agents préposés à la manœuvre des aiguilles de raccordement des deux chemins ainsi que pour l'entretien et les réparations de ces aiguilles.

Art. 4.

En cas d'accident sur la partie des chemins de fer des Ardennes, que la Compagnie belge est autorisée à exploiter, les conséquences en seront supportées comme il suit :

par la Compagnie des Ardennes, s'il résulte de la construction ou de l'entretien de la voie de fer ;

par la Compagnie de Sambre-et-Meuse, si l'accident provient de son matériel ou est dû aux agents par elle employés dans l'exploitation de cette partie du chemin ;

à frais communs, lorsqu'il y aura doute sur les causes de l'accident.

Construction et entretien des bâtiments et des voies de la gare de Vireux.

Art. 5.

Les trains de voyageurs et de marchandises de la Compagnie belge des chemins de fer de Sambre-et-Meuse, seront reçus dans la gare de Vireux.

Dans cette gare les services des deux Compagnies seront réunis.

Art. 6.

La Compagnie des Ardennes sera chargée d'étudier et de présenter à l'approbation de l'Administration supérieure les projets de tous les ouvrages à exécuter dans la gare de Vireux pour le service de l'exploitation à faire en commun.

Elle sera également chargée, après cette approbation, d'exécuter les travaux et d'en régler la dépense.

Mais, au préalable, elle communiquera à la Compagnie belge les projets des ouvrages d'un usage commun, afin que cette dernière Compagnie puisse, dans le délai d'un mois, faire connaître son adhésion ou ses observations, lesquelles devront être jointes aux pièces soumises à l'Administration supérieure.

Après leur exécution, la Compagnie des Ardennes restera chargée de l'entretien de ces ouvrages.

Art. 7.

Les dépenses de premier établissement des parties de la gare servant au service commun seront censées faites au moyen d'emprunts par obligations au taux du cours moyen de l'année pendant laquelle les travaux auront été exécutés. On y comprendra l'intérêt du capital dépensé depuis l'époque moyenne des payements jusqu'à la première des échéances fixées à l'article 8 ci-après.

Art. 8.

La Compagnie du chemin de fer de Sambre-et-Meuse payera annuellement à la Compagnie des Ardennes, pour les bâtiments, voies et autres constructions de la gare de Vireux qui seront affectés à un service commun des deux Compagnies, une part de l'intérêt des sommes que ces bâtiments et autres constructions auront coûté.

Dans ces bâtiments et constructions sont compris :

les voies servant au stationnement et aux manœuvres des trains des deux Compagnies ;

les quais à voyageurs et les quais et halles à marchandises servant aux voyageurs et aux marchandises reçues ou expédiées pour le compte de l'une et de l'autre Compagnie ;

la partie du bâtiment principal spécialement affectée au service des voyageurs.

la part à payer par la Compagnie belge à la Compagnie française sera calculée de la manière suivante :

Du montant total de la dépense des bâtiments, voies et accessoires affectés au service commun, il sera fait deux parts :

l'une comprendra toutes les dépenses des bâtiments spécialement affectés au service de la grande vitesse et la moitié des dépenses concernant les bâtiments, voies et constructions diverses communs à ce service et à celui de la petite vitesse ;

l'autre part comprendra toutes les dépenses des bâtiments affectés spécialement au service des marchandises et la moitié des dépenses concernant les voies, bâtiments et constructions diverses communs à ce service et à celui de la grande vitesse.

Cela fait, on divisera le montant des intérêts de chacune de ces deux parts, savoir:

1° en ce qui concerne les dépenses pour le service de la grande vitesse, dans le rapport du nombre de billets de voyageurs délivrés, de tonnes de bagages, d'articles de messagerie, d'animaux et de voitures, d'articles valeurs, enregistrés dans la gare de Vireux pour le compte de l'une et de l'autre Compagnie, étant expliqué que :

la tonne de bagages ou de marchandises à grande vitesse sera comptée pour dix voyageurs;

les articles valeurs seront comptés à raison d'un million pour cinquante voyageurs;

les animaux de haute taille seront comptés pour cinq voyageurs ;

les autres animaux pour un voyageur ; .

les chaises de poste seront comptées pour douze voyageurs.

2° en ce qui concerne les dépenses pour le service des marchandises, dans la proportion du tonnage des marchandises reçues et expédiées dans la gare de Vireux, pour l'une et l'autre Compagnie, étant expliqué que :

une voiture expédiée en petite vitesse sera comptée pour deux tonnes;

un animal de haute taille pour une tonne;

et les autres animaux pour un quart de tonne.

La part correspondant au nombre de billets de voyageurs et de tonnes de marchandises à petite vitesse portés au compte de la Compagnie belge sera la part à rembourser par elle à la Compagnie des Ardennes.

Dans les billets de voyageurs on comprendra, pour le quart seulement, ceux des voyageurs, de passage à Vireux, qui auront été délivrés dans les gares de l'une des Compagnies pour les gares de l'autre Compagnie placées au delà de cette ville.

De même dans le tonnage des marchandises reçues et expédiées pour le compte de chaque Compagnie, on comprendra pour le quart également les marchandises transitant à Vireux, sans être transbordées, soit que ces marchandises passent de l'une à l'autre Compagnie, soit qu'elles passent d'une section à une autre section de la même Compagnie.

Art. 9.

Si, indépendamment des bâtiments et des voies servant à un service commun, la Compagnie de Sambre-et-Meuse se trouve obligée, pour son service particulier, d'établir dans la gare de Vireux des bâtiments, réservoirs, voies de fer ou plaques tournantes, elle pourra faire ces constructions sur les terrains qu'elle acquerra directement ou sur les parties de terrain déjà achetées par la Compagnie française, dont celle-ci pourra disposer après avoir assuré son service, ainsi que le service commun.

Dans le cas où le terrain appartiendrait à la Compagnie des Ardennes, il sera payé à cette Compagnie, par la Compagnie belge, une redevance annuelle de cinquante centimes par mètre carré de terrain occupé par les bâtiments et voies.

La Compagnie de Sambre-et-Meuse restera chargée de toutes les dépenses de ces constructions, après en avoir fait approuver les projets par l'Administration supérieure française.

Art. 10.

La Compagnie des chemins de fer de Sambre-et-Meuse remboursera à la Compagnie des Ardennes une part calculée comme il est dit à l'article 8 ci-dessus des dépenses qui seront faites par cette dernière Compagnie pour l'entretien des voies et des bâtiments affectés au service commun.

Cette Compagnie restera au contraire chargée de toutes les dépenses qu'entraînera l'entretien des voies et des bâtiments affectés à son service particulier, et exécutés directement par elle.

Exploitation en commun de la gare de Vireux.

ART. 11.

Tout le service de la gare de Vireux se fera par les soins et par les agents de la Compagnie des Ardennes.

Cette Compagnie fera faire par ses receveurs la distribution des billets de voyageurs, l'enregistrement et le chargement des bagages, pour la ligne belge de Vireux à Charleroi, ainsi que la réception et la délivrance des bagages venant de cette ligne.

Quant au service des marchandises, à petite et à grande vitesse, de ou pour la ligne Belge, la reconnaissance, l'enregistrement et la perception au départ, la livraison et neaissement à l'arrivée, se feront par des receveurs de cette Compagnie, nommés et payés par elle.

Tous les jours, la recette au comptant pour billets de voyageurs, et enregistrement de bagages, faite par les agents de la Compagnie française, pour le compte de la Compagnie belge, sera versée contre reçu, avec bordereau à l'appui, entre les mains de l'agent de la Compagnie belge accrédité à cet effet.

Lorsque des colis bagages, à destination ou en provenance de la ligne belge, seront emmagasinés, l'emmagasinage sera remboursé à la Compagnie belge.

ART. 12.

Le chef de gare de Vireux, nommé par la Compagnie des Ardennes, aura seul la direction de cette gare; il aura sous ses ordres les mécaniciens et les chauffeurs, les conducteurs et les graisseurs appartenant aux deux Compagnies, qui y seront appelés par leurs fonctions.

En ce qui concerne le service des recettes, fait directement par les agents de la Compagnie belge, il n'interviendra que pour le maintien du bon ordre et l'exécution des règlements.

La Compagnie belge fera surveiller et contrôler les opérations de son bureau spécial des recettes, de grande et petite vitesse, ainsi que toutes les opérations qui seront faites pour son compte dans la gare.

ART. 13.

La Compagnie des Ardennes réglera par des instructions et ordres de service tout ce qui concerne la police du chemin de fer et la marche des trains aux abords et dans l'intérieur de la gare.

Le chemin de fer des Ardennes n'ayant pas de machines à la gare de Vireux, les secours à porter aux trains sur la ligne de l'Entre-Sambre-et-Meuse seront assurés par les machines et les agents de cette Compagnie; le chef de gare commun de Vireux, n'aura qu'à assurer la circulation de cette machine dans la gare et jusqu'au raccordement des deux lignes. Au delà de ce point, la responsabilité tout entière restera aux agents de la Compagnie de l'Entre-Sambre-et-Meuse.

Si la Compagnie de l'Entre-Sambre-et-Meuse trouve utile d'avoir un wagon de secours à la gare de Vireux, elle devra le fournir elle-même.

Lorsque les machines de la Compagnie de l'Entre-Sambre-et-Meuse, stationnant dans la gare de Vireux, seront utilisées pour les manœuvres en gare, il en sera tenu compte à cette Compagnie, à raison de 5 francs l'heure.

Art. 14.

La part contributive de la Compagnie belge, dans les dépenses du service commun de la gare de Vireux, sera établie d'après les règles et dans la proportion déterminée par l'article 8 ci-dessus.

Art. 15.

Cette part contributive de la Compagnie belge, dans les dépenses du service de la gare de Vireux, sera payée approximativement par douzième à la Compagnie qui en aura fait les avances et réglé définitivement à la fin de chaque année.

Il est bien entendu toutefois que les appointements des receveurs et autres agents spéciaux payés directement par la Compagnie belge, pour faire son service de messagerie et de petite vitesse, seront portés dans le compte général de la dépense de la gare, et partagés entre les deux Compagnies, conformément à ce qui a été indiqué ci-dessus.

Art. 16.

Les agents de la gare de Vireux, seront nommés par la Compagnie des Ardennes.

Le service dont ils seront chargés étant commun aux deux Compagnies, ils agiront pour le compte de l'une et de l'autre, et les conséquences des fautes commises par eux resteront, par conséquent, à la charge de celle des Compagnies par laquelle ces agents auront fonctionné.

La Compagnie du chemin de fer belge aura droit de demander la révocation des agents qui auront commis des fautes graves à son détriment.

Toutefois, pour prévenir toutes difficultés à cet égard, il demeure convenu qu'il sera fait un compte spécial des dépenses occasionnées dans la gare par les fausses manœuvres ou fautes des agents employés au service commun de ladite gare, et que le montant en sera compris dans les frais ordinaires de ce service, pour être réparti entre les deux Compagnies dans la proportion indiquée ci-dessus, article 8.

Emploi réciproque du matériel.

Art. 17.

Le matériel roulant des deux Compagnies sera admis à circuler sur les deux réseaux, lorsqu'il aura été reconnu que dans ses dimensions et son mode de construction il satisfait aux conditions imposées par les cahiers des charges et par les règlements émanant de l'Administration supérieure des deux pays.

Art. 18.

Les locomotives de l'une ou de l'autre Compagnie ne seront pas admises au parcours réciproque sans une autorisation spéciale.

Art. 19.

Il sera tenu compte, de part et d'autre, de la circulation du matériel de chaque Compagnie sur les lignes en relation. Ce compte aura pour base les prix suivants, toute fraction de kilomètre comptant pour un kilomètre, et la circulation à vide comptant comme circulation à charge :

Pour une locomotive allumée :

<table>
<tr><td></td><td>Par kilomètre.</td></tr>
<tr><td>A voyageurs, 1 franc. . . . .</td><td>1 fr. »</td></tr>
<tr><td>A marchandises, 1 fr. 30 . . . .</td><td>1   30</td></tr>
<tr><td>Pour une voiture à voyageurs de 1re et de 2e classe, 0 fr. 046 . . .</td><td>0   046</td></tr>
<tr><td>Pour une voiture de 3e classe, un wagon à bagages, un wagon écurie, un truck à chaises de poste . . . .</td><td>0   034</td></tr>
<tr><td>Pour les wagons de 10,000 kilogrammes de charge fermés ou non. .</td><td>0   03</td></tr>
<tr><td>Pour les wagons à charge au-dessous de 10,000 kilogrammes, ...</td><td>0   02</td></tr>
</table>

Pour les voitures à plus de 4 roues, ces prix seront augmentés de moitié par paire de roues.

Art. 20.

Les délais accordés de part et d'autre pour le séjour du matériel de transport sur les deux lignes en relation seront fixés comme suit :

Pour un trajet de 1 à 40 kilom.	2 jours.
— 40 à 80 —	3 —
— 80 à 120 —	4 —
— 120 à 180 —	5 —
— 180 à 240 —	6 —
— 240 à 300 —	7 —

Et ainsi de suite, un jour de plus étant accordé pour chaque parcours de 60 kilomètres en sus.

Ces délais seront calculés d'après les distances réelles prises une fois seulement, et toute fraction de kilomètre comptant pour un kilomètre.

Les jours compteront de minuit à minuit.

Les dimanches et fêtes ne seront pas comptés.

Les délais ci-dessus seront augmentés d'un jour pour tout wagon qui, parti chargé de la ligne à laquelle il appartient, y sera renvoyé chargé d'au moins 1,000 kilogrammes,

Par exception spéciale pour les wagons venant de la ligne belge, et allant sur le réseau de l'Est par Reims ou Thionville, le délai sera augmenté d'un jour et sera, en outre, calculé sur une distance minimum de cent quatre-vingts kilomètres.

Art. 21.

Il sera payé une indemnité de 3 francs par jour de retard pour tout wagon qui sera retenu au delà des délais accordés, indépendamment des parcours supplémentaires effectués. Les décomptes de ces indemnités seront arrêtés et soldés chaque mois sans report d'un mois sur l'autre.

42

Il est entendu que les wagons envoyés à charge devront, le cas échéant, être admis au retour à vide sur le même parcours.

Art. 22.

Il sera tenu à la station de Vireux des registres où l'on inscrira journellement, à l'entrée et à la sortie, le mouvement du matériel employé aux transports communs.

Ces registres seront tenus à Vireux, par les soins des agents des deux Compagnies.

Art. 23.

Les indemnités qui sont stipulées pour la circulation du matériel devant être considérées comme des prix de réciprocité, les deux Compagnies prendront les mesures nécessaires pour que les décomptes se balancent autant que possible.

A la fin de chaque année, on fera le décompte général des parcours faits par le matériel de chaque Compagnie, sur la ligne correspondante, et les parcours faits en plus par l'une d'elles seront augmentés de un centime (0 fr. 01 c.) par kilomètre pour les wagons de 10,000 kilogrammes de charge, et d'un demi-centime (0 fr. 005) pour les wagons à charge au-dessous, afin de tenir compte de l'intérêt et de l'amortissement des wagons employés sans réciprocité par une des deux Compagnies, les prix fixés à l'article 19 ci-dessus, pour les parcours réciproques, ne représentant que l'usure ordinaire moyenne du wagon pour parcourir un kilomètre.

Art. 24.

Les deux Compagnies s'adresseront réciproquement, tous les jours, un état des wagons qui seront absents depuis quatre jours et plus, et se renseigneront sur la rentrée de ces wagons; elles pourront prendre des mesures pour contrôler l'emploi utile de leur matériel sur les lignes correspondantes.

Art. 25.

Les grandes réparations du matériel s'effectueront par les soins de la Compagnie à laquelle il appartient.

Les petites réparations urgentes auront lieu par les soins de la Compagnie sur le territoire de laquelle le matériel se trouvera.

Toutes les dépenses qui seront faites de ce chef, pour l'une des parties contractantes, soit pour réparation, soit pour fournitures quelconques, devront être justifiées par les chefs de service compétents et soldés réciproquement par trimestre.

Art. 26.

En cas d'accident, les conséquences en seront supportées comme suit :

(*a.*) par la Compagnie du chemin de fer sur lequel l'accident aura lieu, s'il résulte de l'entretien ou de la construction de la voie, ou s'il doit être attribué au personnel de la route ou des stations.

(*b.*) par la Compagnie à laquelle appartient le matériel, s'il est constaté que la cause de l'accident provient du matériel.

(*c.*) à frais communs, lorsqu'il y aura doute sur les causes de l'accident.

Responsabilité réciproque des deux Compagnies.

Art. 27.

La responsabilité de la Compagnie expéditrice pour les colis de détail cesse au moment où la reconnaissance a été faite, et décharge donnée sans réserve par l'agent de la Compagnie correspondante.

Sont considérés comme colis de détail :

Les marchandises renfermées dans des wagons complets ou non complets dont le chargement est modifié ou complété au point d'échange, même lorsqu'elles continuent jusqu'à destination sans transbordement.

Tout wagon de détail devra être transbordé ; la Compagnie qui ne fera pas le transbordement et la reconnaissance assumera la responsabilité du contenu du wagon, et la Compagnie cédante ne pourra plus être mise en cause à raison des incidents qui se produiraient à la livraison de la marchandise.

Pour les wagons à charge complète plombés et ne devant pas subir de transbordement en cours de transport, expédiés d'une des stations du chemin de fer des Ardennes, à destination d'une quelconque des stations du chemin de fer belge, *et vice versâ*, la responsabilité de la Compagnie expéditrice sera engagée jusqu'au point d'arrivée, si le wagon est parvenu en bon état avec les plombs intacts.

Toutefois, la Compagnie destinataire est tenue, dans les vingt-quatre heures de l'arrivée du wagon, de faire constater par procès-verbal ou par inscription sur le livre à souche et à numéros, les avaries ou manquants qui pourraient exister et d'en donner avis à bref délai à la Compagnie correspondante.

Dans le cas d'ailleurs où, lors de la remise à Vireux d'un wagon complet, des traces de chocs ou d'avaries seraient remarquées, la reconnaissance et, s'il y a lieu, le déchargement devront être faits immédiatement, et il sera procédé alors comme pour les marchandises dites de détail.

Pour les transports de charbon et de coke expédiés par wagons complets en transit par Vireux, la Compagnie expéditrice sera déchargée de toute responsabilité pour manquant constaté à destination, du moment que l'apparence extérieure du chargement à Vireux ne pourra laisser supposer de soustraction ; toutefois, la Compagnie destinataire pourra toujours faire peser les wagons à Vireux avant de les recevoir.

Art. 28.

La Compagnie de Sambre-et-Meuse se réserve la faculté d'exploiter avec son matériel et son personnel la gare qu'elle possède le long de la rivière du Viroin avec ses dépendances.

Elle pourra, sans payer d'autre redevance que celle qui est fixée à l'article 3 ci-dessus, user des voies des Ardennes, dans la partie comprise entre la gare et le raccordement des deux chemins, pour les manœuvres de mise en communication des deux gares, en se conformant aux instructions et ordres de service donnés par les agents de la Compagnie des Ardennes.

Mais il demeure entendu que la Compagnie de Sambre-et-Meuse reste responsable des accidents auxquels ces manœuvres donneraient lieu.

Art. 29.

Toutes les difficultés qui peuvent naître des rapports des deux Compagnies, pour le service intérieur de la gare de Vireux, qui fait l'objet du présent traité, seront soumises à trois arbitres dont l'un désigné par la Compagnie des Ardennes, le second par la Compagnie belge, et le troisième par les deux autres arbitres nommés, et à défaut par le président du tribunal de commerce de la Seine, à la requête de la partie la plus diligente.

Les frais d'enregistrement seront à la charge de la partie qui y aura donné lieu.

Art. 30.

Le présent traité sera exécutoire à partir de ce jour.

Il pourra être revisé en ce qui concerne les conditions d'exploitation en commun dans la gare de Vireux, comme en ce qui concerne l'usage commun du matériel roulant, à partir du 1er janvier 1866, époque à laquelle, suivant les conditions de leur traité de fusion, la Compagnie de l'Est doit prendre possession du réseau de la Compagnie des Ardennes. Cette révision aura lieu moyennant avis préalable donné six mois à l'avance.

Art. 31.

La Compagnie des Ardennes pourra admettre une autre Compagnie à user de la gare de Vireux, comme il vient d'être dit pour la Compagnie belge de Vireux à Charleroi.

Dans ce cas, cette nouvelle Compagnie aura à payer :

1° une part des intérêts de la dépense de premier établissement relative aux bâtiments et voies affectés au service commun des trois Compagnies ;

2° une part dans les dépenses d'entretien de ces mêmes bâtiments et voies ;

3° une part dans les frais d'exploitation applicables au service commun.

Chacune de ces parts sera proportionnelle au nombre de billets délivrés ou de tonnes de marchandises reçues ou expédiées pour leur compte, le tout étant calculé comme il a été dit à l'article 8 ci-dessus.

Fait double à Paris, le 1er janvier 1862.

Vu et approuvé :

Le Président du Conseil d'Administration du chemin de fer de l'Entre-Sambre-et-Meuse,
Signé : G. SHEWARD.

Signé : W. AUSTIN, administrateur.

Approuvé : *Signé :* Duc de NOAILLES.

Approuvé : L'Administrateur délégué, *Signé :* Henri GALOS.

VIII

VIA GIVET

CONVENTION

AVEC

LA COMPAGNIE DU CHEMIN DE FER DE L'EST BELGE

(DEPUIS GRAND-CENTRAL BELGE)

CONVENTION DU 12/13 AOUT 1861

RÉGLANT

LES CONDITIONS DE RACCORDEMENT DU CHEMIN DE FER DES ARDENNES AVEC CELUI DE L'EST BELGE

ENTRE :

La Compagnie des chemins de fer des Ardennes, représentée par MM. le baron Achille SEILLIÈRE, vice-président du Conseil d'Administration, et Henri GALOS, Administrateur délégué,

Et la Compagnie des chemins de fer de l'Est belge, représentée par M. Jules MALON, président du Conseil d'Administration, et Victor DRUGMAN, l'un des Administrateurs de l'Est belge, pour le Directeur-Gérant,

Il a été convenu ce qui suit :

Une convention internationale passée le. . . . . entre le gouvernement français et le gouvernement belge, a déterminé les conditions suivant lesquelles doit se faire le raccordement du chemin de fer français des Ardennes avec le chemin de fer belge de Givet à Châtelineau par Morialmé.

Aux termes de cette convention, la Compagnie belge est autorisée à conduire les trains de voyageurs et de marchandises jusque dans la gare française de Givet et à exploiter, par conséquent, avec son matériel et ses agents, la partie de la ligne française qui est comprise entre la frontière des deux États et cette gare, à la charge par elle de tenir compte à la Compagnie des Ardennes d'un prix de loyer pour les constructions dont elle usera dans la gare de Givet, et d'un prix de péage sur la partie du chemin de fer exploitée par elle.

En conséquence, les deux Compagnies ont réglé ainsi qu'il suit les conditions suivant lesquelles s'effectuera le service des voyageurs et des marchandises, soit dans la gare, soit dans la partie du chemin de fer dont il a été fait mention.

Construction et entretien des Bâtiments et des Voies de la gare de Givet

ARTICLE PREMIER.

La Compagnie des Ardennes sera chargée d'étudier et de présenter à l'approbation de l'Administration supérieure les projets des ouvrages à exécuter dans la gare de Givet à quelque époque que cette exécution ait lieu.

Lorsque la Compagnie belge devra participer à leur dépense, les projets lui seront préalablement communiqués, afin qu'elle puisse, dans le délai d'un mois, faire connaître son adhésion ou ses observations, lesquelles seront jointes aux pièces soumises à l'approbation du gouvernement.

Quand les projets auront reçu cette approbation, la Compagnie des Ardennes restera chargée de faire exécuter les travaux et d'en régler la dépense.

La Compagnie des Ardennes restera enfin chargée de leur entretien.

Art. 2.

La dépense du premier établissement du chemin de fer et de la gare de Givet sera censée faite au moyen d'emprunts par obligations au taux du cours moyen de l'année pendant laquelle ces travaux auront été exécutés.

On y comprendra l'intérêt du capital dépensé depuis l'époque moyenne des payements jusqu'à la première des échéances fixées à l'article sept ci-après.

Art. 3.

La Compagnie des chemins de fer de l'Est belge payera annuellement à la Compagnie des Ardennes, pour les bâtiments et autres constructions de la gare de Givet qui seront affectés à un service commun aux deux Compagnies, une part de l'intérêt et de l'amortissement des sommes que ces bâtiments et ces constructions auront coûté.

Ces bâtiments et constructions comprennent :

Les voies servant au stationnement et aux manœuvres des trains des deux Compagnies ;

Les quais à voyageurs et les quais et halles à marchandises servant aux voyageurs et aux marchandises reçues ou expédiées pour le compte de l'une ou l'autre Compagnie ;

Les parties du bâtiment principal spécialement affectées au service des voyageurs ;

Les remises à voitures servant au remisage du matériel de l'une et de l'autre Compagnie.

La part à payer par la Compagnie belge à la Compagnie française sera calculée de la manière suivante :

Du montant total de la dépense des bâtiments, voies et accessoires affectés au service commun, il sera fait trois parts :

La première comprendra toutes les dépenses des bâtiments spécialement affectés au service de la grande vitesse, et la moitié des dépenses concernant les bâtiments, voies et constructions diverses communs à ce service et à celui de la petite vitesse ;

La deuxième comprendra toutes les dépenses des bâtiments affectés spécialement au service des marchandises, et la moitié des dépenses concernant les voies, bâtiments et constructions diverses communs à ce service et à celui de la grande vitesse ;

Et la troisième part comprendra toutes les constructions spéciales au service de la traction.

Cela fait, on divisera le montant des intérêts de chacune de ces trois parts, savoir :

1° En ce qui concerne les dépenses pour le service de la grande vitesse, dans le rapport du nombre de billets de voyageurs délivrés, de tonnes de bagages, d'articles de messagerie, d'animaux et de voitures, d'articles valeurs enregistrés dans la gare de Givet pour le compte de l'une et de l'autre Compagnie, étant expliqué que,

La tonne de bagages ou de marchandises à grande vitesse sera comptée pour dix voyageurs ;

Les articles valeurs seront comptés à raison d'un million pour cinquante voyageurs ;

Les animaux de haute taille seront comptés pour cinq voyageurs ;

Les autres animaux pour un voyageur ;

Les chaises de poste seront comptées pour douze voyageurs ;

2° En ce qui concerne les dépenses pour le service des marchandises, dans la proportion du tonnage des marchandises reçues ou expédiées dans la gare de Givet pour l'une et pour l'autre Compagnie, étant expliqué que :

une voiture expédiée en petite vitesse sera comptée pour deux tonnes ;

un animal de haute taille pour une tonne ;

et les autres animaux pour un quart de tonne.

La part correspondante au nombre de billets de voyageurs et de tonnes de marchandises à petite vitesse portés au compte de la Compagnie belge sera la part à rembourser par elle à la Compagnie des Ardennes.

Dans les billets de voyageurs on comprendra, pour le quart seulement, ceux des voyageurs de passage à Givet qui auront été délivrés dans les gares de l'une des Compagnies pour les gares de l'autre Compagnie placées au-delà de cette ville.

De même, dans le tonnage des marchandises reçues et expédiées pour le compte de chaque Compagnie, on comprendra pour le quart également les marchandises transitant à Givet sans être transbordées, soit que ces marchandises passent de l'une à l'autre Compagnie, soit qu'elles passent d'une section à une autre section de la même Compagnie.

Art. 3 *bis*.

En ce qui concerne les dépenses pour le service spécial de la traction, elles seront divisées en deux catégories.

La première comprendra les bâtiments, voies et appareils qui serviront exclusivement à une Compagnie ; ces dépenses resteront complétement à la charge de cette Compagnie, qui exécutera les travaux comme elle jugera convenable ;

La dernière catégorie comprendra les bâtiments, voies et appareils qui serviront en commun aux deux Compagnies ; ces dépenses seront partagées entre elles, dans le rapport du nombre de machines appartenant à chaque Compagnie qui seront entrées en gare pour leur service, étant entendu d'ailleurs que la Compagnie des Ardennes exécutera les travaux et que la Compagnie de l'Est belge n'aura à payer qu'une part des intérêts des sommes consacrées à ces travaux, comme il a été dit pour les autres bâtiments et voies.

Art. 4.

Si la Compagnie des Ardennes juge convenable d'affecter à son service exclusif des bâtiments, voies ou parties de bâtiments et de voies, la dépense afférente à ces constructions restera complétement à la charge de cette Compagnie.

D'un autre côté, la Compagnie belge restera chargée des bâtiments et autres constructions que pourrait nécessiter son service particulier.

Si, sur la demande de la Compagnie belge et sur les projets par elle présentés, la Compagnie des chemins de fer des Ardennes se charge de leur exécution, la Compagnie belge devra en rembourser les dépenses à mesure qu'elles seront faites.

Toutefois, la Compagnie belge aura la faculté de construire et d'entretenir elle-même ces bâtiments, sans le secours de la Compagnie française, sur les terrains qu'elle acquerra directement ou sur les parties de terrains déjà achetés par la Compagnie française dont celle-ci pourra disposer après avoir assuré son service ainsi que le service commun.

La redevance annuelle à payer dans ce dernier cas par la Compagnie belge à la Compagnie française sera de cinquante centimes par mètre carré.

Art. 5.

La Compagnie des chemins de fer de l'Est belge remboursera à la Compagnie française une part calculée comme il est dit à l'article 3 ci-dessus des dépenses qui seront faites par cette dernière Compagnie pour l'entretien des voies et bâtiments de la gare de Givet affectés à un service commun.

La même Compagnie belge remboursera à la Compagnie française la totalité des dépenses d'entretien des bâtiments et des voies spécialement et exclusivement affectés à son service particulier, si ce n'est dans le cas où elle aurait fait exécuter elle-même ces bâtiments et ces voies.

Elle restera alors chargée de les entretenir directement par ses agents et ses entrepreneurs.

Construction et entretien du chemin de fer entre la gare de Givet et la frontière belge.

Art. 6.

La Compagnie des chemins de fer des Ardennes exécutera, à quelque époque que ce soit, tous les ouvrages que nécessitera l'établissement du chemin de fer entre la gare de Givet et la frontière belge ; elle restera également chargée de tous les travaux de réparation et d'entretien du sol et des voies de cette partie du chemin de fer.

La Compagnie des chemins de fer de l'Est belge exploitera, comme il a été dit ci-dessus, cette partie du chemin de fer des Ardennes, et payera à la Compagnie des Ardennes, à titre de péage, les six dixièmes de la recette brute de la partie de voies des Ardennes comprise entre l'axe du bâtiment des voyageurs de la gare de Givet et la frontière belge, en prenant pour base la recette brute kilométrique de la ligne entière de Louvain à Givet, en admettant comme recette minimum vingt-deux mille francs par kilomètre.

Les sommes dues par la Compagnie belge à la Compagnie française, soit pour sa part des intérêts des sommes employées à l'exécution des travaux, soit pour sa part des frais d'entretien et de surveillance des voies et bâtiments, soit enfin pour le péage de la partie de chemin exploitée par elle, seront payées par douzième, et réglées définitivement à la fin de chaque année.

Exploitation en commun à la gare de Givet.

Art. 7.

Tout le service de la gare de Givet se fera par les soins et par les agents de la Compagnie des Ardennes.

Cette Compagnie fera faire par ses receveurs la distribution des billets de voyageurs, l'enregistrement et le chargement des bagages pour la ligne de l'Est belge, ainsi que la réception et la délivrance des bagages venant de cette ligne. Quant au service des marchandises à petite ou à grande vitesse, de ou pour la ligne belge, la reconnaissance, l'enregistrement et la perception au départ, la livraison et l'encaissement à l'arrivée se feront par des receveurs de cette Compagnie nommés et payés par elle.

Tous les jours la recette au comptant pour billets de voyageurs et enregistrement de bagages faite par les agents de la Compagnie française, pour le compte de la Compagnie belge, sera versée, contre reçu avec bordereau à l'appui, entre les mains de l'agent de la Compagnie belge, accrédité à cet effet.

Lorsque des colis bagages à destination ou en provenance de la ligne belge, seront emmagasinés, l'emmagasinage sera remboursé à la Compagnie belge.

Art. 8.

Le chef de gare de Givet, nommé par la Compagnie des Ardennes, aura seul la direction de cette gare ; il aura sous ses ordres les mécaniciens et les chauffeurs, les conducteurs et les graisseurs appartenant aux deux Compagnies qui y seront appelés par leurs fonctions.

En ce qui concerne le service des recettes fait directement par les agents de la Compagnie belge, il n'interviendra que pour le maintien du bon ordre et l'exécution des règlements.

La Compagnie belge fera surveiller et contrôler les opérations de son bureau spécial des recettes, grande et petite vitesse, ainsi que toutes les opérations qui seront faites pour son compte dans la gare.

Art. 9.

La Compagnie des Ardennes réglera par des instructions et des ordres de service tout ce qui concerne la police du chemin de fer et la marche des trains aux abords et dans l'intérieur de la gare.

Le chef de la gare de Givet sera chargé, en cas d'absence d'un agent désigné spécialement par la Compagnie belge, d'aller au secours des trains sur la voie exploitée par la Compagnie belge, et il prendra sous sa responsabilité, comme employé, mais sous celle de la Compagnie belge au point de vue des conséquences de toute nature qui pourraient se produire, toutes les mesures de sécurité que comporte l'exploitation du chemin de fer.

La machine de la Compagnie des Ardennes servira à cet effet ainsi que le wagon de secours, et le parcours de cette machine sera porté au débit de la Compagnie belge.

Art. 10.

La part contributive de la Compagnie belge dans les dépenses du service commun de la gare de Givet sera établie d'après les règles et dans la proportion déterminée par l'article 3 ci-dessus.

Les dépenses spéciales afférentes au personnel du dépôt des machines, des magasins, du nettoyage, de l'éclairage et de la manœuvre des machines, seront partagées comme les dépenses du premier établissement des bâtiments destinés à ce service, au prorata du nombre moyen de machines de chaque Compagnie qui viendront en gare.

La dépense de la machine de réserve calculée à un prix moyen de cinq francs l'heure (en manœuvres ou en stationnement) sera partagée au prorata du trafic de chaque Compagnie, comme il est dit à l'article 3.

Art. 11.

Cette part contributive de la Compagnie belge dans les dépenses du service de la gare de Givet sera payée approximativement par douzième à la Compagnie qui en aura fait les avances, et réglée définitivement à la fin de chaque année.

Il est bien entendu, toutefois, que les appointements des receveurs et autres agents spéciaux payés directement par la Compagnie belge pour faire son service de messagerie et de petite vitesse seront portés dans le compte général de la dépense de la gare et partagés entre les deux Compagnies, conformément à ce qui a été indiqué ci-dessus.

Art. 12.

Les agents de la gare de Givet seront nommés par la Compagnie des Ardennes.

Le service dont ils seront chargés étant commun aux deux Compagnies, ils agiront pour le compte de l'une et de l'autre, et les conséquences des fautes commises par eux resteront, par conséquent, à la charge de celle des Compagnies pour laquelle ces employés auront fonctionné.

La Compagnie du chemin de fer belge aura le droit de demander la révocation des agents qui auront commis des fautes graves à son détriment.

Toutefois, pour prévenir toutes difficultés à cet égard, il demeure convenu qu'il sera fait un compte spécial des dépenses occasionnées dans la gare par les fausses manœuvres ou fautes des agents employés au service commun de ladite gare, et que le montant en sera compris dans les frais ordinaires de ce service pour être réparti entre les deux Compagnies dans la proportion indiquée ci-dessus, article 3.

Art. 13.

La Compagnie des Ardennes pourra admettre une autre Compagnie à user de la gare de Givet comme il vient d'être dit pour la Compagnie de l'Est belge.

Dans ce cas, cette nouvelle Compagnie aura à payer :

1° une part des intérêts de la dépense du premier établissement relative aux bâtiments et voies affectés au service commun des trois Compagnies ;

2° une part dans les dépenses d'entretien de ces mêmes bâtiments et voies ;

3° une part dans les frais d'exploitation applicables au service commun.

Chacune des parts sera proportionnelle au nombre de billets délivrés ou de tonnes de marchandises reçues ou expédiées pour son compte ; la part des deux autres Compagnies restant proportionnelle au nombre de billets délivrés ou de tonnes de marchandises reçues et expédiées pour leur compte ; le tout étant calculé comme il est dit à l'article 3 ci-dessus.

Les dépenses spéciales au service des machines seront partagées au prorata du nombre de machines comme il a été dit d'autre part.

Emploi réciproque du matériel.

Art. 14.

Le matériel roulant des deux Compagnies sera admis à circuler sur les deux réseaux, lorsqu'il aura été reconnu que par ses dimensions et son mode de construction il satisfait aux conditions imposées par les cahiers des charges et par les règlements émanant de l'administration supérieure des deux pays.

Art. 15.

Les locomotives de l'une ou de l'autre Compagnie ne seront pas admises au parcours réciproque sans une autorisation spéciale, sauf ce qui concerne le déplacement de la machine de réserve de Givet.

Art. 16.

Il sera tenu compte de part et d'autre de la circulation du matériel de chaque Compagnie sur les lignes en relation ; ce compte aura pour base les prix suivants, toute fraction de kilomètre comptant pour un kilomètre et la circulation à vide comme la circulation à charge :

Pour une locomotive allumée,

à voyageurs, 1 fr. . . . . 1 »
à marchandises, 1 fr. 30. . . . . 1 30
pour une voiture à voyageurs de première et de deuxième
   classe, 0 fr. 046 . . . . 0 046
pour une voiture de troisième classe, un wagon à bagages,
   un wagon écurie, un truck à chaises de poste, 0 fr. 034. 0 034 — par kilomètre.
pour les wagons de dix mille kilogrammes, fermés ou non,
   0 fr. 03. . . . . 0 03
pour les wagons à charge au-dessous de dix mille kilogrammes, 0 fr. 02 . . . . 0 02
pour les voitures à plus de quatre roues, ces prix seront augmentés de moitié par paire de roues.

Art. 17.

Les délais accordés de part et d'autre pour le séjour du matériel de transport sur les lignes en relation seront fixés comme suit :

Pour un trajet de	1	à	40	kilomètres	2	jours.
—		40	à 80	—	3	—
—		80	à 120	—	4	—
—		120	à 180	—	5	—
—		180	à 240	—	6	—
—		240	à 300	—	7	—

et ainsi de suite, un jour de plus étant accordé pour chaque parcours de soixante kilomètres en sus.

Ces délais seront calculés d'après les distances réelles prises une fois seulement et toute fraction de kilomètre comptant pour un kilomètre.

Les jours compteront de minuit à minuit.

Les dimanches et fêtes ne compteront pas dans le calcul des délais.

Les délais ci-dessus seront augmentés d'un jour pour tout wagon qui, parti chargé de la ligne à laquelle il appartient, y sera renvoyé chargé d'au moins mille kilogrammes.

Par exception spéciale pour les wagons de la ligne belge et allant sur le réseau de l'Est par Reims ou Thionville, le délai sera augmenté d'un jour et sera, en outre, calculé sur une distance minimum de cent quatre-vingts kilomètres.

Art. 18.

Il sera payé une indemnité de trois francs par jour de retard pour tout wagon qui sera retenu au delà des délais accordés indépendamment des parcours supplémentaires effectués. Les décomptes de ces indemnités seront arrêtés et soldés chaque mois, sans recourir à un report d'un mois sur l'autre.

Il est entendu que les wagons envoyés à charge devront, le cas échéant, être admis au retour à vide sur le même parcours.

Art. 19.

Il sera tenu à la station de Givet des registres où l'on inscrira journellement, à l'entrée et à la sortie, le mouvement du matériel employé aux transports communs.

Ces registres seront tenus à Givet par les soins des agents des deux Compagnies.

Art. 20.

Les indemnités qui seront stipulées pour la circulation du matériel devant être considérées comme des prix de réciprocité, les deux Compagnies prendront les mesures nécessaires pour que les décomptes se balancent autant que possible.

A la fin de chaque année, on fera le décompte général des parcours faits par le matériel de chaque Compagnie sur la ligne correspondante, et les parcours faits en plus par l'une d'elles seront augmentés d'un centime par kilomètre pour les wagons à dix mille kilogrammes de charge et d'un demi-centime pour les wagons à charge au-dessous, afin de tenir compte de l'intérêt et de l'amortissement des wagons employés sans réciprocité par une des deux Compagnies, les prix fixés à l'article 16 ci-dessus pour les parcours réciproques ne représentant que l'usure ordinaire moyenne du wagon pour parcourir un kilomètre.

Art. 21.

Les deux Compagnies s'adresseront réciproquement tous les jours un état des wagons qui seront absents depuis quatre jours et plus, et se renseigneront sur la rentrée de ces wagons ; elles pourront prendre des mesures pour contrôler l'emploi utile de leur matériel sur les lignes correspondantes.

Art. 22.

Les grandes réparations du matériel seront effectuées par les soins de la Compagnie à laquelle il appartient.

Les petites réparations urgentes auront lieu par les soins de la Compagnie sur le territoire de laquelle le matériel se trouvera.

Toutes les dépenses qui seront faites de ce chef par l'une des parties contractantes, soit pour réparations, soit pour fournitures quelconques, devront être justifiées par les chefs de service compétents, et soldées réciproquement par trimestre.

Art. 23.

En cas d'accident, les conséquences en seront supportées comme suit :

A. par l'Administration du chemin de fer sur lequel l'accident aura lieu, s'il résulte de l'entretien ou de la construction de la voie, ou s'il doit être attribué au personnel de la route ou des stations ;

B. par l'Administration à laquelle appartient le matériel, s'il est constaté que la cause de l'accident provient du matériel ;

C. à frais communs, lorsqu'il y aura doute sur les causes de l'accident.

Responsabilité réciproque des deux Compagnies.

Art. 24.

La responsabilité de la Compagnie expéditrice pour les colis de détail cesse au moment où la reconnaissance a été faite et décharge donnée sans réserve par l'agent de la Compagnie correspondante.

Sont considérées comme colis de détail :

Les marchandises renfermées dans des wagons complets ou non complets dont le chargement est modifié ou complété au point d'échange, même lorsqu'elles continuent jusqu'à destination sans transbordement.

Tout wagon de détail devra être transbordé ; la Compagnie qui ne fera pas le transbordement et la reconnaissance assumera la responsabilité du contenu du wagon, et la Compagnie cédante ne pourra plus être mise en cause à raison des incidents qui se produiraient à la livraison de la marchandise.

Pour les wagons à charge complète, plombés, et ne devant pas subir de transbordement en cours de transport, expédiés d'une des stations du chemin de fer des Ardennes à destination d'une quelconque des stations du chemin de fer belge et *vice versa*, la responsabilité de la Compagnie expéditrice sera engagée jusqu'au point d'arrivée, si le wagon est parvenu en bon état, avec les plombs intacts.

Toutefois, la Compagnie destinataire est tenue, dans les vingt-quatre heures de l'arrivée du wagon, de faire constater par procès-verbal ou par inscription sur livre à souche et à numéros les avaries ou manquants qui pourraient exister, et d'en donner avis à bref délai à la Compagnie correspondante.

Dans le cas d'ailleurs où, lors de la remise à Givet d'un wagon complet, des traces de choc ou d'avaries seraient remarquées, la reconnaissance et, s'il y a lieu, le déchargement devront être faits immédiatement, et il sera procédé alors comme pour les marchandises de détail.

Pour les transports de charbon et de coke expédiés par wagons complets en transit par Givet, la Compagnie expéditrice sera déchargée de toute responsabilité pour manquant constaté à destination, du moment que l'apparence extérieure du chargement à Givet ne pourra laisser supposer de soustraction ; toutefois, la Compagnie destinataire pourra toujours faire peser les wagons à Givet avant de les recevoir.

Art. 25.

Toutes les difficultés qui pourraient naître des rapports des deux Compagnies pour je service intérieur de la gare de Givet, qui fait l'objet du présent traité, seront soumises à trois arbitres, dont l'un désigné par la Compagnie des Ardennes, le second par la Compagnie belge et le troisième par les deux autres arbitres nommés, et, à défaut, par le président du tribunal de commerce de la Seine, à la requête de la partie la plus diligente.

Les frais d'enregistrement seront à la charge de la partie qui y aura donné lieu.

Art. 26.

Le présent traité sera exécutoire à partir de ce jour.

Il pourra être revisé, en ce qui concerne les conditions d'exploitation en commun dans la gare de Givet, comme en ce qui concerne l'usage commun du matériel roulant, à partir du premier janvier 1866, époque à laquelle, suivant les conditions de leur traité de fusion, la Compagnie de l'Est (française) doit prendre possession du réseau de la Compagnie des Ardennes.

Cette révision aura lieu moyennant avis préalable donné six mois à l'avance.

Fait double à Paris, le 13 août 1861, et à Bruxelles, le 12 août 1861.

Pour la Compagnie de l'Est belge,

L'Administrateur, signé DRUGMAN.
Le Président, signé J. MALON.

Pour la Compagnie des Ardennes,

Le Vice-Président du Conseil d'Administration,
Signé Baron SEILLIÈRE.

L'Administrateur délégué,
Signé Henri GALOS.

Pour copie conforme :

L'Ingénieur en chef des ponts et chaussées,
Directeur des Chemins de fer des Ardennes,
E. DUCOS.

IX

VIA BALE

CONVENTIONS

avec la Direction

DU CHEMIN DE FER CENTRAL SUISSE ET LES POSTES SUISSES

CONVENTION DU 15 AVRIL 1858

RÉGLANT

LES CONDITIONS DE RACCORDEMENT DES CHEMINS DE FER FRANÇAIS ET SUISSE A BALE

ENTRE :

La Compagnie des chemins de fer de l'Est, dont le siége est à Paris, rue et place de Strasbourg, représentée par MM. JAYR et MARCUARD,

Agissant en leur qualité d'Administrateurs, membres du comité de direction de la dite Compagnie et du conseil, d'une part ;

Et la Compagnie des chemins de fer Central-Suisse dont le siége est à Bâle, représentée par M. SULGER, Administrateur, membre du comité de direction de la Compagnie, d'autre part ;

Il a été dit ce qui suit :

Dans le but de faciliter la circulation et de contribuer ainsi, dans l'intérêt des deux Compagnies, au développement des relations internationales entre la France et la Suisse par Bâle, il a été arrêté d'un commun accord qu'il serait établi, sur le territoire de la ville de Bâle, un chemin de fer de raccordement, pour relier entre elles la ligne française à la ligne suisse, et il est intervenu à cet effet les conventions suivantes :

ARTICLE PREMIER.

La Compagnie du chemin de fer Central-Suisse s'engage à construire dans un délai maximum de deux ans, à partir du jour de la concession, la voie de raccordement destinée à relier la ligne française à la gare définitive du chemin de fer Central-Suisse à Bâle.

Cette construction aura lieu d'après les plans et tracés annexés en double au présent traité, signés par les parties ; les gabarits de rails, traverses, coussinets et autres accessoires de la voie, seront conformes à ceux en usage sur les lignes des chemins de fer français de l'Est, et l'on se conformera aux devis, séries de prix et cahier des charges ordinairement imposés par la Compagnie de l'Est à ses entrepreneurs. La Compagnie des chemins de fer de l'Est aura, en outre, le droit d'intervenir à la rédaction et à l'établissement de ces diverses pièces et de demander l'introduction de toute modification qui lui paraîtrait nécessaire ou convenable. Elle aura, de plus, le droit de surveiller l'exécution des travaux.

ART. 2.

La Compagnie des chemins de fer français de l'Est s'engage à rembourser à la Compagnie du chemin de fer Central-Suisse le montant intégral des frais de construction du raccordement en question, sans que toutefois, et dans aucun cas, la dépense à supporter par la Compagnie de l'Est, puisse excéder un million de francs.

Tout excédant, quel qu'il soit, qui se produirait au delà d'un million de francs, devrait être supporté exclusivement par la Compagnie du Central-Suisse.

Le paiement des sommes dues par la Compagnie de l'Est se fera au fur et à mesure de l'avancement des travaux, et sur la production d'états réguliers des dépenses effectuées par la Compagnie du Central-Suisse.

La Compagnie des chemins de fer de l'Est sera substituée à tous les droits de la Compagnie du chemin de fer Central-Suisse, quant à l'usufruit de la dite voie de raccordement, tels que ces droits résulteront de la concession qui sera faite par le gouvernement Bâlois.

Si, après l'expiration de la concession, telle qu'elle résulte du cahier des charges de la Compagnie du Central-Suisse, elle n'était pas renouvelée, ou si le gouvernement cantonal ou l'autorité fédérale usaient de leur droit de rachat, la Compagnie du Central-Suisse s'engage à verser à la Compagnie de l'Est, dans un délai maximum de trois mois, après l'accomplissement de la mesure, le montant intégral des dépenses supportées par la Compagnie de l'Est, aux termes du présent article, pour l'établissement du raccordement.

Art. 3.

La Compagnie du chemin de fer Central-Suisse s'engage à faire auprès du gouvernement de Bâle-Ville toutes les démarches nécessaires pour obtenir, avant le premier septembre prochain, l'autorisation de construire la ligne de raccordement, et à en abandonner l'exploitation à la Compagnie de l'Est. Elle s'engage, en outre, à obtenir, dans le même délai, la ratification nécessaire du gouvernement fédéral.

Art. 4.

L'exploitation et l'entretien de la voie de raccordement, qui fait l'objet des présentes, auront lieu, pendant toute la durée de la concession, par la Compagnie des chemins de fer de l'Est, qui en supportera tous les frais et en percevra tous les produits.

Art. 5.

La Compagnie de l'Est s'engage à régler les tarifs, sur la voie de raccordement, conformément aux bases kilométriques de ses tarifs généraux ordinaires.

Art. 6.

Lorsque, pour le service du raccordement, les agents de la Compagnie de l'Est auront à accomplir des opérations dans la gare du Central-Suisse, ils devront se soumettre aux règlements de la dite Compagnie.

Art. 7.

Pour éviter le transbordement des marchandises, les wagons, complétement chargés pour une même destination, pourront, à l'aide du raccordement, continuer leurs parcours d'une ligne sur l'autre avec leur chargement.

Il sera tenu note de l'entrée et de la sortie des wagons de chaque Compagnie sur la ligne correspondante.

Au delà d'un délai de trois jours pour les soixante premiers kilomètres, et d'un jour de plus par distance de soixante kilomètres, il sera dû une indemnité de cinq francs par chaque jour de retard apporté à la rentrée du matériel appartenant à chaque Compagnie.

Chaque Compagnie devra faire, sur son parcours, le graissage et le petit entretien des wagons de la Compagnie correspondante, et paiera, en outre, à cette Compagnie, pour usage et détérioration, une indemnité de deux centimes par chaque kilomètre parcouru sur sa ligne et par wagon chargé ou vide.

Les Compagnies tiendront, chacune de leur côté, et jour par jour, le compte des kilomètres parcourus sur leurs lignes par les wagons de l'autre Compagnie. Le règlement aura lieu chaque mois et sera soldé au comptant, sauf rappel en cas de rectification.

Art. 8.

Pour être admis à circuler sur la ligne correspondante, les wagons devront être de bonne construction et en parfait état d'entretien.

Leur chargement devra toujours, pour le mode, le poids et les dimensions, être fait conformément aux règlements et aux gabarits de cette ligne. Communication des dits règlements et gabarits sera faite réciproquement avant la mise à exécution des présentes conventions. Toute modification qui serait apportée devrait être notifiée immédiatement.

Art. 9.

Si le matériel ou les transports provenant de l'une des deux lignes subissaient une avarie, quelle qu'elle soit, sur le parcours de la ligne correspondante, les conséquences de cette avarie resteront à la charge exclusive de cette dernière, à moins qu'il ne soit constaté que l'avarie provient du fait de la Compagnie expéditrice, soit par vice de construction ou défaut d'entretien du matériel, soit par mauvais conditionnement du chargement.

Art. 10.

Dans le cas où il deviendrait urgent de faire au matériel d'une Compagnie, pendant qu'il circulera sur le parcours de l'autre Compagnie, une réparation indispensable, en dehors des réparations dites de petit entretien, elle sera faite par cette dernière et la dépense lui en sera remboursée au prix de revient, sur facture.

Art. 11.

Les deux Compagnies s'engagent à faire en commun toutes les démarches utiles pour obtenir que l'administration de la douane française établisse un bureau à Bâle, afin de faciliter ainsi les relations internationales.

Art. 12.

La Compagnie de l'Est se réserve d'abandonner ultérieurement sa gare actuelle, située à la porte Saint-Jean, en tout ou en partie, et de réunir tout ou partie de son service à celui du Central-Suisse dans la gare définitive de cette Compagnie.

Ce cas se réalisant et sur la déclaration qui lui en sera faite par la Compagnie de l'Est, la Compagnie du Central-Suisse sera tenue de faire à ses frais toutes les acquisitions de terrains nécessaires, ainsi que les constructions qui seraient indiquées par la Compagnie de l'Est, comme devant servir à son usage exclusif. Ces acquisitions et constructions seront faites d'un commun accord.

Pour indemniser la Compagnie du Central-Suisse des frais de ces acquisitions et constructions, la Compagnie de l'Est lui tiendra compte de l'intérêt, à raison de six pour cent l'an, des sommes dépensées. Cet intérêt courra du jour de la dépense justifiée.

Quant aux locaux et voies dont la Compagnie de l'Est partagerait l'usage avec celle du Central-Suisse, à titre de service commun, les deux Compagnies s'entendront ultérieurement pour déterminer le loyer qui pourra être dû par la Compagnie de l'Est.

Il interviendra ultérieurement entre les parties, s'il y a lieu, une convention spéciale pour régler toutes les conditions relatives à l'exploitation, en ce qui concerne la communauté qui viendrait à s'établir dans la gare définitive du Central-Suisse à Bâle.

ART. 13.

Il est bien entendu que par le seul fait du raccordement, la Compagnie de l'Est n'aura à subir aucune charge dans la gare du chemin de fer Central-Suisse, pas plus que la Compagnie du Central n'aura à subir de dépenses dans la gare de Saint-Louis et de Saint-Jean à Bâle.

ART. 14.

La Compagnie du chemin de fer Central-Suisse s'oblige à ne faire avec aucune autre Compagnie de chemin de fer, qui voudrait se raccorder à Bâle, des conditions plus avantageuses que celles qui résultent pour la Compagnie des chemins de fer de l'Est des présentes conventions.

ART. 15.

En cas de contestations, les difficultés survenues entre les parties contractantes seront soumises au jugement souverain de trois arbitres, dont l'un sera désigné par la Compagnie du chemin Central-Suisse et l'autre par la Compagnie de l'Est. Le troisième arbitre sera désigné par les deux autres.

ART. 16.

Le présent traité aura la même durée que la concession du chemin de raccordement. Toutefois, les conditions de détail relatives à l'exploitation pourront être revisées d'un commun accord d'année en année.

Fait double à Paris, le quinze avril mil huit cent cinquante-huit.

Approuvé par le Conseil d'administration de la Compagnie de l'Est, le 15 avril 1858.

Copie d'une lettre adressée par la Compagnie à MM. les Administrateurs de la Compagnie du chemin de fer Central-Suisse à Bâle.

Paris, le 21-22 mai 1858.

Messieurs,

Aux termes de l'article 14 de la convention intervenue entre nos deux Compagnies à la date du 15 avril dernier, pour l'établissement d'un raccordement entre nos deux lignes au point de Bâle, il vous est interdit d'accorder à aucune autre Compagnie des conditions plus avantageuses que celles qui résultaient pour nous de la dite convention.

Vous nous avez fait observer que cette interdiction devait être réciproque et vous nous avez proposé de remplacer cet article 14 par la disposition suivante :

« Chacune des deux Compagnies s'oblige à ne faire avec aucune autre Compagnie de « chemin de fer, qui voudrait se raccorder avec elle à la frontière, près de Bâle, des « conditions plus avantageuses que celles qui résultent des présentes conventions pour « l'autre partie contractante. »

Nous avons l'honneur de vous déclarer que nous consentons à remplacer l'article 14 de notre convention du 15 avril 1858 par la stipulation qui précède, et nous vous prions, pour la bonne règle, de nous accuser réception de notre lettre, en nous disant que nous sommes parfaitement d'accord avec vous.

Veuillez agréer, etc.

Réponse du Comité de direction du chemin de fer Central-Suisse au Comité de Direction de la Compagnie des chemins de fer de l'Est, à Paris.

Bâle, le 28 mai 1858.

Messieurs,

Nous avons l'honneur de vous accuser réception de votre lettre n° 1149, du 21-22 mai 1858, par laquelle vous nous annoncez que vous consentez à remplacer l'article 14 de notre convention du 15 avril 1858 par la stipulation que nous vous avons proposée et telle que vous la reproduisez dans votre lettre.

Nous sommes donc maintenant parfaitement d'accord avec vous sous ce rapport.

Veuillez agréer, etc.

CONVENTION DU 31 JANVIER 1859

RÉGLANT

LES CONDITIONS DE LOCATION PAR LA COMPAGNIE DE L'EST D'UN TERRAIN APPARTENANT A LA VILLE DE BALE

ENTRE :

La Direction des travaux publics de la ville de Bâle, représentée par M. E. KERN, membre du Conseil de ville, d'une part ;

Et la Compagnie des chemins de fer français de l'Est dont le siége est à Paris, rue et place de Strasbourg, élisant domicile à l'effet des présentes chez M. LEX, à Bâle, représentée par MM. ROUX, JAYR, BAIGNÈRES et PERDONNET, agissant en qualité d'Administrateurs et membres du Comité de direction de ladite Compagnie, d'autre part ;

A été conclu et arrêté le traité de location ci-après :

ARTICLE PREMIER.

La Direction des travaux publics de la ville de Bâle loue à la Compagnie des chemins de fer français de l'Est la parcelle de terrain indiquée par A sur le plan annexé en double aux présentes, dans l'étendue et dans l'état où elle se trouve actuellement, pour y établir un dépôt de houilles, et ce aux conditions suivantes :

Ladite parcelle de terrain, d'une contenance de 20,860 pieds suisses carrés (1,877 mètres carrés) longe la route qui conduit de la Lattergasse au faubourg neuf, vis-à-vis la partie sud-est du mur d'enceinte de la gare actuelle de la Compagnie de l'Est.

ART. 2.

Les autorités compétentes de Bâle autorisent la Compagnie des chemins de fer de l'Est à relier ladite parcelle A à la gare de la Compagnie, au moyen d'une voie ferrée traversant la route du faubourg neuf à la Lattergasse et aboutissant à la gare par une ouverture pratiquée dans le mur d'enceinte, après que les plans et devis auront été approuvés et signés par la Commission des chemins de fer de la ville de Bâle.

ART. 3.

La Compagnie des chemins de fer de l'Est s'engage de son côté à entourer le terrain d'une clôture convenable et à entretenir cette clôture en bon état.

La clôture devra être établie dans le cours des trois premiers mois de jouissance, et les portes en devront être construites de manière à s'ouvrir à l'intérieur du terrain loué et de la gare.

La Compagnie s'engage également à ménager les allées d'arbres plantés qui existent dans le dit terrain, de les préserver de toute atteinte, et en cas de dommage, d'en indemniser la ville de Bâle.

Art. 4.

Pendant tous travaux de construction ou d'entretien, comme aussi pendant le service de la voie ferrée de raccordement, la Compagnie des chemins de fer de l'Est devra prendre toutes les mesures possibles pour qu'en aucun temps la circulation sur la route du public et des voitures ne soit gênée.

Art. 5.

La présente location est faite pour une période de trois années, à partir du premier décembre 1858.

Si elle n'était pas dénoncée par l'une des parties contractantes six mois avant son expiration, elle continuerait pendant une nouvelle période d'une année et ainsi de suite.

Toutefois, la direction des travaux publics de la ville de Bâle se réserve le droit de résilier le traité à la fin de chacune de ces trois premières années, en prévenant six mois d'avance, dans le cas où la ville de Bâle aurait besoin de ce terrain dans quelque but d'utilité publique, ou, en général, dans le cas où elle voudrait en disposer autrement. Il est bien entendu cependant qu'en cas d'aliénation la vente ne pourrait en avoir lieu que par adjudication publique.

Art. 6.

Le présent bail est fait moyennant un loyer annuel de 1,800 francs, payable à la caisse de la ville de Bâle, à la fin de chaque année, et pour la première fois le premier décembre 1859, et ainsi de suite.

Art. 7.

A l'expiration du bail, la Compagnie des chemins de fer de l'Est sera tenue de rétablir ledit terrain à ses frais dans son état primitif.

Fait en double à Bâle le trente et un janvier 1859.

Approuvé par le Comité de direction des chemins de l'Est dans sa séance du 14 janvier 1859.

CONVENTION DU 26 OCTOBRE 1859

RÉGLANT

LES CONDITIONS DU SERVICE INTERNATIONAL VIA BALE

ENTRE :

La Compagnie des chemins de fer de l'Est, dont le siége est à Paris, rue et place de Strasbourg, représentée par MM. PERDONNET, ROUX, BAUDE et GEORGES,

agissant en qualité d'Administrateurs, membres du Comité de direction de ladite Compagnie, d'une part ;

Et la Compagnie du chemin de fer Central-Suisse, dont le siége est à Bâle, représentée par MM.

agissant en qualité de Président et d'administrateur, membres du Comité de direction de ladite Compagnie, d'autre part ;

Il a été exposé ce qui suit :

Dans le but de faciliter et d'étendre les relations internationales entre la France, la Suisse et l'Italie, les deux administrations du chemin de fer Central-Suisse et des chemins de fer de l'Est sont convenues d'organiser des transports directs entre les principales localités de la France, de la Suisse et de l'Italie, avec toutes les garanties et facilités désirables pour les voyageurs et pour le public.

A cet effet, les parties ont arrêté, d'un commun accord, les conventions suivantes :

TITRE Ier.

Des Voyageurs et des Bagages.

ARTICLE PREMIER.

La Compagnie du Central-Suisse et la Compagnie des chemins de fer de l'Est s'engagent à distribuer, en nombre illimité, des billets assurant aux voyageurs et à leurs bagages le transport direct entre les localités ci-après :

Pour la Compagnie de l'Est :

Paris, Reims, Nancy, Metz, Wissembourg, Strasbourg, Mulhouse, Troyes et Belfort.

Pour la Compagnie du Central-Suisse :

Aarau, Lucerne, Berne, Soleure, Bienne et Thoune.

A cet effet, les deux Administrations s'engagent à faire coïncider le plus possible les départs et les arrivées de leurs trains et des autres moyens de transport mis en correspondance avec les voies ferrées.

Les deux Administrations s'entendront ultérieurement pour la délivrance de billets

directs entre Londres et les principales localités de la Suisse, et détermineront, s'il y a
lieu, les réductions à faire sur les tarifs ordinaires, en faveur de ces parcours.

Art. 2.

La Compagnie du Central-Suisse se charge d'assurer les correspondances au-delà de
ses lignes, soit avec les chemins de fer voisins, soit avec l'administration des postes,
ou tous autres moyens de transport qui seront jugés utiles.

Dès à présent, des billets directs seront délivrés pour Zurich, Schaffhouse, Winter-
thur, St-Gall, Neufchâtel, Fribourg, Romanshorn, Glaris, Coire, Bellinzona, Camerlata,
Milan et Venise.

Art. 3.

Tout voyageur porteur d'un billet direct aura droit au transport gratuit de trente
kilogrammes de bagages, sur tout le parcours.

Il est toutefois fait exception pour les voyageurs partant de Strasbourg, de Mulhouse
et de Belfort pour la Suisse et réciproquement, auxquels il ne sera accordé que trente
kilogrammes sur le parcours français, les bagages sur les chemins de fer suisses devant
être taxés conformément aux tarifs en vigueur.

Art. 4.

Le tableau des prix de transport pour les voyageurs et leurs bagages sera joint à la
présente convention.

Art. 5.

Il sera également délivré des billets directs pour les enfants, à moitié prix des billets
ordinaires.

Ces billets ne donneront droit qu'à la gratuité de vingt kilogrammes de bagages,

la même réserve existant pour les enfants partant de Strasbourg, de Mulhouse et de
Belfort, auxquels il ne sera accordé que vingt kilogrammes sur le parcours français.

TITRE II.

Marchandises.

Art. 6.

Afin de donner toute facilité au commerce français et suisse pour l'expédition des
marchandises tant en grande qu'en petite vitesse, il sera établi un livret comprenant :

1° les prix, les délais et la classification des marchandises entre les stations les plus
importantes des chemins de fer de l'Est et la gare de Bâle ;

2° les prix, les délais et la classification des marchandises entre les stations les plus
importantes des chemins de fer français en correspondance avec la Compagnie de l'Est
et les gares de Paris, Reims, Montereau, Gray et Belfort ;

3° les prix, les délais et la classification des marchandises entre la gare de Bâle, les stations du Central-Suisse et les stations des autres chemins de fer Suisses et Italiens en correspondance avec le Central-Suisse.

Le transport des marchandises tant à grande qu'à petite vitesse sera réglé de manière à pouvoir s'effectuer avec aussi peu d'interruption que possible, au passage de la frontière à Bâle, et avec toutes les garanties désirables pour le commerce.

Les prix de transport des marchandises seront indiqués de gare en gare depuis le point de départ jusqu'au point de destination, et représenteront le montant des tarifs français ajoutés aux tarifs suisses et italiens.

Toute expédition devra être faite dans les délais portés aux tarifs des administrations française et suisse.

Art. 7.

Les transports internationaux sont divisés en deux parties :

1° transports à grande vitesse comprenant les marchandises pour lesquelles l'expéditeur aura réclamé le transport à grande vitesse, c'est-à-dire par les trains de voyageurs, ainsi que l'or et l'argent, soit monnayés, soit ouvrés, soit en lingots, les finances, les valeurs et les marchandises déclarées d'une valeur de plus de quinze cents francs les cinquante kilogrammes sur les chemins suisses.

2° transports à petite vitesse comprenant les marchandises désignées par les expéditeurs pour être transportées à petite vitesse, c'est-à-dire par les trains spéciaux de marchandises.

Pour se conformer au droit régalien qui laisse aux postes fédérales suisses le transport exclusif de tous colis pesant cinq kilogrammes et au-dessous, il ne sera accepté au transport direct international que les colis d'un poids supérieur à cinq kilogrammes.

Art. 8.

Les deux Administrations prennent l'engagement :

1° de se remettre exclusivement tous les transports qui seront désignés par les expéditeurs pour les destinations comprises dans les tarifs internationaux, et généralement pour toutes celles pouvant être desservies directement ou indirectement par la Compagnie correspondante.

2° de n'établir aucune combinaison de transports directs pour les mêmes points par d'autres voies, et de favoriser, autant qu'il pourra dépendre d'elles, le trafic international qui fait l'objet des présentes.

Art. 9.

Il est entendu que les vins de champagne en bouteilles emballées dans la paille, en caisses ou en paniers seront acceptés à raison de deux kilogrammes par bouteille.

Art. 10.

Les formalités de douane en France et en Suisse, telles que ouverture et fermeture des colis, levée d'acquits à caution, déclarations, vacations, etc., tant à l'entrée qu'à la sortie, seront faites par les soins de chaque Compagnie, conformément aux tarifs qui seront établis à cet effet.

Dans le cas où la douane suisse et française se trouveraient réunies sur un même point, soit à Saint-Louis, soit à Bâle, les deux Administrations contractantes auraient un agent commun chargé de remplir les formalités de douane, et les frais de cette agence seraient supportés par moitié entre les deux Compagnies qui conserveront les droits établis par le tarif de chacune d'elles pour l'accomplissement des formalités de douane.

Si, au contraire, la douane suisse continuait à opérer à Bâle, et la douane française à Saint-Louis, chaque Administration aurait, chacune dans son pays, son agence particulière et supporterait les dépenses de cette agence.

TITRE III.

Dispositions générales.

Art. 11.

La Compagnie du chemin de fer Central-Suisse sera responsable des marchandises et bagages, et de toutes les conséquences se rattachant à leur transport, à partir du moment de la transmission qui lui en sera faite par la Compagnie des chemins de fer de l'Est, et réciproquement la Compagnie de l'Est sera responsable des marchandises et des bagages, et de toutes les conséquences se rattachant à leur transport, à partir de la transmission qui lui en sera faite par le chemin de fer Central-Suisse.

Art. 12.

Les deux Compagnies acceptent réciproquement la juridiction des tribunaux suisses ou français devant lesquels seront portées les réclamations des tiers.

Art. 13.

Les deux Administrations contractantes prennent réciproquement l'engagement de faire toutes les démarches utiles pour simplifier le plus possible les formalités de douane et s'engagent à faire, à cet effet, d'un commun accord, et en communauté de dépenses, tous les aménagements nécessaires.

Art. 14.

Les deux Administrations se réservent le droit d'introduire chacune de leur côté des modifications dans les prix et les délais de transports, sur leurs parcours respectifs ; mais elles devront, dans ce cas, se prévenir mutuellement au moins un mois à l'avance, et les tarifs internationaux subiront les rectifications résultant de ces changements.

Les transports seront, en outre, soumis aux conditions exprimées dans le règlement joint à la présente convention, et ce règlement ne pourra être modifié que du consentement des deux Administrations contractantes.

Art. 15.

La mise à exécution de la présente convention sera fixée d'un commun accord, après les ratifications réservées.

Art. 16.

Les délégués des deux Administrations se réuniront au moins une fois l'an, afin de rechercher les mesures utiles aux relations internationales et de régler au mieux tous les points relatifs au service.

Art. 17.

La durée des présentes est fixée à deux années à partir du jour de leur application.

Elles resteront en vigueur après cette époque aussi longtemps qu'il n'y aura pas dénonciation de part ou d'autre pour en faire cesser les effets trois mois après la dénonciation.

Art. 18.

Les parties contractantes se réservent, d'une part, l'approbation du Conseil d'administration du chemin de fer Central-Suisse, et d'autre part, l'autorisation du gouvernement français.

Fait double à Paris, le vingt-six octobre mil huit cent cinquante-neuf.

Approuvé par le Conseil d'administration des chemins de fer de l'Est, le 26 octobre 1859.

RÈGLEMENT

FIXANT

LES CONDITIONS APPLICABLES AUX TRANSPORTS INTERNATIONAUX FRANCO-SUISSE-ITALIENS

TITRE PREMIER.

Voyageurs et bagages.

ARTICLE PREMIER.

Les voyageurs et les bagages sont soumis aux règlements des pays dans lesquels ils voyagent.

ART. 2.

Il ne sera délivré de billets directs qu'aux voyageurs de 1re et de 2e classe.

Les voyageurs porteurs de billets de 2e classe, ne seront admis que dans les trains dans la composition desquels il entre des voitures de cette catégorie, à moins qu'ils ne suppléent la différence entre le prix de la 2e classe et le prix de la classe supérieure qu'ils veulent occuper. Sur les chemins de fer de l'Est, les trains express et les trains postes ne seront composés que de voitures de 1re classe.

ART. 3.

Les enfants de trois à sept ans seront seuls admis à voyager, en occupant la place d'un voyageur avec un billet à moitié prix du tarif ordinaire.

Au-dessus de sept ans, ils payeront place entière.

Au-dessous de trois ans, ils seront transportés gratuitement, à la condition qu'ils seront placés sur les genoux des personnes qui les accompagneront.

ART. 4.

Les billets de voyageurs établis d'un commun accord porteront toutes les indications utiles aux voyageurs ainsi qu'au service.

Ils seront valables pour un mois avec faculté d'arrêt aux points intermédiaires qui s'y trouveront désignés.

Ils seront divisés en autant de coupons qu'il y aura d'arrêts facultatifs.

Le prix total en sera payé au départ.

ART. 5.

Aux voyageurs qui ne voudront pas profiter de la faculté de s'arrêter aux points intermédiaires, il sera délivré des bulletins de bagages dans les mêmes conditions que les billets de voyageurs, assurant le transport direct jusqu'à destination. Les voyageurs qui voudront séjourner en route devront faire enregistrer successivement leurs bagages pour les points où ils devront s'arrêter.

Art. 6.

Tout voyageur porteur d'un billet direct aura droit sur tout le parcours au transport gratuit de trente kilogrammes de bagages.

Il est toutefois, fait exception pour les voyageurs partant de Strasbourg, de Mulhouse et de Belfort pour la Suisse et réciproquement, auxquels il ne sera accordé trente kilogrammes que sur le parcours français, les bagages sur les chemins de fer Suisses devant être taxés conformément aux tarifs en vigueur. Cette gratuité ne sera que de vingt kilogrammes pour les enfants voyageant avec un billet à moitié du prix ordinaire.

La même exception existant pour les enfants partant de Strasbourg, de Mulhouse et de Belfort, auxquels il ne sera accordé que vingt kilogrammes sur le parcours français.

Art. 7.

La transmission des bagages enregistrés s'opérera au moyen de feuilles de route et de bordereaux en double sur lesquels les agents des Compagnies se donneront réciproquement décharge.

Art. 8.

Les bagages qui ne seront pas réclamés par le voyageur à l'arrivée du train payeront le droit de dépôt fixé par les règlements particuliers de chaque transporteur.

Art. 9.

Aucune réclamation pour manquant ou avarie ne sera plus admise si elle n'est faite au moment de la délivrance des bagages.

Art. 10.

Les états récapitulatifs des recettes effectuées pour le transport des voyageurs et des bagages directs seront échangés dans la première quinzaine du mois pour le mois précédent. Les règlements de compte devront être opérés dans la quinzaine suivante. La Compagnie des chemins de fer de l'Est, tiendra compte à la Compagnie des chemins de fer Central-Suisse, des recettes effectuées en France pour les parcours suisses et italiens.

La Compagnie du Central Suisse tiendra compte à la Compagnie des chemins de fer de l'Est, des recettes effectuées en Suisse et en Italie pour le parcours français.

TITRE II.

Des marchandises.

Marchandises à grande vitesse.

ART. 11.

Les marchandises désignées par les expéditeurs pour être transportées à grande vitesse seront expédiées par le premier train qui suivra de deux heures au moins le moment de la remise, pourvu que ces marchandises soient accompagnées de tous les documents nécessaires, et qu'elles ne donnent lieu à aucune formalité de douane, d'octroi ou autres avant l'expédition. Sur les chemins de fer français, les colis pesant plus de vingt kilogrammes ne seront pas reçus dans les trains postes et les trains express.

ART. 12.

Les transports d'or, d'argent, ouvré ou en lingots, de finances ou autres valeurs, ne seront reçus que tout autant que les sacs, paquets, caisses, barils, qui les renferment, seront parfaitement conditionnés et cachetés ou plombés avec une empreinte lisible.

Marchandises à petite vitesse.

ART. 13.

Les marchandises à petite vitesse seront expédiées conformément au tarif de chaque Compagnie.

ART. 14.

Toute expédition à petite vitesse devra être accompagnée d'une lettre de voiture conforme au modèle joint au présent règlement. Cette lettre de voiture devra être revêtue du timbre national français et la dépense de ce timbre sera à la charge de l'expéditeur, ou de la marchandise. Toute lettre de voiture exprimant des conditions contraires aux règlements des transports internationaux sera refusée.

La lettre de voiture devra faire mention de la livraison en gare ou à domicile.

TITRE III.

Conditions communes à la grande et à la petite vitesse.

ART. 15.

Les deux Administrations contractantes garantissent sous leur responsabilité les délais indiqués dans les tarifs internationaux.

1° Le chemin de fer Central-Suisse sur les parcours suisses et italiens, depuis et jusqu'à Bâle.

2° Les chemins de fer de l'Est, sur les parcours français, depuis et jusqu'à Bâle.

Au moment de la transmission de la marchandise d'une Administration à l'autre, il devra être constaté si le délai employé pour le transport déjà effectué excède la part du délai accordé pour ce parcours.

La date de la transmission sera constatée par un timbre apposé sur la lettre de voiture ou à défaut, par le bordereau même de la transmission. Tout retard qui n'aura pas été constaté au moment de la transmission, restera à la charge du dernier transporteur, à moins qu'il ne puisse être prouvé que le retard provient du premier transporteur. Il est toutefois bien entendu que les Compagnies ne seront pas responsables des retards provenant des cas de force majeure, ainsi que des retards inhérents aux formalités de douane, pour autant que ces derniers ne pourront être attribués à la négligence de leurs agents.

ART. 16.

Les deux Administrations recevront et se donneront réciproquement décharge au moment de la transmission des marchandises et toute décharge donnée sans protestation ni réserve, ôtera au dernier transporteur tout recours contre le premier transporteur, à moins qu'il ne puisse être prouvé que le fait donnant lieu à la réclamation, est antérieur à la transmission.

Les marchandises mouillées, avariées ou dans un emballage défectueux ainsi que les marchandises en vrac, ne seront reçues au moment de la transmission entre les deux Compagnies qu'aux risques et périls de l'Administration qui aura amené le transport. Celle-ci devra donner une garantie déchargeant la responsabilité de l'Administration qui reprend l'expédition.

L'Administration chargée de la livraison d'un transport de cette nature s'efforcera de sauvegarder les intérêts de l'Administration responsable avec la même sollicitude que si elle était elle-même responsable.

ART. 17.

Dans le cas où les deux douanes, suisse et française, opéreraient dans la gare de Bâle, la transmission des marchandises d'une Compagnie à une autre ne se ferait qu'après que toutes les formalités de douane auront été accomplies. Dans le cas où les deux douanes opéreraient à Saint-Louis, la Compagnie de l'Est remettrait les marchandises au chemin de fer Central-Suisse, toutes les formalités de douane accomplies, et les recevrait du Central-Suisse, toutes les formalités à accomplir. Si, au contraire la douane française continuait à opérer à Saint-Louis, et la douane Suisse à Bâle, la transmission par la Compagnie de l'Est au Central-Suisse se ferait avant l'accomplissement des formalités auprès de la douane suisse; et la transmission par le Central-Suisse, au chemin de fer de l'Est, se ferait après l'accomplissement de ces formalités.

ART. 18.

Les marchandises transmises d'une Compagnie à l'autre seront inscrites sur des bordereaux en double, contenant toutes les indications utiles à l'expédition, telles que marques, numéros et poids des colis, adresse des destinataires, montant des frais dont elles sont grevées et, s'il y a lieu, remboursement dont elles sont suivies. Un des doubles sera remis avec la marchandise à la Compagnie chargée de la réexpédition, et l'autre servira à recevoir la décharge de cette Compagnie et restera en mains du premier transporteur.

Art. 19.

Les comptes des sommes revenant à chaque Compagnie seront arrêtés et réglés chaque jour entre les chefs de gare des deux Compagnies à Bâle.

Tous règlements de comptes seront établis sur carnets que les agents des Compagnies émargeront réciproquement, de manière à pouvoir y avoir recours en tous temps en cas de contestation.

Les dépenses résultant de l'agence commune pour les formalités de douane, s'il y a lieu, seront réglées mensuellement.

Art. 20.

Les deux Administrations accepteront les expéditions suivies de remboursement, sauf à ne les payer à l'expéditeur qu'après encaissement. Sur les parcours des chemins de fer de l'Est, et de leurs correspondants, le retour du remboursement est assujetti à la taxe ordinaire des finances. Sur les parcours suisses et italiens, et quels que soient ces parcours, il est perçu une provision de un pour cent du montant du remboursement, lorsque l'importance en est de dix francs et au-dessus, avec une taxe minimum de quinze centimes.

Les déboursés pour frais de transport effectué, d'octroi, de douane, d'emballage, et autres semblables ne seront pas considérés comme remboursement et ne seront assujettis à aucune taxe ni provision.

Tout payement de débours fait à l'expéditeur sera justifié par lui, soit sur la lettre de voiture, soit par quittance.

Art. 21.

Pour les envois de marchandises à grande vitesse sur les chemins de fer français et suisses, les poids supérieurs à 10 kilogrammes, seront arrondis de dix en dix kilogrammes.

Pour les envois de marchandises à petite vitesse, sur les chemins de fer français, tous colis pesant moins de 40 kilogrammes est taxé comme pour 40 kilogrammes à moins qu'il ne fasse partie d'objets de même nature expédiés par une même personne à une même personne.

Sur les chemins de fer suisses, tous colis d'un poids inférieur à 25 kilogrammes est exclusivement transporté par la grande vitesse. Il en est de même des marchandises déclarées d'une valeur de 1,500 francs par 50 kilogrammes dont le transport aura lieu aussi exclusivement par la grande vitesse.

Pour les envois à petite vitesse d'un poids supérieur soit à 40 kilogrammes, soit à 25 kilogrammes, les prix par 100 kilogrammes indiqués aux tarifs seront appliqués par fraction indivisible de 10 kilogrammes; ainsi 41 kilogrammes, payeront comme 50 kilogrammes et ainsi de suite.

Les fractions résultant de la division des taxes seront arrondies par 5 centimes.

1° Au profit de la marchandise, si la fraction est inférieure à 25 millièmes (0.025).

2° A la charge de la marchandise, si la fraction atteint 25 millièmes (0.025).

Il sera ajouté à la portion de la taxe afférente aux parcours français un droit d'enregistrement de 10 centimes par expédition. Cette somme n'est pas comprise dans les tarifs.

Art. 22.

Les prix portés aux tarifs ne comprennent que tous les frais de transport ; les frais de douane et de camionnage seront à la charge de la marchandise.

Art. 23.

Toute expédition devra être accompagnée d'une déclaration en double pour la douane (suivant modèle joint au présent règlement) détaillée, datée et signée par l'expéditeur et indiquant :

1° les noms et l'adresse de l'expéditeur ;

2° les noms et l'adresse du destinataire ;

3° les marques et numéros des colis ;

4° le nombre des colis et leur poids brut partiel ;

5° le poids net, la nature et la valeur de chaque espèce de marchandises contenues dans les colis ;

6° les documents de douane ou de régie qui accompagnent l'expédition et le numéro de ces pièces.

L'expéditeur sera tenu de mentionner sur la déclaration qu'il est responsable de son exactitude, et que toutes les conséquences résultant d'une déclaration incomplète, erronée ou fausse, incombent à lui seul. Les Administrations contractantes n'entendent nullement engager leur responsabilité sur ce chef.

Pour que les Administrations soient responsables des plombs apposés aux colis, il faudra qu'il en soit fait mention dans la lettre de voiture ou à défaut dans le note d'expédition ou la déclaration. Ces pièces devront de même faire mention des formalités de douane et autres que l'on voudra faire accomplir. Si les lois ou règlements en vigueur s'opposaient à l'accomplissement de ces formalités, les deux Administrations feraient au mieux des intérêts des expéditeurs et des destinataires, sans que leur responsabilité put être engagée par cette modification. Toute expédition non accompagnée des pièces nécessaires pour les opérations de douane, ne sera pas acceptée.

Art. 24.

Tout colis, pour être accepté au transport international, devra être en bon état de conditionnement et d'emballage et porter une adresse lisible ou une marque visible.

Art. 25.

Seront exclus du transport, les objets qui, par leur forme, leur volume ou leur poids ne pourraient être placés sur les wagons et ceux explosibles ou inflammables d'eux-mêmes, tels que : armes chargées, poudres, pièces d'artifice, etc.

Art. 26.

Les matières qui exhalent une odeur pénétrante, celles corrosives et toutes celles qui peuvent nuire aux autres marchandises par leur contact ou leur épanchement, telles que : acides, minéraux, etc., ne seront reçues au transport direct international que par expédition d'au moins 3,500 kilogrammes, ou en payant pour ce poids, et les délais de livraison ne seront pas garantis pour ces transports.

Art. 27.

Les marchandises mouillées, avariées ou dans un emballage défectueux, ainsi que les marchandises en vrac, ne seront reçues qu'aux risques et périls de l'expéditeur et après que celui-ci aura remis un bulletin de garantie qui déchargera les chemins de fer de toute responsabilité.

Art. 28.

L'ouverture des colis pourra toujours être exigée lorsque les agents des chemins de fer soupçonneront des fraudes en ce qui concerne la nature du contenu.

Les marchandises auront à supporter le montant des pénalités réglementaires sur les parcours étrangers, pour toutes fausses déclarations tant en ce qui concerne la nature de la marchandise que le poids. La Compagnie des chemins de fer de l'Est et la Compagnie du chemin de fer Central-Suisse, exerceront toutes poursuites pour la même cause. En outre, et dans le cas où par suite d'une fausse déclaration, l'expéditeur aurait fait admettre au transport international une marchandise qui s'en trouve exclue par les dispositions des articles 25 et 26 ci-dessus sans s'être soumis aux conditions exigées, il serait responsable de tous les dommages que cette marchandise pourrait causer tant au matériel des chemins de fer qu'aux autres marchandises, ainsi que de toutes autres conséquences.

Art. 29.

Les Compagnies de chemins de fer ne répondent pas du coulage et de la décomposition des liquides, de la rouille des métaux et ouvrages en métal, ni de la corruption des marchandises.

Elles déclinent toute responsabilité pour les risques d'incendie, à l'égard des marchandises inflammables d'elles-mêmes.

Elles déclinent également toute responsabilité;

1° pour toute avarie ou préjudice provenant du fait des expéditeurs, ou des destinataires ou des personnes dont ils sont responsables.

2° pour la freinte ou les déchets de route inhérents à la nature de la marchandise.

Aucune réclamation pour manquant ou avarie ne sera plus admise si elle n'est faite avant réception ou enlèvement de la marchandise; et de plus, il faut que les colis portent extérieurement des traces d'une avarie, ou d'une soustraction intérieure, et qu'alors les avaries soient constatées à l'arrivée de la marchandise et avant son acceptation ou son enlèvement par le destinataire et dans la forme exigée par les lois du pays.

Art. 30.

Les transports pourront s'effectuer en port payé ou en port dû.

Toutefois, les objets sujets à détérioration et ceux dont la valeur ne couvre pas suffisamment le prix du transport ne seront reçus qu'en port payé.

Art. 31.

En cas de refus de la part du destinataire, ou bien en cas d'impossibilité de livraison parce que le destinataire est inconnu, les marchandises pourront être déposées dans un entrepôt aux frais et risques du propriétaire et conformément aux usages et règlements du pays.

Les objets sujets à détérioration ou corruption pourront être vendus au profit de qui de droit. La vente devra être constatée par un procès-verbal.

Tout transport au retour est assujetti à la taxe ordinaire.

Art. 32.

Les marchandises restant en gare par suite de refus, celles qui n'ont pu être livrées au destinataire par suite de mauvaise adresse, et celles adressées en gare et non retirées dans les délais réglementaires, payeront le droit de dépôt conformément aux règlements de chaque transporteur.

Dispositions générales.

Art. 33.

En cas de retard dans la livraison, l'expéditeur ne pourra prétendre à d'autre indemnité qu'à celle fixée par les règlements de la Compagnie, qui aura occasionné le retard et proportionnellement à la part qu'elle aura prise dans le transport.

Art. 34.

Sur les parcours français et suisses, il n'est perçu aucune taxe supplémentaire pour l'assurance des marchandises.

Art. 35.

L'expédition des marchandises tant en grande qu'en petite vitesse restera soumise aux règlements de chaque Administration en tout ce qui n'est pas contraire à ce qui précède.

Art. 36.

Les deux Administrations contractantes se prêteront mutuellement au règlement prompt et satisfaisant des réclamations relatives au trafic international. Elles se communiqueront sans retard toutes celles qui leur seront adressées, qu'elles leur soient communes ou qu'elles n'intéressent que la Compagnie co-traitante.

Art. 37.

Chaque Compagnie sera chargée de la surveillance et de la direction de ses agents particuliers et sera responsable de leur gestion. Elle aura néanmoins égard aux observations qui pourraient lui être adressées par l'autre Compagnie relativement anx actes de ces agents pour des cas où l'intérêt du trafic international se trouverait engagé.

Les agents communs seront choisis et nommés par les deux Compagnies d'un commun accord.

Chacune des deux Compagnies aura le droit de leur faire toutes observations, leur infliger toutes punitions, et pourra même exiger leur renvoi.

La responsabilité des agents communs incombera aux deux Compagnies par part égale.

Toutefois, si le dommage causé par un agent commun résulte de services particuliers par lui rendus à une des Compagnies contractantes ou bien de la négligence avérée d'une des Compagnies à exiger en temps utile le règlement des comptes relatifs aux opérations communes, toute la responsabilité reviendra à cette Compagnie.

Les agents communs et les agents particuliers ne pourront exercer aucune industrie pouvant porter préjudice aux Administrations contractantes.

Art. 38.

L'impression des billets de voyageurs, feuilles de route, bordereaux de transmission et tous imprimés nécessaires au trafic international, ainsi que la publicité utile à ce service, seront faites par les soins et aux frais de la Compagnie du Central-Suisse pour la Suisse et l'Italie, et par les soins et aux frais de la Compagnie des chemins de fer de l'Est pour toute la France.

Les Administrations se communiqueront tous les documents à titre de renseignements.

Art. 39.

Tous les comptes résultant du trafic international seront établis en francs et centimes et les règlements se feront en monnaie française.

Art. 40.

Les deux Administrations du chemin de fer Central-Suisse et du chemin de fer français de l'Est donnent au présent règlement la même valeur qu'à la convention du 26 octobre 1859 elle-même dont il est l'annexe.

Il y sera fait d'un commun accord toutes les modifications qui seront jugées utiles dans l'intérêt du trafic international.

Les dispositions qui intéressent plus particulièrement le public seront publiées en même temps que les tarifs.

Fait double à Paris, le 26 octobre 1859.

CONVENTION DU 6 MARS 1860

RÉGLANT

LES CONDITIONS D'ABANDON DE LA GARE SAINT-JEAN

Entre :

Le gouvernement du canton de Bâle-Ville, représenté par MM. C. Wischer et Edouard Burkhardt ;

Et la Compagnie des chemins de fer de l'Est dont le siége est à Paris, représentée par MM. Baude et Georges, ont été arrêtées les conditions suivantes :

ARTICLE PREMIER.

La Compagnie des chemins de fer de l'Est est autorisée à abandonner la gare Saint-Jean et à en reporter le service à la gare du Central-Suisse à Sainte-Élisabeth, par l'intermédiaire de la voie de raccordement, sur laquelle elle percevra les tarifs réglés conformément aux bases kilométriques de ses tarifs généraux ordinaires.

ART. 2.

La Compagnie de l'Est disposera à son gré des rails, traverses, bâtisses et autres objets constituant sa propriété exclusive et formant partie de la gare Saint-Jean et de la voie abandonnée.

ART. 3.

Les autorités de Bâle-Ville disposeront à leur gré des terrains de la gare et de la voie abandonnée ainsi que du pont traversant le fossé de la fontaine qui ne seront pas démolis.

ART. 4.

L'exploitation de la gare Saint-Jean et du chemin y aboutissant cessera le jour où commencera le service commun à la gare Sainte-Élisabeth et l'abandon des terrains par la Compagnie de l'Est aura à se faire trois mois après.

ART. 5.

La Compagnie de l'Est en sa qualité de société anonyme et de rétrocessionnaire du chemin de fer de Strasbourg à Bâle, ainsi que de l'exploitation du chemin de raccordement, fera élection de domicile à Bâle et sera, pour tout ce qui concerne son service, soumise aux tribunaux et aux autorités de Bâle-Ville et de la confédération suisse dans les termes des lois et ordonnances.

Art. 6.

La Compagnie aura à s'abstenir de toute entreprise qui ne concernerait pas la simple exploitation du chemin de fer.

Art. 7.

La Compagnie, comme telle, ne peut être tenue de payer les impôts cantonaux ou communaux pour la voie de fer, y compris les débarcadères, les accessoires et le matériel d'exploitation. Cette franchise ne comprend pas toutefois les émoluments fixés par la loi à verser dans la caisse d'assurance réciproque contre l'incendie.

Art. 8.

Les agents et employés de la Compagnie fonctionnant et domiciliés sur le territoire suisse seront en tout soumis aux lois du pays et auront à payer les impôts comme tous les autres citoyens et habitants.

Le gouvernement de Bâle-Ville pourra, s'il le juge convenable, interférer à leur nomination et révocation.

Art. 9.

L'exploitation de la voie devra, pendant toute la durée de la concession, se faire avec la régularité et promptitude exigée par les circonstances et ne pourra être interrompue de la part de la Compagnie de l'Est.

En cas d'interruption prolongée au delà d'une semaine, le gouvernement de Bâle-Ville aura le droit de pourvoir à l'exploitation de la voie et de recourir à la Compagnie pour les dommages et intérêts que lui causerait cette exploitation, le tout sauf le cas de force majeure.

Art. 10.

En temps de guerre ou d'émeutes, épidémie ou autres circonstances extraordinaires, le gouvernement de Bâle-Ville aura le droit d'interrompre le service de la voie sans payer aucune indemnité.

Art. 11.

La voie, y compris tous les accessoires, sera constamment entretenue dans un bon état présentant de la sûreté. Les fonctionnaires cantonaux, chargés pour cela pourront, en tout temps, opérer les visitations nécessaires pour se convaincre de cet état et le gouvernement aura le droit de prendre de son chef les mesures nécessaires pour porter remède aux défectuosités qui auraient été signalées à la Compagnie après une mise en demeure.

Art. 12.

La police du service et de la voie sera exécutée par la Compagnie sans préjudice aux prérogatives de la police cantonale, conformément aux règlements que la Compagnie aura soumis au contrôle du gouvernement et aux prescriptions que celui-ci jugera nécessaires.

Art. 13.

Les employés du gouvernement auront en tout temps accès libre sur la voie et dans la station pour l'exercice de leurs fonctions.

Art. 14.

La Compagnie communiquera régulièrement et en temps utile au gouvernement de Bâle-Ville ses règlements et ses tableaux et livrets de courses et de tarifs publiés ou projetés.

Art. 15.

A partir du jour de la cessation du service à la gare Saint-Jean, les conventions qui résultent de la concession du 20 octobre 1858, ainsi qu'elles ont été approuvées par l'arrêté du conseil fédéral du 10 novembre 1858, auront leur plein et entier effet et la concession et le cahier des charges des 9 et 21 juin 1843 ne seront maintenus qu'en tout ce qui n'est pas contraire à la présente convention.

En cas d'un rachat éventuel du tronçon de la voie restant en exploitation par les autorités de Bâle-Ville, les sommes fixées par l'article 34 du cahier des charges de 1843 seront réduites à proportion de la superficie des terrains de ce tronçon et de ceux de la voie et de la gare concédées alors. Toutefois, cette portion de la voie dût-elle, soit par rachat, soit de droit, devenir la propriété des autorités de Bâle-Ville, la Compagnie des chemins de fer de l'Est aura le droit de l'exploiter sans péage, jusqu'à l'expiration de la concession pour le chemin de raccordement, conformément aux conventions existantes pour ce dernier.

Art. 16.

Le gouvernement de Bâle-Ville se réserve de faire sanctionner la présente convention par le grand Conseil du canton et les autorités fédérales, et les délégués français ci-dessus dénommés se réservent le droit de faire sanctionner la présente convention par le Conseil d'administration de la Compagnie des chemins de fer de l'Est.

Fait en double à Bâle, le 6 mars 1860.

Approuvé par le Comité de direction de la Compagnie des chemins de fer de l'Est, le 26 avril 1860.

Approuvé par le gouvernement de Bâle-Ville, autorisé par le grand Conseil le 10 mai 1860.

CONVENTION DES 6 MARS/4 MAI 1860

RÉGLANT

L'USAGE COMMUN DE LA GARE DE BALE

ENTRE :

La Compagnie des chemins de fer de l'Est, dont le siége est à Paris, rue et place de Strasbourg, représentée par MM. ROUX, PERDONNET, GEORGE et BAUDE, agissant en leur qualité d'Administrateurs, membres du comité de direction de ladite Compagnie, d'une part;

Et l'Administration du chemin de fer Central-Suisse, dont le siége est à Bâle, représentée par M. CHARLES GEIGY, Président du Conseil d'administration, et A. SULGER, Administrateur, membre du comité de direction de la dite Compagnie, d'autre part;

Il a été dit ce qui suit :

Les deux Compagnies de l'Est et du Central-Suisse ont conclu, à la date du 15 avril 1858, une convention ayant pour but la mise à exécution d'une ligne de raccordement entre les deux réseaux à Bâle.

Aux termes de cette convention, la Compagnie du Central-Suisse devait construire, pour le compte de la Compagnie de l'Est, moyennant paiement par cette dernière de la somme de un million de francs, la partie du raccordement comprise entre le point de bifurcation avec la ligne actuelle de l'Est et la première aiguille d'entrée dans la gare de Bâle.

La gare de Bâle et le surplus du raccordement devaient être faits par la Compagnie du Central-Suisse pour son propre compte.

Ces diverses conditions ont été exécutées, et les machines peuvent, dès aujourd'hui, passer d'un chemin de fer sur l'autre.

En ce qui concerne l'usage de la gare de Bâle, l'article 12 de la convention du 15 avril 1858 a stipulé :

1° Que la Compagnie de l'Est se réservait le droit d'abandonner en tout ou en partie la gare actuelle de Saint-Jean et de réunir tout ou partie de son service à celui de la Compagnie du Central-Suisse ;

2° Que, dans le cas où la Compagnie de l'Est croirait devoir user de la faculté stipulée ci-dessus, elle ferait à la Compagnie du Central-Suisse une déclaration indiquant les terrains, bâtiments et voies dont elle jugerait l'affectation nécessaire à son service;

3° Que la Compagnie du Central-Suisse serait tenue de mettre à la disposition de la Compagnie de l'Est ces terrains, bâtiments et voies moyennant le paiement d'une annuité représentant l'intérêt à six pour cent des sommes dépensées pour cet objet;

4° Enfin qu'une convention spéciale règlerait dans quelles conditions la Compagnie

des chemins de fer de l'Est pourrait jouir de certaines parties de la gare de Bâle, con
struites par la Compagnie du Central-Suisse.

Avant de faire la déclaration prévue par l'article dont l'analyse vient d'être donnée
la Compagnie des chemins de fer de l'Est expose que la convention du 15 avril 185
semble avoir prévu le cas où les deux Compagnies conserveraient dans la gare de Bâl
une exploitation à peu près séparée, elle pense que ce système présente de graves in
convénients au triple point de vue :

De la dépense de l'exploitation presque double sans nécessité ;

De la sécurité des trains souvent compromise par des ordres contradictoires donné
par des agents appartenant à deux Administrations ;

De la confusion dans la responsabilité des agents à l'égard du public ou envers le
uns les autres.

Dans ces conditions, la Compagnie des chemins de fer de l'Est estime que l'article 1
de la convention du 15 avril 1858 doit être interprété et réglé définitivement dans l
sens :

1° D'une notable restriction en ce qui concerne la désignation des locaux à affecte
spécialement au service du chemin de fer de l'Est.

2° D'une large extension en ce qui concerne l'usage commun aux deux Compagnie
de la presque totalité des terrains, bâtiments et voies construits par la Compagnie du
Central-Suisse, le service commun devant être exclusivement fait par la Compagnie du
Central-Suisse, pour le compte des deux Compagnies, dans des conditions qu'il est facil
de déterminer à l'avance.

La Compagnie du Central-Suisse donnant son adhésion à ces principes, les Compagnies contractantes ont arrêté les conditions suivantes :

Article Premier.

Terrains, bâtiments et voies spécialement affectés au service de la Compagnie de l'Est.

Premièrement. — La Compagnie des chemins de fer de l'Est déclare qu'elle considère
comme nécessaire à son service exclusif dans la gare de Bâle ;

1° Les terrains acquis pour cet objet par la Compagnie du Central-Suisse, à la suite
du viaduc ou à l'extrême droite de la gare, les dits terrains teintés en gris sur le plan
joint à la présente convention.

2° Une remise pour six machines locomotives avec corps de garde, bureau et magasin
à construire sur ce terrain.

3° Une fosse à piquer le feu extérieur.

4° Une estrade ou quai pour le chargement du coke, ayant au plus trente mètres de
longueur sur dix de largeur.

5° Une grue hydraulique avec réservoir spécial en canalisation conduisant au réservoir
de la Compagnie du Central-Suisse ; dans ce dernier cas, il est entendu que les intérêts
du capital dépensé à cette canalisation seront dus par la Compagnie de l'Est à la Compagnie du Central-Suisse, et les frais de la prise d'eau, devenue commune, partagés
suivant un arrangement à intervenir entre les deux Compagnies.

6° Une plaque tournante et les voies nécessaires pour arriver à ces établissements
suivant les plans et devis arrêtés en commun accord.

7° Une rampe et un quai pour l'embarquement des voitures, chevaux et bestiaux.

Deuxièmement. — La Compagnie des chemins de fer de l'Est paiera à la Compagnie du Central-Suisse, qui accepte, l'intérêt à six pour cent l'an des sommes dépensées ou à dépenser par cette dernière pour les terrains et établissements qui viennent d'être désignés, étant expliqué que la Compagnie de l'Est aura le droit de faire construire directement tout ou partie de ces ouvrages et que, dans ce cas, elle n'aura, en ce qui les concerne, rien à payer à la Compagnie du Central-Suisse.

Le système d'ornementation suivi par la Compagnie de l'Est pour les bâtiments qu'elle voudrait élever devra se rapprocher de celui suivi par la Compagnie du Central-Suisse dans l'ensemble des constructions de la gare, de façon à ce qu'il n'y ait point de disparité choquante entre les diverses parties de la gare.

Troisièmement.—La Compagnie de l'Est aura le droit de louer à des tiers, pour des dépôts de houille, bois ou autres marchandises, une partie des terrains affectés à son service spécial.

Art. 2.

Parties de la gare de Bâle affectées à l'usage commun des deux Compagnies.

Quatrièmement. — Les parties de la gare de Bâle affectées à l'usage commun par les deux Compagnies et qui entreront dans le compte commun à établir pour la totalité des dépenses qu'elles ont exigées ou exigeront, sont les suivantes :

1° Les terrains, terrassements, ouvrages d'art, bâtiments et voies de la partie centrale de la gare comprise entre les deux passages à niveau, et entre le bâtiment des voyageurs inclusivement et l'entrepôt projeté exclusivement.

2° Les terrains, terrassements et voies de l'espace triangulaire compris entre le passage à niveau, côté de France, la limite des terrains acquis du côté opposé à la ville de Bâle, la culée du viaduc et la limite des terrains spécialement affectés à la Compagnie de l'Est.

3° Les terrains, terrassements et voies de l'espace quadrangulaire défini par l'axe du passage à niveau du côté de la Suisse, la limite des terrains acquis du côté opposé à la ville de Bâle, le passage à niveau du chemin de fer de Schurrenveg et la voie longitudinale parallèle aux voies principales et longeant l'extérieur du trottoir couvert, côté de la Suisse.

4° Les cours, rues, abords, améliorations de chaussées et autres travaux extérieurs à la gare, prescrits ou à prescrire par les autorités locales.

Art. 3.

Parties de la gare de Bâle affectées à l'usage exclusif de la Compagnie du Central-Suisse.

Cinquièmement. — La Compagnie du Central-Suisse conservera à son usage exclusif :

1° L'entrepôt projeté derrière les bâtiments des marchandises et les terrains en arrière de cet entrepôt.

2° Les terrains, bâtiments et voies situés à l'extrême gauche de la gare, et destinés aux remises pour machines et voitures.

Art. 4.

Plan à joindre aux présentes conventions.

Sixièmement. — Un plan indiquant les précédentes divisions sera joint à la présente convention ; ces divisions ne sont pas fixées d'une manière irrévocable, elles pourront être modifiées chaque année au gré des deux Compagnies contractantes; et le montant des dépenses faites pour les terrains et établissements affectés à l'usage commun sera établi à la fin de chaque année.

Septièmement. — La Compagnie du Central-Suisse étudiera les modifications que l'adoption du principe d'une exploitation commune substituée à celui d'une exploitation divisée, pourra permettre d'adopter dans les bâtiments primitivement élevés en vue de cette exploitation divisée.

Huitièmement. — La construction du grand trottoir couvert prévu du côté de France sera ajournée jusqu'à ce que l'expérience d'une année au moins ait fait reconnaître si cette construction est indispensable, et le service des trains de France sera fait devant la marquise du bâtiment principal.

Art. 5.

Intérêts des dépenses du compte commun.

Neuvièmement. — L'intérêt des dépenses à porter au compte commun sera compté à cinq pour cent l'an, et formera une annuité dont une partie sera payée à titre de redevance foncière par la Compagnie de l'Est à la Compagnie du Central-Suisse, qui l'accepte.

Les dépenses de banque faites par la Compagnie du Central-Suisse pour l'émission des emprunts à l'aide desquels les dépenses afférentes à la gare de Bâle ont été ou seront soldées, seront ajoutées à ces dépenses et comprises dans le compte commun, dont tous les éléments seront d'ailleurs communiqués chaque année, avec les pièces à l'appui, à la Compagnie de l'Est.

Art. 6.

Répartition de l'annuité entre les deux Compagnies.

Dixièmement. — L'annuité dont il vient d'être parlé à l'article précédent sera partagée de la manière suivante :

Soixante centièmes à la charge de la Compagnie du Central-Suisse;

Quarante centièmes à la charge de la Compagnie de l'Est.

Cette répartition est fixée d'une manière invariable pour toute la durée de la concession de chacune des Compagnies contractantes, et moyennant le paiement de cette redevance, la Compagnie de l'Est jouira de la gare nouvelle de Bâle comme gare de tête ligne de son réseau du côté de la Suisse.

Il reste entendu qu'en cas de rachat du raccordement par le gouvernement de Bâle-Ville, indépendamment de la restitution par la Compagnie du Central-Suisse à la Compagnie des chemins de fer de l'Est du montant intégral des dépenses supportées par la Compagnie de l'Est pour l'établissement du raccordement, la Compagnie de l'Est, cessera le paiement de toute redevance à la Compagnie du Central-Suisse pour la jouissance de la gare de Sainte-Elisabeth.

Art. 7.

Sommes à déduire de l'annuité du compte commun avant le calcul de la participation.

Onzièmement. — Il sera déduit de l'annuité du compte commun établi chaque année, avant la division ci-dessus fixée entre les deux Compagnies, les recettes que produiront la location du buffet de la gare, le droit d'affichage et autres produits accessoires.

Si la Compagnie du Central-Suisse juge à propos d'établir dans les bâtiments faisant partie de la communauté tout ou partie de son administration générale, le loyer des emplacements occupés à ce titre sera également déduit du compte commun, et porté au compte spécial de la Compagnie du Central-Suisse.

Les logements que la Compagnie du Central-Suisse affectera dans la gare au personnel de cette gare ne sont point compris dans la réserve précédente, et leur dépense figurera dans le compte commun.

Art. 8.

Service commun de la gare.

Douzièmement. — La Compagnie du chemin de fer Central-Suisse fera faire, dans la gare de Bâle, pour les deux Compagnies, le service de la grande et de la petite vitesse.

Ce service comprend tout ce qui concerne l'embarquement et la réception des voyageurs, l'expédition ou la livraison, en gare ou à domicile, des bagages, articles de messagerie, voitures, chevaux, bestiaux, et marchandises transportées soit en grande soit en petite vitesse.

Treizièmement. — Ces opérations seront désignées et effectuées par le chef de gare nommé par la Compagnie du Central-Suisse, et par les agents sous ses ordres.

Toutefois, les écritures relatives à la messagerie et au transport de marchandises de petite vitesse seront faites par des agents nommés par la Compagnie de l'Est, et placés sous les ordres d'un agent supérieur représentant la Compagnie de l'Est à Bâle.

Quatorzièmement. — Cet agent supérieur n'exercera aucune autorité directe sur les agents du service actif de la gare, il remettra au chef de la gare de Bâle les indications nécessaires au chargement des wagons, selon la nature et la destination des marchandises, à la composition des trains ; il effectuera entre les mains de ce chef de gare la remise des marchandises à livrer à domicile dans Bâle ou à réexpédier au delà ; il aura qualité pour prendre ou donner des réserves en cas d'avaries, etc.

Quinzièmement. — Le camionnage et la livraison à domicile seront faits par les soins de la Compagnie du Central-Suisse, qui encaissera les lettres de voiture, et qui, en cas d'avaries, ou tout autre cause d'intérêt, transigera pour le compte de la Compagnie de l'Est, après avoir reçu les instructions du représentant de cette dernière dans la gare.

Seizièmement. — Les billets, registres, imprimés de toute nature concernant le service de la Compagnie de l'Est seront fournis par cette dernière sur la demande qui en sera faite par le chef de gare ou son représentant.

Dix-septièmement. —La Compagnie du Central-Suisse veillera à ce que ses agents apportent, dans toutes les parties du service exécuté pour le compte de la Compagnie de l'Est, les mêmes soins que pour ce qui concerne son propre service.

Dix-huitièmement. — Le représentant de la Compagnie de l'Est sera logé dans un des bâtiments de la gare, et recevra, si la disposition des lieux le permet, un logement analogue à celui affecté au chef de gare.

Art. 9.

Répartition des dépenses du service commun.

Dix-neuvièmement. — Les dépenses de toute nature faites pour le personnel de la gare, y compris les employés nommés par la Compagnie de l'Est, le chauffage et l'éclairage, l'entretien des bâtiments, voies et cours, seront acquittées directement par les soins de la Compagnie du Central-Suisse et réparties ensuite entre les deux Compagnies dans la proportion déjà établie pour le calcul de la redevance foncière payée par la Compagnie de l'Est, c'est-à-dire de soixante centièmes à la charge de la Compagnie du Central-Suisse, de quarante centièmes à la charge de la Compagnie de l'Est.

Vingtièmement. — Les appointements du représentant de la Compagnie de l'Est et du personnel de bureau placé sous ses ordres pourront être payés directement par la Compagnie de l'Est, c'est-à-dire pour les quarante centièmes, mais cette dépense lui sera porté en compte, dans l'acquit de la participation fixée à l'article précédent.

Vingt et unièmement. — L'entretien du matériel roulant, le chauffage et l'éclairage des trains, ainsi que le personnel affecté à ce service, reste exclusivement à la charge de chaque Compagnie; un local sera toutefois affecté, dans la gare de Bâle, pour corps de garde aux conducteurs, et pour lieu de dépôt des matières nécessaires au service des trains.

Art. 10.

Dispositions diverses.

Vingt-deuxièmement. — La Compagnie de l'Est déclare avoir fait assurer son matériel et ses marchandises.

De son côté, la Compagnie du Central-Suisse déclare que tous les bâtiments de la gare des voyageurs et des marchandises ont été assurés par l'assurance cantonale, et que tout son matériel et ses marchandises ont été assurés par une Compagnie d'assurances particulière. Les deux Compagnies auront à s'entendre ultérieurement pour porter au compte commun les frais d'assurance et examiner la question d'opportunité d'une seule police.

Vingt-troisièmement. — La redevance foncière et la part des frais du service seront dues par la Compagnie de l'Est à dater du jour où le service des voyageurs et des marchandises de cette Compagnie sera transféré dans la nouvelle gare de Bâle.

Cette redevance et cette part des frais seront réglées et payées à la fin de chaque année, néanmoins, un à-compte, calculé approximativement, sera payé à la fin de chaque semestre.

Vingt-quatrièmement. — Si un nouveau chemin de fer était admis à entrer dans la gare de Bâle, que cette admission ait lieu du gré de la Compagnie du Central-Suisse ou soit imposée par les autorités législatives, cantonales ou fédérales, les dépenses nécessitées par l'arrivée de ce nouveau chemin de fer seront exclusivement à sa charge, et les Compagnies du Central-Suisse et de l'Est profiteront des redevances diverses qui seraient payées par celui-ci, dans la proportion de soixante pour cent pour la Compagnie du Central et de quarante pour cent pour la Compagnie de l'Est.

Vingt-cinquièmement. — La durée de la présente convention sera celle de la concession appartenant à chacune des deux Compagnies contractantes, pour tout ce qui concerne :

1° Les déclarations faites par la Compagnie de l'Est, conformément à l'article 12 de la convention du 15 avril 1858 ;

2° L'admission de la Compagnie de l'Est dans la gare nouvelle de Bâle et le droit d'en jouir comme gare tête de ligne moyennant le paiement d'une annuité représentant les quarante centièmes de l'intérêt de cinq pour cent des sommes dépensées pour les terrains et établissements affectés à l'usage commun.

Mais en ce qui concerne les conditions de détail relatives au service commun, à la répartition des dépenses de ce service entre les deux Compagnies, le présent traité pourra être revisé au bout de cinq années, si l'une des Compagnies en fait la demande ; et ainsi de suite, de cinq en cinq années.

Vingt-sixièmement. — Les différents entre les parties contractantes sur l'exécution de la présente convention seront réglés par trois arbitres nommés par les parties ; ils jugeront tous trois au même titre d'amiables compositeurs, sans recours ni appel ; le siége de ce tribunal arbitral sera à Bâle.

La Compagnie des chemins de fer de l'Est se réserve l'homologation du gouvernement français.

Fait double à Bâle, le six mars mil huit cent soixante ;

Et à Paris, le quatre mai suivant.

Approuvé par le Comité de direction des chemins de fer de l'Est dans sa séance du 4 mai 1860.

CONVENTIONS DES 14/22 SEPTEMBRE 1860

RÉGLANT

LES CONDITIONS POUR L'ÉCHANGE DU MATÉRIEL ENTRE LA COMPAGNIE DU CENTRAL-SUISSE ET LA COMPAGNIE DES CHEMINS DE FER DE L'EST FRANÇAIS

ENTRE :

La Compagnie des chemins de fer de l'Est, dont le siége est à Paris, rue et place de Strasbourg, représentée par MM. ROUX, BAUDE, BAIGNÈRES et GEORGE, agissant en leur qualité d'administrateurs, membres du Comité de Direction de la Compagnie, d'une part;

Et la Compagnie du chemin de fer Central-Suisse, dont le siége est à Bâle, représentée par MM. SULGER et SCHMIDLIN, administrateurs directeurs de ladite Compagnie, d'autre part;

Ont été faites et arrêtées les conventions suivantes, par addition au traité fait double entre les deux Compagnies contractantes, les 6 mars et 4 mai 1860, pour l'usage commun de la gare de Bâle :

Afin d'éviter le transbordement des marchandises destinées à passer d'une ligne sur l'autre, les wagons complétement chargés pour une même destination pourront, à l'aide du raccordement, continuer leur parcours avec leur chargement.

Il sera tenu note de l'entrée et de la sortie des wagons de chaque Compagnie sur la ligne correspondante.

Chaque Compagnie devra faire sur son parcours le graissage et le petit entretien des wagons de la Compagnie correspondante et payera, en outre, à cette Compagnie, pour usage et détérioration une indemnité de 2 centimes par kilomètre parcouru sur sa ligne et par wagon vide ou chargé.

Les wagons spéciaux à 8 roues compteront pour 2 wagons, tant pour le parcours que pour la durée du séjour.

Les wagons seront considérés comme livrés au chemin Central-Suisse, à partir du moment où cette Administration les fera prendre à la gare de Saint-Louis. Ils seront considérés comme rendus à la Compagnie de l'Est à dater du moment où ils seront rentrés à Saint-Louis.

Lorsque le service sera établi à la gare commune, les jours compteront de minuit à minuit et les wagons seront considérés comme livrés ou restitués à partir du moment où les agents suisses seront avisés que les wagons sont à leur disposition ou annonceront qu'ils sont prêts à les restituer.

Les délais accordés de part et d'autre pour la restitution du matériel qui aura circulé sur la ligne correspondante sont fixés comme suit :

Pour une distance de   1 à   60 kilomètres 3 jours
   —   —   61 à 120   —   4 —
   —   — 121 à 180   —   5 —

et ainsi de suite, un jour de plus étant accordé par distance de 60 kilomètres en plus.

Ces délais seront calculés d'après les distances réelles exprimées en kilomètres et fractions de kilomètres et prises une fois seulement.

Les jours de départ et de retour á la station d'échange ne compteront ensemble que pour un seul jour.

Le séjour des wagons sera compté selon sa durée réelle, c'est-à-dire, par journées de vingt-quatre heures et par heures ou fractions de journées.

Les délais fixés pour la restitution du matériel seront augmentés d'un jour pour tout wagon qui, parti chargé de la ligne à laquelle il appartient, y sera renvoyé avec un chargement d'au moins 1,000 kilogrammes.

Les dimanches et jours de fêtes légales ne compteront pas pour former les délais.

Le temps employé aux formalités de douane sera à la charge de la Compagnie du Central-Suisse, quand les opérations seront faites par la douane suisse, et à la charge de la Compagnie de l'Est, quand ces opérations seront faites par la douane française.

Au delà des délais ci-dessus, il sera dû une indemnité de 5 francs par jour de retard dans la restitution du matériel appartenant à chaque Compagnie.

Toutefois, les excédants de séjour ne seront pas comptés séparément pour chaque wagon et pour chaque jour, mais la compensation sera admise pour les wagons restitués, c'est-à-dire, que le total des jours accordés devra être déduit du total des jours réels, et c'est l'excédant de ces derniers qui devra représenter le chiffre de l'indemnité à payer à la Compagnie propriétaire des wagons.

Il est accordé à la Compagnie du Central-Suisse un délai de vingt-quatre heures pour tout wagon dont le déchargement aura lieu à la gare de Sainte-Elisabeth.

Passé ce délai, il sera payé à la Compagnie de l'Est une indemnité de 5 francs par wagon et par jour de retard; mais cette indemnité devra être calculée comme il est dit ci-dessus pour les wagons qui ont circulé.

Tout wagon qui sera rendu démuni de tout ou partie des agrès qui lui appartiennent et dont une inscription peinte sur le côté du wagon constate la nature et la quantité, donnera lieu aux pénalités suivantes :

50 centimes par jour pour chaque bâche manquante;

10 centimes par jour pour chaque prolonge également manquante jusqu'à concurrence de la valeur de cette prolonge.

En cas d'accident, les conséquences en seront supportées comme suit :

A. par l'Administration du chemin de fer sur lequel l'accident aura eu lieu, s'il résulte de la construction ou de l'entretien de la route, où s'il doit être attribué au personnel de la route ou des stations.

B. par l'Administration à laquelle appartient le matériel, s'il est constaté que la cause de l'accident provient du matériel ou d'un vice de chargement.

C. à frais communs, lorsqu'il y aura doute sur les causes de l'accident.

Les conséquences des retards pouvant résulter de ces accidents seront supportées suivant les dispositions (**A** et **B**). Dans le troisième cas (**C**), le retard ne sera pas compté.

Chaque Compagnie s'interdit d'une manière absolue l'emploi du matériel de la Compagnie correspondante pour ses transports particuliers, c'est-à-dire, de l'une à l'autre de ses gares, ou d'une de ses gares à un point quelconque d'une Compagnie tierce.

Chaque opération d'échange du matériel sera constatée au moyen de l'imprimé en usage signé contradictoirement par les agents des deux Administrations.

Le résumé de ces différentes opérations sera transmis par la gare d'échange à l'Administration dont elle relève, au moyen d'un imprimé envoyé chaque jour.

L'état des parcours et du séjour des wagons établi d'après cet imprimé par l'Administration centrale, sera arrêté à la fin de chaque mois, et on reportera à nouveau sur le mois suivant les wagons qni ne seront pas rentrés et dont le compte n'aura par conséquent pu être établi.

L'état du matériel et des agrès devra être constaté avec soin lors de chaque transmission et communiqué à l'Administration centrale au moyen de l'imprimé adopté par chaque Compagnie.

Le règlement des avaries éprouvées par le matériel ou les agrès aura lieu chaque mois.

Les états de parcours et de séjour des wagons établis par l'Administration centrale, comme il est dit ci-dessus, devront être présentés le 12 de chaque mois au plus tard à l'Administration correspondante.

Après vérification, cette dernière fera connaître ses observations, afin que les états puissent être rectifiés s'il y a lieu, et arrêtés dans le courant du mois.

Les états ainsi vérifiés et arrêtés, l'Administration créancière établira en double expédition, et conformément au modèle adopté, le décompte des sommes dues à chaque Compagnie.

L'une de ces deux expéditions, approuvée par la Compagnie correspondante, sera renvoyée à la Compagnie créancière, pour qu'il lui reste trace du règlement; l'autre, également approuvée et conservée par la Compagnie débitrice, sera remise par elle à sa caisse pour que le versement du solde à payer puisse être effectué.

Les conditions stipulées aux articles qui précèdent sont exclusivement applicables aux wagons appartenant à la Compagnie des chemins de fer de l'Est.

Quant aux wagons appartenant aux diverses Compagnies reliées au réseau de l'Est, leur passage sans transbordement de ce réseau sur les lignes suisses, et leur circulation ainsi que leur séjour sur ces lignes donneront lieu à l'application des règles différentes qui sont détaillées ci-après, et que la Direction du chemin de fer Central-Suisse accepte.

Ces wagons seront considérés comme livrés au chemin de fer Central-Suisse, non pas à la gare de Saint-Louis, mais au point même où ils seront livrés par la Compagnie propriétaire à l'une des gares des chemins de fer de l'Est, et aux prix et conditions de location et d'échange en vertu desquels les Compagnies reliées ont consenti à laisser circuler leurs wagons sur les lignes de l'Est.

De son côté, la Compagnie des chemins de l'Est prend l'engagement d'apporter tous ses soins et toute son attention à transmettre avec toute la célérité possible, soit à charge, soit à vide, les wagons étrangers à destination des lignes suisses.

L'établissement des comptes auxquels donnera lieu cette circulation à la fin de chaque mois sera fait par la Compagnie des chemins de fer de l'Est, qui en soldera le montant aux Compagnies propriétaires des wagons ayant circulé. La Direction du chemin de fer Central-Suisse prend l'engagement de rembourser à la Compagnie des chemins de fer de l'Est la totalité des sommes qu'elle aura déboursées pour cette cause, sauf déduction du prix fixé par kilomètre parcouru sur les voies de cette Compagnie par chaque véhicule, tant à l'aller qu'au retour, prix qui doit rester à la charge de cette Compagnie.

La facture sera établie par la Compagnie des chemins de fer de l'Est, et payée chaque mois comme les factures résultant de la location et de la circulation des wagons de l'Est eux-mêmes.

Fait double à Bâle, le 14 septembre, et à Paris, le 22 septembre 1860.

Approuvé par le Comité de Direction des chemins de fer de l'Est, dans sa séance du 22 septembre 1860.

CONVENTION DU 9 AVRIL 1866

POUR

L'ÉCHANGE DU MATÉRIEL ENTRE LA COMPAGNIE DES CHEMINS DE FER DE L'EST ET LA COMPAGNIE DU CHEMIN DE FER CENTRAL-SUISSE

La Compagnie des chemins de fer de l'Est dont le siége est à Paris, rue et place de Strasbourg, représentée par M. Sauvage, agissant comme Directeur de la dite Compagnie, d'une part,

Et la Compagnie du chemin de fer Central-Suisse dont le siége est à Bâle, représentée par M. Schmidlin, Directeur de ladite Compagnie, d'autre part,

Ont été faites et arrêtées les conventions suivantes qui modifient le traité fait en double entre les deux Compagnies contractantes les quatre et six août mil huit cent soixante-deux pour l'échange du matériel.

Afin d'éviter le transbordement des marchandises destinées à passer d'une ligne sur l'autre, les wagons complétement chargés pour une même destination pourront continuer leur parcours sans être transbordés.

Il sera tenu note de l'entrée et de la sortie des wagons de chaque Compagnie sur la ligne correspondante.

Chaque Compagnie devra faire sur son parcours le petit entretien des wagons de la Compagnie correspondante, et payera en outre à cette Compagnie pour usage et détérioration des wagons vides ou chargés, une indemnité de un centime par essieu et par kilomètre parcouru sur sa ligne.

Quant au graissage, chaque Compagnie devra le faire pour son propre matériel avant le passage sur la ligne correspondante. — Dans le cas seulement où il y aurait échauffement de la boîte pendant la marche, la Compagnie correspondante ferait cette opération à ses frais.

La livraison et la restitution des wagons auront lieu comme suit :

1° Les wagons chargés sont considérés comme livrés à la Compagnie correspondante à partir du moment où les papiers et bordereaux afférents à leur chargement sont remis à cette dernière.

Ainsi, les wagons de l'Est chargés sont livrés au Central à partir du moment où les papiers et bordereaux sont remis au bureau des marchandises du Central, et les wagons chargés du Central sont livrés à l'Est à partir du moment où les papiers sont remis au bureau de la petite vitesse de l'Est.

Cette remise réciproque des papiers et bordereaux ne pourra toutefois plus avoir lieu après sept heures du soir, heure de la fermeture des bureaux.

2° L'article précédent s'applique en tout son contenu à la restitution des wagons qui seront rendus à la Compagnie propriétaire chargés de marchandises pour cette dernière.

3° Les wagons en retour, vides, sont considérés comme restitués : les wagons du

Central, à partir du moment où ils arrivent en gare à Bâle ; les wagons de l'Est à partir du moment où ils partent de la gare de Bâle pour la France.

Toutefois, les wagons du Central arrivant par le premier train de l'Est sont considérés comme restitués la veille, et les wagons de l'Est partant de Bâle par le premier train de l'Est sont considérés comme restitués le jour précédent.

Il est entendu que la Compagnie du Central est en plein droit de renvoyer les wagons vides de l'Est par le premier train de marchandises qui suivra soit leur déchargement à Bâle, soit leur retour de la Suisse.

4° Les wagons vides de l'Est que le bureau de la petite vitesse de cette Compagnie demande à la gare de Bâle pour les faire charger de marchandises en destination de l'Est, ou au delà, sont considérés comme restitués à partir du moment où ils sont mis à la disposition de l'Est.

5° Les wagons du Central que cette Compagnie enverra vides à une station de l'Est pour y être chargés de marchandises en destination du Central seront considérés comme livrés à l'Est, à partir du moment de leur départ de la gare de Bâle.

Les wagons de l'Est que cette Compagnie pourrait envoyer dans le même but à une station du Central, seront considérés comme livrés à ce dernier au moment de leur arrivée à Bâle.

Les délais accordés de part et d'autre pour le séjour du matériel circulant sur les deux lignes en relation sont fixés comme suit :

Pour une distance de   1 à   60 kilomètres, 1 jour ;
    —   61 à 120   —   2 jours ;
    —   121 à 180   —   3 jours.

et ainsi de suite, un jour de plus étant accordé pour chaque distance de 60 kilomètres en plus, en ajoutant encore deux jours pleins pour le déchargement à la gare destinataire.

Ces délais sont calculés d'après les distances réelles exprimées en kilomètres et prises une fois seulement.

Les conditions suivantes sont applicables au matériel des deux Compagnies.

Les jours de départ et de retour à la station d'échange de Bâle ne comptent ensemble que pour un seul jour.

Les jours comptent de minuit à minuit.

Les délais fixés pour la restitution du matériel sont augmentés d'un jour pour tout wagon qui, parti chargé de la ligne à laquelle il appartient, y est renvoyé avec un chargement d'au moins mille kilogrammmes.

Les dimanches et jours de fêtes légales ne comptent pas pour former les délais.

Le temps employé aux formalités de douane est à la charge de la Compagnie du central suisse quand les opérations sont faites par la douane suisse, et à la charge de la Compagnie de l'Est quand les opérations sont faites par la douane française.

Au delà des délais ci-dessus, il sera dû une indemnité de un franc cinquante centimes (1 fr. 50) par essieu de wagon et par jour de retard dans la restitution du matériel appartenant à chaque Compagnie.

Les indemnités pour excédant de séjour sont comptées séparément, quel que soit le propriétaire du matériel, pour chaque wagon et pour chaque jour.

Il est accordé à la Compagnie du Central-Suisse un délai de vingt-quatre heures pour tout wagon dont le déchargement aura lieu à la gare de Sainte-Élisabeth, mais en ne faisant partir ce délai de vingt-quatre heures que de l'heure de minuit ou de midi qui suit l'arrivée du matériel, suivant que cette arrivée aura eu lieu entre minuit et midi, ou entre midi et minuit.

Passé ce délai, il sera payé à la Compagnie de l'Est une indemnité de un franc cinquante centimes, par essieu de wagon et par jour de retard.

Tout wagon qui sera rendu démuni de tout ou partie des agrès qui lui appartiennent et dont une inscription peinte sur le côté du wagon constate la nature et la quantité, donnera lieu aux pénalités suivantes :

Un franc par jour pour chaque flèche d'attelage manquante.

Cinquante centimes par jour pour chaque bâche manquante.

Dix centimes par jour pour chaque prolonge également manquante, jusqu'à concurrence de la valeur de la prolonge.

En cas d'accident, les conséquences en seront supportées comme suit :

A. par l'Administration du chemin de fer sur lequel l'accident aura eu lieu, s'il résulte de la construction ou de l'entretien de la ligne, ou s'il doit être attribué au personnel de la ligne ou des stations.

B. par l'Administration à laquelle appartient le matériel, s'il est constaté que la cause de l'accident provient du matériel ou d'un vice de chargement.

C. par l'Administration qui a chargé le wagon, s'il est constaté que la cause de l'accident provient d'un vice de chargement.

D. à frais communs, lorsqu'il y aura doute sur les causes de l'accident.

Les conséquences des retards pouvant résulter de ces accidents seront supportées suivant les dispositions A, B et C.

Dans le quatrième cas (D) le retard ne sera pas compté.

A moins de stipulations contraires et dans des cas déterminés, chaque Compagnie s'interdit d'une manière absolue l'emploi du matériel de la Compagnie correspondante pour ses transports particuliers, c'est-à-dire de l'une à l'autre de ses gares, ou d'une de ces gares à un point quelconque d'une Compagnie tierce.

Chaque opération d'échange de matériel sera constatée au moyen des imprimés en usage signés contradictoirement par les agents des deux Administrations.

Le résumé de ces différentes opérations sera transmis par la gare d'échange à l'Administration dont elle relève, au moyen d'un imprimé envoyé chaque jour.

L'état du parcours et du séjour des wagons établi d'après cet imprimé par l'Administration centrale sera arrêté à la fin de chaque mois, et on reportera à nouveau sur le mois suivant les wagons qui ne seront pas rentrés et dont le compte n'aura par conséquent pu être établi.

L'état du matériel et des agrès devra être constaté avec soin lors de chaque transmission, et communiqué à l'Administration centrale au moyen de l'imprimé adopté par chaque Compagnie.

Le règlement des avaries éprouvées par le matériel ou les agrès aura lieu tous les mois.

Les états de parcours et de séjour établis par l'Administration centrale devront être présentés à la fin du mois suivant, au plus tard, à la Compagnie correspondante.

Après vérification, cette dernière fera connaître ses observations, afin que les états puissent être rectifiés, s'il y a lieu, et arrêtés dans le plus bref délai.

Les états ainsi vérifiés et arrêtés, l'Administration créancière établira en double expédition, et conformément au modèle adopté, le décompte des sommes dues à chaque Compagnie.

L'une de ces deux expéditions, approuvée par la Compagnie correspondante, sera renvoyée à la Compagnie créancière pour qu'il lui reste trace du règlement ; l'autre, également approuvée et conservée par la Compagnie débitrice, sera remise par elle à sa caisse pour que le versement du solde à payer puisse être effectué.

Les conditions stipulées aux articles qui précèdent sont applicables à tous les wagons des Compagnies étrangères livrés par celle de l'Est à l'Administration du Central-Suisse, et réciproquement.

Il est toutefois fait exception pour le matériel des Compagnies suivantes :

1° Matériel des Compagnies de Lyon et d'Orléans.

Les dimanches et jours de fêtes comptent comme jours ordinaires.

2° Matériel des Compagnies de l'Ouest et du Nord.

Les dimanches et jours de fêtes comptent comme jours ordinaires : le matériel de ces Compagnies ne peut pas circuler au delà de Bâle.

3° Matériel des Compagnies belges.

Les prix du parcours des wagons belges sont fixés :

A 0 fr. 015 c. par essieu et par kilomètre pour les wagons pouvant charger dix tonnes et au-dessus.

A 0 fr. 01 c. par essieu et par kilomètre pour les wagons d'un tonnage inférieur, la circulation à vide comptant comme la circulation à charge.

4° Matériel prussien ou allemand entré sur les lignes de l'Est par Forbach.

Le prix du parcours de ce matériel est fixé à 0 fr. 0125 par essieu et par kilomètre à charge ou à vide.

5° Matériel du Palatinat.

Les délais accordés par le Palatinat pour la restitution de son matériel qui aura circulé sur les lignes suisses sont fixés comme suit :

Pour une distance de   1 à   60 kilomètres 1 jour ;
     —   61 à 120   —   2 jours ;
     —   121 à 180   —   3 jours.

Et ainsi de suite, un jour de plus étant accordé pour chaque distance de 60 kilomètres en plus, en ajoutant encore trois jours pleins pour le déchargement à la gare destinataire.

Le délai pour tout wagon déchargé à la gare de Bâle est de quarante-huit heures ; mais en faisant partir ce délai de quarante-huit heures de l'heure de minuit ou de midi qui suit l'arrivée du matériel, suivant que cette arrivée aura eu lieu entre minuit et midi ou entre midi et minuit.

Il est entendu que la circulation du matériel suisse sur les lignes correspondant avec l'Est aura lieu aux mêmes conditions que celles accordées pour la circulation du matériel de ces chemins de fer sur les lignes suisses.

La station d'échange pour le matériel suisse autre que celui du Central sera également la station de Bâle.

L'établissement et le règlement des comptes pour le matériel appartenant aux diverses Compagnies françaises, belges et bavaroise indiquées ci-dessus et ayant séjourné dans la gare de Bâle ou circulé sur les lignes suisses, ainsi que l'établissement et le règlement des comptes pour le matériel suisse qui aura circulé sur le réseau desdites Compagnies, auront lieu entre les Compagnies de l'Est et du Central comme pour leur propre matériel ; ainsi, le Central réglera à la Compagnie de l'Est le parcours et les excédants de séjour sur les lignes suisses pour le matériel de toutes les Compagnies reliées au réseau de l'Est, et la Compagnie de l'Est réglera au Central le parcours du matériel suisse sur le réseau de toutes lesdites Compagnies.

Il est toutefois entendu que dans le cas où le Central-Suisse expédierait son matériel sur les chemins d'autres Administrations que celles avec lesquelles il existe des conventions d'échange, soit avec l'Est, soit avec les Administrations reliées à l'Est, la Compagnie de l'Est n'aura à tenir compte du parcours et du séjour que fera ce matériel sur les lignes des Administrations non contractantes, qu'autant que celles-ci consentiront elles-mêmes à en tenir compte à la Compagnie propriétaire.

Ces conventions, qui annulent celles passées entre les Compagnies contractantes les 4 et 6 août 1862. pour l'échange du matériel, entrent en vigueur à partir du premier avril de la présente année, et leur durée est fixée à une année à partir du jour de leur application.

Elles resteront en vigueur après cette époque, aussi longtemps qu'il n'y aura pas dénonciation de part ou d'autre pour en faire cesser les effets trois mois après la dénonciation.

Fait double à Paris, le neuf avril mil huit cent soixante-six.

Le Directeur de la Compagnie de l'Est,

Signé : **SAUVAGE.**

Pour le Comité de direction du chemin de fer
Central-Suisse ,

Signé : **SCHMIDLIN.**

ANNEXE A LA CONVENTION

du 9 avril 1866, pour l'échange du matériel entre la Compagnie des chemins de fer de l'Est et la Compagnie du chemin de fer Central-Suisse.

Modification des paragraphes relatifs à la responsabilité en cas d'accident.

ARTICLE PREMIER.

Chaque Administration aura le droit de refuser les wagons destinés à transiter sur ses voies et qui n'offriraient pas toutes les garanties de sécurité désirables. Mais, du moment qu'elle aura admis un wagon à circuler sur son réseau, ce wagon sera considéré comme sien propre, et elle deviendra responsable des accidents, quels qu'ils soient, et de leurs conséquences qui pourront être la suite de sa mise en circulation.

Les pertes ou avaries de marchandises, les accidents de personnes, ou autres provenant, soit de la rupture d'un essieu, soit de tout autre accident arrivé au wagon, seront également à la charge de l'administration sur le chemin de laquelle l'accident se sera produit.

L'Administration propriétaire d'un wagon dont un essieu aura été brisé devra fournir, sans en réclamer le prix, l'essieu et les roues de remplacement.

ART. 2.

Les stipulations ci-dessus annulent et remplacent celles contenues dans les paragraphes A, B, C, D et suivants de la convention du neuf avril 1866.

ART. 3.

La présente annexe prend date du premier janvier mil huit cent soixante-neuf, pour durer le même temps que la convention du neuf avril 1866, et ne pourra être dénoncée qu'en même temps que ladite convention.

Fait double à Paris, le 8 mars 1869, et à Bâle le 10 mars 1869.

Signé :

Le Directeur de la Compagnie de l'Est,
C. SAUVAGE.

Pour le Comité de Direction du chemin de fer Centra-Suisse,
SCHMIDLIN.

CONVENTION DU 23 JUILLET 1866

ÉTABLISSANT

LES CONDITIONS POUR LA REMISE DES ARTICLES DE MESSAGERIE, FINANCES ET VALEURS

ENTRE :

La Compagnie française des chemins de fer de l'Est, dont le siége est à Paris, rue et place de Strasbourg, représentée par M. SAUVAGE, son Directeur, d'une part,

Et l'Administration des postes suisses représentée par M. MAURER, Directeur du V° arrondissement postal suisse, d'autre part,

Ont été arrêtées les conventions suivantes :

ARTICLE PREMIER.

La convention conclue le 30 avril 1861 est et demeure résiliée à partir du premier octobre mil huit cent soixante-six.

ART. 2.

L'Administration des postes suisses et la Compagnie des chemins de fer de l'Est entretiendront des relations régulières dans le but de l'échange des articles de messagerie, finances et valeurs qu'elles transporteront par le moyen des services existants, à leur destination en France, en Suisse, ou dans les pays en transit par la France ou la Suisse.

Les dispositions ci-après feront d'ailleurs règle pour les échanges en question :

(a) Les échanges se feront réciproquement comme suit :
Pour Bâle (local) au moins deux fois par jour;
Pour le transit autant que possible pour le premier train partant après l'arrivée des colis (voir l'annexe).

(b) Les articles de messagerie (marchandises, finances et valeurs) qui ne dépassent pas le poids de 12 1/2 etc. (6 kilog. : 1/4) sont compris dans la régale fédérale des postes, et ne peuvent en conséquence être transportés sur le territoire suisse par une administration ou entreprise que celle des postes fédérales.

(c) Sont exclus du transport par la poste et par le chemin de fer :
Tous les objets qui pendant la durée du transport pourraient facilement entrer en fermentation ou en putréfaction, s'enflammer ou faire explosion, comme, par exemple, la poudre à canon, le coton poudre, les allumettes phosphoriques et autres objets dangereux.

(d) L'Administration des chemins de fer de l'Est se réserve de ne pas se charger du transport des articles à destination des points situés au delà des ports d'expédition français.

(e) Quant aux emballages et autres conditions d'expédition, feront règle, sur chaque territoire, les dispositions législatives et réglementaires qui y sont en vigueur.

Art. 3.

Les deux Administrations seront tenues d'observer les lois et règlements en vigueur sur chaque territoire.

Relativement au transport sur le territoire suisse des objets de messagerie ainsi que des voyageurs compris dans le droit régalien des postes suisses, la Compagnie des chemins de fer de l'Est demeure astreinte aux dispositions y relatives de l'arrêté pris par le Grand Conseil du canton de Bâle-Ville, en date du 21 juin 1843 et du cahier des charges du 9 juin 1843, et aux dispositions législatives fédérales sur la régale des postes.

Art. 4.

Les deux Administrations percevront les taxes sur les articles de messagerie et finances et pour leur transport et remise à domicile d'après les tarifs existants des deux parts et d'après celui mentionné à l'article 7 ci-après, tarifs dont elles se feront communication complète avant la mise en vigueur de la présente convention.

Les tarifs nouveaux, les modifications ou interprétations des tarifs en vigueur seront portés à la connaissance de l'Administration correspondante un mois au moins avant leur mise en vigueur.

Les objets réciproquement livrés ne pourront être chargés d'aucun autre droit concernant l'expédition, le transport et la livraison, que ceux stipulés aux présentes conventions, et toute faveur ou réduction qui pourraient être accordées devront être étendues aussi à l'échange réciproque des articles de messagerie et finances dont il s'agit.

L'Administration postale et la Compagnie de l'Est s'engagent à remplir gratuitement les formalités en douane sur leurs territoires respectifs pour les transports qui font l'objet de la présente convention.

Art. 5.

Les échanges entre les deux parties contractantes seront de trois espèces, savoir :

A. Messagerie locale de ou pour Bâle et Petit-Huningue ;

B. Messagerie transit, *viâ* Bâle par voie de terre, au delà de Bâle.

C. Messagerie transit *viâ* Bâle par voie de fer.

La transmission de ces trois espèces s'opérera exclusivement entre le bureau succursale du Post-Office établi dans la gare du Central-Suisse, et le bureau de la grande vitesse de la Compagnie de l'Est.

La livraison se fera réciproquement de l'un chez l'autre avec émargement.

Art. 6.

Les deux parties s'engagent à observer la plus grande exactitude et la plus grande célérité dans leurs échanges et dans la livraison à domicile.

Les heures et les intervalles pour la transmission seront déterminés par un tableau annexé à la présente convention.

Les échanges s'opéreront au moyen de simples bordereaux de transmission.

Art. 7.

Sur les articles de messagerie (marchandises, finances et valeurs) de et à destination de la ville de Bâle et de Petit-Huningue, il ne sera pas perçu la taxe d'après le tarif des distances mentionné à l'article 4 ci-dessus, mais bien seulement un simple factage au profit de l'Administration des postes suisses, qui communiquera à l'Administration des chemins de fer de l'Est le tarif respectif.

Art. 8.

Le payement des ports, affranchissements et factages se fera, entre les deux Administrations, à mesure des transports.

Art. 9.

A. *Articles expédiés contre remboursements payables après encaissement.*

Les envois suivis de remboursements en retour, à destination de la France ou de la Suisse, mais non des pays au delà, seront admis au transport.

Outre la taxe postale ordinaire pour le transport de l'article, il sera compté par l'Administration des postes suisses, pour chaque objet chargé d'un remboursement en retour, une provision de un pour cent du montant du remboursement, soit de dix centimes au minimum, mais seulement sur les envois originaires de la Suisse.

Chaque envoi chargé d'un remboursement sera accompagné d'un bulletin relatif à l'acceptation ou au refus de l'envoi par le destinataire, et ce bulletin devra être retourné par le bureau de destination aussitôt l'envoi accepté et le remboursement payé, et dans le cas où l'envoi serait refusé, dans le délai de dix jours à dater de la réception.

Lors de l'expédition de l'article contre remboursement, le montant de ce remboursement sera mentionné sur la feuille de route séparément des ports et débours, sans y entrer en compte.

L'envoi des fonds provenant de remboursement se fera à l'Administration correspondante aussitôt après encaissement signalé par le bulletin susmentionné.

Cet envoi de fonds sera passible d'une provision ou de la taxe du tarif pour les finances, adopté par chacune des Administrations, mais une fois seulement soit à l'aller soit au retour.

Le nom de l'expéditeur et le montant du remboursement doivent toujours être indiqués en toutes lettres sur l'adresse d'un objet chargé d'un remboursement.

B. *Envois chargés de débours.*

Quant aux articles chargés de débours que les Administrations se remettent réciproquement, l'Administration réceptionnaire sera débitée sur la feuille d'expédition du montant des débours et dans le cas de non-acceptation du colis; ladite Administration s'en déchargera de la même manière, dans le délai de dix jours à dater de la réception dudit colis, en y ajoutant le port d'aller et de retour.

Le payement des débours aux expéditeurs leur sera fait par chaque Administration d'après les prescriptions de ses propres règlements.

Nonobstant le délai de dix jours accordé ci-dessus au sujet des remboursements **A** et des débours **B,** le bureau destinataire devra donner l'avis immédiat prescrit par l'article 11 pour les cas de difficulté à la livraison.

Art. 10.

La garantie réciproque pour les articles de messagerie et de finances commence à partir de la prise à la station de Bâle (art. 5 ci-dessus) et s'étend dans les limites des lois respectives du pays de la partie responsable

Art. 11.

Dans le cas de refus de la part du destinataire ou d'empêchement à la livraison par un motif quelconque, le bureau destinataire en avisera dans le délai de cinq jour l'Administration correspondante qui en informera l'expéditeur.

Quant aux envois adressés bureau restant, cet avis ne sera expédié en retour que si l'objet n'est pas retiré dans le délai de deux mois.

Si dans le délai de trente jours après l'expédition de l'avis, l'Administration correspondante n'a pas pris d'autres dispositions au nom de l'envoyeur, l'objet sera de suite retourné au bureau d'origine. Ce renvoi aura lieu également dans le cas où les dispositions prises par l'expéditeur ne permettraient pas la livraison de l'objet dans le terme de trente jours.

Art. 12.

L'Administration des postes renonçant à tout droit de magasinage pendant le susdit terme de deux mois, la Compagnie de l'Est consent à la même renonciation, pour le même terme, en ce qui la concerne.

Art. 13.

Un ordre de renvoi de l'Administration correspondante devra toujours être exécuté immédiatement; dans le cas de non-exécution, la partie fautive assumera sur elle toutes les conséquences du retard.

Les ordres directs de retour donnés par l'envoyeur ou par le destinataire ne doivent pas être exécutés.

Art. 14.

La présente convention est conclue pour une année à partir du premier octobre mil huit cent soixante-six.

Si trois mois avant son échéance elle n'est pas dénoncée par l'une ou l'autre des parties, elle sera maintenue de plein droit, pour une année ou plus, et ainsi d'année en année.

Art. 15.

La ratification de la présente convention est réservée d'une part à la Direction de la

Compagnie des chemins de fer français de l'Est, et de l'autre au département fédéral des postes; un délai de trente jours est fixé pour accorder ou refuser cette ratification.

Fait double à Bâle, le vingt-trois juillet mil huit cent soixante-six.

Signé : MAURER.

Directeur du Ve Arrondissement postal.

À Paris, le vingt-six juillet mil huit cent soixante-six.

Signé : SAUVAGE.

Directeur de la Compagnie.

Approuvé par le Conseil d'Administration des chemins de fer de l'Est, le 12 juillet 1866.

X

VIA WISSEMBOURG-BALE

CONVENTION

ENTRE

LES CHEMINS DE FER ALLEMANDS, BELGES ET FRANÇAIS

CONVENTION DU 24 DÉCEMBRE 1864

RÉGLANT

LES CONDITIONS POUR LE TRANSPORT INTERNATIONAL DES VOYAGEURS ET L'INSCRIPTION DIRECTE DES BAGAGES SUR LES CHEMINS DE FER INDIQUÉS CI-APRÈS

Vu la convention passée et adoptée en 1861 par les Administrations des chemins de fer de l'Union rhénane, de l'État de Wurtemberg, de l'État de Bavière et du chemin autrichien de l'Impératrice Élisabeth, d'une part, et les Administrations du chemin de fer du Nord en France, du chemin de fer de l'État en Belgique et du chemin de fer anglais du Sud-Est, d'autre part, par rapport au transport direct des voyageurs et à l'inscription directe de leurs bagages ;

Considérant que, depuis la mise à exécution de cette convention au premier mai 1861, différents changements sont survenus dans ce service direct, et que plusieurs dispositions de cette convention ont été rapportées ou modifiées ;

Considérant qu'il importe de parfaire une rédaction complète de la susdite convention en y apportant les modifications survenues depuis et admises d'un commun accord par les Administrations intéressées, d'autant plus qu'il s'agit d'y faire intervenir formellement et l'Administration du chemin de Londres-Chatham-Douvres, siégeant à Londres, et les Administrations des chemins de fer du Nord-Est-Suisse, Central-Suisse et de l'Union suisse, ainsi que celles des chemins de l'Ouest-Suisse et de Lausanne-Fribourg, pour autant que ces Administrations ont déclaré vouloir prendre part au service commun dont s'agit, et ont déjà à cet effet, dans le courant de l'année 1863, participé de fait à la convention de l'année 1861 ;

Les Administrations des chemins de fer ci-après nommés, savoir :

d'une part — du chemin de l'État belge,
    du chemin français du Nord,
    du chemin anglais du Sud-Est,
    du chemin anglais de Londres-Chatham-Douvres ;

d'autre part — les Administrations des chemins de l'Union rhénane, comprenant celles des chemins
    Rhénan,
    Louis de Hesse,
    du Palatinat,
    du Mein-Neckar,
    de l'État de Bade,
    de l'État de Wurtemberg,
auxquelles la Compagnie de l'Est français se rallie pour les relations avec ses stations de Strasbourg et de Bâle, rive gauche du Rhin ;

de troisième part — les Administrations des chemins de fer suisses, savoir :

> de l'Union suisse,
> du Nord-Est,
> Central,
> de Lausanne-Fribourg,
> de l'Ouest,

sont tombées d'accord sur les dispositions suivantes pour le transport direct des voyageurs et l'inscription directe de leurs bagages.

I. Voyageurs.

ARTICLE PREMIER.

L'expédition directe des voyageurs moyennant des billets uniformes désignant les stations de départ et de destination, aura lieu entre les stations ci-après dénommées, savoir :

d'une part de et vers

> Heidelberg, Bade, Bâle rive droite du Rhin et Bâle rive gauche du Rhin,
> Strasbourg, Constance, Stuttgart,
> Zurich, Coire, Berne, Lucerne, Lausanne et Genève ;

d'autre part de et vers

> Bruxelles, Anvers, Ostende, Londres *via* Ostende et Londres *via* Calais.

ART. 2.

Les billets directs auront la forme de livrets à coupons *in* 12, suivant le modèle mis sous les yeux des contractants, et seront généralement rédigés en langue française ou en langue allemande ; les coupons relatifs au passage de la mer et aux chemins anglais porteront en outre les indications nécessaires en anglais.

Les livrets seront de deux espèces différentes : l'une composée de feuilles de première classe pour le parcours entier, et l'autre formant un livret mixte composée de feuilles de première classe pour le parcours de la partie ouest du Rhin à partir de Cologne et de feuilles de deuxième classe pour les lignes reliant Cologne aux stations allemandes et suisses à la remonte des deux rives du Rhin, sur lesquelles circulent des trains directs composés aussi de voitures de deuxième classe.

Les prix totaux de transport seront imprimés sur l'intitulé des livrets à coupons, savoir : en florins et kreutzer, monnaie du sud de l'Allemagne, pour ceux à délivrer dans les stations allemandes, et en francs et centimes pour ceux à distribuer par les stations françaises de l'Est, belges, anglaises et suisses.

Quant aux livrets à délivrer à Londres, les prix seront indiqués en livres sterling et en francs et centimes.

ART. 3.

Les règlements et conditions de tarif ci-annexés énonçant les prix de grande vitesse et respectivement ceux des trains dits courriers, d'une part, et ceux des trains express, de l'autre, sont reconnus par les Administrations des deux unions comme bases des livrets à coupons.

Art. 4.

Ces livrets seront valables pour trente jours, à partir du jour constaté par le timbre de la station de départ. Ils donnent la faculté d'interrompre le voyage et de séjourner dans le délai précité dans les villes suivantes, savoir :

A l'Ouest du Rhin :

A Douvres, Calais, Lille, Ostende, Bruges, Gand, Malines, Bruxelles, Liége, Aix-la-Chapelle, Cologne, Bonn, Rolandseck, Coblence, Capellen, Bingen, Mayence, Ludwigshafen, Strasbourg ;

A l'Est du Rhin :

A Darmstadt, Mannheim, Heidelberg, Carlsruhe, Oos (Baden), Fribourg en Brisgau, Müllheim (Badenweiler), Laufenbourg, Neuhausen, Schaffhouse, Singen ;

En Suisse :

A Bâle, Aarau, Bade, Zurich, Ragatz, Coire, Lucerne, Berne, Fribourg, Lausanne, Neuchâtel.

Sur la demande de la Compagnie du chemin de fer Central-Suisse, les coupons des billets au départ et en destination de Zurich et au delà seront disposés de manière à ce que le voyageur puisse prendre à son choix entre Bâle et Zurich, soit la voie de Waldshut soit celle d'Olten. Il sera fait mention sur les livrets de la faculté accordée aux porteurs des billets directs de s'arrêter dans les villes ci-dessus indiquées, ainsi que du droit au transport gratuit de 25 kilogrammes (50 livres de douane, 56 livres anglaises) de bagages par livret.

Art. 5.

Le bureau central des décomptes de l'Union rhénane à Mayence se charge de la confection et de l'impression des livrets nécessaires au débit des stations allemandes, suisses et françaises de l'Est.

L'Administration du chemin de fer rhénan se charge de la confection et de l'impression des livrets à coupons nécessaires au débit des stations belges.

Les livrets à l'usage des stations de Londres seront fournis par les soins de l'Administration anglaise du chemin du Sud-Est.

L'Administration qui se charge de la formation et de l'impression des livrets à coupons pourvoira à la collection et à la justification des états et comptes de livraison.

Les administrations intéressées ayant dans leur réseau une ou plusieurs stations de débit, feront l'avance des frais d'impression des livrets et feuilles de bagages à distribuer dans les stations de leur réseau, aussitôt que l'envoi des livrets et de l'état des frais de fourniture aura été effectué.

Par compensation, les Administrations susmentionnées sont autorisées à percevoir pour chaque livret à coupons, débité par leurs stations, une taxe supplémentaire de 40 centimes resp. de 10 kreutzer, monnaie du sud de l'Allemagne, incorporée dans le prix total du livret, et de cette manière elles recouvreront leurs déboursés, moyennant le décompte mensuel, au fur et à mesure du débit des livrets, sans autre décompte avec les autres Administrations intéressées.

Si, après une certaine période, l'une ou l'autre série de ces livrets à coupons devenait inutile ou impropre au débit, et qu'un nouveau tirage devînt obligatoire pour remplacer l'ancienne série, les livrets qui ne seraient plus propres à pouvoir être débités, seront remis par les Administrations respectives au bureau central des décomptes de l'Union rhénane, pour les valeurs ci-dessus indiquées de 40 centimes par livret, et le montant total de cette valeur sera supporté par toutes les Administrations intéressées, de telle sorte que chacune d'elles y participe au prorata de la longueur des parcours respectifs.

Les demandes des livrets à coupons et des feuilles de bagages nécessaires aux stations allemandes devront être adressées directement par les Administrations respectives au bureau central des décomptes de l'Union rhénane et celles concernant les imprimés pour les besoins des stations suisses devront être adressées, par l'intermédiaire de l'administration du chemin de fer de l'État de Bade, à l'Administration dont relève le bureau précité.

Les demandes des livrets et feuilles de bagages nécessaires aux stations belges de l'État seront adressées à la Direction du chemin rhénan.

<h3 style="text-align:center">Art. 6.</h3>

Pour ce qui regarde la composition des feuillets des livrets, leur numérotage et leur couverture, on se conformera à la pratique suivie jusqu'ici pour les anciennes séries de livrets, en conservant pour les couvertures des livrets de première classe la couleur rouge, et pour les couvertures des livrets mixtes la couleur jaune.

Les nouvelles séries de livrets seront formées, quant à la composition et à l'intercalation des feuillets, d'après les demandes faites par chacune des Administrations de chemins de fer intéressées, qui en soigneront le débit ou dont les chemins seront parcourus.

<h3 style="text-align:center">Art. 7.</h3>

Afin d'éviter toute cause de retard, la justification des livrets sera censée complète par l'apposition du timbre sec de fabrication de l'Administration du chemin rhénan aux livrets à débiter par les stations belges, et du timbre sec de l'Administration du South-Eastern Railway aux livrets à distribuer à Londres, enfin de celui de l'Administration du chemin de fer rhénan ou du bureau central des décomptes de l'Union rhénane, aux livrets à débiter par toutes les stations allemandes, suisses et françaises de l'Est.

Cependant les Administrations des chemins de fer allemands et suisses se réservent la faculté de faire apposer un second timbre dit de contrôle aux feuillets des livrets destinés au débit en France et en Belgique, à la diligence et par les soins du bureau central des décomptes de l'Union rhénane ou de l'Administration du chemin de fer rhénan. Les livrets à coupons imprimés et confectionnés à Londres doivent être revêtus du timbre de contrôle du chemin de fer rhénan avant d'être mis en usage.

De même les Administrations des chemins de fer français du Nord, de l'État belge et des chemins anglais se réservent la faculté de faire apposer de leur côté soit à Bruxelles, soit à Paris, un second timbre de contrôle aux feuillets des livrets imprimés et confectionnés à Cologne ou à Mayence, dans le cas où une pareille mesure leur paraîtrait nécessaire.

Il reste entendu toutefois que l'apposition de part ou d'autre des timbres dits de contrôle dont s'agit, se fera toujours aux frais, risques et périls de celle ou de celles des Administrations intéressées qui exigeront cette mesure.

En outre, il sera loisible à chaque Administration participant à la présente convention, de faire apposer son timbre dans les livrets aux feuillets qui concernent son parcours, le tout à ses frais et diligence.

En tous cas, toutes les séries de livrets, *en destination* ou *au départ* de *Londres* par la voie *d'Ostende*, devront être envoyées à l'Administration des chemins de fer de l'État belge à Bruxelles, afin de faire appliquer par ses soins, aux feuillets indiquant la traversée de mer par les bateaux à vapeur de l'État, les timbres de finance et de marine nécessaires pour en assurer la validité.

Art. 8.

Du reste, chaque livret portera imprimé à l'intitulé la désignation de la station de départ et de celle de destination, ainsi qu'un numéro d'ordre imprimé sur chaque feuillet, savoir : en couleur verte pour les coupons des livrets de première classe, et en couleur verte surmonté d'une étoile pour la classe mixte, numéro destiné, à l'instar de ce qui se fait pour les billets Edmondson, à servir de contrôle général.

Art. 9.

Les divers feuillets des livrets à coupons seront, après avoir servi pour les parcours des chemins auxquels ils répondent ou bien après l'arrivée aux lieux de séjour, détachés par le personnel des trains de l'Administration respective et remis au chef de station.

Après le parcours entier pour lequel le livret à coupons est valable, la couverture dans laquelle doivent rester attachés le premier feuillet-titre et le dernier coupon de comptabilité, sera retirée des mains du voyageur et remise au chef de la station de destination respective des chemins anglais, belges, allemands, suisses, ou français de l'Est, lequel transmettra ces livrets, à des époques et pour des périodes à déterminer, à l'Administration dont il relève.

II. BAGAGES.

Art. 10.

Les voyageurs porteurs de livrets à coupons jouiront seuls de l'expédition directe de leurs bagages en destination des stations ci-dessus désignées, ainsi que de la gratuité du transport de 25 kilogrammes (50 livres de douane resp. 56 livres anglaises) de bagage par livret.

Les bulletins directs de bagage seront valables pour le même parcours que les livrets à coupons.

Art. 11.

Les bagages des voyageurs qui prendront des livrets à coupons en service direct pour la destination de Londres, soit par le chemin du Sud-Est en indiquant les stations de *Charing-Cross* ou de *London-Bridge*, soit par le chemin de Londres-Chatham-Douvres en indiquant les stations *Victoria* ou de *Blackfriars-Bridge* de Londres, ou bien qui se muniront de ces livrets à Londres pour voyager en Allemagne, etc., pourront être enregistrés jusqu'à Londres et à partir de Londres, soit par la voie d'Ostende, soit par celle de Calais, sans que ces voyageurs aient à s'occuper de l'embarquement ou du débarquement de leurs bagages ni des frais que ces opérations entraînent, autrement que pour satisfaire *par eux-mêmes* au service des douanes anglaise, française, belge, allemande ou suisse, suivant l'avis imprimé rédigé en langues française, anglaise et allemande contenant les obligations à suivre par les voyageurs par rapport au service des douanes auprès des bureaux-frontières ou à l'intérieur. Toutefois, les colis-bagages en destination de Londres devront être munis d'étiquettes spéciales à fournir par les Directions anglaises intéressées, portant le nom des stations de Charing-Cross ou de London-Bridge resp. Victoria ou de Blackfriars-Bridge, et qui devront être collées au-dessous des numéros se rapportant aux bulletins de bagage.

Art. 12.

Cet avis sera rédigé suivant l'annexe A. à la présente convention et devra être imprimé en gros caractères et affiché à côté des guichets de vente des livrets et d'expédition de bagage. Les employés desservant ces guichets seront tenus, lors de la délivrance des livrets et des feuilles de bagage, d'appeler l'attention des voyageurs, preneurs de livrets, sur le contenu de l'affiche.

Art. 13.

Les taxes indiquées dans le tarif international du chef des excédants de bagage pour la destination et à partir de Londres, comprennent les frais d'embarquement et de débarquement des bagages, ainsi que leur transport aux bureaux de douane et de chemin de fer.

Art. 14.

Les bulletins et les feuilles de route de bagages internationaux seront imprimés en langues allemande et française et d'après un seul et même formulaire ; ils seront tous, ainsi que les étiquettes de bagage qui leur correspondent, imprimés en caractères noirs sur papier de couleur orange, afin que les bulletins et les colis de bagages pour lesquels ils sont délivrés, puissent être reconnus au premier aspect par le personnel de service, partout où besoin sera.

Les bulletins et feuilles de route de bagage en destination ou au départ de Londres, soit par la voie de Calais, soit par celle d'Ostende, seront imprimés en langues française, allemande et anglaise, suivant le formulaire indiqué ci-dessus.

Chaque bulletin et chaque étiquette de bagage sera revêtu des noms des stations tant d'expédition que de destination.

Les registres à talon pour le service international des bagages seront généralement tenus d'après le modèle adopté. Il y a lieu de remarquer que les feuilles et bulletins de bagages et les étiquettes applicables aux colis à diriger, conformément à la demande du voyageur, au départ de Heidelberg ou de Mayence, sur le parcours de la rive gauche du Rhin par Manheim et Ludwigshafen, ne portent pas de barres rouges, tandis que les colis qui, au départ de Mayence ou d'autre part de Heidelberg, suivront la voie de Darmstadt sur la rive droite du Rhin, devront porter des étiquettes munies de barres rouges et être expédiés moyennant bulletins de bagages et feuilles de route de bagage revêtus de barres de la même couleur.

On procédera de la même manière pour l'expédition des bagages dirigés sur le parcours entre Zurich et Bâle, moyennant l'emploi d'étiquettes, bulletins de bagages et feuilles de route munis de barres vertes pour les colis à expédier par la voie d'Olten, tandis que les bulletins et feuilles de route des bagages expédiés par Waldshut doivent être dépourvus de ce signe distinctif.

Art. 15.

La remise des colis-bagages de la part du personnel d'un chemin à celui d'un autre chemin resp. d'une union à celui d'une autre union se fera de la manière indiquée ci-après :

a) Toutes les feuilles de route de bagages délivrées par les stations de départ anglaises et belges provenant des registres de couleur orange destinés *ad hoc*, sont inscrites à Verviers, au fur et à mesure qu'elles y arrivent par les trains respectifs, sur un bordereau collectif (feuille récapitulative) en double expédition, par les gardes-bagages rhénans.

En arrivant à la gare centrale à Cologne, un exemplaire du bordereau collectif sera remis avec les feuilles de route originales qui y appartiennent, à l'employé chargé de remettre le bagage passant en transit au garde-bagage rhénan circulant sur le parcours de Cologne à Mayence.

Le duplicata de cette feuille récapitulative sera certifié, pour justifier la remise exacte, par les employés du chemin rhénan chargés de recevoir les bagages à l'arrivée, afin de les soumettre à la vérification en douane ; cette pièce sera remise ensuite au bureau désigné par l'Administration pour y être conservée.

b) L'employé à la gare centrale à Cologne chargé de la réexpédition des bagages vers les stations de l'Union rhénane et au delà, établira sur les indications de l'exemplaire de la feuille récapitulative qui lui a été remise, de nouveaux bordereaux collectifs (feuilles de route dressées par station) d'après les directions à faire suivre aux bagages internationaux, et les remettra, avec les feuilles de route originales, aux gardes-bagages rhénans partant de Cologne par les trains respectifs, sans que les colis-bagage soient soumis à une réexpédition.

c) En arrivant à Ludwigshafen, Bâle et Waldshut, stations extrêmes de l'Union rhénane, les bagages directs à diriger au delà subiront le même traitement qu'à Cologne.

On se conformera de ce chef aux dispositions déjà introduites à l'instar de celles qui précèdent.

Il en sera de même lorsque les bagages franchiront la frontière suisse resp. française ; toutefois, les colis seront toujours accompagnés des feuilles de route de bagage originales et conserveront les mêmes numéros jusqu'à destination.

d) Dans le sens inverse, c'est-à-dire au départ des stations suisses de l'Est français et de l'Union rhénane, on procédera, pour le transport direct des bagages internationaux jusqu'à Cologne, conformément aux prescriptions b et c.

En arrivant à Cologne, les gardes-bagages de l'Union rhénane circulant sur la ligne de Mayence Cologne remettront les feuilles de route dressées par station à l'employé préposé à la réception des bagages à la gare centrale rhénane ; moyennant ces documents, ce dernier ou les gardes-bagages respectifs de l'Administration rhénane dresseront, en double expédition, les feuilles récapitulatives pour les diverses stations au delà de Verviers, et y annexeront les feuilles de route de bagages originales des stations allemandes ou suisses.

A l'arrivée à Verviers, un exemplaire en sera remis, avec les feuilles de route de bagages, à l'employé belge attaché au service des bagages à fin de remise au garde-bagage belge ; l'autre exemplaire sera retiré par le garde-bagage rhénan après que l'employé belge aura donné décharge, et sera conservé suivant la prescription de l'Administration.

Si, lors de la remise des bagages expédiés en transport direct international à Verviers, Cologne, Bingen, Mayence, Darmstadt, Bruchsal, Heidelberg ou à Wissembourg, Bâle et Waldshut, un manquant de colis dût être constaté, il en sera de suite fait mention par écrit de part et d'autre, au bas des feuilles récapitulatives ou des feuilles de route dressées par station.

Art. 16.

L'inscription et l'expédition directe des bagages ne peuvent avoir lieu que par les trains internationaux qui sont en coïncidence immédiate avec les trains partant de ou arrivant à Cologne, Mayence, Ludwigshafen, Bruchsal, Heidelberg, Bâle ou Waldshut.

Pour les autres trains qui n'ont pas de coïncidence directe, et lorsque les voyageurs sont obligés de séjourner, une expédition directe des bagages, telle qu'elle est prévue par les articles 10 à 14 qui précèdent, ne peut avoir lieu que pour autant que les voyageurs munis d'un livret à coupons laisseront leurs bagages en mains des administrations de chemin de fer, de manière que les colis puissent repartir le lendemain en même temps que le voyageur.

Art. 17.

Pour les voyageurs pourvus de livrets à coupons, qui voudront interrompre à plusieurs reprises leur voyage pour séjourner en route dans plusieurs localités pendant la durée de validité de leurs livrets, il ne pourra être délivré que des bulletins ordinaires de bagage.

Toutefois ces voyageurs jouiront également, sur la présentation de leurs livrets, d'une gratuité de bagage de 25 kilogrammes (50 livres de douane, 56 livres anglaises) par livret.

Art. 18.

Quant aux colis-bagage qui pourraient se perdre ou recevoir des avaries après la remise et la réception faite, soit à Calais, à Ostende ou à Douvres, soit à Cologne, à Bingen, à Mayence, Darmstadt, Ludwigshafen, Wissembourg, Heidelberg, Bruchsal, Bâle et à Waldshut, pendant le transport jusqu'à la destination, dans le rayon de l'une ou de l'autre des différentes unions ou administrations de chemins de fer ou de bateaux à vapeur, les Administrations respectives assument, chacune pour ce qui la regarde, vis-à-vis le propriétaire du bagage, la responsabilité telle qu'elle est prévue par les dispositions concernant le transport des bagages des règlements anglo-franco-belge-rhénans, respectivement de l'Union rhénane, de la Compagnie de l'Est français et des différentes administrations des chemins de fer suisses.

III. COMPTABILITÉ.

Art. 19.

Conformément aux prescriptions réglementaires de l'Union rhénane du 1er juin 1862 pour le transport des voyageurs et des bagages, et principalement aux dispositions des paragraphes 18 à 24 concernant la comptabilité des décomptes, en tant qu'elles soient applicables au service direct des voyageurs entre les stations de l'Union rhénane, de la Suisse et de l'Est français d'une part, et les stations belges et anglaises d'autre part, les stations de débit dénommées à l'article 1er dresseront des relevés mensuels énonçant la distribution des livrets et l'expédition des bagages et les transmettront au plus tard le 4 du mois suivant au bureau de contrôle de leur administration, en y joignant les pièces à l'appui.

Ces relevés dressés sur imprimés uniformes comprendront tous les livrets à coupons débités pendant le courant du mois jusques et y compris le dernier jour, et les recettes du chef des bagages.

Les bureaux de contrôle des administrations de l'Union rhénane, du chemin de fer de l'Est français et des chemins de fer suisses transmettront directement, au plus tard le 10 de chaque mois, à fin d'examen et d'approbation, les relevés dressés par les stations munis des annexes qui y appartiennent, au contrôle du chemin de fer rhénan chargé de la vérification; cet envoi se fera pour les deux Compagnies de l'Ouest suisse et de Lausanne-Fribourg par l'intermédiaire de l'Administration du Central-Suisse et pour la Compagnie de l'Est français par l'intermédiaire des chemins de fer du Palatinat.

De même, les bureaux de contrôle des chemins de fer belges de l'État et anglais enverront, avant le 6 de chaque mois, leurs relevés mensuels au contrôle du chemin de fer rhénan à Cologne.

Après la réception de ces rapports, le contrôle du chemin de fer rhénan procédera immédiatement à leur examen détaillé et s'assurera si les bureaux de débit ont observé l'ordre des numéros et séries des livrets à coupons distribués. Il confrontera les feuilles de bagage avec les bulletins de bagages remis aux voyageurs et recueillis à l'arrivée dans la station de destination ou dans les stations d'arrêt pour lesquelles il existe un coupon de contrôle ou de comptabilité aux livrets à coupons.

Cette vérification portera également sur les recettes en les comparant au nombre et aux prix des billets délivrés, enfin sur l'accord entre les recettes provenant du transport des bagages et les taxes portées sur les bulletins de bagages.

Ces opérations faites et après que les différences ou erreurs constatées, le cas échéant, auront été rectifiées, le contrôle rhénan certifiera ces relevés comme étant exacts et les retournera accompagnés de leurs annexes aux bureaux de contrôle respectifs.

Art. 20.

Les rapports ainsi complétés pour pouvoir servir d'éléments et de base aux décomptes sans autre révision ultérieure seront transmis par les Administrations dont relèvent les bureaux de débit au bureau central des décomptes de l'Union rhénane à Mayence, au plus tard le 25 de chaque mois, afin de pouvoir procéder au décompte, dans lequel l'Administration des chemins du Palatinat représentera la Compagnie de l'Est français, l'Administration du chemin Central-Suisse représentera les deux Compagnies de l'Ouest suisse et de Lausanne-Fribourg, et le chemin de fer rhénan représentera les administrations des chemins belge, du Nord français et anglais.

Les billets annulés par suite de l'apposition vicieuse du timbre et les souches des feuilles de bagage doivent rester entre les mains des bureaux de débit; les coupons de contrôle recueillis par les divers bureaux restent également déposés dans ces bureaux; par contre, les couvertures des billets, dans lesquelles doivent rester attachés le premier feuillet-titre et le dernier coupon de comptabilité, doivent être retirées dans la station de destination et envoyées avec un état détaillé, en même temps que les relevés, par les Administrations en cause, au bureau central des décomptes qui, chargé de tenir le registre général de ces billets, les conservera convenablement.

Il en sera de même des bulletins de bagages retirés, à chacun desquels on aura eu soin de coller le coupon de garde respectif du service international.

Du reste, les Administrations des chemins de fer du Palatinat, du Mein-Neckar, de Hesse et de Bade auront encore à se conformer à la prescription Nr. 4 du § 22 de l'instruction du 1er juin 1862 à l'égard des relevés spéciaux à joindre aux rapports concernant les coupons de comptabilité afférents aux divers parcours entre Mayence et Heidelberg.

(Voir le § 22 de l'instruction.)

Art. 21.

En se fondant sur les relevés et l'état mentionné à l'article 20, le bureau central procédera au décompte d'après les prescriptions de l'instruction du 1er juin 1862, §§ 23 et 24, et en effectuera le versement entre toutes les Administrations intéressées, de manière qu'il communiquera directement les résultats du décompte à chacune des Administrations de l'Union rhénane et des Compagnies de l'Union suisse, du Nord-Est et Central-Suisse — à la dernière, toutefois, en résumant ensemble les résultats réalisés pour elle et les chemins de l'Ouest et de Lausanne-Fribourg — , et à la Direction des chemins du Palatinat les parts revenant à elle et à la Compagnie de l'Est français ; tandis que les parts qui reviennent aux chemins de fer de l'État belge, du Nord français et aux deux chemins anglais seront assignées cumulativement à la Direction du chemin de fer rhénan, à fin de décompte spécial avec les Administrations de ces chemins.

Pour tous les calculs, décomptes et versements, la valeur du franc sera égale à 28 kreutzer, monnaie du sud de l'Allemagne, équivalant à 8 silbergros, d'où suit que la valeur du thaler est fixée à 3 fr. 75 c. ou 1 florin 45 kreutzer, monnaie du sud de l'Allemagne.

Art. 22.

L'impression et la distribution des registres de bagages, des feuilles de bagages et des avis seront effectués ainsi qu'il suit :

a) pour les stations de départ belges et anglaises par chacune de ces trois Administrations, à ses frais et en proportion des besoins présumés pour ses stations ;

b) pour les stations de l'Union rhénane, et celles situées au delà en Suisse et sur le chemin français de l'Est, à frais communs, par l'intermédiaire de l'Administration du chemin de fer Louis de Hesse resp. du bureau central des décomptes de l'Union rhénane.

ARTICLE ADDITIONNEL.

Monsieur l'agent général Hauchecorne, chargé de l'exécution des mesures à prendre pour l'application des dispositions et des modifications qui précèdent, est autorisé à faire obtenir par les différentes Administrations intéressées les déclarations d'approbation de la présente convention et à les communiquer aux parties que cela regarde, ainsi qu'à faire procéder à l'impression à frais communs de 500 exemplaires de cette convention, du règlement et du tarif international, et du nombre d'exemplaires nécessaire de l'avis (annexe A).

Les frais d'impression des 500 exemplaires en question et de l'avis, à répartir entre les Administrations intéressées, seront supportés en trois parts égales, savoir par :

1° Les Administrations française du Nord, belge, et anglaise d'une part ;
2° Les Administrations de l'Union rhénane d'autre part ;
3° Les Administrations des chemins de fer suisses de troisième part.

La répartition de ces menus frais entre les Administrations du troisième groupe aura lieu en prenant pour base la longueur des parcours intéressés à ce service.

Paris, Londres, Bruxelles, Cologne, Mayence, Darmstadt, Ludwigshafen, Carlsruhe, Stuttgart, Bâle, Zurich, Saint-Gall, Lausanne et Genève, le 24 décembre 1864.

(Suivent les signatures des Administrations intéressées.)

AVIS IMPORTANT

Concernant la vérification en douane des colis-bagages enregistrés pour le transport direct.

MM. les voyageurs munis de billets directs sont prévenus qu'ils doivent être *présents* lors de la vérification de leurs bagages aux bureaux de douane ci-après désignés, et faire visiter *eux-mêmes* leurs colis-bagages. Les Administrations de chemins de fer repousseront toute réclamation provenant de la retenue des colis-bagages par la douane, dans les cas où les voyageurs n'auraient pas observé la prescription ci-dessus mentionnée.

La vérification des bagages par la douane a lieu comme suit :

A. De l'Allemagne, de la Suisse et de Strasbourg vers la Belgique et l'Angleterre.

1. ZOLLVEREIN. — A l'entrée du Zollverein, les bagages venant d'une gare suisse subissent une première visite au bureau de douane à Bâle, respectivement à Waldshut.

Les bagages enregistrés à Strasbourg et Bâle (station de l'Est) sont visités au bureau-frontière des douanes à Schaidt.

En outre, les colis sont vérifiés aux bureaux dont les noms suivent :

2. BELGIQUE. — Les bagages enregistrés pour l'Angleterre passant en transit par la Belgique ne sont pas soumis à la visite de la douane belge.

Les bagages destinés pour les stations de Bruxelles ou d'Ostende sont visités soit à Verviers, soit à Bruxelles resp. à Ostende, d'après les prescriptions de la douane.

La vérification des bagages enregistrés pour Anvers a toujours lieu à Verviers.

3. FRANCE. — Les colis passant en transit par la France sur le parcours entre Bâle et Wissembourg, ou sur celui entre Mouscron et Calais en s'acheminant vers Londres, ne subissent pas de vérification par la douane française.

4. LONDRES. — Les bagages en destination de Londres peuvent être enregistrés, au gré des voyageurs, pour les stations de Charing-Cross (West-End) ou de London-Bridge (City) du South-Eastern railway, ou bien pour les stations de Victoria (West-End) ou Blackfriars-Bridge (City) du London-Chatham-Dover railway.

La visite des bagages enregistrés pour la station de Charing-Cross a lieu à l'arrivée à Londres, le dimanche excepté. Celle des bagages enregistrés pour les trois autres stations de Londres ci-dessus indiquées, se fait à Douvres dans les gares des Compagnies du South-Eastern, respectivement du London-Chatham and Dover railway.

B. De Londres et de la Belgique vers l'Allemagne, vers Strasbourg et la Suisse.

1. Les colis-bagages expédiés de Londres en transit par la France ou la Belgique ne sont vérifiés ni par la douane française ni par la douane belge.

2. ZOLLVEREIN. — A l'entrée dans le Zollverein, les bagages directs venant de Londres ou d'une station belge ne sont visités qu'à Cologne.

3. SUISSE. — La vérification des bagages passant la frontière suisse a lieu de la part de la douane suisse, dans les gares de Bâle resp. de Walshut.

4. FRANCE. — Le bagage en destination de Strasbourg sera visité à Wissembourg.

DISPOSITIONS RÉGLEMENTAIRES

Les dispositions suivantes seront appliquées au transport international et direct des voyageurs et des bagages par les lignes des chemins de fer ci-dessus désignées, sans déroger aux tarifs et règlements spéciaux des chemins respectifs en vigueur pour leur service, soit intérieur, soit combiné, avec les chemins de fer adjacents.

DISPOSITIONS GÉNÉRALES.

ARTICLE PREMIER.

Les transports internationaux s'effectuent aux prix du tarif ci-annexé et aux conditions ci-après indiquées.

I. VOYAGEURS.

ART. 2.

Les voyageurs sont transportés à partir des stations de l'Union rhénane ainsi que des stations suisses et de l'Est français, dénommées au tarif, jusqu'aux stations belges également désignées audit tarif, et celles de Londres des chemins anglais du Sud-Est et de Londres-Chatham-Douvres et *vice versâ*, conformément aux règlements et prescriptions de police qui régissent le service intérieur des Administrations respectives.

ART. 3.

Il leur est délivré un billet collectif en forme de livret, valable pour le parcours entier et indiquant le prix total à payer.

Les coupons (feuillets) de ce livret, valables pour les parties respectives du parcours ne pourront être détachés que par le personnel des convois, et tout feuillet isolé qui se trouverait dans les mains des voyageurs, sera considéré comme nul et retiré.

ART. 4.

Dans les stations dénommées au tarif on procédera au débit des livrets à coupons suivants, savoir :

a) Livrets de première classe sur le parcours total ;

b) Livrets mixtes, c'est-à-dire :

Coupons de première classe sur le parcours du côté occidental du Rhin à partir de Cologne ;

Coupons de deuxième classe sur les lignes ferrées situées à la remonte des deux rives du Rhin entre Cologne et les stations allemandes, françaises de l'Est et suisses désignées au tarif.

ART. 5.

Il est réservé aux Administrations respectives de fixer les classes de voitures dont chaque train sera composé ; toutefois, les tableaux de départ et d'arrivée devront indiquer ces classes.

Art. 6.

Les livrets à coupons sont valables pour la durée de trente jours, y compris ceux de départ et d'arrivée, et ce à partir de la date de l'apposition du timbre de la station de départ ; ils donnent droit aux voyageurs à séjourner, à leur gré, pendant ce temps de validité, dans les principales villes à stations de chemins de fer dénommées au livret ; ils donnent de même droit au transport gratuit de 25 kilogrammes de bagages, soit 50 livres de douane, ou 56 livres anglaises.

Art. 7.

Les enfants âgés de moins de dix ans ne pourront être admis au transport à prix réduit que lorsqu'on prendra un livret à coupons pour deux enfants voyageant ensemble dans la même classe de voiture (voir l'art. 4). Un enfant seul, de moins de dix ans, paye comme un adulte.

Les enfants âgés de moins de deux ans qui trouveront à se placer conjointement avec les personnes qui les accompagnent sur la même place que celles-ci ne payent pas.

Le chef du train appréciera l'âge des enfants.

II. BAGAGES.

Art. 8.

Les bagages seront inscrits, de part et d'autre, jusqu'aux stations indiquées au tarif.

Les colis-marchandises ne peuvent être transportés comme bagage.

Les voyageurs, détenteurs de livrets à coupons, qui voudront user de la faculté de séjourner en route, sont tenus d'en faire la déclaration lors de la remise de leurs bagages, qui alors ne seront inscrits que jusqu'à la station de séjour la plus prochaine, et ainsi de suite d'une station de séjour à l'autre, toujours en faisant droit au transport gratuit de 25 kilogrammes de bagages (50 livres de douane, 56 livres anglaises) fixé par le règlement.

Les détenteurs de livrets à coupons ont d'ailleurs l'obligation commune à tous les voyageurs qui franchissent une frontière douanière d'assister eux-mêmes à la vérification de leurs bagages et d'en répondre aux bureaux de douane respectifs.

Art. 9.

Les bagages contenant des objets inflammables, des liquides et en général des objets qui pourraient causer des dommages, ne seront pas admis dans les wagons à bagages et ne pourront non plus être conservés par les voyageurs, près d'eux, dans les voitures.

Les contrevenants à cette disposition seront passibles de dommages-intérêts.

Art. 10.

Le tarif des bagages indique les prix à percevoir pour le transport des bagages remis aux soins de l'Administration de la voie ferrée, à partir des stations de départ jusqu'aux stations d'arrivée, y compris les frais de chargement et de déchargement. Les voyageurs

jouiront, par livret à coupons, d'une gratuité de transport de 25 kilogrammes de
bagages (50 livres de douane, 56 livres anglaises).

Art. 11.

Les taxes des excédants de bagages seront établies en calculant par fraction indivisible de 5 kilogrammes resp. de 10 livres de douane, toute fraction commencée étant
comptée pour une fraction entière.

Art. 12.

En raison des prescriptions de la douane, les voyageurs sont tenus de déclarer et
de déposer, sans aucune exception, tous les paquets ou colis destinés à franchir la frontière. Ces objets seront inscrits et renfermés dans les wagons à bagages.

Il est particulièrement recommandé aux voyageurs d'avoir soin que leurs bagages
soient marqués d'une manière distincte et durable des nom et demeure du propriétaire,
et qu'ils soient libres de toutes marques antérieures de diligence et de chemins de fer.
En cas d'emballage défectueux, les colis-bagages pourront être refusés.

Art. 13.

Le transport du bagage qui ne sera pas remis au moins dix minutes avant le départ du
train n'est point obligatoire.

Art. 14.

Sur la présentation de son livret à coupons le voyageur reçoit pour le bagage dûment
conditionné un bulletin qu'il doit garder soigneusement, la remise de son bagage n'ayant
lieu qu'en échange de ce bulletin, laquelle remise décharge l'Administration du chemin
de fer de toute responsabilité à leur égard.

Si à l'arrivée à destination le voyageur ne veut pas attendre la remise du bagage, il
peut en faire opérer la réception plus tard contre l'échange de ce bulletin, mais seulement pendant les heures d'expédition.

Dans les cas où les bagages ne seraient pas réclamés dans les vingt-quatre heures
après leur arrivée, ils sont soumis, à titre de magasinage, à une taxe de vingt-cinq centimes (2 gros ou 7 kreuter, monnaie du sud de l'Allemagne) par colis et par jour à
partir du délai des premières vingt-quatre heures jusqu'au jour de la remise.

A défaut du bulletin, la remise du bagage n'aura lieu que moyennant complète justification du propriétaire et, le cas échéant, moyennant caution.

Art. 15.

A partir du moment de la remise du bulletin au voyageur, l'Administration répond de
la reddition exacte du bagage intact, et ce, d'après les principes ci-après établis :

a) Ne sera réputé comme perdu ou égaré tout colis-bagage qu'après un délai de huit
   jours à partir de l'arrivée du train, par lequel le bagage aurait dû être rendu à
   destination.

b) L'Administration ne sera responsable de la perte ou de l'avarie du bagage non remis
   par le voyageur au transport, conformément aux prescriptions de l'article 14, que

lorsqu'il sera prouvé que la cause doit en être attribuée à elle ou à son personnel.

c) L'indemnité due à titre de restitution au voyageur, suivant le compte à régler d'après les dispositions légales, ne pourra excéder deux thalers (ou 3 1/2 florins, monnaie du sud de l'Allemagne) par livre de douane, soit 15 francs par kilogramme.

S'il s'agit de bagage avarié, l'indemnité sera réglée et payée en raison du poids du contenu ayant été avarié, et dans la limite du maximum d'indemnité ci-dessus mentionné.

d) Les Administrations de chemins de fer sont dégagées de toute garantie du chef de pertes ou avaries des bagages remis à l'inscription, s'ils ne sont retirés, dans les trois jours, à la station de destination.

En cas de manquant, le voyageur peut exiger une déclaration écrite constatant le jour et l'heure auxquels le bagage aura été réclamé par lui.

e) Moyennant payement du montant de l'indemnité effectué de la part de l'Administration de chemin de fer, et l'acceptation sans réserve de ce payement de la part de l'ayant droit, le bagage perdu appartiendra à l'Administration, dans le cas où il se retrouverait plus tard.

Toutefois, en recevant l'indemnité, l'intéressé peut se réserver le droit de reprendre son bagage, contre restitution du montant de l'indemnité, si son bagage se retrouve plus tard, et ce dans les quatre semaines après qu'il en aura reçu l'avis.

Dans ce cas, le transport depuis le lieu où le bagage aura été retrouvé jusqu'au lieu de destination primitif indiqué au bulletin de bagage sera fait gratuitement.

Lorsqu'une pareille réserve aura été articulée par le réclamant, il lui sera donné un reçu de sa déclaration. Tout droit résultant de la réserve vient à cesser s'il n'y est pas donné suite effective pendant le délai qui aura été fixé à cette fin.

f) L'Administration décline toute responsabilité :

1. Lorsque la perte ou l'avarie provient d'un événement qu'il n'a pas été en son pouvoir d'empêcher ;

2. Lorsque la perte ou l'avarie est arrivée par la faute des voyageurs ou de personnes desquelles il est responsable, notamment dans le cas d'emballage défectueux.

Art. 16.

Le montant de l'indemnité à accorder du chef de retard dans le délai fixé pour la remise des bagages, pour autant que cette indemnité soit due d'après les dispositions légales et que le dommage réel soit bien prouvé, est établi ainsi qu'il suit, savoir :

a) Pour un retard de vingt-quatre heures et moins, au maximum d'un silbergros et demi, soit 6 kreutzer monnaie du sud de l'Allemagne par mille, soit 2,5 centimes par kilomètre, à compter du lieu de départ au lieu de destination.

b) Pour un retard de plus de vingt-quatre heures, au maximum de 3 silbergros ou 10 kreutzer monnaie du sud de l'Allemagne par mille, soit 5 centimes par kilomètre.

Art. 17.

Le délai de vingt-quatre heures prévu à l'article 14 et le délai de trois jours mentionné à l'article 15, lit. d) compteront à partir du jour de l'arrivée du voyageur à la station en destination de laquelle il a fait enregistrer ses bagages, et, au plus tard, à dater du jour où le billet n'aura plus de valeur.

Art. 18.

Les bagages pour lesquels le voyageur prétendrait obtenir, en cas de perte ou d'avarie, une indemnité dépassant le maximum fixé par l'article 15 (lit. c), ainsi que les bagages pour lesquels l'intérêt de la livraison en temps voulu et respectivement le dommage résultant d'une livraison au delà du délai fixé, excéderaient le taux des taxes mentionné à l'article 16, ne peuvent être admis au transport direct par les lignes de plusieurs chemins de fer ; par contre, le transport des bagages de l'espèce est admissible sur les chemins de fer allemands, dans les limites de chaque chemin, suivant les dispositions en vigueur pour son service intérieur.

Art. 19.

En cas de poursuite de réclamations en indemnités, on s'adressera à l'Administration qui a reçu les bagages en premier lieu, ou à la dernière Administration qui en a effectué la réception. Une Administration intermédiaire ne pourra être mise en demeure que s'il est constaté que le dommage a eu lieu sur son chemin.

Paris, Londres, Bruxelles, Cologne, Mayence, Darmstadt, Ludwigshafen, Carlsruhe, Stuttgart, Bâle, Zurich, St-Gall. Lausanne et Genève, le 24 décembre 1864.

TARIF pour le service direct international des voyageurs et des bagages en destination et au départ des stations du Haut-Rhin et de la Suisse via Cologne.

STATIONS de DESTINATION et de DÉPART	BRUXELLES (NORD) VOYAGEURS 1re classe	Mixte	BAGAGES par 5 kilogr.	ANVERS VOYAGEURS 1re classe	Mixte	BAGAGES par 5 kilogr.	OSTENDE VOYAGEURS 1re classe	Mixte	BAGAGES par 5 kilogr.	LONDRES par OSTENDE VOYAGEURS 1re classe	Mixte	BAGAGES par 5 kilogr.	LONDRES par CALAIS VOYAGEURS 1re classe	Mixte	BAGAGES par 5 kilogr.	OBSERVATION.
	fr. c.	fr. c.	fr. c.	fr. c.	fr. c.	fr. c.	fr. c.	fr. c.	fr. c.	fr. c.	fr. c.	fr. c.	fr. c.	fr. c.	fr. c.	
1. Stuttgart	72 15	60 20	2 23	73 65	61 40	2 26	87 45	74 90	2 50	128 10	115 85	3 61	132 00	120 35	3 89	Il n'existe pas de service direct entre Paris, Calais et les stations ci-contre désignées, par la voie de Cologne.
2. Heidelberg	58 70	50 45	1 80	59 90	51 65	1 83	69 70	61 45	2 13	111 35	106 10	3 21	118 85	110 60	3 46	
3. Baden	70 65	59 10	2 16	71 75	60 30	2 19	81 55	70 10	2 40	120 20	114 75	3 57	130 70	119 25	3 82	
4. Bâle rive d. du Rhin	84 85	70 05	2 41	86 05	71 25	2 41	95 85	81 05	2 74	140 50	125 70	3 82	145 —	130 20	4 07	
5. Constance	99 55	80 70	3 26	100 75	81 90	3 29	110 55	91 70	3 59	154 20	136 35	4 67	—	—	—	
6. Strasbourg (Strassburg)	69 45	58 45	2 16	70 65	59 35	2 19	80 45	60 45	2 45	125 10	111 10	3 57	—	—	—	
7. Bâle rive g. du Rhin	84 85	70 05	2 31	86 05	71 25	2 34	96 85	81 05	2 64	140 50	125 70	3 72	—	—	—	
8. Zürich	96 90	78 85	2 67	98 10	80 05	2 70	107 00	89 85	3 —	152 55	131 50	4 08	—	—	—	
9. Coire (Chur)	112 25	90 05	2 99	113 45	91 25	3 02	123 25	101 05	3 32	167 90	145 70	4 40	—	—	—	
10. Lucerne (Luzern)	96 75	79 10	2 70	97 95	80 30	2 78	107 75	90 10	3 05	152 40	131 75	4 11	—	—	—	
11. Berne (Bern)	98 15	80 10	2 73	99 35	81 30	2 76	100 15	91 10	3 06	153 80	136 75	4 14	—	—	—	
12. Lausanne	109 05	88 55	2 98	110 85	89 75	3 01	120 65	99 55	3 34	165 30	144 20	4 39	—	—	—	
13. Genève (Genf)	116 10	93 40	3 12	117 30	94 60	3 15	127 10	104 40	3 45	171 75	149 05	4 53	—	—	—	

9 782019 989620